普通高等学校网络工程专业教材

网络互联技术与实践
（第2版）

唐灯平　赵志宏　编著

U0369226

清华大学出版社
北京

内 容 简 介

为培养学生理论和实践相结合的能力,本书以实践验证理论,以理论促进实践,主要内容包括计算机网络基础知识,网络互联设备及互联介质,网络设备基本配置,交换机广播隔离及网络健壮性增强技术,路由及直连与静态路由技术,动态路由技术,三层交换、VLAN 间通信及 DHCP 技术,访问控制列表及端口安全技术,网络地址转换技术,广域网技术,书中通过大型校园网组网过程贯串知识点。

本书可作为高等院校计算机科学与技术、网络工程、物联网工程专业高年级专科生或应用型本科生教材,也可作为企事业单位网络管理人员、广大科技工作者和研究人员的参考用书。

图书在版编目(CIP)数据

网络互联技术与实践/唐灯平,赵志宏编著. —2 版. —北京:清华大学出版社,2022.11(2024.9 重印)
普通高等学校网络工程专业教材
ISBN 978-7-302-61924-6

Ⅰ. ①网…　Ⅱ. ①唐…②赵…　Ⅲ. ①互联网络—高等学校—教材　Ⅳ. ①TP393.4

中国版本图书馆 CIP 数据核字(2022)第 178351 号

责任编辑:张　玥
封面设计:刘艳芝
责任校对:徐俊伟
责任印制:刘海龙

出版发行:清华大学出版社
　　　　网　　　址:https://www.tup.com.cn,https://www.wqxuetang.com
　　　　地　　　址:北京清华大学学研大厦 A 座　　　　　　邮　　编:100084
　　　　社 总 机:010-83470000　　　　　　　　　　　　邮　　购:010-62786544
　　　　投稿与读者服务:010-62776969,c-service@tup.tsinghua.edu.cn
　　　　质量反馈:010-62772015,zhiliang@tup.tsinghua.edu.cn
印 装 者:三河市东方印刷有限公司
经　　销:全国新华书店
开　　本:185mm×260mm　　　　　　印　　张:27.5　　　　字　　数:684 千字
版　　次:2019 年 7 月第 1 版　　2022 年 11 月第 2 版　　印　　次:2024 年 9 月第 2 次印刷
定　　价:88.00 元

产品编号:098118-01

前　言

　　为应对新一轮科技革命与产业变革,支撑服务创新驱动发展、"中国制造 2025"等一系列国家战略,2017 年 2 月以来,教育部积极推进新工科建设,先后形成了"复旦共识""天大行动"和"北京指南",并发布了《关于开展新工科研究与实践的通知》《关于推进新工科研究与实践项目的通知》,着力探索形成领跑全球工程教育的中国模式、中国经验,助力高等教育强国建设。

　　新工科建设要求创新工程教育方式与手段,落实以学生为中心的理念,增强师生互动,改革教学方法和考核方式,形成以学习者为中心的工程教育模式。推进信息技术和教育教学深度融合,充分利用虚拟仿真等技术创新工程实践教学方式。

　　本书基于上述指导思想编写,培养学生理论和实践相结合的能力,以实践验证理论,以理论促进实践。主要内部包括:作为理论基础的计算机网络基础知识,作为网络互联技术基础的网络互联设备、互联介质,作为网络互联技术基础的网络设备基本配置。通过交换机、路由器技术讲解整个网络互联过程,其中交换机技术包括交换机广播隔离技术、交换机网络健壮性增强技术等;路由器技术包括路由技术、直连路由与静态路由技术、常见的动态路由协议;另外包括三层交换以及 VLAN 间通信,连接互联网技术以及访问控制列表技术等。最后通过大型校园网组网技术整合前面学过的知识。所有实践项目均以思科网络设备为例,并通过 Cisco 虚拟仿真软件 Packet Tracer、GNS3 以及 EVE-NG 进行。

　　本书第 1 版出版以来,国内多所高校的老师提出富有价值的意见和建议,另外,"网络互联技术与实践"课程被立项为 2018—2019 年度江苏省在线开放课程,并于 2021 年认定为首批江苏省一流本科课程,并推荐申报第二批国家级一流本科课程。本课程在中国大学 MOOC 平台开课,提供 700 分钟在线视频及全套的学习资料,包括作业、单元练习、单元测验、讨论以及考试等,开课网址为 https://www.icourse163.org/course/SDWZ-1449867161(网站入口见文后二维码)。本教材实验都是基于使用虚拟仿真环境实现,编者在基于虚拟仿真方面的教学成果获得 2020 年第五届江苏省教育科学优秀成果奖二等奖、2019 年

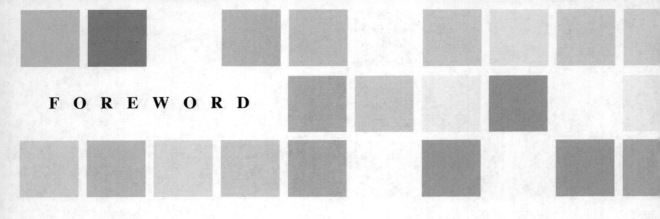

FOREWORD

江苏省高等教育学会 2018 年度高等教育科学研究成果二等奖,同时获得 2018 年苏州市教育教学成果二等奖。为了弥补第 1 版教材的不足,编者决定出版本书第 2 版。

第 2 版主要对第 1 版做了以下方面的修订:

(1) 对第 1 版中的一些错误进行了修订;

(2) 每章添加了中国大学 MOOC 在线课程部分练习,全部习题可以到中国大学 MOOC 网站上学习和练习;

(3) 对第 4 章生成树协议部分做了全面修订;

(4) 对第 6 章动态路由技术进行了改写;

(5) 对第 7 章利用三层交换机实现 VLAN 间通信做了全面扩充;

(6) 对第 11 章中校园网组建中的网络场景描述做了全面的更新。

本书由唐灯平、赵志宏编著。在编写过程中,编者通过百度搜索引擎查阅了大量资料,也吸取了国内外教材的精髓,对这些作者的贡献表示由衷的感谢。本书在编写过程中得到了苏州大学计算机科学与技术学院同事们的意见和建议,并得到苏州城市学院领导的鼓励和帮助,同时得到清华大学出版社的大力支持,在此表示诚挚的感谢。

由于编者水平有限,书中难免有不妥和疏漏之处,恳请各位专家、同仁和读者不吝赐教,并与编者讨论。

中国大学 MOOC 平台本课程网站入口

编　者

2022 年 6 月

目　录

C O N T E N T S

CONTENTS

CONTENTS

CONTENTS

CONTENTS

CONTENTS

CONTENTS

第 1 章　计算机网络基础知识

本章学习目标
- 了解计算机网络的发展历史
- 掌握计算机网络的定义及分类
- 熟悉常见的交换技术,了解计算机网络的性能指标
- 精通计算机网络的拓扑结构及特点
- 掌握计算机网络体系结构
- 精通 IP 地址的编址方案

　　本章是网络互联与实践课程的基础部分,主要向读者介绍计算机网络相关的基础知识,读者如果已经掌握这部分知识,可以忽略本章内容。

　　本章首先向读者介绍计算机网络发展过程,分析计算机网络发展的 5 个阶段,同时介绍互联网发展的 3 个阶段。接着介绍计算机网络的定义其分类,讲解常见的网络交换技术及性能指标,详细介绍常见的网络拓扑结构。之后介绍计算机网络的体系结构,包括 OSI 及 TCP/IP 模型。本章最后探讨 IP 地址的编址方案。

1.1　计算机网络的发展历史

1.1.1　计算机网络的发展

　　计算机网络的发展大致经历了以下 5 代。

1. 第一代计算机网络(早期的计算机网络)

　　20 世纪 50 年代中后期,许多系统将地理上分散的多个终端通过通信线路连接到一台中心计算机上,形成了以单个计算机为中心的远程联机系统。这个时期的典型系统为美国航空公司于 20 世纪 60 年代投入使用的飞机订票系统,由一台计算机和全美范围内 2000 多个终端组成。这里的终端是指由一台计算机外部设备组成的简单计算机,仅包括显示器、键盘,没有 CPU、内存和硬盘。当时将计算机网络定义为:以传输信息为目的而连接起来,以实现远程信息处理或进一步达到资源共享的计算机系统。计算机网络的定义具有时代性,不同发展时期的计算机网络,其定义也是不同的。

2. 第二代计算机网络(远程大规模互联)

　　20 世纪 60 年代初,美国和苏联之间的冷战状态升温。美国国防部认为,如果仅有一个集中的军事指挥中心,万一这个中心被苏联的核武器摧毁,全国的军事指挥将处于瘫痪状态,其后果将不堪设想,因此有必要设计一个分散的指挥系统——它由一个个分散的指挥点组成,当部分指挥点被摧毁后,其他点仍能正常工作,而这些分散的点又能通过某种形式的通信网取得联系。另外,苏联发射了人类第一颗人造地球卫星,作为响应,美国国防部(DoD)组建了高级研究计划局(Advanced Research Projects Agency,ARPA),开始研究如

何将科学技术应用于军事领域。

第二代计算机网络以多个主机通过通信线路互联，这种网络中主机之间不是直接用线路相连，而是由端口报文处理机（IMP）转接后互联。IMP 和通信线路一起负责主机间的通信任务，构成通信子网。通信子网互联的主机负责运行程序，提供资源共享，组成资源子网。

1969 年，美国国防部高级研究计划局建成 ARPANET 实验网，该网络当时只有 4 个结点，以电话线路为主干网络。计算机网络中进行数据交换而建立的规则、标准或约定的集合称为网络协议。在 ARPANET 中，将协议按功能分成若干层次，形成网络体系结构。

第二代计算机网络开始以通信子网为中心，将计算机网络定义为：以能够相互共享资源为目的而互联起来的具有独立功能的计算机集合体。

3. 第三代计算机网络（计算机网络标准化阶段）

随着计算机网络技术的成熟，应用越来越广，规模也逐渐增大，通信变得复杂起来。各大计算机公司纷纷制定自己的网络技术标准，如 IBM 公司的网络体系结构（System Network Architecture，SNA），DEC 公司的数字网络体系结构（Digital Network Architecture，DNA）等。这些技术标准只在一个公司范围内有效。这不利于计算机网络的发展。1977 年，ISO 着手制定 OSI/RM——开放系统互联参考模型。OSI/RM 的出现标志着第三代计算机网络诞生。

4. 第四代计算机网络（局域网发展，互联网出现）

20 世纪 80 年代，局域网发展成熟，出现光纤及高速网络技术，发展以 Internet 为代表的互联网。此时计算机网络定义为：将多个具有独立工作能力的计算机系统通过通信设备和线路相连，在功能完善的网络软件作用下实现资源共享和数据通信的系统。

5. 第五代计算机网络（下一代计算机网络）

下一代计算机网络被普遍认为是互联网、移动通信网络、固定电话通信网络的融合以及 IP 网络和光网络的融合。

1.1.2 互联网的发展

起初 ARPANET 把美国的几个军事及研究用计算机主机连接起来。1983 年，ARPA 和美国国防部通信局研制成功了用于异构网络的 TCP/IP。从此，TCP/IP 成为 ARPANET 上的标准协议，使得所有使用 TCP/IP 的计算机都能利用互联网相互通信。人们把 1983 年作为互联网的诞生年。

1986 年，美国国家科学基金会建立了 NSFNET 广域网，如今 NSFNET 已成为 Internet 的重要骨干网之一。1990 年，ARPANET 正式宣布关闭。

20 世纪 90 年代以后，以 Internet 为代表的计算机网络得到飞速发展，已从最初的教育科研网络（免费）逐步发展成为商业网络（有偿使用）。Internet 网络已经成为全球最大和最重要的计算机网络。

网络由若干结点和连接这些结点的链路组成。互联网指的是通过路由器将网络互联起来，构成覆盖范围更大的计算机网络。互联网特指 Internet，它起源于美国，现已发展成为世界上最大的、覆盖全球的计算机网络。

互联网的发展经过了以下 3 个阶段。

第一阶段：从单个网络 ARPANET 向互联网发展的过程。

第二阶段：建成三级结构的互联网。三级分别为主干网、地区网和校园网(或企业网)。

第三阶段：逐渐形成多层次互联网服务提供商(Internet Service Provider,ISP)结构的互联网。

1.2　计算机网络的定义及类型

1.2.1　计算机网络的概念

计算机网络的定义具有时代性,到目前为止没有形成标准统一的定义,普遍定义是指将地理位置不同的具有独立功能的多台计算机及其外部设备通过通信线路连接起来,在网络操作系统、网络管理软件及网络通信协议的管理和协调下,实现资源共享和信息传递的计算机系统。

1.2.2　计算机网络的分类

虽然网络类型的划分标准各种各样,但是从地理范围划分是一种大家都认可的通用网络划分标准。按这种标准可以把网络划分为局域网、城域网以及广域网。这里的地理范围是相对的,并不是绝对的。

局域网(Local Area Network,LAN)的覆盖范围较小,通常指几千米以内,一般为一个建筑物或一个单位内的网络。局域网是比较常见的应用较广的网络。局域网随着整个计算机网络技术的发展和提高得到充分的应用和普及,几乎每个单位都有自己的局域网,甚至有些家庭也有属于自己的小型局域网。

城域网(Metropolitan Area Network,MAN)的覆盖范围介于局域网和广域网之间,通常是在一个城市内的网络连接(距离为 10km 左右)。MAN 较 LAN 扩展的距离更长,连接的计算机数量更多,在地理范围上可以说 MAN 是 LAN 网络的延伸。在一个大型城市或都市地区,一个 MAN 网络通常连接多个 LAN 网络。

广域网(Wide Area Network,WAN)的分布距离远,通过各种类型的串行连接,以便在更大的地理区域内实现接入。它一般是在不同城市之间的 LAN 或者 MAN 网络互联,地理范围可从几百千米到几千千米。

在现实生活中,局域网占多数。局域网可大可小,无论是在单位,还是在家庭,实现起来都比较容易,应用最广泛。

1.3　交换技术及计算机网络性能指标

1.3.1　交换技术

网络中常用的数据交换技术可以分为电路交换和存储转发交换两大类,其中存储转发交换技术又可分为报文交换和分组交换。

1. 电路交换

电路交换首先要求在通信双方之间建立连接通道。在连接建立成功之后,双方的通信活动才能开始。通信双方需要传递的信息都是通过已经建立好的连接进行的,并且这个连接也将一直维持到双方的通信结束。在某次通信活动的整个过程中,该连接将始终占用连接建立开始时通信系统分配给它的资源。电路交换往往基于电话网进行。

电路交换的优点:数据传输可靠、迅速、延迟小、有序,能实现透明传输。

电路交换的缺点:带宽固定,网络资源利用率低,浪费严重,初始连接建立慢。由于计算机数据具有突发性,所以电路交换不适合计算机网络。

2. 报文交换

以报文为单位存储转发,是分组交换的前身。它采用"存储-转发"方式进行传送,无须事先建立线路,事后更无须拆除。报文交换同样不适合计算机网络。

报文交换的优点:多路复用,网络资源利用率高,消息完整。

报文交换的缺点:延迟大,实时性差,通信不可靠,设备功能较复杂。

3. 分组交换

以分组为单位存储转发,把欲发送的报文分成一个个"分组"在网络中传送。分组交换适用于计算机网络,在实际应用中有两种类型:虚电路方式和数据报方式。

虚电路是分组交换的两种传输方式中的一种。在通信和网络中,虚电路是由分组交换通信提供的面向连接的通信服务。在两个结点或应用进程之间建立起一个逻辑上的连接或虚电路后,就可以在两个结点之间依次发送每一个分组,接收端收到分组的顺序必然与发送端的发送顺序一致,因此接收端无须负责在接收分组后重新进行排序。

采用数据报方式传输时,被传输的分组称为数据报,数据报的前部增加地址信息的字段,网络中的各个中间结点根据地址信息和一定的路由规则选择输出端口,暂存和排队,并在传输媒体空闲时发往媒体乃至最终站点。

当一对站点之间需要传输多个数据报时,由于每个数据报均被独立地传输和路由,因此在网络中可能会走不同的路径,具有不同的时间延迟,按序发送的多个数据报可能以不同的顺序达到终点。因此,为了支持数据报的传输,站点必须具有存储和重新排序的能力。

分组交换的优点:数据传输可靠,迅速,线路利用率高。

因为分组是逐个传输,可以使后一个分组的存储操作与前一个分组的转发操作并行,采用流水线式传输方式减少了报文的传输时间。另外,传输一个分组所需的缓冲区比传输一份报文所需的缓冲区小得多,这样因缓冲区不足而等待发送的概率及等待时间也必然少得多。

分组转发的缺点:仍存在存储转发时延,结点交换机必须具有更强的处理能力。

分组交换与报文交换一样,每个分组都要加上源、目的地址和分组编号等信息,一定程度上降低了通信效率,增加了处理时间,使控制复杂,增加了时延。当分组交换采用数据报服务时,可能出现失序、丢失或重复分组的情况。分组到达目的结点时,要对分组进行按编号排序等工作。如采用虚电路服务,虽无失序问题,但有呼叫建立、数据传输和虚电路释放3 个过程。

总之,若要传送的数据量很大,且传送时间远大于呼叫时间,则采用电路交换较为合适;当端到端的通路有很多段的链路组成时,采用分组交换传送数据较为合适。从提高整个网络的信道利用率看,报文交换和分组交换优于电路交换,其中分组交换比报文交换的时延小,尤其适合计算机之间的突发式的数据通信。

1.3.2　计算机网络性能指标

计算机网络性能指标主要表现在速率、带宽、吞吐量、时延、往返时间(RTT)及利用率等。

(1) 速率：数据的传送速率，也称为数据率或比特率，单位为 bit/s(b/s)，bit 中文名为比特，数据量的单位，一个比特是一个二进制数字 0 或者 1。

(2) 带宽：某个信号具有的频带宽度。在计算机网络中，带宽指网络的通信线路传送数据的能力(单位时间内从网络中的某一个点到另外一个点所能通过的"最高数据率"，带宽的单位为 b/s)。

(3) 吞吐量：单位时间内通过某个网络的数据量。

(4) 时延：数据从网络的一端发送数据帧到另一端所需要的时间。数据帧就是数据链路层的协议数据单元，包括 3 部分，即帧头、数据部分、帧尾。其中，帧头和帧尾包含一些必要的控制信息，如同步信息、地址信息、差错控制信息等；数据部分包含网络层传下来的数据，如 IP 数据包。

时延由发送时延、传播时延、处理时延以及排队时延组成。

* 发送时延：主机或者路由器发送数据帧所需要的时间。发送时延的计算公式为：发送时延＝数据帧长度/发送速率。
* 传播时延：电磁波在信道中传播一定的距离需要花费的时间。传播时延的计算公式为：传播时延＝信道长度/电磁波在信道上的传播速率。
* 处理时延：主机或路由器接收到分组时对分组进行处理所花费的时间。
* 排队时延：分组在网络传输时，进入路由器后要在输入队列中排队等待处理。另外，路由器在确定转发端口后，还需要在输出队列中排队等待转发。这些都是排队时延。

(5) 往返时间：表示从发送方发送数据开始，到发送方收到来自接收方的确认，整个过程一共经历的时间。

(6) 利用率：分为信道利用率和网络利用率。信道利用率指某信道有百分之几的时间是被利用的，即有数据通过。网络利用率指全网络的信道利用率的加权平均值。信道或网络利用率并非越高越好，过高的利用率会产生非常大的时延。

1.4　常见的网络拓扑结构

常见的网络拓扑结构有总线型、环状、星状、树状以及网状等。

1.4.1　总线型

总线型结构是使用同一媒体(如同轴电缆)连接所有端用户的一种方式，连接端用户的物理媒体由所有设备共享，各工作站地位平等，无中央结点控制。数据信息以广播的形式进行传播。各结点在接收信息时都进行地址检查，看是否与自己的工作站地址相符，若相符，则接收。

总线型结构必须解决的问题是确保端用户使用媒体发送数据时不会出现冲突。它是通过载波监听多路访问/冲突检测(CSMA/CD)解决碰撞问题的。

在总线型结构的网络中，在总线的两端连接有终结器(电阻)，作用是与总线进行阻抗匹配，最大限度吸收传送到端部的能量，避免信号反射回总线而产生不必要的干扰。总线型结构如图 1.1 所示。

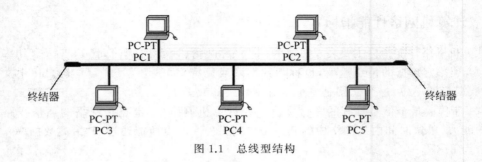

图 1.1 总线型结构

1.4.2 环状

环状结构在 LAN 中使用较多。该结构中的传输媒体从一个端用户到另一个端用户，直到所有的端用户连成环状。数据在环路中沿着一个方向在各个结点间传输，信息从一个结点传送到另一个结点。环状结构如图 1.2 所示。

令牌环传递是环状网络上传送数据的一种方法。令牌传递过程中，一个 3 字节的称为令牌的数据包绕环从一个结点发送到另一个结点。如果环上的一台计算机需要发送信息，它将截取令牌数据包，加上控制和数据信息以及目标结点的地址，将令牌转变成一个数据帧，然后该计算机将该令牌继续传递至下一个结点。只有获得令牌的结点，才可以发送信息，确保同一时间点只有一个结点发送数据，避免了冲突的发生。

环状拓扑的缺点是单个站的故障将影响整个网络，使整个网络发生瘫痪。

1.4.3 星状

星状结构是指各工作站以星状方式连接成网。网络中有中央结点，便于集中控制，端用户之间的通信必须经过中央结点。星状结构如图 1.3 所示。

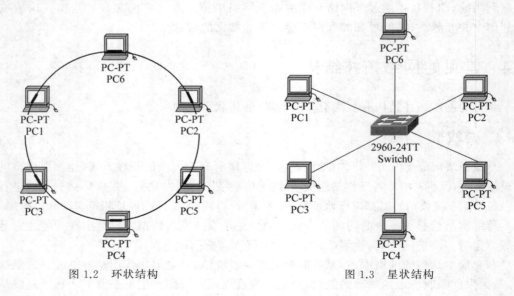

图 1.2 环状结构   图 1.3 星状结构

星状拓扑的优点表现在，端设备故障不会影响其他端用户间的通信。另外，该拓扑结构的网络延迟较小,系统可靠性较高。其缺点主要表现在中央结点故障将导致整个网络瘫痪。

1.4.4 树状

树状拓扑可以认为是由多级星状结构组成,这种多级星状结构自上而下呈三角形分布,就像一棵树一样,最顶端的枝叶少,中间多,最下端最多。树的最下端相当于网络的接入层,树的中间部分相当于网络的汇聚层,树的最顶端相关于网络的核心层。树状结构如图 1.4 所示。

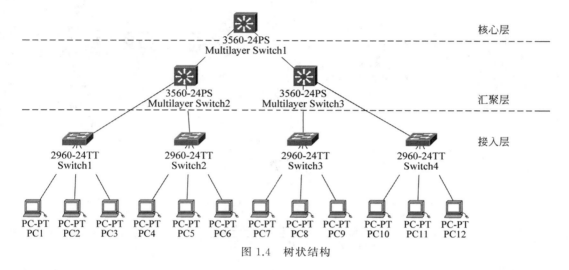

图 1.4 树状结构

树状拓扑的优点如下:

(1) 易扩展。可以延伸出很多分支和子分支,并且很容易连入网络。

(2) 故障隔离较容易。若某一分支的结点或线路发生故障,很容易将故障分支与整个网络隔离开。

树状拓扑的缺点:各个结点对根的依赖性太大,如果根发生故障,会影响整个网络的正常工作。

1.4.5 网状

网状拓扑结构在广域网中得到广泛应用,结点之间有多条路径相连。数据流的传输有多条路径供选择,在数据流传输过程中选择适当的路由,从而绕过失效的或繁忙的结点。这种结构比较复杂,成本较高,网络协议也较复杂,但可靠性较高。网状结构如图 1.5 所示。

网状拓扑的优点:结点间路径多,碰撞和阻塞发生概率小;局部故障不影响整个网络,可靠性高。

网状拓扑的缺点:网络关系复杂,建网较难;网络控制机制复杂,需采用复杂的路由算法和流量控制机制。

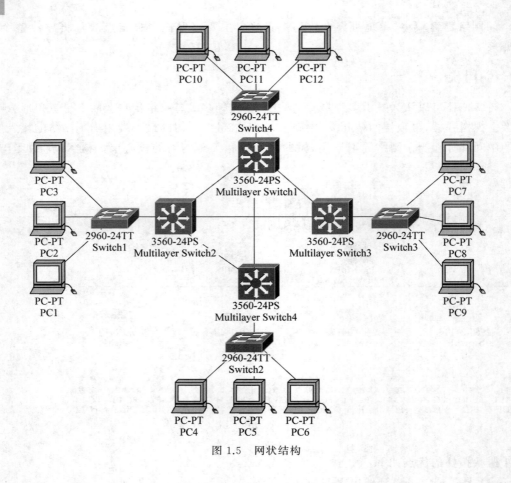

图 1.5　网状结构

1.5　计算机网络体系结构

1.5.1　OSI 参考模型

OSI(Open System Interconnect)即开放系统互联。OSI 参考模型是 ISO(国际标准化组织)在 1985 年提出的网络体系结构参考模型。该体系结构将网络互联定义为 7 层架构,层次结构从下到上分别为:物理层、数据链路层、网络层、运输层(或传输层)、会话层、表示层和应用层,如图 1.6 所示。

7	应用层
6	表示层
5	会话层
4	运输层
3	网络层
2	数据链路层
1	物理层

图 1.6　OSI 参考模型

1. 物理层

物理层处于 OSI 参考模型的最底层,主要定义物理设备标准,如网线的端口类型、光纤的端口类型。它的主要作用是传输比特流。这一层的数据单元称为比特。

2. 数据链路层

数据链路层为网络层提供服务,主要任务是将从网络层接收到的数据进行 MAC 地址(网卡的地址)的封装与解封装。实现这一层功能常见的设备是交换机和网络适配器(简称网卡),该层传输的数据单元称为数据帧。数据帧中包含物理地址、控制码、数据及校验码等信息。该层的主要作用是通过校验、确认和重传等手段，将不可靠的物理链路转换成对网络层来说无差错的数据链路。OSI 观点是将数据链路层做成可靠传输。增加了帧编号、确认和重传机制。由于通信链路质量引起差错的概率大大降低，因此 Internet 使用的数据链路层协议不使用确认和重传机制，不提供可靠传输服务。出现差错改正差错的任务由传输层完成，这样做可以提高通信效率。

此外，数据链路层还要协调收发双方的数据传输速率，即进行流量控制，以防止接收方因来不及处理发送方发来的高速数据而导致缓冲区溢出及线路阻塞。

3. 网络层

网络层是为运输层提供服务，传送的协议数据单元称为数据包或分组。该层的主要作用是解决如何使数据包通过结点传送的问题，即通过路径选择算法将数据包送到目的地。另外，为避免通信子网中出现过多的数据包而造成网络阻塞，需要对流入的数据包数量进行控制。当数据包要跨越多个通信子网才能到达目的地时，还要解决网络互联的问题。

4. 运输层

运输层的作用是为上层协议提供端到端的可靠和透明的数据传输服务，包括处理差错和流量控制等问题。该层向高层屏蔽了下层数据通信的细节，使高层用户看到的只是两个传输实体间的一条主机到主机的、可由用户控制和设定的、可靠的数据通路。

运输层传送的协议数据单元称为段或报文。

5. 会话层

会话层的主要功能是管理和协调不同主机上各种进程之间的通信，即负责建立、管理和终止应用程序之间的会话。会话层得名的原因是它很类似两个实体间的会话概念。

6. 表示层

表示层主要用于处理两个通信系统中交换信息的表示方式，为上层用户解决用户信息的语法问题。它包括数据格式交换、数据加密与解密、数据压缩与终端类型的转换。

7. 应用层

应用层是 OSI 中的最高层。该层确定进程之间通信的性质，以满足用户的需要。应用层不仅提供应用进程所需要的信息交换和远程操作，而且还要作为应用进程的用户代理，完成一些为进行信息交换所必需的功能。

1.5.2　TCP/IP 体系结构

TCP/IP 参考模型如图 1.7 所示。

1. 网络接口层

网络接口层是 TCP/IP 体系结构的最底层，负责处理与传输介质相关的细节，用于接收上层 IP 数据报并通过网络发送，或者从网络上接收物理帧，取出 IP 数据报，交给上层网络层（IP 层）。

网络接口层有关的网络类型有以太网、FDDI、令牌环、令牌总线、X.25、帧中继以及 ATM 等。常见的协议有串行线路

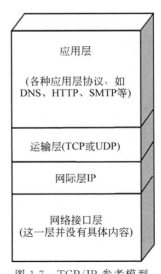

图 1.7　TCP/IP 参考模型

网际协议(Serial Line Internet Protocol,SLIP)、高级数据链路控制规程(High Level Data Link Control,HDLC)以及点对点协议(Point-to-Point Protocol,PPP)等。

2. 网际层

网际层是整个体系结构的关键部分,负责提供端到端通信,使主机可以把分组发送给任何网络,并使分组独立地传向目标。分组可能经由不同的网络,不同的顺序到达。网际层的主要协议为网际互联协议(Internet Protocol,IP)。

3. 运输层

运输层使源端和目的端机器上的对等实体进行会话。

主要协议:传输控制协议(Transmission Control Protocol,TCP)以及用户数据报协议(User Datagram Protocol,UDP)。TCP 是面向连接的协议,提供可靠的报文传输和对上层应用的连接服务。因此,除了基本的数据传输外,它还有可靠性保证、流量控制、多路复用、优先权和安全性控制等功能。UDP 是面向无连接的不可靠传输协议,主要用于不需要TCP 的排序和流量控制等功能的应用程序。

4. 应用层

应用层向用户提供常用的应用程序,如电子邮件、文件传输协议、远程登录、域名服务、超文本传输协议等。

1.5.3　两种体系结构的关系

OSI 参考模型只获得一些理论研究成果,并没有得到市场的认可,在市场化方面失败了,而非国际标准的 TCP/IP 体系结构却获得了最广泛的应用,常被称为事实上的国际标准。

如图 1.8 所示,两类体系结构的对应关系为:OSI 参考模型的物理层和数据链路层对应TCP/IP 体系结构的网络接口层,OSI 参考模型的网络层对应 TCP/IP 体系结构的网际层,OSI 参考模型的运输层对应 TCP/IP 体系结构的运输层,OSI 参考模型的应用层、表示层以及会话层对应 TCP/IP 体系结构的应用层。

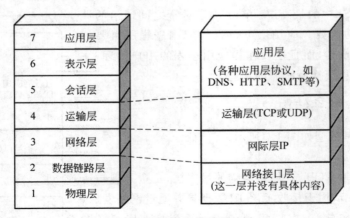

图 1.8　两种参考模型的关系

1.5.4　各层对应常见的网络设备

TCP/IP 体系结构的网络接口层对应 OSI 物理层及数据链路层。物理层常见的网络设备有集线器(HUB),通过集线器互联的局域网,理论上讲仍然属于总线型结构,属于共享介质传输,需要通过 CDMA/CD 协议解决冲突问题。目前,集线器基本被市场淘汰,网络互联时很少使用集线器。

数据链路层常见的网络设备有网桥(bridge)、网卡、交换机(switch)等。其中,网桥已被市场淘汰,取而代之的是交换机。网卡用于终端计算机联网时的必备设备。仅使用交换机进行互联的网络,网络互联部分只工作到数据链路层,处理的协议数据单元为帧。工作在数据链路层的设备不仅具有数据链路层的功能,同时也具有物理层的功能,具有向下兼容性。

网络层常见的设备有路由器和三层交换机。该层主要处理的协议数据单元为 IP 数据报,主要针对 IP 数据报进行转发。路由器在转发分组时最高只工作到网际层,而不涉及运输层和应用层。特别说明的是,工作于网络层的设备同时具有数据链路层和物理层的功能。

应用层和运输层这两个高层协议数据单元通常由终端主机处理。也就是说,终端主机具有 TCP/IP 四层的全部功能。

主机和路由器工作的层次关系如图 1.9 所示。

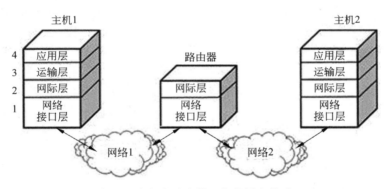

图 1.9　主机和路由器工作的层次关系

1.6　IP 地址

1.6.1　IP 地址简介

IP 地址指互联网协议地址(Internet protocol address),又称网际协议地址。IP 地址是 IP 协议提供的一种统一的地址格式,是为互联网上每一台主机分配的逻辑地址。

目前 IP 地址的版本有 IPv4 和 IPv6,IPv4 由 32 位二进制数组成,通常被划分为 4 个 8 位二进制数。为了便于书写,IPv4 通常用点分十进制数表示成 a.b.c.d 的形式,其中,a,b,c,d 都是 0~255 的十进制整数。如 IP 地址 192.168.1.1,实际上是 32 位二进制数 11000000 10101000 00000001 00000001。理论上讲,IPv4 地址的总数量为 $2^{32}=4\,294\,967\,296$ 个,从当时 IP 地址诞生时的现状看,这么庞大的地址数量很难耗尽。

IPv6 由 128 位二进制数组成,通常写成 8 组,每组为 4 个十六进制数形式。理论上讲,IPv6 地址数量为 2^{128},其数量是 IPv4 地址的 2^{96} 倍。可以说,IPv6 地址数量相当庞大。如果地球表面都覆盖计算机,那么 IPv6 允许每平方米拥有 7×10^{23} 个 IP 地址;如果地址分配的速率是每微秒 100 万个,那么 10^{19} 年才能将所有地址分配完。

IP 地址编址方法共经历了 3 个历史阶段。

第一个阶段:分类的 IP 地址。这是最基本的编制方法,在 1981 年就制定了相应的标准。

第二个阶段:子网的划分。这是对最基本编址方法的改进,其标准 RFC 950 在 1985 年通过。

第三个阶段:构成超网。这是比较新的无分类编址方法。1993 年提出后很快就得到推广应用。

1.6.2　分类的 IP 地址

整个互联网(Internet)可以被看成是一个单一的、抽象的网络,IP 地址就是给每个连接在互联网上主机的网络端口(或者路由器端口)分配在全世界范围内唯一的 32 位标识符。

在 IP 地址编址的第一个阶段,将 IP 地址划分为若干个固定类,每一类地址都由两个固定长度的字段组成,其中一个字段是网络号,它标志主机(或路由器)连接到的网络,而另一个字段是主机号,它标志该主机(或路由器)。

可见,网络号在全世界范围内是唯一的,同时,在同一个网络号所指明的网络范围内主机号也必须是唯一的。由此可见,一个 IP 地址在整个互联网范围内是唯一的。

分类的 IP 地址将 IP 地址划分为 A、B、C、D、E 5 类,具体的划分方法如图 1.10 所示。

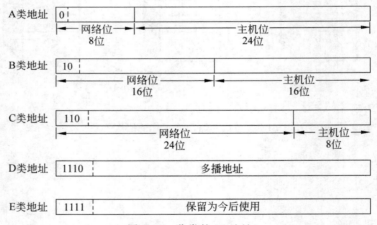

图 1.10　分类的 IP 地址

1. A 类 IP 地址

A 类 IPv4 地址网络位占一个字节,即 8 位,主机位占 3 个字节,即 24 位。由于该类地址主机位占的位数多,所以一个 A 类网络可分配的主机数比较多,因此 A 类网络适合网络规模比较大的网络。

2. B 类 IP 地址

相对于 A 类 IPv4 地址针对大型网络设计而言,B 类 IPv4 地址是针对中型网络而设计的。其网络位和主机位均占有两个字节的位数。

3. C 类 IP 地址

前面的 A 类和 B 类 IPv4 地址分别针对大型网络和中型网络而设计,C 类 IPv4 地址则针对小型网络而设计。C 类 IPv4 地址网络位占 3 个字节,即 24 位,主机位占 1 个字节,即 8 位。可见,C 类 IPv4 地址可分配的网络数是最多的,但每个 C 类网络可分配的主机数是最少的。

4. D 类 IP 地址

D 类地址用于多播,它不指向特定的网络,用来一次寻址一组计算机。

5. E 类 IP 地址

E 类地址保留为今后使用。

当初将 IP 地址如此分配,也是考虑到不同网络规模对 IP 地址的需求是不同的。这里要特别注意,普遍认为的 IP 地址分配,其本质并不是指分配具体的 IP 地址,而分配的是网络地址。获得网络地址的单位,实际上就获得了整个网络内的所有可以分配的 IP 地址。因此将 IP 地址按照网络规模大小划分为 A、B、C 类,这样的划分是符合当时历史现状的。如果大型规模的网络需要申请 IP 地址,则分配一个 A 类网络地址。如果中等规模的网络需要申请 IP 地址,则分配一个 B 类网络地址。如果小型规模的网络需要申请 IP 地址,则分配一个 C 类网络地址。这样就从一定程度上避免了 IP 地址的浪费问题。

1.6.3　子网划分

由于互联网刚诞生时规模较小,人们对网络地址的需求量不是很大,因此分类的 IP 地址在当时的历史状况下能够满足需要。

但是,随着互联网规模的不断扩大,人们对网络地址需求量也在不断增加,分类的 IP 地址的缺陷也暴露了出来。

首先,IP 地址浪费现象严重。一个 A 类网络可分配的 IP 地址数的数量级别达到千万。很少有单位能够分配完这个数量级别的 IP 地址。即使是 B 类网络,每个 B 类网络可分配的 IP 地址数的数量级别也要达到 6 万多,有这么大地址需求的单位也很少。因此,分配到 A 类和 B 类网络的单位,基本会浪费大量的 IP 地址。这样分配 IP 地址导致的后果是,网络地址被分配出去的越来越多,剩下的越来越少,很多单位已经很难再申请到网络地址。而获得网络地址的单位有大量的 IP 地址没有使用,造成大量的浪费,而这些浪费的 IP 地址也没有办法分配给别的单位使用。其次 A 类、B 类网络的主机在一个广播域内,如此大规模的网络在一个广播域内,必定造成网络性能大幅下降。最后按照这种方法分类的 IP 地址,其网络安全性差,安全策略设置不灵活。

在这样的历史背景下出现了 IP 编址方案的第二个阶段,即子网划分。

从 1985 年起,在 IP 地址中又增加了一个子网号字段,将 IP 地址从两级结构设计成三级结构。划分子网是从主机位借用若干位作为子网位,相应地主机位也就减少相同的位数。

划分子网的优点主要表现在以下方面:①减少了 IP 地址的浪费;②使网络的组织更加灵活;③更便于维护和管理;④减少广播报文的影响,优化网络性能;⑤提高网络安全性,增加安全策略设置的灵活性。

这样,仅从一个 IP 数据报的首部并不能判断源主机或目的主机所连接的网络是否进行了子网划分。此时需要使用子网掩码帮助找出 IP 地址中的子网部分。子网掩码和 IP 地址一样同样由 32 位二进制数组成,它和 IP 地址是一一对应的关系。子网掩码由连续的 1 和连续的 0 组成。子网掩码中 1 对应的 IP 地址部分为网络号和子网号,子网掩码中 0 对应的 IP 地址部分为主机号。

因此,在配置网络参数时,不但要配置 IP 地址,还要配置相应的子网掩码。两者配合起来使用,才能真正决定该 IP 地址的网络位、子网位以及主机位。

如 IP 地址为 172.16.1.1,如果没有明确子网掩码,在传统的分类 IP 地址中,它属于 B 类地址,根据 B 类地址前两个 8 位为网络位,后两个 8 位为主机位,可以得出它的网络位为 172.16,主机位为 1.1。但在划分子网的 IP 地址中,仅从 172.16.1.1 并不能看出哪部分是子网位,此时需要配置相应的子网掩码。如果它的子网掩码为 255.255.255.0,则可以看出子网位为第 3 个 8 位,也就是 1。

划分子网能够划分出更多的网络地址分配给更多的单位使用,使 IP 地址的应用更加充分。

1.6.4 无分类编址 CIDR

划分子网在一定程度上缓解了互联网在发展中遇到的难题。然而,1992 年,互联网仍然面临 3 个必须尽早解决的问题。

(1) B 类地址在 1992 年已分配了近一半,即将分配完毕。

(2) 互联网主干网上的路由表中的项目数急剧增长。

(3) 整个 IPv4 地址空间最终将全部耗尽。

1987 年,RFC1009 指明了在一个划分子网的网络中可同时使用几个不同的子网掩码,即可变长子网掩码(Variable Length Subnet Mask,VLSM)。使用可变长子网掩码可进一步提高 IP 地址资源利用率。在 VLSM 的基础上又进一步研究出无分类编址方法,正式名字是无分类域间路由选择(Classless Inter-Domain Routing,CIDR)。

CIDR 消除了传统的 A 类、B 类和 C 类地址以及划分子网的概念,从而更加有效分配 IPv4 地址空间。CIDR 使用各种长度的网络前缀代替分类地址中的网络号和子网号。IP 地址从三级编址又回到了两级编址。

1.7 本章小结

主要讲解了网络互联与实践课程相关的网络基础知识,首先向读者介绍了计算机网络发展过程、目前广泛使用的互联网的发展过程,主要讲解了计算机网络发展的 5 个阶段以及互联网发展的 3 个阶段。

接着讲解了计算机网络的定义以及计算机网络的分类,分析了交换技术及网络的性能指标,从覆盖范围角度探讨了计算机网络的分类,讲解了计算机网络常见的电路交换、报文交换以及分组交换技术。之后分别从速率、带宽、吞吐量、时延、往返时间及利用率分析了计算机网络的性能指标。

详细介绍了计算机网络常见的网络拓扑结构,以及计算机网络的体系结构,包括 OSI 及 TCP/IP 模型。讲解了总线型、环状、星状、树状以及网状等常见计算机网络拓扑结构,详细分析了各拓扑结构的特点。计算机网络体系结构是本章的难点,理论性强,不太容易理解。本章还详细分析了 OSI 参考模型以及 TCP/IP 模型,具体分析了它们的层次划分及每一层的功能及特点,同时分析了这两种层次模型的关系。

最后讲解了 IPv4 地址的编址方案,详细介绍了 IP 地址编址的 3 个阶段,分别为分类的 IP 地址到划分子网,再到无分类编址方案。

1.8　习题

一、单选题

1. 作为互联网起源的计算机网络系统是(　　)。
　　A. ATM 网　　　　　B. DEC 网　　　　　C. ARPA 网　　　　D. SNA 网

2. 将计算机网络划分为广域网、城域网以及局域网的分类依据是(　　)。
　　A. 交换方式　　　　B. 地理覆盖范围　　C. 传输方式　　　　D. 拓扑结构

3. 目前公用电话网使用的交换方式是(　　)。
　　A. 电路交换　　　　B. 分组交换　　　　C. 信源交换　　　　D. 报文交换

4. 计算机网络中广泛使用的交换技术是(　　)。
　　A. 电路交换　　　　B. 报文交换　　　　C. 分组交换　　　　D. 信源交换

5. 通常将两台计算机直接相连构成一个网络的双绞线为(　　)。
　　A. 直连线　　　　　B. 交叉线　　　　　C. 反接线　　　　　D. 以上都可以

6. 在 OSI 七层模型中,网络设备中继器所属的层次是(　　)。
　　A. 物理层　　　　　B. 数据链路层　　　C. 网络层　　　　　D. 应用层

7. PPP 协议所属的网络层次是(　　)。
　　A. 物理层　　　　　B. 数据链路层　　　C. 网络层　　　　　D. 高层

8. 在 OSI 参考模型中,控制两个相邻结点间链路上的流量的网络层次是(　　)。
　　A. 数据链路层　　　B. 物理层　　　　　C. 网络层　　　　　D. 运输层

9. 目前应用最广泛的局域网是以太网,它采用的随机争用型介质访问控制方法是(　　)。
　　A. CSMA/CD　　　B. FDDI　　　　　C. Token Bus　　　D. Token Ring

10. IP 地址分为 5 类,分别为 A、B、C、D、E,其中 B 类地址的第一个字节取值范围是(　　)。
　　A. 127～191　　　B. 128～191　　　C. 129～191　　　D. 126～191

11. 在数据传输过程中,实现路由功能的层次是(　　)。
　　A. 运输层　　　　　B. 物理层　　　　　C. 网络层　　　　　D. 应用层

12. IP 地址 210.42.194.22 所属的类型是(　　)。
　　A. A 类　　　　　　B. B 类　　　　　　C. C 类　　　　　　D. D 类

13. IP 地址为 202.130.191.33,子网掩码为 255.255.255.0,则它的网络地址是 (　　)。
　　A. 202.130.0.0　B. 202.0.0.0　　C. 202.130.191.33　D. 202.130.191.0

14. 将一个 B 类网络地址 160.18.0.0 划分子网,若每个子网最少满足 40 台主机的要求,同时要求容纳最多子网,则子网掩码为(　　)。
　　A. 255.255.192.0　　　　　　　B. 255.255.224.0
　　C. 255.255.240.0　　　　　　　D. 255.255.255.192

15. 在分类的 IP 地址中,IP 地址 205.140.36.88 的主机号是( )。

    A. 205   B. 205.140   C. 88   D. 36.88

16. 在互联网中,需要具备路由选择功能的设备是( )。

    A. 中继器   B. 网桥   C. 路由器   D. 交换机

17. 路由器中的路由表( )。

    A. 需要包含到达所有主机的完整路径信息

    B. 需要包含到达所有主机的下一步路径信息

    C. 需要包含到达目的网络的完整路径信息

    D. 需要包含到达目的网络的下一步路径信息

18. IP 数据报具有"生存时间"域,当该域的值为( )时,数据报将被丢弃。

    A. 255   B. 16   C. 1   D. 0

19. 关于 ARP 协议的描述,正确的是( )。

    A. 请求采用单播方式,应答采用广播方式

    B. 请求采用广播方式,应答采用单播方式

    C. 请求和应答都采用广播方式

    D. 请求和应答都采用单播方式

20. 网卡工作在 OSI 七层模型中的层次是( )。

    A. 物理层   B. 数据链路层   C. 网络层   D. 运输层

21. 以太网 10BASE-T 的含义是( )。

    A. 10Mb/s 基带传输的粗缆以太网   B. 10Mb/s 基带传输的光纤以太网

    C. 10Mb/s 基带传输的细缆以太网   D. 10Mb/s 基带传输的双绞线以太网

22. 下列属于正确的 MAC 地址的是( )。

    A. 0D-01-22-AA   B. 00-01-22-0A-AD-01

    C. A0.01.00   D. 139.216.000.012.002

23. 在 OSI 参考模型中,提供进程之间通信功能的层次是( )。

    A. 物理层   B. 数据链路层   C. 传输层   D. 应用层

24. TCP 的主要功能是( )。

    A. 进行数据分组   B. 保证可靠传输   C. 确定传输路径   D. 提高传输速度

25. 应用层的各种进程中,实现与传输实体的交互的是( )。

    A. 程序   B. 端口   C. 进程   D. 调用

26. 熟知端口的范围是( )。

    A. 0～100   B. 20～199   C. 0～255   D. 1024～49151

27. 运输层实现不可靠传输的协议是( )。

    A. TCP   B. UDP   C. IP   D. ARP

28. TCP 重传计时器设置的重传时间( )。

    A. 等于往返时延   B. 等于平均往返时延

    C. 大于平均往返时延   D. 小于平均往返时延

29. TCP 流量控制中滑动窗口的功能是( )。

    A. 指明接收端的接收能力   B. 指明接收端已经接收的数据

　　　　C. 指明发送方的发送能力　　　　　　D. 指明发送方已经发送的数据

二、多选题

1. 香农定理从定量的角度描述了"带宽"与"速率"的关系。在香农定理的公式中，与信道的最大传输速率相关的参数有（　　　）。

　　　　A. 频率特性　　　　　B. 信噪比　　　　　C. 相位特性　　　　　D. 信道带宽

2. 下列不属于 ISO 正式颁布的标准的有（　　　）。

　　　　A. TCP/IP　　　　　B. OSI/RM　　　　　C. IBM/SNA　　　　　D. DEC/DNA

3. 下列说法正确的有（　　　）。

　　　　A. 高速缓存区中的 ARP 表是由人工建立的

　　　　B. 高速缓存区中的 ARP 表是由主机自动建立的

　　　　C. 高速缓存区中的 ARP 表是动态的

　　　　D. 高速缓存区中的 ARP 表保存了主机 IP 地址与物理地址的映射关系

4. 下列关于 IP 数据报头的描述，正确的有（　　　）。

　　　　A. 版本字段表示数据报使用的 IP 协议版本

　　　　B. 协议字段表示数据报要求的服务类型

　　　　C. 首部校验和字段用于验证 IP 报头的完整性

　　　　D. 生存时间字段用于表示数据报存活时间

5. 下列关于 IP 地址的说法，正确的有（　　　）。

　　　　A. 一个 IP 地址由 4 个字节组成

　　　　B. 一个 IP 地址是由 32 位二进制数组成

　　　　C. 新的 IP 协议的版本为 IPv6

　　　　D. 地址 127.0.0.1 可以用在 A 类网络中

6. 下列建立在 IP 协议之上的协议有（　　　）。

　　　　A. ARP　　　　　B. ICMP　　　　　C. SNMP　　　　　D. TCP

7. 下列属于 TCP/IP 模型的协议有（　　　）。

　　　　A. TCP　　　　　B. UDP　　　　　C. ICMP　　　　　D. HDLC

三、判断题

1. 分组交换有建立连接、传输数据和释放连接 3 个通信过程。　　　　　　（　　　）

2. 互联网的核心网络协议是 IPX/SPX。　　　　　　　　　　　　　　　　（　　　）

3. 运输层位于数据链路层上方。　　　　　　　　　　　　　　　　　　　（　　　）

4. 用 Ping 命令可以测试两台主机间是否连通。　　　　　　　　　　　　（　　　）

四、填空题

1. 数据一般分＿＿＿＿＿数据和＿＿＿＿＿数据两种类型。

2. 光纤分为＿＿＿＿＿光纤和＿＿＿＿＿光纤两大类。

3. 以太网为了检测和防止冲突而采用的是带冲突检测的＿＿＿＿＿机制。

4. 网卡中的 MAC 地址是＿＿＿＿＿位。

5. DNS 的功能是把＿＿＿＿＿转换为 IP 地址。

6. WWW 的中文名称为＿＿＿＿＿。

7. WWW 上的每一个网页都有一个独立的地址，这些地址称为＿＿＿＿＿。

五、简答题

1. 简述互联网的发展历史。

2. 常见的数据交换技术有哪些？简述它们各自的特点。

3. 计算机网络的性能指标有哪些？

4. 简述 OSI 参考模型每一层的具体功能。

5. IPv4 编址方案经历了哪 3 个阶段？怎样区分 A、B、C、D 及 E 类 IP 地址？

第 2 章　网络互联设备及互联介质

本章学习目标

- 了解常见的网络互联设备及其工作层次
- 掌握集线器、交换机及路由器相关知识
- 了解常见的网络互联介质
- 精通双绞线的分类、制作以及选择
- 掌握同轴电缆、光纤的分类及特点
- 了解常见的无线传输介质
- 熟悉无线电波、微波以及红外线的特点

首先介绍常见的网络互联设备及它们工作的层次。包括讲解集线器的工作原理。在网络互联设备交换机中,主要探讨二层交换机、三层交换机的工作原理,以及二层交换机和三层交换机各自的使用场合,同时讲解交换机的启动过程及端口分类。接着介绍路由器的工作原理、启动过程以及端口类型,分析交换机和路由器的区别。

同时介绍常见的网络互联介质,包括有线传输介质的双绞线、同轴电缆、光纤以及无线传输介质的无线电波、微波、红外线,详细分析双绞线的分类、双绞线的制作过程以及直通线、交叉线的使用场合。

2.1　网络互联设备

网络互联时涉及一些硬件设备,这些设备称为网络互联设备。常用的网络互联设备有中继器、集线器、网桥、交换机、路由器、防火墙以及入侵检测、入侵防御系统等。

中继器是局域网互联的最简单设备,它工作在 OSI 体系结构的物理层。

集线器是有多个端口的中继器,简称 HUB。目前,中继器以及集线器均退出市场,网络互联中已经很少见到它们的身影。

网桥工作于 OSI 体系的数据链路层。

交换机是多端口的网桥,同样工作在数据链路层。目前,在网络工程中常见的数据链路层设备为交换机,网桥已经不再使用。

路由器工作在网络层,主要用于异构网络的互联。

防火墙通常部署在内部网络和外部网络之间,用于隔离内部网络和外部网络,防止外部网络对内部网络的攻击,起到加强内部网络安全的作用。

入侵检测系统(Intrusion Detection System,IDS)指的是依据一定的安全策略,对网络、系统的运行状况进行即时监视,尽可能发现各种攻击企图、攻击行为或者攻击结果,以保证网络系统资源的机密性、完整性和可用性。IDS 是一种积极主动的安全防护技术,主要分为基于网络的入侵检测系统、基于主机的入侵检测系统以及分布式入侵检测系统。

入侵防御系统(Intrusion Prevention System,IPS)是针对网络攻击技术不断提高,网络安全漏洞不断发现,传统防病毒软件、防火墙以及入侵检测系统无法应对新的安全威胁形势而产生的网络安全设备。它是对已有安全设施的补充。入侵防御系统能够监视网络或网络设备的行为。对恶意报文能够及时中断、调整或隔离,对滥用报文进行限流,以保护网络带宽资源。

入侵检测系统主要起检测报警的作用,而入侵防御系统能够阻止恶意攻击行为,依靠对入网数据包进行检测,确定该数据包的真正用途,再决定是否允许数据包进入网络。

入侵检测系统和入侵防御系统的区别主要表现在以下两个方面。

(1)从产品价值角度讲:入侵检测系统注重网络安全状况的监管。入侵防御系统关注的是对入侵行为的控制。

(2)从产品应用角度讲:为了达到全面检测网络安全状况的目的,入侵检测系统需要部署在网络内部的中心点,能够观察到所有网络数据。对于多逻辑隔离的子网而言,需要在每个子网部署一个入侵检测分析引擎。为了实现对外部攻击的防御,入侵防御系统需要部署在网络的边界。对所有来自外部的数据实时进行分析,一旦发现攻击行为,立即阻断,保证外部攻击数据不能通过网络边界进入网络。

2.1.1 集线器

集线器俗称 HUB,其主要功能是对接收到的信号进行放大,以扩大网络的传输距离,同时把所有结点集中在以它为中心的结点上。集线器工作在 OSI 参考模型的物理层,它采用 CSMA/CD(载波监听多路访问/冲突检测)介质访问控制机制。集线器的端口功能简单,每个端口只做简单的收发比特,收到 1 就转发 1,收到 0 就转发 0。

集线器属于纯硬件网络底层设备,不具有智能记忆和学习能力,它发送数据时都是没有针对性的,而是采用广播方式发送,即它向某结点发送数据时,不是直接把数据发送到目的结点,而是把数据包发送到除接收该数据包的端口外其他与集线器相连的所有结点。图 2.1 所示为利用集线器连接网络的情况。

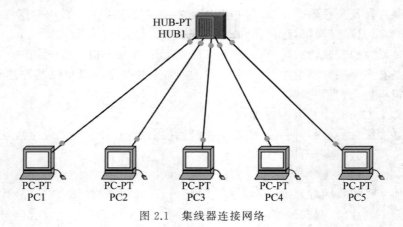

图 2.1 集线器连接网络

2.1.2 交换机

交换机(switch)意为"开关",是一种用于电(光)信号转发的网络设备,为接入交换机的任意两个网络结点提供独享的电(光)信号通路。最常见的交换机是以太网交换机。其他常见的还有电话程控交换机。

交换机有多个端口,每个端口都具有桥接功能,可以连接一个局域网或一台高性能服务器或工作站。交换机也被称为多端口网桥。

交换机工作于 OSI 参考模型的第二层,即数据链路层。交换机内部的 CPU 会在每个端口成功连接时,通过将 MAC 地址和端口对应,形成一张 MAC 表。在今后的通信中,发往该 MAC 地址的数据包将仅送往其对应端口,而不是所有的端口。因此,交换机可以划分冲突域,但它不能划分网络层的广播,即广播域。

交换机的控制电路收到数据包以后,处理端口会查找内存中的地址对照表,以确定目的 MAC(网卡的硬件地址)的 NIC(网卡)接在哪个端口上,通过内部交换矩阵迅速将数据包传送到目的端口,目的 MAC 若不存在,交换机将向所有端口进行广播。接收端口回应后,交换机会学习新的 MAC 地址,并把它添加到内部 MAC 地址表中。

根据工作层数的不同,可以将交换机划分为二层交换机和三层交换机。

1. 二层交换机

二层交换技术的发展比较成熟,属于数据链路层设备,可以识别数据包中的 MAC 地址信息,根据 MAC 地址进行转发,并将这些 MAC 地址与对应的端口记录在自己内部的一张地址表中。

具体工作流程如下。

(1) 当交换机从某个端口收到一个数据包,它先读取包头中的源 MAC 地址,这样它就知道了源 MAC 地址的机器是连在交换机的哪个端口上。

(2) 读取包头中的目的 MAC 地址,并在地址表中查找相应的端口。

(3) 如表中有与这个目的 MAC 地址对应的端口,把数据包直接复制到这端口上。

(4) 如在表中找不到相应的端口,则把数据包广播到所有端口上,当目的机器对源机器回应时,交换机又可以记录这一目的 MAC 地址与交换机端口的对应关系,下次传送数据时就不再需要对所有端口进行广播了。交换机不断循环这个过程,对于全网的 MAC 地址信息都可以学习到,二层交换机就是这样建立和维护它自己的地址表的。

2. 三层交换机

三层交换机的工作原理较二层交换机的工作原理复杂,如图 2.2 所示,PC1 和 PC2 通过三层交换机相连,其工作过程如下。

PC1 要和 PC2 进行通信,通信开始时,如果 PC1 已知对方的目的 IP 地址,那么 PC1 就用自己的子网掩码与目的 IP 地址作与运算,从而得到相应的网络地址,据此可以判断目的 IP 地址所在的网络是否与 PC1 所在的网络为同一网段。如果在同一网段,但不知道转发数据所需的 MAC 地址,PC1 就发送 ARP 请求,PC2 返回其 MAC 地址,PC1 用此 MAC 封装数据包并发送给交换机,交换机启用二层交换模块,查找 MAC 地址表,将数据包转发到相应的端口。

如果目的 IP 地址所在的网段和 PC1 本身所在

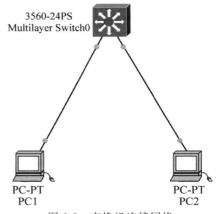

图 2.2　交换机连接网络

的网段不是同一个网段，那么要实现 PC1 和 PC2 的通信，首先在 ARP 缓存条目中查看有没有对应 PC2 的 MAC 地址条目，如果没有该条目，此时就将第一个正常数据包发送给默认网关，这个默认网关是计算机操作系统之前设置好的，这个默认网关的 IP 对应第三层路由模块，所以对于不是同一子网的数据，最先在 MAC 表中存放的是默认网关的 MAC 地址（由源主机 PC1 完成）；然后就由三层模块接收此数据包，查询路由表，以确定到达 PC2 的路由，将构造一个新的帧头，其中以默认网关的 MAC 地址为源 MAC 地址，以 PC2 的 MAC 地址为目的 MAC 地址。通过一定的机制，确定 PC1 和 PC2 的 MAC 地址及转发端口的对应关系，并记录进缓存条目表中，以后 PC1 和 PC2 的数据就直接交由二层交换模块完成。这就是通常所说的一次路由多次转发。

三层交换机的特点如下：

（1）由硬件结合实现数据的高速转发。不是简单二层交换和路由器的叠加，三层路由模块直接叠加在二层交换的高速背板总线上，突破了传统路由器的端口速率限制。

（2）简洁的路由软件使路由过程简化。大部分的数据转发，除必要的路由选择交由路由软件处理外，都是由二层模块高速转发，路由软件大多都是经过处理的高效优化软件，并不是简单照搬路由器中的软件。

3. 二层和三层交换机的选择

二层交换机用于小型的局域网。在小型的局域网中，广播包影响不大，二层交换机的快速交换功能、多个接入端口和低廉价格为小型网络用户提供了很完善的解决方案。

三层交换机的优点在于端口类型丰富，支持的三层功能强大，路由能力强大，适合大型网络间的路由，它的优势在于选择最佳路由，负荷分担，链路备份及和其他网络进行路由信息的交换等路由器所具有的功能。

如果把大型网络按照部门、地域等因素划分成一个个小局域网，这将导致大量的网际互访，单纯使用二层交换机不能实现网际互访；如单纯使用路由器，由于端口数量有限和路由转发速度慢，将限制网络的速度和网络规模，采用具有路由功能的快速转发的三层交换机就成为首选。

4. 交换机的启动过程

交换机加载，启动加载器软件。启动加载器是存储在 NVRAM 中的小程序，并且在交换机第一次开启时运行。

启动加载器，执行以下操作。

（1）执行低级 CPU 初始化。启动加载器初始化 CPU 寄存器，寄存器控制物理内存的映射位置、内存量以及内存速度。

（2）执行 CPU 子系统的加电自检（POST）。启动加载器测试 CPU DRAM 以及构成闪存文件系统的内存设备部分。

（3）初始化系统主板上的闪存文件系统。

（4）将默认操作系统软件映像加载到内存中，并启动交换机。启动加载器先在与 Cisco IOS 映像文件同名的目录中查找交换机上的 Cisco IOS 映像，如果在该目录中未找到，则启动加载器软件搜索每一个子目录，然后继续搜索原始目录。

（5）操作系统使用在操作系统配置文件 config.text（存储在交换机闪存中）中找到的 Cisco IOS 命令初始化端口。

启动加载器还可以在操作系统无法使用的情况下用于访问交换机。

5. 交换机端口类型

Cisco 交换机的端口类型有配置端口、百兆端口、千兆端口以及万兆端口等。

交换机配置端口有两个,分别是 Console 和 AUX,Console 通常是用来进行交换机的基本配置时通过专用连线与计算机连接用的,而 AUX 是用于交换机的远程配置连接用的。

(1) Console 端口。

Console 端口使用配置专用连线直接连接至计算机的串口,利用终端仿真程序(如 Windows 下的超级终端)进行交换机本地配置。交换机的 Console 端口多为 RJ-45 端口。

(2) AUX 端口。

AUX 端口为异步端口,主要用于远程配置,也可用于拨号连接,还可通过收发器与 MODEM 进行连接。AUX 端口与 Console 端口通常同时提供,因为它们的用途各不相同。

2.1.3　路由器

路由器(router)又称网关设备(gateway),是连接互联网中各局域网、广域网的设备。路由器用于连接多个逻辑上分开的网络。所谓逻辑网络,代表一个单独的网络或者一个子网。当数据从一个子网传输到另一个子网时,可通过路由器的路由功能完成。因此,路由器具有判断网络地址和选择 IP 路径的功能,属于网络层的一种互联设备。

路由器是互联网中主要的结点设备。路由器通过路由决定数据的转发。转发策略称为路由选择。作为不同网络之间互相连接的枢纽,路由器系统构成了基于 TCP/IP 的国际互联网的主体脉络,也可以说,路由器构成了互联网的骨架。它的处理速度是网络通信的主要瓶颈之一。它的可靠性直接影响网络互联的质量。因此,在园区网、地区网甚至互联网中,路由器技术始终处于核心地位。图 2.3 所示为路由器联网结构图。

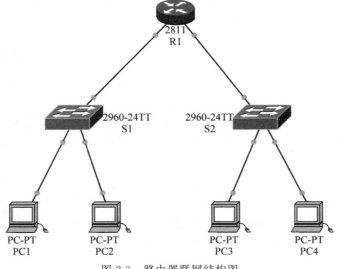

图 2.3　路由器联网结构图

路由器能够正常运行,需要操作系统的支持,如 Cisco 路由器的操作系统称为 IOS,如同 PC 上使用的 Windows 系统一样。

1. 路由器启动过程

(1) 路由器在加电后首先进行上电自检(Power On Self Test,POST),对硬件进行检测。

(2) POST 完成后,读取 ROM 里的 BOOTStrap 程序进行初步引导。

(3) 初步引导完成后,尝试定位并读取完整的 IOS 镜像文件。路由器将会首先在 Flash 中查找 IOS 文件,如果找到了 IOS 文件,就读取 IOS 文件,引导路由器。

(4) 如果在 Flash 中没有找到 IOS 文件,路由器将会进行 BOOT 模式,在 BOOT 模式下可以使用 TFTP 上的 IOS 文件。路由器就可以正常启动到命令行界面(Command-Line Interface,CLI)模式。

(5) 当路由器初始化完成 IOS 文件后,就会开始在 NVRAM 中查找 STARTUP-CONFIG 文件,STARTUP-CONFIG 叫作启动配置文件。该文件保存了对路由器所做的所有的配置和修改。当路由器找到该文件后,路由器就会加载文件里的所有配置,并且根据配置学习、生成、维护路由表,并将所有的配置加载到 RAM(路由器的内存)里后,进入用户模式,最终完成启动过程。

(6) 如果在 NVRAM 里没有 STARTUP-CONFIG 文件,则路由器会进入询问配置模式,也就是俗称的问答配置模式,在该模式下,所有关于路由器的配置都以问答形式进行配置。不过,一般情况下,基本不用问答形式的配置模式,而是通过进入 CLI 命令行模式对路由器进行配置。

2. 路由器端口类型

路由器带有各种不同的端口,如配置端口、快速以太网端口、千兆以太网端口以及串行端口等。

路由器配置端口通常有两个,分别是 Console 口和 AUX 口。Console 口通常对路由器进行基本配置时通过专用连线与计算机相连,而 AUX 口是用于对路由器进行远程配置时采用的配置端口。

(1) Console 口。

Console 口使用配置专用连线直接连接至计算机的串口,利用终端仿真程序(如 Windows 下的超级终端)进行路由器本地配置。路由器的 Console 口通常为 RJ-45 口。

(2) AUX 口。

AUX 口为异步端口,主要用于远程配置,也可用于拨号连接,还可通过收发器与 MODEM 进行连接。AUX 口与 Console 口通常同时提供,因为它们的用途各不相同。

(3) 高速同步串口。

在路由器的广域网连接中,应用最多的端口要算高速同步串口(SERIAL)了,这种端口主要用于连接 DDN、帧中继(Frame Relay)、X.25、PSTN(模拟电话线路)、ATM 等网络连接模式。在企业网之间,有时也通过 ATM 或帧中继等广域网连接技术进行专线连接。这种同步端口一般要求速率非常高,因为一般来说,通过这种端口连接的网络的两端都要求实时同步。

(4) 快速以太网端口。

Fastethernet 口为快速以太网端口,用于连接以太网。

3. 路由器与 3 层交换机的比较

路由器与 3 层交换机虽然都具有路由功能,但是 3 层交换机的主要功能仍然是数据交换,它的路由功能通常比较简单,因为它主要完成局域网的连接,路由路径远没有路由器那么复杂,它用在局域网中的主要用途是提供快速数据交换功能,满足局域网数据交换频繁的应用特点。

路由器的主要功能还是路由功能,它的路由功能更多体现在不同类型网络之间的互联上,如局域网与广域网之间的连接、不同协议的网络之间的连接等,所以路由器主要用于不同类型的网络之间。它最主要的功能是路由转发,解决好各种复杂路由路径网络的连接就是它的最终目的,所以路由器的路由功能通常非常强大,不仅适用于同种协议的局域网间,更适用于不同协议的局域网与广域网间。

2.2　网络互联介质

网络互联介质分为有线介质和无线介质两种。常见的有线介质有双绞线、同轴电缆和光纤。常见的无线介质有无线电波、微波以及红外线等。

2.2.1　双绞线

双绞线(Twisted Pair,TP)是一种综合布线工程中最常用的传输介质,由两根具有绝缘保护层的铜导线组成。把两根绝缘的铜导线按一定密度互相绞在一起,目的是将导线在传输中辐射出来的电波互相抵消,有效降低信号干扰的程度。实际使用时,将多对双绞线包在一个绝缘电缆套管里,形成双绞线电缆。日常生活中一般把双绞线电缆直接称为双绞线。

与其他传输介质相比,双绞线在传输距离、信道宽度和数据传输速度等方面均受到一定限制,其价格较为低廉。

1. 双绞线的分类

双绞线可以根据有无屏蔽层进行分类,也可以从频率和信噪比角度进行分类。

根据有无屏蔽层进行分类,可将双绞线划分为屏蔽双绞线(Shielded Twisted Pair,STP)与非屏蔽双绞线(Unshielded Twisted Pair,UTP)。

屏蔽双绞线由 4 对不同颜色的传输线组成,在双绞线与外层绝缘层封套之间有一层金属屏蔽层。屏蔽层可减少辐射,防止信息被窃听,也可阻止外部电磁干扰的进入。屏蔽双绞线比同类的非屏蔽双绞线具有更高的传输速率。

非屏蔽双绞线同样由 4 对不同颜色的传输线组成,广泛应用于以太网中。电话线用的是 1 对非屏蔽双绞线。在综合布线系统中,非屏蔽双绞线得到广泛应用,它的主要优点如下。

(1) 无屏蔽外套,直径小,节省占用的空间,成本低。

(2) 重量轻,易弯曲,易安装。

(3) 具有阻燃性。

(4) 具有独立性和灵活性,适用于结构化综合布线。

按照频率和信噪比进行分类,常见的双绞线有三类线、四类线、五类线、超五类线以及六类线等,具体如下。

（1）三类线（CAT3）：指在美国国家标准协会（American National Standards Institute，ANSI）和美国通信工业协会（Telecommunication Industry Association，TIA）以及美国电子工业协会（Electronic Industries Alliance，EIA）制定的 EIA/TIA-568 标准中指定的电缆，该电缆的传输频率为 16MHz，最高传输速率为 10Mb/s，主要应用于语音、10Mb/s 以太网（10Base-T）和 4Mb/s 令牌环，最大网段长度为 100m，已淡出市场。

（2）四类线（CAT4）：该类电缆的传输频率为 20MHz，用于语音传输和最高传输速率 16Mb/s（指的是 16Mb/s 令牌环）的数据传输，主要用于基于令牌的局域网和 10Base-T/100Base-T。最大网段长 100m，未被广泛使用。

（3）五类线（CAT5）：这类电缆增加了绕线密度，外套一种高质量的绝缘材料，线缆最高频率带宽为 100MHz，最高传输速率为 1000Mb/s，用于语音传输和最高传输速率为 100Mb/s 的数据传输，主要用于 100Base-T 和 1000Base-T 网络。最大网段长度为 100m，这是最常用的以太网电缆。在双绞线电缆内，不同线对具有不同的绞距长度。

（4）超五类线（CAT5e）：超 5 类具有衰减小、串扰少、更高的信噪比、更小的时延误差，性能得到很大提高。超五类线主要用于千兆位以太网（1000Mb/s）。

（5）六类线（CAT6）：该类电缆的传输频率为 1～250MHz，它提供的带宽为超五类带宽的 2 倍。六类线的传输性能远远高于超五类标准，最适用于传输速率高于 1Gb/s 的应用。

2. 双绞线的制作

国际上最有影响力的 3 家综合布线组织为美国国家标准协会、美国通信工业协会以及美国电子工业协会。在双绞线制作标准中，应用最广的是 EIA/TIA-568A 和 EIA/TIA-568B。这两个标准最主要的区别是线的排列顺序不一样。实际工程项目中用得比较多的线序标准为 EIA/TIA-568B。

EIA/TIA-568A 的线序为：白绿 绿 白橙 蓝 白蓝 橙 白棕 棕。

EIA/TIA-568B 的线序为：白橙 橙 白绿 蓝 白蓝 绿 白棕 棕。

根据 568A 和 568B 标准，RJ-45 水晶头各触点在网络连接中，对传输信号来说它们起的作用分别是：1、2 用于发送，3、6 用于接收，所以 8 根线的双绞线中，实际用来使用的是 4 根线。也就是说，只保证这 4 根线连通，这根双绞线电缆就可用于实际工程项目中，而并不需要 8 根线一定全部连通。

双绞线的制作步骤如下。

（1）剪断。

用网线钳剪一段满足长度需要的双绞线。

（2）剥皮。

把剪齐的一端插入网线钳用于剥线的缺口中，稍微握紧压线钳慢慢旋转一圈，让刀口划开双绞线的保护胶皮，剥下胶皮。当然，也可使用专门的剥线钳剥下保护胶皮。注意，剥皮的长度要适中，剥皮过长导致网线外套胶皮不能被水晶头完全包住，实际使用时由于水晶头的晃动，导致网线的断裂，从而不能保护双绞线。剥线过短，导致双绞线不能插到水晶头的底部，造成水晶头插针不能与网线完好接触。

（3）排序。

剥除外皮后即可见到双绞线电缆的 4 对 8 条芯线，把每对相互缠绕的线缆解开。解开后根据规则排列好顺序并理顺。

（4）剪齐。

由于线缆之前是互相缠绕的，排列好顺序并理顺弄直之后，双绞线的顶端 8 根线已经不再一样长了，此时用压线钳的剪线刀口把线缆顶部裁剪整齐。

（5）插入。

把按照一定的标准顺序整理好的线缆插入水晶头内。注意，插入时将水晶头有塑料弹簧片的一面向下，有针脚的一面向上。插入时要求将 8 根线一直插到线槽的顶端。

（6）压线。

将水晶头插入压线钳的 8P 槽内压线，用力握紧线钳，可以使用双手一起压，使得水晶头凸出在外面的针脚全部压入水晶头内。

（7）测试。

将做好的网线的两头分别插入网线测试仪中，并启动开关，观察测线仪灯的闪烁情况判断网线制作是否成功。

两端做好水晶头的双绞线有直通线和交叉线之分。直通线也称为平行线，指的是双绞线两端线序相同，标准的做法是，如果一端做成 EIA/TIA-568A 标准，另一端同样须做成 EIA/TIA-568A 标准。如果一端做成 EIA/TIA-568B 标准，另一端同样须做成 EIA/TIA-568B 标准，总之，两端的顺序相同，如图 2.4 和图 2.5 所示。

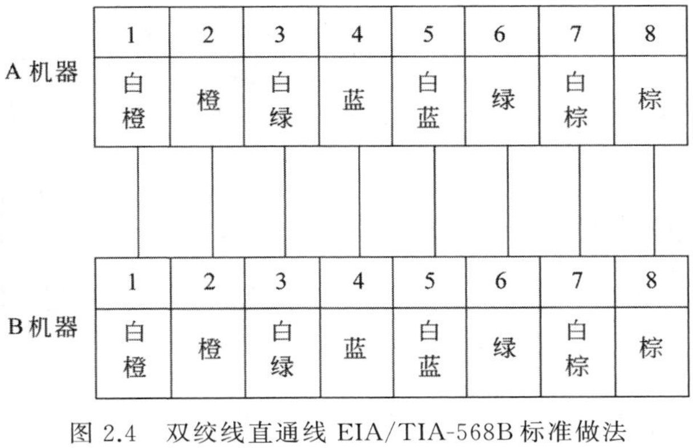

	1	2	3	4	5	6	7	8
A 机器	白橙	橙	白绿	蓝	白蓝	绿	白棕	棕

	1	2	3	4	5	6	7	8
B 机器	白橙	橙	白绿	蓝	白蓝	绿	白棕	棕

图 2.4　双绞线直通线 EIA/TIA-568B 标准做法

	1	2	3	4	5	6	7	8
A 机器	白绿	绿	白橙	蓝	白蓝	橙	白棕	棕

	1	2	3	4	5	6	7	8
B 机器	白绿	绿	白橙	蓝	白蓝	橙	白棕	棕

图 2.5　双绞线直通线 EIA/TIA-568A 标准做法

在工程项目中，如果确实忘记了 EIA/TIA-568A 标准或 EIA/TIA-568B 标准的顺序，只需记住一点,直通线的本质是两边的线序相同即可,不按照标准做同样能够解决问题。当然,在实际的工程项目中,尽量按照标准做网线水晶头。这样的网线抗干扰能力是最强的。

懂得直通线的本质之后,可以帮助我们解决一些实际问题。在实际工程中,利用标准做法的双绞线主要使用4根线,分别为白橙、橙、白绿和绿。我们发现,有时由于这4根线存在断裂的情况,导致这根双绞线电缆线不能使用,从而网络不能连通。如果我们懂得双绞线制作的本质,就可以使用别的颜色的线代替那根断的线解决问题,使这根双绞线仍然能够正常使用。如果一直强调必须使用标准的双绞线的做法做这根双绞线,那么这根线永远做不通,而实际这根线是可以再次使用的。

另一种常见的双绞线做法是做成交叉线。交叉线是双绞线一端的1、2号线对应另一端的3、6号线。一端的3、6号线对应另一端的1、2号线,如图2.6所示。按照标准的做法,如果双绞线的一端做成 EIA/TIA-568A,则另一端做成 EIA/TIA-568B。或者双绞线的一端做成 EIA/TIA-568B,则另一端做成 EIA/TIA-568A。这样的双绞线称为交叉线,如图2.6所示。懂得交叉线的本质之后,同样可以帮助我们解决实际问题。当编号为1、2、3、6的4根线中的某一根或几根出现断裂之后,可以利用其他线代替断裂的线,从而解决双绞线不通的问题。

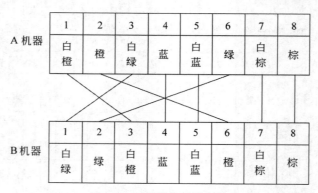

图 2.6　双绞线交叉线制作

3. 双绞线线型的选择

在工程项目中,往往需要对双绞线的线型进行选择,是使用直通线,还是使用交叉线?关于双绞线的选择,规则如下。

(1) 相同性质设备之间用交叉线,不同性质设备之间用直通线。

(2) 将路由器和 PC 看成相同性质的设备;将交换机和集线器看成相同性质的设备。

根据以上规则,得到常见设备之间的连线情况,见表2.1。

表 2.1　常见设备间的线型选择

设　　备	计　算　机	集　线　器	交　换　机	路　由　器
计算机	交叉线	直通线	直通线	交叉线
集线器	直通线	交叉线	交叉线	直通线
交换机	直通线	交叉线	交叉线	直通线
路由器	交叉线	直通线	直通线	交叉线

2.2.2　同轴电缆

同轴电缆是指有两个同心导体,而导体和屏蔽层公用同一轴心的电缆。最常见的同轴电缆由绝缘材料隔离的铜线导体组成,在里层绝缘材料的外部是另一层环形导体及其绝缘层,整个电缆由聚氯乙烯或特氟纶材料的护套包住。

同轴电缆从用途上分,可分为 50Ω 基带电缆和 75Ω 宽带电缆(即网络同轴电缆和视频同轴电缆)两类。基带电缆又分细同轴电缆和粗同轴电缆两类。

1. 细同轴电缆

细同轴电缆的最大传输距离为 185m,使用时与 50Ω 终端电阻、T 型连接器、BNC 接头与网卡相连,不需要购置集线器等有源设备。

2. 粗同轴电缆

粗同轴电缆的最大传输距离达到 500m。不能与计算机直接连接,需要通过一个转接器转成 AUI 接头,然后再接到计算机上。粗同轴电缆的最大传输距离比细同轴电缆长,主要用于网络主干。

2.2.3　光纤

光纤是光导纤维的简称,是一种由玻璃或塑料制成的纤维,可作为光传导工具。光纤的传输原理是光的全反射。

细微的光纤封装在塑料护套中,使得它能够弯曲而不至于断裂。光纤的一端发射装置使用发光二极管(Light Emitting Diode,LED)或一束激光将光脉冲传送至光纤,光纤另一端的接收装置使用光敏元件检测脉冲。

在日常生活中,由于光在光导纤维传导的消耗比电在电线传导的消耗低得多,所以光纤被用作长距离的信息传递。

光纤分为单模光纤和多模光纤,单模光纤是只能传输一种模式的光纤,具有比多模光纤大得多的带宽。它适用于大容量、长距离通信。

多模光纤容许不同模式的光在一根光纤上传输,由于多模光纤的芯径较大,所以可使用较廉价的耦合器及接线器。

2.2.4　无线电波

无线电波是指在自由空间(包括空气和真空)传播的射频频段的电磁波。无线电技术的原理在于,导体中电流强弱的改变会产生无线电波。利用这一现象,通过调制可将信息加载于无线电波之上。当电波通过空间传播到达接收端,电波引起的电磁场变化又会在导体中产生电流。通过解调信息从电流变化中提取信息,最终达到信息传递的目的。

2.2.5　微波

微波是指频率为 300MHz～300GHz 的电磁波,是无线电波中一个有限频带的简称,即波长为 1m～1mm 的电磁波,微波频率比一般的无线电波频率高,通常也称为"超高频电磁波"。

2.2.6　红外线

红外线是太阳光线中众多不可见光线中的一种,可当作传输媒介。红外线通信有两个最突出的优点。

(1) 不易被人发现和截获,保密性强。

(2) 实现相对简单,抗干扰性强。

2.3　本章小结

本章讲解了在网络互联技术中涉及的常见网络设备以及网络互联介质,首先讲解了中继器、集线器、网桥、交换机、路由器等常见的网络互联设备以及它们在 OSI 参考模型中工作的层次,同时介绍了防火墙、入侵检测及入侵防御等网络安全设备。

接着讲解了集线器的工作原理。在交换机部分,主要讲述了交换机的分类,探讨了二层交换机、三层交换机的工作原理,以及二层交换机和三层交换机的使用场合。接着讲解了交换机的启动过程及交换机的端口分类。在网络互联设备路由器部分,主要讲解了路由器的工作原理,分析了路由器的启动过程以及端口类型,同时分析了交换机和路由器的区别。

本章同时介绍了常见的网络互联介质,包括有线介质的双绞线、同轴电缆、光纤以及无线传输介质的无线电波、微波、红外线。这部分特别详细分析了双绞线的分类、双绞线的制作过程以及直通线、交叉线的工作原理。本章最后探讨了直通线和交叉线各自使用的场合。

2.4　习题

一、单选题

1. 交换机工作在 OSI 七层模型中的(　　　)。

　　A. 物理层　　　　　　B. 数据链路层　　　　C. 网络层　　　　　　D. 运输层

2. 集线器工作在 OSI 七层模型中的(　　　)。

　　A. 物理层　　　　　　B. 数据链路层　　　　C. 网络层　　　　　　D. 运输层

3. MAC 地址通常存储在计算机的(　　　)。

　　A. 内存中　　　　　　B. 网卡上　　　　　　C. 硬盘上　　　　　　D. 高速缓冲区中

4. 针对网络攻击技术不断提高,网络安全漏洞不断发现,传统防病毒软件、防火墙以及入侵检测系统无法应对新的安全威胁形式而产生的网络安全设备是(　　　)。

　　A. 入侵检测系统　　　B. 杀毒软件　　　　　C. 防火墙　　　　　　D. 入侵防御系统

5. 能够分割冲突域,不能分割广播域的设备是(　　　)。

　　A. 交换机　　　　　　B. 集线器　　　　　　C. 路由器　　　　　　D. 转发器

6. 能够连接互联网中局域网、广域网,同时连接多个逻辑上分开的网络设备是(　　　)。

　　A. 集线器　　　　　　B. 路由器　　　　　　C. 交换机　　　　　　D. 网桥

7. 组成双绞线电缆的线的数量是(　　　)。

　　A. 2　　　　　　　　　B. 4　　　　　　　　　C. 6　　　　　　　　　D. 8

8. EIA/TIA-568B 的线序为（　　　）。

    A. 白橙 白棕 棕 橙 白绿 蓝 白蓝 绿

    B. 白棕 棕 白橙 橙 白绿 蓝 白蓝 绿

    C. 白绿 蓝 白蓝 绿 白橙 橙 白棕 棕

    D. 白橙 橙 白绿 蓝 白蓝 绿 白棕 棕

9. 制作双绞线步骤正确的是（　　　）。

    A. 1.剪断 2.剥皮 3.排序 4.剪齐 5.插入 6.压线 7.测试

    B. 1.剪齐 2.插入 3.剪断 4.剥皮 5.排序 6.压线 7.测试

    C. 1.剪断 2.插入 3.剥皮 4.排序 5.剪齐 6.压线 7.测试

    D. 1.插入 2.剪断 3.剥皮 4.排序 5.剪齐 6.压线 7.测试

10. HUB 又称为（　　　）。

    A. 网桥　　　　　B. 集线器　　　　　C. 交换机　　　　　D. 路由器

11. 能够近距离对交换机进行初始化配置的接口为（　　　）。

    A. 光纤口　　　　B. AUX 口　　　　C. fastethernet 口　　　D. Console 口

12. 以太网网卡采用的接口类型是（　　　）。

    A. RJ-45　　　　　B. AUI　　　　　C. BNC　　　　　D. RJ-11

13. 和细缆相连的网卡的接口类型是（　　　）。

    A. BNC　　　　　B. RS-232　　　　C. RJ-45　　　　D. AUI

二、多选题

1. 下列属于常见的网络互联设备有（　　　）。

    A. 中继器　　　　B. 集线器　　　　C. 网桥　　　　D. 交换机

2. 下列属于交换机的端口类型有（　　　）。

    A. 配置端口　　　B. 百兆端口　　　C. 千兆端口　　　D. 万兆端口

3. 下列工作在数据链路层的设备有（　　　）。

    A. 交换机　　　　B. 路由器　　　　C. 网桥　　　　D. 集线器

4. 下列属于无线传输介质的有（　　　）。

    A. 红外线　　　　B. 微波　　　　C. 光纤　　　　D. 无线电波

5. 下列关于双绞线的选项,正确的有（　　　）。

    A. 计算机和计算机之间用交叉线　　　B. 计算机和路由器之间用交叉线

    C. 交换机和计算机之间用直通线　　　D. 交换机和路由器之间用直通线

6. 网卡的接口类型有（　　　）。

    A. RJ-11　　　　　B. AUI　　　　　C. BNC　　　　　D. RJ-45

7. 具有网络层功能的设备有（　　　）。

    A. 三层交换机　　B. 网卡　　　　C. 二层交换机　　　D. 路由器

三、判断题

1. 防火墙是硬件设备,不需要软件即可工作。　　　　　　　　　　　　（　　　）

2. 网卡是网络层的设备。　　　　　　　　　　　　　　　　　　　　　（　　　）

3. 双绞线是以太网中常用的传输介质。　　　　　　　　　　　　　　　（　　　）

四、填空题

1. 计算机网络互联介质分为有线传输介质和_____。

2. 双绞线分为屏蔽双绞线和_____。

3. 同轴电缆分为粗缆和_____。

4. 光纤分为单模光纤和_____。

5. 交换机和集线器相连使用_____。

五、简答题

1. 常见的网络互联设备有哪些?

2. 谈谈二层交换机以及三层交换机的工作原理。

3. 说出交换机的启动过程。

4. 叙述路由器的工作原理。

5. 谈谈路由器的端口类型。

6. 常见的传输介质有哪些?

7. 请说出双绞线的制作过程。

六、操作题

1. 实际操作查看交换机和路由器的启动过程。

2. 指出实际交换机以及路由器的端口类型。

3. 实际动手制作一根直通线和一根交叉线。

第3章　网络设备基本配置

本章学习目标
- 掌握网络设备基本配置方法
- 熟悉利用 Console 口对网络设备进行配置的过程
- 精通网络设备几种常见的配置模式
- 精通网络设备基本配置命令
- 熟悉利用 Telnet 对网络设备进行配置的过程
- 了解利用 Web 对网络设备进行配置的过程
- 掌握 show 命令
- 熟悉 CDP

本章先介绍利用 Console 口对网络设备进行配置的过程,接着介绍常见的网络设备配置模式,详细介绍常见的网络设备基本配置命令。之后介绍利用 Telnet 以及 Web 对网络设备进行配置的过程。

本章最后介绍常见的 Show 命令,并介绍 Cisco 专有协议 CDP。

3.1　利用 Console 口配置网络设备

网络设备是特殊用途的计算机,然而网络设备没有键盘和显示器等关键的外部设备,若不借助其他设备,就不可能对网络设备进行配置。因此,对网络设备进行配置需要借助计算机完成。对网络设备进行初始化配置,需要将计算机的串口和网络设备的 Console 口进行连接。对网络设备进行初始化配置后,就可以使用其他方式对网络设备进行配置了,如 Telnet、Web Browser、网络管理软件以及 AUX 等。

Console 口是网络设备的控制端口,Console 口使用专用连线直接连接至计算机的串口,然后利用终端仿真程序(如 Windows 下的"超级终端")对路由器进行本地配置。路由器的 Console 口一般为 RJ-45 口。

Console 口是用来配置网络设备的,所以只有网管型网络设备才有 Console 口。并且还要注意,并不是所有网管型网络设备都有,因为网络设备的配置形式有多种,如通过 Telnet 命令行方式或 Web 方式等。

Console 线一般有 3 种类型:一种为两端均为 DB9 母头的配置线缆,如图 3.1 所示。另一种为一端为 DB9 公头,另一端为 DB9 母头的,如图 3.2 所示。两端可以分别插入计算机的串口和网络设备的 Console 口,现在的笔记本电脑基本已经不带串口,需要使用 USB 转串口的转接器。第三种为一端是 DB9 母头,另一端是 RJ-45 头的配置线缆,

图 3.1　两端均为 DB9 母头的配置线缆

如图 3.3 所示。

图 3.2　一端是 DB9 母头,另一端是 DB9
　　　　公头的配置线缆

图 3.3　一端是 DB9 母头,另一端是
　　　　RJ-45 头的配置线缆

通过 Console 口连接并配置网络设备,是配置和管理企业级网络设备的必要步骤。因为其他配置方式往往需要借助网络设备的 IP 地址、域名或设备名称才可以实现,而新购买的网络设备显然不可能内置有这些参数,所以 Console 口是最常用、最基本的网络设备管理和配置端口。

不同类型的网络设备其 Console 口所处设备的位置不相同,有的位于前面板,有的位于后面板。通常,模块化网络设备大多位于前面板,而固定配置网络设备则大多位于后面板。在该端口的上方或侧方都会有类似 CONSOLE 或 Console 字样的标识。

除位置不同外,Console 口的类型也有所不同,绝大多数网络设备都采用 RJ-45 口,但也有少数采用 DB9 串口端口或 DB25 串口端口。

通过 Console 口访问网络设备的过程如下。

(1) 准备工作。

用配置线将计算机 COM1 口和网络设备的 Console 口连接起来,开启计算机和网络设备。

(2) 打开计算机操作系统的超级终端程序。

在 Windows 中依次选择"开始"→"程序"→"附件"→"通信",单击通信菜单下的"超级终端"程序。在"连接描述"对话框中为连接设置一个名称,如 switch;同时为连接选择一个图标。单击"确定"按钮,在"连接到"窗口中的"连接时使用"下拉菜单中选择计算机的 COM1 端口。单击"确定"按钮。使用笔记本计算机时,由于笔记本计算机通常没有 COM 口,所以需要使用 USB 转 COM 口的转接器,同时需要安装设备的驱动程序,否则不会出现串口。

(3) 设置通信参数。

在 COM1 属性窗口中对端口 COM1 属性进行设置,包括设置"每秒位数""数据位""奇偶校验""停止位""数据流控制"。由于网络设备出厂时 Console 口的通信波特率通常为 96000b/s,因此在 COM1 属性窗口中单击"还原默认值"按钮,默认值为:每秒位数为"96000",数据位为"8",奇偶校验为"无",停止位为"1",数据流控制为"无"。单击"确定"按钮,并且按回车键,此时在超级终端窗口中开始加载网络设备操作系统。

加载完操作系统后,可以对网络设备进行配置。如果确定连线没有问题,超级终端回车没有反应,这时很有可能是网络设备的 Console 口的通信波特率被修改了。此时需要修改 COM1 口属性对话框的波特率,并逐一进行测试。

3.2　网络设备的基本配置

3.2.1　网络设备的常见配置模式

常见的网络设备配置模式有 6 种,分别为用户模式、特权模式、全局配置模式、线路配置模式、端口配置模式以及 VLAN 配置模式等。

1. 用户模式

```
Router>
```

网络设备开机直接进入的配置模式为用户模式。在该模式下只能查询交换机的一些基本信息,如版本号(show version)等。

2. 特权模式

```
Router#
```

在用户模式下输入 enable 命令即可进入特权模式,在该模式下可以查看网络设备的配置信息和调试信息等,具体配置命令如下。

```
Router>enable
Router#
```

通过 exit 命令退回到用户模式。

3. 全局配置模式

在特权用户模式下输入 configure terminal 命令即可进入全局配置模式,在该模式下主要完成全局参数的配置,具体配置命令如下。

```
Router#configure terminal
Enter configuration commands, one per line.  End with CNTL/Z.
Router(config)#
```

通过 exit 命令退回到特权模式。

```
Router(config)#exit
Router#
```

4. 线路配置模式

在全局配置模式下输入 line console console-list 或者 line vty vty-list 命令进入 Line 线路配置模式。该模式主要对控制台端口或虚拟终端 VTY 进行配置。其配置可以设置控制台和虚拟终端的用户级登录密码,以及其他与该配置模式有关的配置。进入控制台的具体配置如下。

```
Router(config)#line console 0
Router(config-line)#
```

进入编号为 0 的控制台端口。

```
Router(config-line)#exit
Router(config)#
```

通过 exit 命令退回到全局配置模式。

进入虚拟终端 VTY 的具体配置如下。

```
Router(config)#line vty 0 4
Router(config-line)#
```

进入虚拟终端配置模式,表示将对 VTY 的 0～4 号端口(即 0 号、1 号、2 号、3 号、4 号)进行配置。

```
Router(config-line)#exit
Router(config)#
```

通过 exit 命令退回到全局配置模式。

5. 端口配置模式

在全局配置模式下输入 interface interface-list 命令即可进入相应端口配置模式,在该模式下主要完成端口参数的配置。

进入端口 fa0/0 的配置如下。

```
Router(config)#interface fastEthernet 0/0
Router(config-if)#
```

表示进入路由器的串口 fastEthernet0/0 端口,即将对该端口进行配置。

```
Router(config-if)#exit
Router(config)#
```

通过 exit 命令退回到全局配置模式。

路由器的另一个常见端口是串口,若路由器本身不带串口模块,则需要另外添加串口模块,Packet Tracer 仿真软件添加串口模块的方法见附录 A。

进入端口 serial 0/0/0 的配置如下。

```
Router(config)#interface serial 0/0/0
Router(config-if)#
```

表示进入路由器的串口 serial 0/0/0 端口,即将对该端口进行配置。

如果该端口是 DCE 端,正常工作还需要配置时钟频率,具体如下。

```
Router(config-if)#clock rate 64000
```

6. VLAN 配置模式

在全局配置模式下输入 vlan vlan-number 命令即可进入 VLAN 配置模式,在该配置模式下可以完成 VLAN 的一些相关配置。

进入 VLAN1 的具体配置如下。

```
Switch(config)#interface vlan 1
Switch(config-if)#
```

进入 VLAN 端口模式。

```
Router(config-if)#exit
Router(config)#
```

通过 exit 命令退回到全局配置模式，VLAN 配置模式只能在网络设备交换机中配置。

3.2.2　网络设备的常见配置命令

1. 为设备配置主机名

利用 hostname 命令对网络设备进行命名。对路由器设备命名的配置如下。

```
Router(config)#hostname R1
R1(config)#
```

利用 no hostname 命令将设备名称恢复为配置前的名称。

```
R1(config)#no hostname
Router(config)#
```

对交换机设备命名的配置如下。

```
Switch(config)#hostname S1
S1(config)#
```

2. 显示配置命令

显示配置命令 show 用于帮助用户查看相关信息，根据 show 命令后面的参数决定显示信息的内容。该命令可以同时在用户模式和特权模式下运行，常见的参数如下。

```
Router#show running-config
```

用于查看当前的运行配置。

```
Router#show version
```

用于查看网络设备运行操作系统版本及相关引导信息。

```
Router#show startup-config
```

用于查看保存的配置信息。

```
Router#show ip route
```

用于查看路由信息。

3. 网络设备特权加密口令设置

网络设备不同配置模式下可执行的命令是不同的，用户模式可执行的命令明显少于特权模式下可执行的命令，特权模式的权限高于用户模式。通过 enable 命令可以将网络设备从用户模式直接切换成特权模式，这样的切换若不加以限制，会对网络设备的安全造成威胁。

（1）通过设置使能密码加强设备的安全性，具体配置过程如下。

```
Router>enable
Router#configure terminal
```

```
Enter configuration commands, one per line. End with CNTL/Z.
Router(config)#enable password 123456
Router(config)#
```

通过以上命令将网络设备的使能密码设置为 123456。若通过 enable 命令从用户模式进入特权模式,此时需要输入密码。具体过程如下。

```
Router>enable
Router>enable
Password:
Router#
```

在将网络设备的工作模式由用户模式切换到特权模式时,需要输入密码"123456",只有密码输入正确,才能顺利进入特权模式,才能对设备进行进一步的配置。

(2)通过对使能口令进行加密加强口令的安全性。

使能密码的设置在一定程度上不是太安全,通过 show 命令查看配置信息时,可以看到加密的明文密码。下面是通过 Router#show running-config 命令查看到的配置信息,并且可以看到明文的使能密码为"123456",如图 3.4 所示。

通过执行 Router(config)#service password-encryption 命令,可以实现对使能口令进行加密。具体操作如下。

```
Router(config)#enable password 123456
Router(config)#service password-encryption
```

通过 Router#show running-config 命令,查看网络设备运行的配置信息。显示结果如图 3.5 所示。通过显示结果可以看出,原本的明文密码 123456 变成一串密文信息。

图 3.4　可以直接查看到的明文密码信息　　　　图 3.5　对使能密码进行加密

(3)通过设置加密口令增强设备的安全性。

除了通过 Router(config)#service password-encryption 命令对使能口令进行加密以增强安全性外,还可以直接设置加密口令。具体设置如下。

```
Router(config)#enable secret 123
```

通过 show 命令查看配置命令结果如图 3.6 所示。

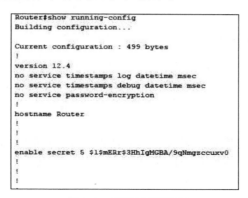

```
Router$show running-config
Building configuration...

Current configuration : 499 bytes
!
version 12.4
no service timestamps log datetime msec
no service timestamps debug datetime msec
no service password-encryption
!
hostname Router
!
!
!
enable secret 5 $1$mERr$3HhIgMGBA/9qNmgzccuxv0
!
!
!
```

图 3.6　查看配置情况

可以看出，口令"123"在配置文件中以 MD5 加密的密文形式显示。

4. 帮助命令

在配置网络设备的过程中，如果有记不住的命令以及命令格式，可以通过在命令提示符下输入"?"请求帮助。

（1）查看所在模式下可执行的命令。

```
Router>?
```

该命令可以查看用户模式下可执行的命令。

（2）查看特权模式下可执行的命令。

```
Router#?
```

（3）查看用户模式下以字母 e 开头的命令。

```
Router>e?
enable  exit
```

（4）查看命令所带的格式参数。

```
Router>enable ?
  <0-15>Enable level
  view  Set into the existing view
```

5. 命令简写

在网络设备的具体配置过程中，有时候并不需要输入完整的命令格式。可以通过命令简写对设备进行配置。

```
Router>en
Router#
```

在通过 enable 命令将设备的工作模式由用户模式切换成特权模式时，只输入 en 即可。原因是，在用户模式下可执行的命令中，以 en 开头的命令只有 enable，也就是 en 能够唯一确定命令 enable。如果仅输入命令 e，由于以 e 开头的命令有两个，分别为 enable 以及

exit,不能唯一确定,所以执行出错,如下所示。

```
Router>e
%Ambiguous command: "e"
```

6. 通过 Tab 键自动补齐

```
Router#en<tab>
Router#enable
```

在该模式下以 en 开头的命令只有 enable,因此在该情况下可以实现自动补齐。若此时以 en 开头的命令不止一个,则自动补齐失败。

7. 取消操作命令

在网络设备的配置过程中,有时需要清除已经配置的命令参数,此时可以采用取消命令 no 完成,以下是通过取消命令 no 对设置的特权口令进行取消的操作。

```
Router(config)#enable password 123        设置特权口令
Router(config)#no enable password         取消特权口令
```

经过取消后,又恢复成没有设置特权口令的状态。在网络设备配置过程中有时需要将关闭的端口打开,关闭端口状态一般为 shutdown,使用 no shutdown 命令可以对关闭端口 shutdown 进行相反操作,即打开端口。具体配置如下。

```
Router(config)#interface fastEthernet 0/1
Router(config-if)#no shutdown
%LINK-5-CHANGED: Interface fastEthernet0/1, changed state to up
```

8. 历史记录

配置网络设备时,经常会遇到以下几种情况:①需要重复执行已经执行过的命令;②由于打错命令导致执行错误,需要对命令进行修改后再次执行;③需要掌握最近对设备所输入的配置命令情况。以上情况可以使用设备上的命令缓存,通过调入命令缓存中的历史记录解决。具体查看历史记录操作如下:①使用 Ctrl+P 组合键,或者使用上箭头向上查找先前使用的命令;②使用 Ctrl+N 组合键,或者使用下箭头向下查找先前使用的命令;③通过使用 show history 命令查看历史命令缓存。通过执行 show history 命令查看历史命令过程如下。

```
Router#show history
enable
configure terminal
show history
```

以上通过 show history 命令可以查看到已经配置过的保存在缓存中的命令。默认情况下,Cisco 设备缓存保存最近执行过的 10 条命令。关于历史缓存中可以保存历史命令的数目,可以通过以下命令进行修改。

```
Router(config)#line console 0
Router(config-line)#history size ?
```

```
<0-256>Size of history buffer
Router(config-line)#history size 3
```

以上命令将历史缓存数量设置为 3。在实际的工程项目中,为了设备的安全,防止别人了解设备执行过的命令情况,往往将历史缓存数值设置为 0,通过 show history 命令查看不到该设备已经执行过的命令情况。

9. 设置控制台口令,加强设备安全性

前面提到通过设置使能特权口令以及加密特权口令,可以防止非授权用户直接从用户模式进入特权模式,但不能限制非授权用户进入普通用户模式,非授权用户通过用户模式同样可以执行相关命令操作设备,从而对设备安全造成影响。通过设置控制台口令可以防止非授权用户直接进入用户模式,具体配置如下。

```
Router#config t
Router(config)#line console 0
Router(config-line)#password 123
Router(config-line)#login
```

再次进入设备时,显示结果如下。

```
User Access Verification
Password:
```

此时只有输入正确的口令,才能进入用户模式,加强设备的安全性。此时仅通过设置口令的方式限制用户进入普通用户模式不是最佳的选择,为了限制用户进入用户模式,可以同时设置用户名和口令的方式对身份进行验证,从而加强设备的安全性。具体配置如下。

```
Router#configure terminal
Enter configuration commands, one per line. End with CNTL/Z.
Router(config)#username tdp password 123
Router(config)#line console 0
Router(config-line)#login local
```

配置完成后,通过 exit 命令退出系统,当再次进入系统时,需要同时输入用户名和口令,两者同时匹配才能进入系统的用户模式。具体配置如下。

```
User Access Verification
Username: tdp
Password:
Router>
```

10. 取消域名解析命令

在对网络设备进行配置过程中,有时容易输错命令,默认情况下,网络设备执行错误命令时往往将错误命令当成域名进行解析,从而导致整个过程耗时较长。为了避免较长的域名解析过程,通常需要关闭网络设备域名解析功能。

输入错误命令同时没有关闭域名解析功能,需要等待系统域名解析过程的情况如下:

```
Router>enble
```

```
Translating "enble"...domain server (255.255.255.255)
```

通过关闭网络设备域名解析功能,可以避免网络设备配置人员长时间等待。关闭网络设备域名解析过程的配置如下。

```
Router(config)#no ip domain-lookup
```

再次输入错误的命令,系统执行效果如下。

```
Router>enble
Translating "enble"
%Unknown command or computer name, or unable to find computer address
Router>
```

结果显示,输入错误命令时系统直接报错,而不再进行域名解析,导致配置人员长时间等待。

11. 开启日志同步

在对网络设备进行配置过程中,有时系统自动弹出日志信息,这些日志信息会阻隔网络设备配置人员敲入的命令,从而影响命令的输入,开启日志同步命令之后,日志信息不会分隔敲到一半的命令行。

开启日志同步的具体命令如下。

```
Router(config)#line console 0
Router(config-line)#logging synchronous
```

12. 设置控制台会话超时时间

控制台 EXEC 会话超时时间默认为 10min。也就是说,当没有对系统进行任何操作的情况下,系统会在 10min 后自动退出。通过 exec-timeout 命令可以设置超时时间,通常情况下设置永不超时,也就是不让系统自动退出,配置方法如下。

```
Router(config-line)#exec-timeout 0 0
```

命令行中的"0 0"的含义如下:前面的"0"设置的是分钟,后面的"0"设置的是秒。设置参数值"0 0"表示系统永不超时,不会自动退出。

13. 标语命令配置

标语命令 banner 用于设置登录网络设备时显示的警示性信息,用来警示入侵者。具体配置过程如下。

```
Router#config terminal
Enter configuration commands, one per line. End with CNTL/Z.
Router(config)#banner motd $                 //表明以下警示语以$符号结束
Enter TEXT message. End with the character '$'.
Warning Don't configure my device, and if configured, you're going to be
responsible for the consequences!!! $
```

当退出系统再次进入时,系统将显示如下信息。

```
Press RETURN to get started.
```

```
Warning Don ' t configure my device, and if configured, you ' re going to be
responsible for the consequences!!!     //对入侵者加以警示
Router>
```

14. 为网络设备配置地址信息

为路由器端口"fastEthernet 0/0"配置网络参数,将其 IP 地址配置为 192.168.1.1,子网掩码配置为 255.255.255.0,具体配置过程如下。

```
Router(config)#interface fastEthernet 0/0
Router(config-if)#ip address 192.168.1.1 255.255.255.0
Router(config-if)#no shutdown
```

为交换机 VLAN1 配置网络参数,将其 IP 地址配置为 192.168.1.1,子网掩码配置为 255.255.255.0,具体配置过程如下。

```
Switch(config)#interface vlan 1
Switch(config-if)#ip address 192.168.1.1 255.255.255.0
Switch(config-if)#no shu
%LINK-5-CHANGED: Interface Vlan1, changed state to up
```

15. 保存配置

首先介绍什么是 running-config 和 startup-config。

(1) running-config 指的是网络设备目前正在运行的、当前的配置。这个配置在设备的运行内存中。随着系统关机或重启,该配置会丢失。

(2) startup-config 指的是网络设备在启动时,系统初始化需要引导的配置。这个配置保存在网络设备的 nvram 可擦除存储器中。在系统关机或重启后,这个配置信息不会丢失。

在对网络设备进行配置时,命令及时生效,配置结果体现在 running-config 配置文件中,当网络设备关机或重启时,配置会丢失。所以,通常将配置文件保存到 nvram 可擦除存储器中,避免重启或关闭时配置信息丢失。具体操作如下。

```
Switch#copy running-config startup-config
Destination filename [startup-config]?
Building configuration...
[OK]
Switch#
```

该命令的效果是将设备正在运行的配置文件 running-config 保存到 nvram 可擦除存储器中。因此,每次在对网络设备路由器或者交换机进行新配置时,如果不希望由于系统关机或重启而丢失,则需要使用 copy running-config startup-config 命令进行保存。

除了使用 copy running-config startup-config 命令保存配置信息,还可以直接通过 write 命令对设备的配置信息进行保存,具体操作如下。

```
Router#write
Building configuration...
[OK]
Router#
```

16. 对网络设备进行批量配置

在网络工程中对大量的网络设备进行配置,工作量相当大。对于统一购买的网络设备,往往需要对它们进行统一的初始化配置,如果对每台设备进行逐条命令输入,将消耗大量的精力。为了减轻工作量,此时可以进行一次性批量配置处理。通过在记事本中一次输入多条命令,将这些命令一次性粘贴到网络设备配置窗口中,可以对网络设备进行批量配置。

对网络设备进行批量配置,具体过程如下:首先将网络设备共同需要配置的命令写在记事本上,如图 3.7 所示。这里特别注意设备配置命令的前后连贯性,即执行命令的工作模式一定要吻合。

图 3.7　在记事本中输入批量命令

然后在所有需要初始化的设备的配置窗口中一次性粘贴这些命令,如图 3.8 和图 3.9所示。

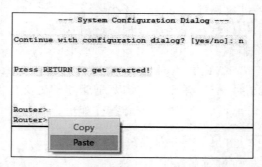

图 3.8　将记事本中的批量命令粘贴到设备的配置界面中

```
Router>en
Router#config t
Enter configuration commands, one per line.  End with CNTL/Z.
Router(config)#interface fastethernet 0/0
Router(config-if)#ip address 192.168.1.1 255.255.255.0
Router(config-if)#exit
Router(config)#enable password 123
Router(config)#username tdp password 123456
Router(config)#line console 0
Router(config-line)#password 321
Router(config-line)#login
```

图 3.9　网络设备执行批量命令结果

这样可以大大节约时间,并且能够保证所有设备都进行相同的初始化配置。

3.3　利用 Telnet 配置网络设备

利用控制台 Console 口和计算机串口相连对网络设备进行配置,是对网络设备进行配置的基本方法,该配置方式的弊端是必须将计算机的串口利用全反线和网络设备的 Console 口相连,而全反线的长度是受限制的,这样计算机和被配置设备物理上要求靠近,这给远距离对网络设备进行配置造成一定的困难。Telnet 远程配置可以解决远距离对网络设备进行配置的问题。具体利用任意联网计算机,通过 Telnet 远程登录网络设备,并对其进行配置。

下面分别探讨交换机和路由器这两种设备利用 Telnet 进行配置的方法。

3.3.1　利用 Telnet 远程配置路由器

利用 Telnet 远程配置路由器结构图如图 3.10 所示,笔记本计算机利用路由器控制台 Console 口对其进行初始化配置。计算机 PC0、交换机及路由器连接成一个网络。通过该网络可以远程登录(Telnet)路由器,从而对路由器进行配置。

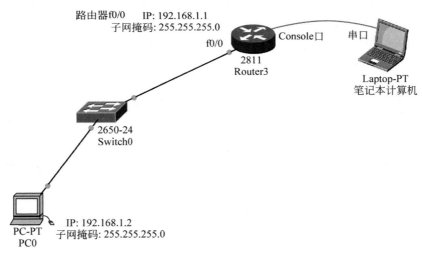

图 3.10　利用 Telnet 远程配置路由器结构图

若要实现远程登录对路由器进行配置,需要互联互通的网络环境。图 3.10 所示网络环境的搭建需要进行基本的网络配置,具体如下。

首先在笔记本计算机上执行超级终端程序,利用路由器控制台对其进行基本配置。下面是对路由器的端口 f0/0 配置其网络地址。

```
Router(config)#interface fastEthernet 0/0
Router(config-if)#ip address 192.168.1.1 255.255.255.0
Router(config-if)# no shutdown
```

若通过 Telnet 对网络设备进行配置,需要配置设备的使能口令,命令如下。

```
Router(config)#enable password 321
```

另外需要配置远程登录线路口令,具体如下。

```
Router(config)#line vty 0 4
```

该命令表示配置远程登录线路,"0　4"是远程登录的线路编号,"vty"(virtual teletype terminal)表示虚拟终端,一种网络设备连接方式,表示下面是对 vty 的 0 到 4 号端口(即 0 号、1 号、2 号、3 号、4 号)进行配置。vty 线路指的是我们进行 Telnet 的时候使用的线路。"0　4"具体指的是对从第一个 Telnet 到第五个 Telnet 线路进行设置,即同时可以有 5 条线路进入虚拟终端。

```
Router(config-line)#password 123            //配置远程登录口令
Router(config-line)#login                   //要求口令验证
```

接下来如图 3.10 所示配置终端计算机 PC0 的网络地址参数,通过计算机 PC0 远程登录对路由器进行配置。

```
PC>telnet 192.168.1.1
Trying 192.168.1.1 ...Open
Warning Don 't configure my device, and if configured, you 're going to be
responsible for the consequences!!!
User Access Verification
Password:                                   //输入口令 321
Router>en
Router>enable
Password:                                   //输入口令 123
Router#
```

如果在计算机 PC0 远程登录时既要输入用户名,又要输入口令进行验证,此时需要通过控制台对路由器作如下配置。

```
Router(config)#username tdp password 321
Router(config)#line vty 0 4
Router(config-line)#login local
```

再次验证通过计算机 PC0 远程登录路由器对路由器进行配置的过程如下。

```
PC>telnet 192.168.1.1
Trying 192.168.1.1 ...Open
Warning Don 't configure my device, and if configured, you 're going to be
responsible for the consequences!!!
    User Access Verification
    Username: tdp                           //输入用户名 tdp
    Password:                               //输入口令 321
    Router>en
    Password:                               //输入特权口令 123
    Router#
```

3.3.2　利用 Telnet 远程配置交换机

利用 Telnet 远程配置交换机的结构图如图 3.11 所示。

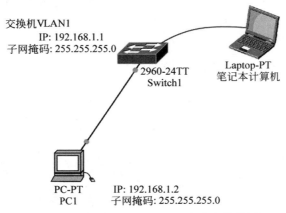

图 3.11　利用 Telnet 远程配置交换机结构图

首先在笔记本计算机上利用交换机控制台 Console 口对交换机进行基本配置,包括配置交换机管理地址——VLAN1 地址。默认情况下,交换机的所有端口均属于 VLAN1,VLAN1 是交换机默认 VLAN,每个 VLAN 只有一个活动的管理地址,因此对交换机设置管理地址,首先选择 VLAN1 端口,俗称交换机虚拟端口(Switch Virtual Interface,SVI)。

配置交换机 VLAN1 网络地址参数,具体如下。

```
Switch#configure terminal
Enter configuration commands, one per line. End with CNTL/Z.
Switch(config)#interface vlan 1
Switch(config-if)#ip address 192.168.1.1 255.255.255.0
Switch(config-if)#no shu
```

接下来为 Telnet 用户配置用户名和登录口令。

```
Switch(config)#line vty 0 4
Switch(config-line)#password 123              //设置远程登录访问密码
Switch(config-line)#login                     //要求口令验证,打开登录认证功能
Switch(config-line)#exit
Switch(config)#enable password 321            //设置使能口令
```

为计算机 PC1 配置网络地址,如图 3.11 所示,IP 为 192.168.1.2,子网掩码为 255.255.255.0。通过计算机远程登录交换机过程如下。

```
PC>telnet 192.168.1.1
Trying 192.168.1.1 ...Open
User Access Verification
Password:                                     //输入口令 123
Switch>enable
Password:                                     //输入使能口令 321
```

```
Switch#
```

如果同时需要利用用户名和密码进行登录验证,则需要进行如下配置。

```
Switch(config)#username tdp password 123      //设置登录用户名和口令
Switch(config)#line vty 0 4
Switch(config-line)#login local
```

通过计算机远程登录交换机过程如下。

```
PC>telnet 192.168.1.1
Trying 192.168.1.1 ...Open
User Access Verification
Username: tdp
Password:                                      //输入口令 123
Switch>en
Password:                                      //输入使能口令 321
Switch#
```

3.4　利用 Web 配置路由器

利用 Web 配置路由器,需要完成如下基本操作。首先对路由器进行基本配置,具体配置过程如下。

(1) 在路由器配置模式下执行 ip http server 命令。

(2) 同在配置模式下,使用 ip http authentication 命令选择认证方式。

(3) 为路由器配置端口 IP 地址。

对计算机进行的相关操作如下。

(1) 在 IE 浏览器的地址栏中输入路由器端口 IP 并按回车键。

(2) 从 Web Console 里下载并安装 java plug-in 即可。另外,不是所有的路由器 IOS 都支持 Web 方式。

3.5　利用 Web 配置交换机

利用 Web 配置交换机,需要完成如下基本操作。首先对交换机进行基本配置,具体配置过程如下。

(1) 在交换机配置模式下执行 ip http server 命令。

(2) 同在配置模式下,使用 ip http authentication 命令选择认证方式。

(3) 为交换机配置管理 IP 地址。

对计算机进行的相关操作如下。

(1) 在 IE 浏览器的地址栏中输入交换机管理 IP 并按回车键。

(2) 从 Web Console 里下载并安装 java plug-in 即可。另外,不是所有的交换机 IOS 都支持 Web 方式。

3.6　show 命令集

在网络设备配置过程中,经常需要查看相关配置信息、系统配置结果以及网络设备运行状态,利用 show 命令可以查看。下面是在网络设备配置过程中经常使用的 show 命令。

(1) show interfaces:查看所有端口的详细信息。

(2) show interfaces fastEthernet 0/0:查看端口 fastEthernet 0/0 的详细信息。

(3) show ip interface brief:查看端口的简要信息。

(4) show version:查看系统硬件的配置、软件版本号等。

(5) show running-config:查看网络设备交换机或路由器当前正在运行的配置信息,包括设备名称、密码、端口配置情况等,位于网络设备的 RAM 中。

(6) show startup-config:查看网络设备交换机或路由器保存在 NVRAM 中的配置信息,包括设备名称、密码、端口配置情况等。它在启动网络设备时载入 RAM,成为 running-config。

(7) show ip route:查看路由表。

(8) show ip nat translations:查看网络地址转换情况。

(9) show flash:显示闪存的布局和内容信息。

(10) show cdp interface:显示打开的 CDP 端口信息。

3.7　CDP

Cisco 发现协议(Cisco Discovery Protocol,CDP)是由 Cisco 公司推出的一种私有的二层网络协议,它能够运行在大部分的 Cisco 设备上。通过运行 CDP,思科设备能够在与它们直连的设备之间分享有关操作系统软件版本,以及 IP 地址、硬件平台等相关信息。

这个协议是用来发现邻居的,也是 Cisco 私有协议。它能发现邻居是因为包里面有TTL 字段,在 CDP 包里这个字段为 1。当路由器或者交换机收到这个信息后,会把 TTL 值减 1。当 TTL 为 0 的时候,这个数据将不会再传递了,所以使用这个协议只能发现邻居。如图 3.12 所示,Switch1 只能发现 Router0,不能发现 Switch0 。具体命令"show cdp"后面的参数如下。

```
Router0# show cdp ?
entry        Information for specific neighbor entry
interface    CDP interface status and configuration
neighbors    CDP neighbor entries
<cr>
```

(1) show cdp neighbors:显示有关直连设备的信息,其中包括设备的主机名、接收数据包的端口、保持时间、邻居设备的性能、设备类型和连接的端口 ID。

(2) show cdp neighbors detail:显示邻居详细信息,包括直连设备的 IP 地址和 IOS 版本号。

(3) show cdp entry * 与 show cdp neighbors detail 相同。

(4) show cdp entry * protocols:显示直连邻居的 IP 地址。

（5）show cdp entry ＊ version：显示直连邻居的 IOS 版本。

（6）show cdp traffic：显示设备发送和接收的 CDP 数据包。

（7）show cdp interface：显示每个端口使用的 CDP 信息，包括线路的封装类型、定时器和保持时间。

下面通过例子具体探讨 CDP 的作用。

CDP 要发挥作用，首先须保证网络连通性，图 3.12 所示网络，其连通性具体配置如下。

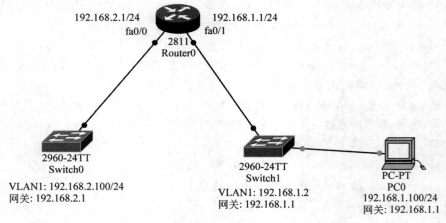

图 3.12　CDP 网络拓扑结构

首先对路由器 Router0 进行配置。

```
Router0(config)#interface fastEthernet 0/0                      //进入路由器的端口 fa0/0
Router0(config-if)#ip address 192.168.2.1 255.255.255.0         //配置 IP 地址
Router0(config-if)#no shu                                       //激活
Router0(config-if)#exit                                         //退出
Router0(config)#interface fastEthernet 0/1                      //进入路由器的端口 fa0/1
Router0(config-if)#ip address 192.168.1.1 255.255.255.0         //配置 IP 地址
Router0(config-if)#no shu                                       //激活
```

其次对交换机 Switch0 进行配置。

```
Switch0(config)#interface vlan 1                                //进入交换机管理端口 vlan1
Switch0(config-if)#ip address 192.168.2.100 255.255.255.0       //配置 IP 地址
Switch0(config-if)#no shu                                       //激活
Switch0(config-if)#exit                                         //退出
Switch0(config)#ip default-gateway 192.168.2.1                  //配置默认网关
```

最后对交换机 Switch1 进行配置。

```
Switch1(config)#interface vlan 1                                //进入交换机管理端口 vlan1
Switch1(config-if)#ip address 192.168.1.2 255.255.255.0         //配置 IP 地址
Switch1(config-if)#no shu                                       //激活
Switch1(config-if)#exit                                         //退出
Switch1(config)#ip default-gateway 192.168.1.1                  //配置默认网关
```

另外,将计算机 IP 地址配置为 192.168.1.100,子网掩码配置为 255.255.255.0,网关配置为 192.168.1.1,通过计算机 ping 交换机 Switch0 测试网络连通性,结果如下。

```
C:\>ping 192.168.2.100
Pinging 192.168.2.100 with 32 bytes of data:
Reply from 192.168.2.100: bytes=32 time<1ms TTL=254
Reply from 192.168.2.100: bytes=32 time<1ms TTL=254
Reply from 192.168.2.100: bytes=32 time<1ms TTL=254
Reply from 192.168.2.100: bytes=32 time<1ms TTL=254

Ping statistics for 192.168.2.100:
Packets: Sent =4, Received =4, Lost =0 (0%loss),
Approximate round trip times in milli-seconds:
Minimum =0ms, Maximum =0ms, Average =0ms
C: \>
```

结果表明,计算机能够 ping 通交换机 Switch0,整个网络互联互通。接下来配置交换机和路由器,使它们能够远程登录。

首先配置交换机 Switch1,具体配置过程如下。

```
Switch1(config)#username t1 password 123              //设置用户名和密码
Switch1(config)#enable password 321                   //配置使能密码
Switch1(config)#line vty 0 4
Switch1(config-line)#login local
Switch1(config-line)#exit
```

其次配置路由器 Router0,具体配置过程如下。

```
Router0(config)#username t2 password 1234             //配置用户名密码
Router0(config)#line vty 0 4
Router0(config-line)#login local
Router0(config-line)#exit
Router0(config)#enable password 4321                  //配置使能口令
```

最后配置交换机 Switch0,具体配置过程如下。

```
Switch0(config)#username t3 password 12345            //配置用户名密码
Switch0(config)#line vty 0 4
Switch0(config-line)#login local
Switch0(config-line)#exit
Switch0(config)#enable password 54321                 //配置使能口令
Switch0(config)#
```

利用 CDP 命令通过发现邻居,从而发现整个网络拓扑,具体操作过程如下。
首先在计算机 PC0 上通过 Telnet 命令登录交换机 Switch1。

```
C:\>telnet 192.168.1.2
Trying 192.168.1.2 ...Open
```

```
User Access Verification
Username: t1
Password:
Switch1>en
Password:
Switch1#
```

通过在交换机 Switch1 上执行 cdp 命令查看邻居设备情况,具体操作如下。

```
Switch1# show cdp neighbors
Capability Codes: R - Router, T - Trans Bridge, B - Source Route Bridge
S - Switch, H - Host, I - IGMP, r - Repeater, P - Phone
Device ID Local Intrface  Holdtme  Capability Platform  Port ID
Router0    Fas 0/1          139        R         C2800     Fas 0/1
Switch1#
```

结果显示,邻居设备 ID 号为 Router0,利用本地设备端口 fa0/1 与邻居设备 Router0 端口 fa0/1 相连,并且邻居设备型号为 C2800。

通过 show cdp entry 命令查看邻居设备详细信息,结果如下。

```
Switch1# show cdp entry *
Device ID: Router0
Entry address(es):
IP address : 192.168.1.1
Platform: cisco C2800, Capabilities: Router
Interface: FastEthernet0/1, Port ID (outgoing port): FastEthernet0/1
Holdtime: 156
Version:
Cisco IOS Software, 2800 Software (C2800NM- ADVIPSERVICESK9- M), Version 12.4(15)
T1, RELEASE SOFTWARE (fc2)
Technical Support: http://www.cisco.com/techsupport
Copyright (c) 1986- 2007 by Cisco Systems, Inc.
Compiled Wed 18- Jul- 07 06:21 by pt_rel_team
advertisement version: 2
Duplex: full
Switch1#
```

可以发现邻居设备端口 fa0/1,其 IP 地址为 192.168.1.1。接着进一步通过 Telnet 登录到 Router0,利用 show cdp neighbors 命令发现设备 Router0 的邻居情况。

```
Switch1# telnet 192.168.1.1
Trying 192.168.1.1 ...Open
User Access Verification
Username: t2
Password:
Router0>en
Password:
Router0#
```

通过 show cdp neighbors 命令发现设备 Router0 的邻居情况，结果如下。

```
Router0#show cdp neighbors
Capability Codes: R -Router, T -Trans Bridge, B -Source Route Bridge
S -Switch, H -Host, I -IGMP, r -Repeater, P -Phone
Device ID Local Intrface     Holdtime     Capability     Platform     Port ID
Switch0        Fas 0/0         138           S             2960        Fas 0/1
Switch1        Fas 0/1         129           S             2960        Fas 0/1
Router0#
```

通过 cdp 命令可以看到，路由器 Router0 的邻居设备有两个，分别为 Switch0 和 Switch1，其中交换机 Switch1 的情况刚才已经清楚了，交换机 Switch0 为路由器 Router0 连接的另一个设备，具体为：邻居设备的 ID 为 Switch0，其设备型号为 2960，本设备 Router0 的 fa0/0 与邻居设备的 fa0/1 相连。根据以上信息可以构建网络拓扑结构。

通过 show cdp entry 命令可以查看邻居设备的具体情况，结果如下。

```
Router0#show cdp entry *
Device ID: Switch0
Entry address(es):
IP address : 192.168.2.100
Platform: cisco 2960, Capabilities: Switch
Interface: FastEthernet0/0, Port ID (outgoing port): FastEthernet0/1
Holdtime: 151
Version :
Cisco IOS Software, C2960 Software (C2960-LANBASE-M), Version 12.2(25)FX, RELEASE
SOFTWARE (fc1)
Copyright (c) 1986-2005 by Cisco Systems, Inc.
Compiled Wed 12-Oct-05 22:05 by pt_team
advertisement version: 2
Duplex: full
----------------------------
Device ID: Switch1
Entry address(es):
IP address : 192.168.1.2
Platform: cisco 2960, Capabilities: Switch
Interface: FastEthernet0/1, Port ID (outgoing port): FastEthernet0/1
Holdtime: 141
Version :
Cisco IOS Software, C2960 Software (C2960-LANBASE-M), Version 12.2(25)FX, RELEASE
SOFTWARE (fc1)
Copyright (c) 1986-2005 by Cisco Systems, Inc.
Compiled Wed 12-Oct-05 22:05 by pt_team
advertisement version: 2
Duplex: full
Router0#
```

在实际练习过程中,往往采用将网络拓扑隐藏的方式通过 CDP 命令一步步探索出整个网络的拓扑结构。隐藏后的网络拓扑结构图如图 3.13 所示。

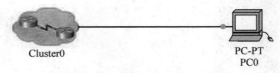

Cluster0   PC-PT
                                            PC0

图 3.13　隐藏后的网络拓扑结构图

通过 CDP 命令可以发现网络邻居情况,甚至可以发现整个网络的拓扑结构,这给网络管理带来方便的同时,也带来了隐患,攻击者可以利用 CDP 命令探索整个网络的拓扑结构。因此,必要时需要将 CDP 相关功能关闭。

```
Router0(config)#no cdp run                              //全局关闭 CDP
Router0(config)#cdp run                                 //全局启用 CDP
Router0(config)#interface fastEthernet 0/0
Router0(config-if)#no cdp enable                        //端口上关闭 CDP
Router0(config-if)#cdp enable                           //端口上启用 CDP
```

默认情况下,设备 CDP 功能是开启的。

3.8　本章小结

本章首先讲解了网络设备常见的 6 种配置模式(用户模式、特权模式、全局配置模式、线路配置模式、端口配置模式以及 VLAN 配置模式),详细介绍了网络设备配置的 16 种基本命令。掌握这些基本配置命令是进行网络设备配置的基础。

接着介绍了网络设备常见配置的两种方式,即 Telnet 远程登录以及 Web 浏览器图形化配置方式,并详细讲解了 show 命令集,该命令为查看网络设备配置过程,进行网络故障排查等提供了很大的帮助。

最后讲解了 Cisco 私有协议 CDP。

3.9　习题

一、单选题

1. 下面表示交换机处于特权模式的提示符是(　　　)。

　　A. Switch＞　　　　　　　　　　　　　B. Switch#

　　C. Switch(config)#　　　　　　　　　　D. Switch(config-if)#

2. 首次配置一台新交换机时,采用的配置方式是(　　　)。

　　A. 通过 SNMP 连接进行配置　　　　　　B. 通过 Telnet 连接进行配置

　　C. 通过 Web 连接进行配置　　　　　　　D. 通过控制口连接进行配置

3. 初始化配置网络设备时,与计算机的串口相连接的网络设备的端口是(　　　)。

　　A. fastethernet　　　B. AUX　　　　　　C. Console　　　　　　D. RS-232

4. 网络设备的 Console 端口的类型是(　　)。

    A. BNC　　　　　　　B. AUX　　　　　　　C. RJ-45　　　　　　D. RS-232

5. Router＞ 的配置模式为(　　)。

    A. 用户模式　　　　B. 特权模式　　　　　C. 全局配置模式　　D. 线路配置模式

6. Router＃ 的配置模式为(　　)。

    A. 全局配置模式　　B. 用户模式　　　　　C. 特权模式　　　　D. 线路配置模式

7. Router(config)＃ 的配置模式为(　　)。

    A. 全局配置模式　　B. 用户模式　　　　　C. 特权模式　　　　D. 线路配置模式

8. 在全局配置模式下输入 line vty 0 4,表示将对 VTY 虚拟终端配置的条数是(　　)。

    A. 0　　　　　　　　B. 1　　　　　　　　C. 4　　　　　　　　D. 5

9. 在全局配置模式,对网络设备配置主机名的命令是(　　)。

    A. username　　　　B. hostname　　　　　C. enable　　　　　D. exit

10. 用于查看当前的运行配置的命令是(　　)。

    A. Router＃ show ip route　　　　　　　B. Router＃ show version

    C. Router＃ show startup-config　　　　D. show running-config

11. 用于查看网络设备运行操作系统版本及相关引导信息的命令是(　　)。

    A. show running-config　　　　　　　　B. Router＃ show version

    C. Router＃ show startup-config　　　　D. Router＃ show ip route

12. 用于查看保存的配置信息的命令是(　　)。

    A. Router＃ show ip route　　　　　　　B. show running-config

    C. Router＃ show version　　　　　　　D. Router＃ show startup-config

13. 用于查看路由信息的命令是(　　)。

    A. show running-config　　　　　　　　B. Router＃ show ip route

    C. Router＃ show version　　　　　　　D. Router＃ show startup-config

14. 用户模式下可以查看可执行命令的命令是(　　)。

    A. Router＞?　　　　　　　　　　　　　B. Router＃ ?

    C. Router＞e?　　　　　　　　　　　　D. Router＞enable ?

15. 可以查看该模式下以字母 e 开头的命令的命令是(　　)。

    A. Router＃ ?　　　　　　　　　　　　B. Router＞?

    C. Router＞e?　　　　　　　　　　　　D. Router＞enable ?

16. 配置接口的 IP 地址和子网掩码,正确的命令是(　　)。

    A. Switch(config-if)＃ip address 192.168.1.1

    B. Switch(config)＃ip address 192.168.1.1

    C. Switch(config-if)＃ip address 192.168.1.1 255.255.255.0

    D. Switch(config-if)＃ip address 192.168.1.1 netmask 255.255.255.0

17. 管理员可以通过网络对交换机进行管理,交换机中需要配置 IP 地址的接口是(　　)。

    A. VLAN 1　　　　　　　　　　　　　　B. fastEthernet 0/1

    C. Console　　　　　　　　　　　　　　D. Line vty 0

18. 在交换机中,MAC 地址表是交换机转发网络中数据的依据,查看交换机 MAC 地址表的命令是(　　)。

　　A. show L2-table　　　　　　　　　　B. show mac-port-table

　　C. show address-table　　　　　　　　D. show mac-address-table

19. 要将交换机的配置更改信息保存到 Flash Memory 中,需要执行的命令是(　　)。

　　A. Switch ＃ copy running-config startup-config

　　B. Switch ＃ copy running-config flash

　　C. Switch (config) ＃ copy running-config flash

　　D. Switch(config) ＃ copy running-config startup-config

20. 要激活路由器 fa0/1 接口,首先进入路由器的 fa0/1,接着输入的命令是(　　)。

　　A. up　　　　　　　　　　　　　　　B. shutdown

　　C. no up　　　　　　　　　　　　　　D. No shutdown

21. "显示历史记录"的命令是(　　)。

　　A. show history　　　　　　　　　　　B. show running-config

　　C. show startup-config　　　　　　　　D. show version

22. 修改历史记录条数的命令,使用的配置模式是(　　)。

　　A. 接口模式　　　　B. 用户模式　　　　C. 特权模式　　　　　　D. 控制台配置模式

23. 在配置网络设备时,如果长时间不输入命令,导致控制台自动退出。这样设置的目的是加强设备的安全性。在某些情况下,我们往往不希望退出控制台,此时可以设置控制台永不超时,也就是不让系统自动退出。具体配置过程是在控制台配置模式下输入 exec-timeout 0 0 命令。其中两个 0 的含义分别为(　　)。

　　A. 前者表示分钟,后者表示秒　　　　　B. 前者表示秒,后者表示分钟

　　C. 前者表示小时,后者表示分钟　　　　D. 前者表示分钟,后者表示小时

24. 远程登录时使用的协议是(　　)。

　　A. SMTP　　　　　　B. Telnet　　　　　C. FTP　　　　　　　　D. UDP

25. 在对网络设备进行远程配置之前,必须对网络设备进行初始化配置,对网络设备进行初始化配置的接口是(　　)。

　　A. Telnet　　　　　　B. fastEthernet　　　C. FTP　　　　　　　　D. Console

26. 在对交换机进行远程配置时,必须配置交换机的管理地址,交换机的管理地址通常指的是(　　)。

　　A. VLAN 100 的地址　　　　　　　　　B. VLAN 1 的地址

　　C. fastEthernet 0/0 的地址　　　　　　D. Console 口的地址

27. 显示有关直连设备的信息,包括设备的主机名、接收数据包的端口、保持时间、邻居设备的性能、设备类型以及连接的端口 ID 号的命令是(　　)。

　　A. show cdp neighbors　　　　　　　　B. show cdp neighbors detail

　　C. show cdp entry ＊ protocols　　　　 D. show cdp entry ＊ version

28. 通常用来显示直连邻居设备的 IOS 版本信息的命令是(　　)。

　　A. show cdp neighbors　　　　　　　　B. show cdp entry ＊ version

　　C. show cdp interface　　　　　　　　　D. show cdp entry ＊ protocols

29. 通常用来显示设备发送和接收 CDP 数据包的相关信息的命令是(　　　)。

　　A. show cdp entry ＊ protocols　　　　B. show cdp interface

　　C. show cdp traffic　　　　　　　　　D. show cdp entry ＊ version

二、多选题

1. 下面能将交换机当前运行的配置参数进行保存的命令有(　　　)。

　　A. write　　　　　　B. copy run start　　C. write memory　　　D. copy vlan flash

2. 在下列配置方式中,可以用于配置交换机采用的方法是(　　　)。

　　A. Console 线命令行方式　　　　　　　B. Telnet

　　C. Web 方式　　　　　　　　　　　　　D. ftp 方式远程拨入

3. 在对网络设备进行初始化配置后,就可以用来对网络设备进行配置的方式有(　　　)。

　　A. Telnet　　　　　　B. AUX　　　　　　C. Web　　　　　　　D. ftp

4. 不同类型的网络设备其控制端口的位置并不相同,有的位于前面板,有的位于后面板。但在该端口的上方或侧方都会有类似的字样的标识可能是(　　　)。

　　A. CONSOLE　　　　B. Console　　　　　C. AUX　　　　　　　D. RS-232

5. 通过 Console 口访问网络设备时,通常需要的步骤有(　　　)。

　　A. 连线　　　　　　　　　　　　　　　B. 打开计算机操作系统的超级终端程序

　　C. 设置通信参数　　　　　　　　　　　D. 插入配置模块

6. 下列属于网络设备配置模式的有(　　　)。

　　A. 用户模式　　　　B. 特权模式　　　　C. 全局配置模式　　　D. 线路配置模式

7. 下列属于网络设备配置模式的有(　　　)。

　　A. 接口配置模式　　　　　　　　　　　B. VLAN 配置模式

　　C. 特权模式　　　　　　　　　　　　　D. 用户模式

三、判断题

1. 进入路由器快速以太网接口 fa0/0 的配置为：在全局配置模式下输入 interface VLAN1,表示进入路由器 fastEthernet0/0 端口,即将对该端口进行配置。　　　　(　　　)

2. 一个命令在输入时可以不用写全,此时可以通过 Tab 键自动补齐,如在特权模式下输入 en 后,按 Tab 键自动补齐为 enable。　　　　　　　　　　　　　　　　(　　　)

3. 对于刚购置的新的网络设备,可以直接使用远程登录 Telnet 进行远程管理及配置。

　　　　　　　　　　　　　　　　　　　　　　　　　　　　　　　　　　(　　　)

4. 通过 Telnet 对交换机和路由器进行远程配置时,登录的 IP 地址均为网络设备的物理接口地址。　　　　　　　　　　　　　　　　　　　　　　　　　　　　　(　　　)

5. 通过 Telnet 对交换机和路由器进行远程管理及配置时,只需要设置设备的登录 IP 地址即可,其他均不需要初始化配置。　　　　　　　　　　　　　　　　　　　(　　　)

四、填空题

1. 从特权模式回到用户模式时,使用的命令是_____。

2. 网络设备从用户模式进入到特权模式,只需要输入_____命令即可。

3. 在网络设备的配置过程中,有时需要清除已经配置的命令参数,此时可以采用取消命令_____来完成。

4. CDP 指的是_____。

五、简答题

1. 网络设备常见的设备配置方式有哪些？

2. 谈谈利用 Console 口对网络设备进行配置的过程。

3. 网络设备常见的配置模式有哪些？

4. 谈谈网络设备配置常见的命令,包括命令格式以及命令的功能。

5. 说出利用 Web 以及 Telnet 对网络设备进行配置的过程。

6. 谈谈常见的 show 命令,包括命令格式及命令的功能。

六、操作题

1. 实际动手搭建利用 Console 口对网络设备进行配置的过程。

2. 练习网络设备几种工作模式相互切换的过程。

3. 练习使用常见的网络设备基本配置命令,不但要精通命令格式,而且要清楚相应命令功能。

4. 动手利用 Web 对网络设备进行配置。

5. 动手利用 Telnet 对网络设备进行配置。

6. 练习 show 命令,精通命令格式,熟悉相应命令实现的功能。

第4章　交换机广播隔离及网络
健壮性增强技术

本章学习目标

- 熟悉冲突域及广播域
- 掌握交换机广播域隔离技术——VLAN 技术
- 精通 VLAN 配置方法
- 精通跨交换机 VLAN 划分方法
- 掌握 VTP 技术
- 掌握 STP 技术
- 掌握交换机端口聚合技术

首先介绍广播域以及冲突域的相关概念,分析广播风暴带来的危害,探讨交换机广播隔离技术——VLAN 技术。

接着介绍交换机常见 VLAN 的划分方法,详细探讨基于端口 VLAN 划分的配置方法,探讨跨交换机 VLAN 的划分方法,以及交换机的端口工作模式。

最后介绍交换机 VTP 技术,并详细介绍 VTP 配置过程,同时分析交换机生成树协议 STP,以及探讨交换机的端口聚合技术,并详细介绍其配置过程。

4.1　冲突域与广播域

4.1.1　冲突域

冲突域是连接在同一物理网段上所有结点的集合,或者是以太网上竞争同一带宽的结点集合。这个域代表冲突在其中发生并传播的区域,这个区域被认为是共享段。在 OSI 模型中,冲突域被看作第一层,即物理层概念。常见的物理层设备有中继器、集线器,因此连接同一冲突域的设备有中继器和集线器,或者其他进行简单复制信号的设备。因此,使用中继器和集线器连接的所有结点都被认为是在同一个冲突域内,它不会划分冲突域,如图 4.1 所示。第二层设备(网桥、交换机)以及第三层设备(路由器)都可以划分冲突域。

4.1.2　广播域

广播是一种信息的传播方式,指网络中的某一设备同时向网络中所有的其他设备发送数据,这个数据所能广播到的范围称为广播域(broadcast domain)。也就是说,网络中所有能接收到同样广播消息的设备的集合称为一个广播域。广播域基于第二层(数据链路层),即站点发出一个广播信号后能够接收到这个信号的范围。通常,一个局域网就是一个广播域。广播域内所有的设备都必须监听所有的广播包,如果广播域太大,用户的带宽就小了,并且需要处理更多的广播,网络响应时间将会长到让人无法容忍的地步。

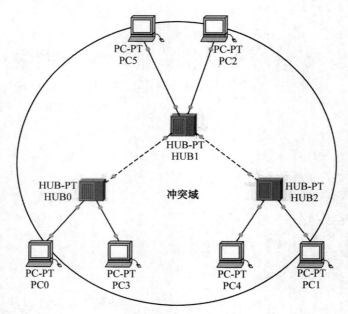

图 4.1　集线器不能分割冲突域

　　集线器设备不能识别 MAC 地址和 IP 地址,对接收的数据以广播的形式发送,它的所有端口为一个冲突域,同时也是一个广播域,交换机具有 MAC 地址学习功能,通过查找 MAC 地址表将接收到的数据传送到目的端口。相比于集线器,交换机可以分割冲突域,它的每一个端口相应地称为一个冲突域,如图 4.2 所示。

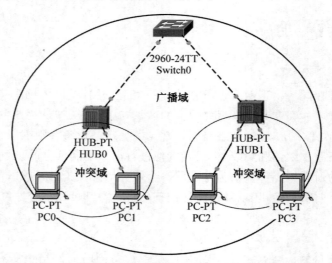

图 4.2　交换机可以分割冲突域,不能分割广播域

　　交换机虽然能够分割冲突域,但是交换机下所有连接的设备依然在一个广播域中。当交换机收到广播数据包时,会在所有连接的设备中进行传播,在一些情况下容易导致网络拥塞以及安全隐患。在通信网络中,为了避免因不可控的广播导致的网络故障风险,通常使用路由器设备分割广播域,如图 4.3 所示。

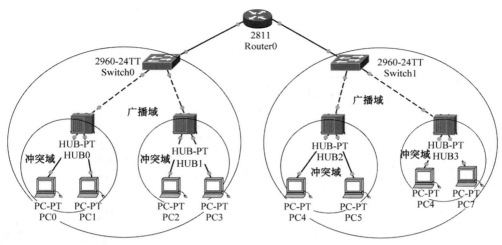

图 4.3　路由器可以分割广播域

相比于交换机,路由器并不通过 MAC 地址确定转发数据的目的地址。路由器工作在网络层,利用不同网络的网络地址确定数据转发的目的地址。MAC 地址通常由设备硬件出厂自带且不能更改,IP 地址一般由网络管理员手工配置或系统自动分配。路由器通过 IP 地址将连接到其端口的设备划分为不同的网络,每个端口下连接的网络即为一个广播域,广播不会扩散到该端口以外,因此说路由器隔离了广播域。

4.2　交换机广播隔离技术

4.2.1　广播风暴危害及产生原因和解决方法

作为发现未知设备的主要手段,广播在网络中起着非常重要的作用。一个数据帧或包被传输到本地网段(由广播域定义)上的每个结点就是广播。在广播帧中,帧头中的目的 MAC 地址是"FF.FF.FF.FF.FF.FF",该地址代表网络上所有主机网卡的 MAC 地址。

随着网络中计算机数量的增多,广播包的数量会急剧增加,网络长时间被大量的广播数据包占用,当广播数据包的数量达到一定的程度时,网络传输速率将会明显下降,使正常的点对点通信无法正常进行,最终导致网络性能下降,甚至导致网络瘫痪,这就是广播风暴。

1. 广播风暴的危害

广播风暴现象是导致常见的数据洪泛(flood)原因之一,是一种典型的雪球效应。当广播风暴产生时,以太网传输介质中几乎充满了广播数据包,网络设备端口上统计的报文速率达到很高的数量级,设备处理器高负荷运转。广播风暴不仅影响网络设备,而且它还使得所有的主机都要接收链路层的广播数据包,因而受到危害。每秒数万级的数据包通常会使网卡工作异常繁忙,操作系统反应迟缓,网络通信严重受阻,严重危害网络的正常运行。

2. 广播风暴产生的原因

形成广播风暴的原因有很多,这里主要介绍以下 5 种。

1) 网络设备导致

之前的中、小型办公网络以及网吧、校园网络等常见的网络中大量采用集线器。用集线器组成的网络称为共享式网络。在共享式网络中，使用载波侦听多路访问/冲突检测（CSMA/CD）机制解决数据包的碰撞问题。随着网络主机数目不断增加，数据包数量也随之不断增长，这种情况下容易形成广播风暴，共享式网络的不足之处就表现得非常突出了。在广播报文较多的情况下，广播风暴会造成网络崩溃。目前，集线器在市场中已经很难找到，在网络工程项目中也很难见到它的踪影。

2）网卡或网络设备损坏

长时间工作容易导致网络中主机的网卡或网络设备的端口发生损坏，损坏的网卡或网络设备也同样会产生广播风暴。当某块网卡或网络设备的某个端口损坏后，有可能向网络发送大量广播帧和非法帧，产生大量无用的数据包，占用大量带宽，使网络运行速度明显变慢，严重时产生广播风暴。

3）网络环路

在网络管理过程中，如果对网络拓扑结构不清楚，在对网络设备安装过程中出现疏漏，可能会导致一条物理网络线路的两端同时接在同一台网络设备中，或者是虽然经过了不同的设备，但是还是形成了环路。广播数据包在网络中反复大量传送，容易导致广播风暴，造成网络阻塞，甚至瘫痪。

4）网络病毒

目前，网络中的病毒较为猖獗，许多病毒和木马程序也容易引起广播风暴。网络中一旦有一台机器中病毒，就会立即通过网络进行传播。网络病毒的传播会损耗大量的网络带宽，引起网络堵塞，产生广播风暴。

5）黑客软件的使用

一些上网者经常利用黑客软件对网络进行攻击。这些软件的使用，一定程度上造成广播风暴。

3. 广播风暴问题的解决方案和防范措施

解决广播风暴要从源头入手，从监控和管理两个方向进行。

1）使用较好的网络设备及质量较好的线缆

在资金充裕的条件下使用高档次的网络设备，保证网络通信质量。具体是从网卡到线路再到交换机都采用质量高的设备，这样才能从硬件上减少故障发生的概率。

2）掌握网络的拓扑结构，避免连网中环路的出现

在一些比较复杂的网络中，经常会出现多余的备用线路，一旦连接线路不当，就容易构成回路。例如，网线从网络中心接到计算机1室，再从计算机1室接到计算机2室。同时，从网络中心又有一条备用线路直接连到计算机2室，若这几条线同时接通，则构成环路，数据包会不断发送和校验数据，从而影响整体网速。在这种情况下查找出现问题的原因比较困难。为避免该类情况发生，在铺设网线时要养成良好的习惯，包括在网线上打上明显的标签，在有备用线路的地方做好记载等。当怀疑有此类故障发生时，一般采用分区分段逐步排除的方法。

3）在网络中快速定位网络故障点

查找产生网络广播风暴故障点通常比较困难，如网卡或网络设备物理损坏引起的广播风暴，这类故障查找和排除比较困难。网卡或网络设备出现故障时，一般这些设备仍能正常工作，只不过工作时时好时坏。碰到这样的问题一般从源头入手，从监控和管理两方面解

决,网管人员可以使用 Windows 自带的网络监视器宏观地对网络进行监控,了解网络运行的大致情况。使用网络流量分析软件和协议分析软件(如 Sniffer,Wireshark 等)观察网络内计算机的通信状况,可以观察到广播帧的数量以及所占比例,从而迅速定位,找到广播风暴的源头所在,也可以利用 MRTG(Multi Router Traffic Grapher,一个监控网络链路流量负载的工具软件,通过 SNMP 协议得到设备的流量信息)监控工具动态监测各网络设备的流量。另外,通过安装网络版杀毒软件并及时升级,计算机也可以及时升级并安装系统补丁程序,同时卸载不必要的服务,关闭不必要的端口,以提高系统的安全性和可靠性。

4) 采用 VLAN 技术

虚拟局域网(Virtual Local Area Network,VLAN)技术是一种将局域网交换机从逻辑上划分成一个个网段,从而实现虚拟工作组的新兴数据交换技术。VLAN 技术的产生是为了解决以太网的广播问题和安全性问题,它在以太网数据帧的基础上增加了一个 VLAN ID 字段,通过 VLAN ID 把物理的交换机划分成若干个不同的虚拟局域网。

VLAN 可以提供建立防火墙的机制,防止交换网络的过量广播风暴。使用 VLAN 可以将某个交换端口或用户赋予某一个特定的 VLAN 组,该 VLAN 组可以在一个交换网中或跨接多个交换机,一个 VLAN 中的广播风暴不会跨越另一个 VLAN 中。同样,相邻的端口不会收到其他 VLAN 产生的广播风暴。这样可以减少广播流量,减少广播风暴的产生,从而释放带宽给其他用户终端设备使用。

一般局域网都是基于端口划分 VLAN 的。在一座楼内尽量设置多个 VLAN,如楼内有大的机房,应让每个机房使用单独的 VLAN,使广播局部化,减少整个局域网的广播流量和广播风暴发生的可能性,保证网络的安全性和高可用性。

4.2.2　VLAN 技术介绍

VLAN 即虚拟局域网,是一组逻辑上的设备和用户,这些设备和用户不受物理位置的限制,根据功能、部门及应用等因素将它们组织起来,相互之间通信就如同在同一个网段中一样。一个 VLAN 就是一个广播域,VLAN 之间的通信是通过第 3 层设备路由器完成的。

一个 VLAN 包含一组具有相同需求的计算机工作站,与物理上形成的 LAN 具有相同的属性。它是从逻辑上划分,不是从物理上划分,因此一个 VLAN 内的各个工作站没有限制在一个物理范围中,即这些工作站可以在不同物理 LAN 网段。

同一个 VLAN 内部的广播和单播流量不会转发到其他 VLAN 中,从而有助于控制流量、减少设备投资、简化网络管理、提高网络的安全性。

4.2.3　常见的 VLAN 划分方法介绍

在交换机上划分 VLAN,常见的方法有以下 5 种。

1. 基于端口划分 VLAN

这是最常使用的一种 VLAN 划分方法,目前大多数 VLAN 协议的交换机都提供这种 VLAN 配置方法,它的应用最广泛,使用最有效。该方法是根据以太网交换机的交换端口划分的,将交换机上的物理端口分成若干个组,每个组构成一个虚拟局域网,每个虚拟网都相当于一个独立的交换机。这种基于端口划分 VLAN 的方法并不局限于在一台交换机上进行。也可以在将多台通过堆叠或级联方式连接在一起的不同交换机上进行划分。

这种划分 VLAN 的优点是简单、容易实现,从一个端口发出的广播信息直接发送到同一 VLAN 内的其他端口,也便于直接监控。它的缺点是自动化程度低、灵活性差,如不能在给定的端口上支持一个以上的 VLAN;在一个网络站点迁移时,若新端口不属于同一个 VLAN,则用户必须对该站点重新进行网络地址配置。

2. 基于 MAC 地址划分 VLAN

这种划分 VLAN 的方法是根据每台主机的 MAC 地址进行,即对每台 MAC 地址的主机都配置属于它的那个组,它实现的机制就是每一块网卡都对应唯一的 MAC 地址,VLAN 交换机跟踪属于 VLAN 的 MAC 地址。采用这种方式划分 VLAN 的用户从一个物理位置移动到另一个物理位置时,自动保留其所属 VLAN 的成员身份。

由这种方式划分 VLAN 的机制可以看出,该划分方法的最大优点是终端设备在网络内的物理移动不影响该设备所属的 VLAN 号。当设备的物理位置移动时,即从一台交换机换到其他交换机时,VLAN 不用重新配置,因为它是基于终端设备的 MAC 地址,而不是基于交换机端口的。这种划分 VLAN 的方法,其缺点是在初始化时,必须将所有用户终端设备的 MAC 地址进行登记和配置,如果有几百个甚至上千个用户终端,配置起来是非常麻烦的。另外,若用户终端设备更换了网卡,改变了其 MAC 地址,网络管理员必须针对该设备重新配置 VLAN,所以这种划分方法通常应用于网络规模比较小的小型局域网。同时,这种划分方法也导致交换机执行效率降低,因为在每一个交换机的端口,都可能存在多个 VLAN 组的成员。该端口保存了许多用户设备的 MAC 地址,查询起来比较麻烦。另外,对于使用笔记本计算机的用户来说,他们的网卡可能经常更换,这样 VLAN 就必须经常配置。

3. 基于网络层协议划分 VLAN

按网络层协议划分 VLAN,可分为 IP、IPX、DECnet、AppleTalk 等 VLAN 网络。这种按网络层协议组成的 VLAN 可使广播域跨越多个 VLAN 交换机。这对于希望针对具体应用和服务组织用户的网络管理员来说是非常具有吸引力的。而且,用户可以在网络内部自由移动,但其 VLAN 成员身份仍然保留不变。这种方法的优点是用户的物理位置改变了,不需要重新配置所属的 VLAN,而且可以根据协议类型划分 VLAN,这对网络管理者来说很重要。另外,这种方法不需要附加的帧标签识别 VLAN,这样可以减少网络的通信量。这种方法的缺点是效率低,因为检查每一个数据包的网络层地址是需要消耗处理时间的,一般的交换机芯片都可以自动检查网络上数据包的以太网帧头,但要让芯片能检查 IP 帧头,需要更高的技术,同时也更费时。

4. 根据 IP 组播划分 VLAN

IP 组播实际上也是一种 VLAN 的定义,即认为一个 IP 组播组就是一个 VLAN。这种划分方法将 VLAN 扩大到广域网,因此这种方法具有更大的灵活性,而且也很容易通过路由器进行扩展。

5. 按策略划分 VLAN

基于策略组成的 VLAN 能实现多种分配方法,包括 VLAN 交换机端口、MAC 地址、IP 地址、网络层协议等。网络管理人员可根据自己的管理模式和本单位的需求决定选择哪种类型的 VLAN。

4.2.4　同一台交换机基于端口 VLAN 的划分方法

如图 4.4 所示,在没有划分 VLAN 之前,整个交换机处于一个广播域里,通过端口划分 VLAN 的方法,将这 4 台计算机划分为 3 个广播域:PC1 和 PC2 为一个广播域,PC3 为一个广播域,PC4 为一个广播域,具体 VLAN 的划分如图 4.5 所示。根据这 4 台计算机连接的交换机的端口情况,通过交换机端口划分 VLAN,则具体划分如下。

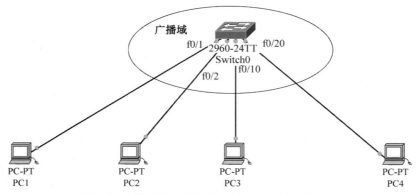

图 4.4　初始阶段交换机所有端口处于同一广播域

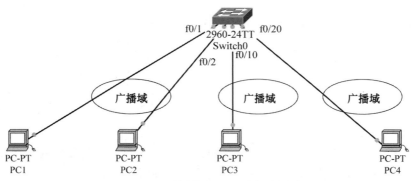

图 4.5　通过划分 VLAN 分割广播域

将端口 f0/1 和端口 f0/2 划分为同一个 VLAN,其 VLAN 号为 10,将端口 f0/10 划分为一个 VLAN,其 VLAN 号为 20,将端口 f0/20 划分为一个 VLAN,其 VLAN 号为 30。

通过 show vlan 命令查看交换机初始 VLAN 情况,结果如下。

```
Switch#show vlan
VLAN Name                        Status    Ports
---------------------------------------------------------------
1    default                     active    fa0/1, fa0/2, fa0/3, fa0/4
                                           fa0/5, fa0/6, fa0/7, fa0/8
                                           fa0/9, fa0/10, fa0/11, fa0/12
                                           fa0/13, fa0/14, fa0/15, fa0/16
                                           fa0/17, fa0/18, fa0/19, fa0/20
                                           fa0/21, fa0/22, fa0/23, fa0/24
```

```
                                         Gig1/1, Gig1/2
1002 fddi-default              act/unsup
1003 token-ring-default        act/unsup
1004 fddinet-default           act/unsup
1005 trnet-default             act/unsup
```

VLAN	Type	SAID	MTU	Parent	RingNo	BridgeNo	Stp	BrdgMode	Trans1	Trans2
1	enet	100001	1500	-	-	-	-	-	0	0
1002	fddi	101002	1500	-	-	-	-	-	0	0
1003	tr	101003	1500	-	-	-	-	-	0	0
1004	fdnet	101004	1500	-	-	-	ieee	-	0	0
1005	trnet	101005	1500	-	-	-	ibm	-	0	0

```
Remote SPAN VLANs
-----------------------------------------------------------

Primary Secondary Type          Ports
-----------------------------------------------------------
```

显示结果表明,交换机在初始状态下,所有的端口都属于 VLAN1。将交换机中的端口按照图 4.5 所示进行 VLAN 划分的步骤如下:首先在交换机中创建 3 个新的 VLAN, VLAN 号分别为 10、20 以及 30。命令配置如下。

```
Switch#config terminal
Enter configuration commands, one per line. End with CNTL/Z.
Switch(config)#vlan 10                 //创建 VLAN10
Switch(config-vlan)#exit
Switch(config)#vlan 20                 //创建 VLAN20
Switch(config-vlan)#exit
Switch(config)#vlan 30                 //创建 VLAN30
Switch(config-vlan)#
```

通过 show vlan 命令可以看到刚刚创建的 3 个 VLAN,此时新创建的 VLAN 下都没有对应的端口。所有端口仍然属于 VLAN1。显示结果如下。

```
Switch#show vlan
VLAN Name                       Status    Ports
-----------------------------------------------------------
1    default                    active    fa0/1, fa0/2, fa0/3, fa0/4
                                          fa0/5, fa0/6, fa0/7, fa0/8
                                          fa0/9, fa0/10, fa0/11, fa0/12
                                          fa0/13, fa0/14, fa0/15, fa0/16
                                          fa0/17, fa0/18, fa0/19, fa0/20
                                          fa0/21, fa0/22, fa0/23, fa0/24
                                          Gig1/1, Gig1/2
10 VLAN0010                     active
20 VLAN0020                     active
30 VLAN0030                     active
1002 fddi-default               act/unsup
```

```
1003 token-ring-default          act/unsup
1004 fddinet-default             act/unsup
1005 trnet-default               act/unsup
VLAN Type SAID   MTU Parent RingNo BridgeNo Stp BrdgMode Trans1 Trans2
--------------------------------------------------------------------------
1    enet  100001  1500  -     -       -         -   -0      0
10   enet  100010  1500  -     -       -         -   -0      0
20   enet  100020  1500  -     -       -         -   -0      0
30   enet  100030  1500  -     -       -         -   -0      0
1002 fddi  101002  1500  -     -       -         -   -0      0
1003 tr    101003  1500  -     -       -         -   -0      0
1004 fdnet 101004  1500  -     -       -      ieee  -0      0
1005 trnet 101005  1500  -     -       -       ibm  -0      0
Remote SPAN VLANs
--------------------------------------------------------------------------

Primary Secondary Type           Ports
--------------------------------------------------------------------------
Switch#
```

接下来基于端口 VLAN 划分方法,按照图 4.5 的要求,将相应的端口分别划分到对应的 VLAN 中。

```
Switch# configure terminal
Enter configuration commands, one per line. End with CNTL/Z.
Switch(config)# interface fastEthernet 0/1        //进入交换机 0/1 号端口
Switch(config-if)# switchport mode access         //将该端口配置成 access 模式
Switch(config-if)# switchport access vlan 10      //将该端口划分到 VLAN10 中
Switch(config-if)# exit
Switch(config)# interface fastEthernet 0/2        //进入交换机 0/2 号端口
Switch(config-if)# switchport mode access         //将该端口配置成 access 模式
Switch(config-if)# switchport access vlan 10      //将该端口划分到 VLAN10 中
Switch(config-if)#
```

以上命令将端口 fa0/1 和端口 fa0/2 划分到 VLAN 10 中,通过 show vlan 命令查看配置效果,结果如下。

```
Switch# show vlan
VLAN Name                     Status    Ports
--------------------------------------------------------------------------
1    default                  active    fa0/3, fa0/4, fa0/5, fa0/6
                                        fa0/7, fa0/8, fa0/9, fa0/10
                                        fa0/11, fa0/12, fa0/13, fa0/14
                                        fa0/15, fa0/16, fa0/17, fa0/18
                                        fa0/19, fa0/20, fa0/21, fa0/22
                                        fa0/23, fa0/24, gig1/1, gig1/2
10   VLAN0010                 active    fa0/1, fa0/2
20   VLAN0020                 active
```

```
30   VLAN0030                            active
1002 fddi-default                        act/unsup
1003 token-ring-default                  act/unsup
1004 fddinet-default                     act/unsup
1005 trnet-default                       act/unsup
```

实验结果表明,端口 fa0/1 和端口 fa0/2 已经属于 VLAN10,不再属于 VLAN1 了。

同样,将端口 fa0/10 划分到 VLAN20 中,端口 fa0/20 划分到 VLAN30 中,具体配置过程如下。

```
Switch(config)#interface fastEthernet 0/10      //进入交换机 0/10 号端口
Switch(config-if)#switchport mode access        //将该端口配置成 access 模式
Switch(config-if)#switchport access vlan 20     //将该端口划分到 VLAN20 中
Switch(config-if)#exit
Switch(config)#interface fastEthernet 0/20      //进入交换机 0/20 号端口
Switch(config-if)#switchport mode access        //将该端口配置成 access 模式
Switch(config-if)#switchport access vlan 30     //将该端口划分到 VLAN30 中
Switch(config-if)#
```

通过 show vlan 命令查看配置结果如下。

```
Switch#show vlan
VLAN Name                       Status   Ports
--------------------------------------------------------------------
1    default                    active   fa0/3, fa0/4, fa0/5, fa0/6
                                         fa0/7, fa0/8, fa0/9, fa0/11
                                         fa0/12, fa0/13, fa0/14, fa0/15
                                         fa0/16, fa0/17, fa0/18, fa0/19
                                         fa0/21, fa0/22, fa0/23, fa0/24
                                         Gig1/1, Gig1/2
10   VLAN0010                   active   fa0/1, fa0/2
20   VLAN0020                   active   fa0/10
30   VLAN0030                   active   fa0/20
1002 fddi-default               act/unsup
1003 token-ring-default         act/unsup
1004 fddinet-default            act/unsup
```

这样,通过基于端口 VLAN 划分方法将 4 台计算机划分为 3 个不同的 VLAN,每个 VLAN 属于同一个广播域,4 台计算机处于 3 个不同的广播域中。

在实际工程项目中,通常需要将多个端口划分到一个 VLAN 中,如果按照上面的方法一个端口一个端口地进行划分,配置起来相对比较麻烦。实际可以通过一次性将多个端口划分到一个 VLAN 的方法进行配置。

1. 将连续多个端口划分到一个 VLAN 的情况

如图 4.5 所示,VLAN 划分及连续 VLAN 端口分配表见表 4.1。

表 4.1　VLAN 划分及连续 VLAN 端口分配表

VLAN 号	端　　口
10	fastEthernet0/1，fastEthernet0/2，fastEthernet0/3，fastEthernet0/4，fastEthernet0/5，fastEthernet0/6，fastEthernet0/7，fastEthernet0/8，fastEthernet0/9
20	fastEthernet0/10，fastEthernet0/11，fastEthernet0/12，fastEthernet0/13，fastEthernet0/14，fastEthernet0/15，fastEthernet0/16，fastEthernet0/17，fastEthernet0/18，fastEthernet0/19
30	fastEthernet0/20，fastEthernet0/21，fastEthernet0/22，fastEthernet0/23，fastEthernet0/24

具体配置过程如下。

```
Switch#configure terminal                       //进入全局配置模式
Enter configuration commands, one per line. End with CNTL/Z.
Switch(config)#vlan 10                          //创建 VLAN10
Switch(config-vlan)#exit
Switch(config)#vlan 20                          //创建 VLAN20
Switch(config-vlan)#exit
Switch(config)#vlan 30                          //创建 VLAN30
Switch(config-vlan)#exit
Switch(config)#interface range fastEthernet 0/1-9       //进入交换机连续的第 1～9 号端口
Switch(config-if-range)#switchport mode access    //将连续的 1～9 号端口配置成 access 模式
Switch(config-if-range)#switchport access vlan 10  //将连续的 1～9 号端口划分到 VLAN10 中
Switch(config-if-range)#exit
Switch(config)#interface range fastEthernet 0/10-19    //进入交换机连续的第 10～19 号端口
Switch(config-if-range)#switchport mode access  //将连续的 10～19 号端口配置成 access 模式
Switch(config-if-range)#switchport access vlan 20  //将连续的 10～19 号端口划分到 VLAN20 中
Switch(config-if-range)#exit
Switch(config)#interface range fastEthernet 0/20-24    //进入交换机连续的第 20～24 号端口
Switch(config-if-range)#switchport mode access  //将连续的 20～24 号端口配置成 access 模式
Switch(config-if-range)#switchport access vlan 30  //将连续的 20～24 号端口划分到 VLAN20 中
Switch(config-if-range)#
```

通过 show vlan 命令查看 VLAN 配置情况如下。

```
Switch#show vlan
VLAN Name                        Status   Ports
-------------------------------------------------------------
1    default                     active   Gig1/1, Gig1/2
10   VLAN0010                    active   fa0/1, fa0/2, fa0/3, fa0/4
                                          fa0/5, fa0/6, fa0/7, fa0/8
                                          fa0/9
20   VLAN0020                    active   fa0/10, fa0/11, fa0/12, fa0/13
                                          fa0/14, fa0/15, fa0/16, fa0/17
                                          fa0/18, fa0/19
30   VLAN0030                    active   fa0/20, fa0/21, fa0/22, fa0/23
                                          fa0/24
1002 fddi-default                act/unsup
```

显示结果表明,按照表 4.1 的要求将连续的多个端口一次性划分到相应的 VLAN 中。

2. 将不连续多个端口划分到一个 VLAN 的情况

如图 4.5 所示,VLAN 划分及不连接 VLAN 端口分配表见表 4.2。

表 4.2　VLAN 划分及不连续 VLAN 端口分配表

VLAN 号	端　　口
10	fastEthernet0/1,fastEthernet0/3,fastEthernet0/5,fastEthernet0/7,fastEthernet0/9
20	fastEthernet0/2,fastEthernet0/4,fastEthernet0/6,fastEthernet0/8,fastEthernet0/10
30	fastEthernet0/12,fastEthernet0/14,fastEthernet0/16, fastEthernet0/18, fastEthernet0/20，fastEthernet0/22

具体配置过程如下。

```
Switch#config t                    //进入全局配置模式
Enter configuration commands, one per line. End with CNTL/Z.
Switch(config)#vlan 10             //创建 VLAN10
Switch(config-vlan)#exit
Switch(config)#vlan 20             //创建 VLAN20
Switch(config-vlan)#exit
Switch(config)#vlan 30             //创建 VLAN30
Switch(config-vlan)#exit
Switch(config)#interface range fastEthernet 0/1,fa0/3,fa0/5,fa0/7,fa0/9
                                //进入交换机不连续的端口,中间用逗号隔开
Switch(config-if-range)#switchport mode access    //将端口配置成 access 模式
Switch(config-if-range)#switchport access vlan 10
                                //将不连续端口一次性划分到 VLAN10 中
Switch(config-if-range)#exit
Switch(config)#interface range fastEthernet 0/2,fa0/4,fa0/6,fa0/8,fa0/10
                                //进入交换机不连续的端口,中间用逗号隔开
Switch(config-if-range)#switchport mode access    //将端口配置成 access 模式
Switch(config-if-range)#switchport access vlan 20
                                //将不连续端口一次性划分到 VLAN20 中
Switch(config-if-range)#exit
Switch(config)#interface range fastEthernet 0/12,fa0/14,fa0/16,fa0/18,fa0/20,
fa0/22                          //进入交换机不连续的端口,中间用逗号隔开
Switch(config-if-range)#switchport mode access    //将端口配置成 access 模式
Switch(config-if-range)#switchport access vlan 30
                                //将不连续端口一次性划分到 VLAN30 中
Switch(config-if-range)#
```

通过 show vlan 命令查看配置结果如下。

```
Switch#show vlan
VLAN Name                        Status    Ports
-------------------------------------------
1    default                     active    fa0/12, fa0/14, fa0/16, fa0/18
```

```
                                          fa0/20, fa0/21, fa0/22, fa0/23
                                          fa0/24, Gig1/1, Gig1/2
10    VLAN0010              active        fa0/1, fa0/3, fa0/5, fa0/7
                                          fa0/9
20    VLAN0020              active        fa0/2, fa0/4, fa0/6, fa0/8
                                          fa0/10
30    VLAN0030              active        fa0/12, fa0/14, fa0/16, fa0/18
                                          fa0/20, fa0/22
1002 fddi-default          act/unsup
1003 token-ring-default    act/unsup
```

显示结果表明,按照表 4.2 的要求将连续的多个不连续端口一次性划分到相应的 VLAN 中。

3. 将部分连续部分不连续的端口划分到一个 VLAN 的情况

如图 4.5 所示,需要将端口划分成表 4.3 所示 VLAN 的情况。

表 4.3　VLAN 划分及部分连续部分不连续 VLAN 端口分配表

VLAN 号	端　　口
10	fastEthernet0/1,fastEthernet0/2,fastEthernet0/3,fastEthernet0/4,fastEthernet0/5, fastEthernet0/7, fastEthernet0/9
20	fastEthernet0/6,fastEthernet0/8,fastEthernet0/10,fastEthernet0/11,fastEthernet0/12, fastEthernet0/13,fastEthernet0/14, fastEthernet0/15
30	fastEthernet0/16,fastEthernet0/18,fastEthernet0/20,fastEthernet0/21,fastEthernet0/22, fastEthernet0/23, fastEthernet0/24

具体配置过程如下。

```
Switch#config t                                   //进入全局配置模式
Enter configuration commands, one per line. End with CNTL/Z.
Switch(config)#vlan 10                            //创建 VLAN10
Switch(config-vlan)#vlan 20                       //创建 VLAN20
Switch(config-vlan)#vlan 30                       //创建 VLAN30
Switch(config-vlan)#exit
Switch(config)#interface range fastEthernet 0/1-5,fa0/7,fa0/9
                        //进入交换机部分连续部分不连续的端口,中间用逗号隔开
Switch(config-if-range)#switchport mode access    //将端口配置成 access 模式
Switch(config-if-range)#switchport access vlan 10 //将端口一次性划分到 VLAN10 中
Switch(config-if-range)#exit
Switch(config)#interface range fastEthernet 0/6,fa0/8,fa0/10-15
                        //进入交换机部分连续部分不连续的端口,中间用逗号隔开
Switch(config-if-range)#switchport mode access    //将端口配置成 access 模式
Switch(config-if-range)#switchport access vlan 20 //将端口一次性划分到 VLAN20 中
Switch(config-if-range)#exit
Switch(config)#
Switch(config)#interface range fastEthernet 0/16,fa0/18,fa0/20-24
                        //进入交换机部分连续部分不连续的端口,中间用逗号隔开
```

```
Switch(config-if-range)#switchport mode access        //将端口配置成 access 模式
Switch(config-if-range)#switchport access vlan 30     //将端口一次性划分到 VLAN30 中
```

通过 show vlan 命令查看配置结果如下。

```
Switch#show vlan

VLAN Name                        Status    Ports
-----------------------------------------------------------------
1    default                     active    fa0/17, fa0/19, gig1/1, gig1/2
10 VLAN0010                      active    fa0/1, fa0/2, fa0/3, fa0/4
                                           fa0/5, fa0/7, fa0/9
20 VLAN0020                      active    fa0/6, fa0/8, fa0/10, fa0/11
                                           fa0/12, fa0/13, fa0/14, fa0/15
30 VLAN0030                      active    fa0/16, fa0/18, fa0/20, fa0/21
                                           fa0/22, fa0/23, fa0/24

1002 fddi-default                act/unsup
1003 token-ring-default          act/unsup
```

显示结果表明,按照表 4.3 的要求将部分连续部分不连续端口一次性划分到相应的 VLAN 中。

4.2.5 跨交换机基于端口 VLAN 的划分方法

前面针对的是在同一台交换机上进行基于端口的 VLAN 划分方法。交换机的端口处于同一个 VLAN,它们属于同一个广播域;处于不同 VLAN 的端口,它们属于不同的广播域。处于同一个 VLAN 中的终端计算机之间可以直接互相访问,处于不同 VLAN 的终端计算机之间不可以直接互相访问。

在实际工程项目中,基于端口的 VLAN 划分一般都是跨交换机的,如图 4.6 所示。交换机 Switch1 的 VLAN 划分见表 4.4。交换机 Switch2 的 VLAN 划分见表 4.5。

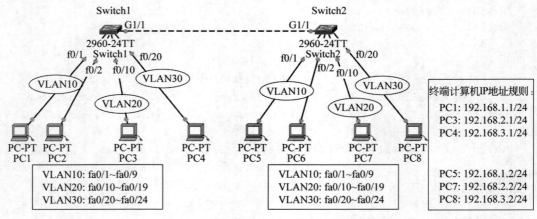

图 4.6 跨交换机 VLAN 配置网络拓扑图

交换机虚拟局域网的特点是:处于相同 VLAN 的终端计算机在同一个广播域内,处于同一个广播域的终端计算机之间直接可以互相访问。按照图 4.6 所示,并依据表 4.4 以及表 4.5 端口划分要求,分别将两台交换机的端口划分到相应的 VLAN 中。将终端计算机配置上相应的网络地址参数后,发现两台交换机中相同 VLAN 的终端计算机之间并不能互相访问。通过分析发现,两台交换机的相同 VLAN 并不处于同一个广播域中,原因是连接两台交换机的端口 G1/1 仍然处于默认的 VLAN1 中,VLAN10、VLAN20 以及 VLAN30 的广播域不能跨越端口 G1/1 到达另一台交换机。

表 4.4　交换机 Switch1 的 VLAN 划分

VLAN 号	端　　口
10	fa0/1,fa0/2, fa0/3, fa0/4, fa0/5, fa0/6, fa0/7, fa0/8,fa0/9
20	fa0/10, fa0/11, fa0/12, fa0/13, fa0/14, fa0/15, fa0/16, fa0/17, fa0/18,fa0/19
30	fa0/20,fa0/21, fa0/22, fa0/23,fa0/24

表 4.5　交换机 Switch2 的 VLAN 划分

VLAN 号	端　　口
10	fa0/1,fa0/2, fa0/3, fa0/4, fa0/5, fa0/6, fa0/7, fa0/8,fa0/9
20	fa0/10, fa0/11, fa0/12, fa0/13, fa0/14, fa0/15, fa0/16, fa0/17, fa0/18,fa0/19
30	fa0/20,fa0/21, fa0/22, fa0/23,fa0/24

若要求处于交换机 Switch1 的 VLAN10 的终端计算机和处于交换机 Switch2 的 VLAN10 的终端计算机能够进行互相访问,使它们处于同一个广播域中,需要将两台交换机的 G1/1 端口同样划分到 VLAN10 中。若要求处于交换机 Switch1 的 VLAN20 的终端计算机和处于交换机 Switch2 的 VLAN20 的终端计算机能够进行互相访问,使它们处于同一个广播域中,又需要将两台交换机的 G1/1 端口划分到 VLAN20 中。若要求处于交换机 Switch1 的 VLAN30 的终端计算机和处于交换机 Switch2 的 VLAN30 的终端计算机能够进行互相访问,使它们处于同一个广播域中,又需要将两台交换机的 G1/1 端口划分到 VLAN30 中。显然,两台交换机中只用一根线相连,目前来说似乎不能满足要求。

如果同时要求处于 Switch0 的 VLAN10 与处于 Switch1 的 VLAN10 通信,处于 Switch0 的 VLAN20 与处于 Switch1 的 VLAN20 通信,处于 Switch0 的 VLAN30 与处于 Switch1 的 VLAN30 通信,最终实现相同 VLAN 的终端处于同一广播域中,此时需要在两台交换机之间同时连接 3 条线。这 3 条线的两个端口分别属于 VLAN10、VLAN20 以及 VLAN30,具体如图 4.7 所示。

在图 4.7 中,两台交换机之间连接 3 根线,从而实现它们之间 3 个相同 VLAN 终端计算机分别能够跨交换机互相访问,这 3 根线连接的交换机的端口分别属于这 3 个不同的 VLAN。其中两台交换机的 f0/3 端口用来连接虚拟局域网 VLAN10,两台交换机 f0/11 端口用来连接虚拟局域网 VLAN20,两台交换机 f0/24 端口用来连接虚拟局域网 VLAN30。这样可以确保两台交换机相同 VLAN 间终端设备能够互相通信,处于同一个广播域中。

通过这样的方式实现跨交换机之间相同 VLAN 互相通信显然是不科学的。随着 VLAN 数量的增加,需要实现不同交换机的相同 VLAN 互相通信,使它们处于同一个广播

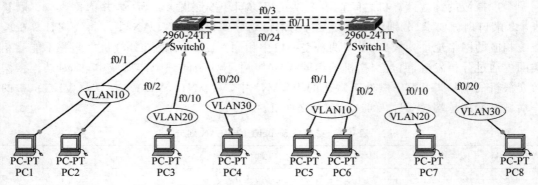

图 4.7　跨交换机实现多 VLAN 互相访问网络拓扑图

域中,需要两台交换机相连的端口数量也相应增加,大大浪费了交换机的端口资源。通过改变交换机级联端口的工作模式可以解决这个问题。

两台具有多个相同 VLAN 的交换机要实现跨交换机通信,实际需要一根连接线即可,所要做的是将这根连线连接的交换机的端口设置为 Trunk 模式。

以太网交换机端口有 3 种链路类型,分别为 Access、Trunk 以及 Hybrid。Access 类型的端口只能属于一个 VLAN,该类型的端口一般用于连接终端计算机。Trunk 类型的端口可以允许多个 VLAN 通过,可以接收和发送多个 VLAN 的报文,该类型的端口一般用于交换机与交换机之间级联。Hybrid 类型的端口可以允许多个 VLAN 通过,可以接收和发送多个 VLAN 的报文,该类型的端口可以用于交换机之间级联,也可以用于连接终端计算机。

如图 4.6 所示,跨交换机实现多 VLAN 互相访问,将两台交换机的级联端口 G1/1 分别设置为 Trunk 模式的具体操作过程如下。

```
Switch#config t                              //进入全局配置模式
Enter configuration commands, one per line. End with CNTL/Z.
Switch(config)#interface gigabitEthernet 1/1  //进入交换机的级联端口 G1/1
Switch(config-if)#switchport mode trunk       //将该端口的工作模式设置为 Trunk
% LINEPROTO - 5 - UPDOWN: Line protocol on interface gigabitEthernet1/1, changed
state to down
% LINEPROTO - 5 - UPDOWN: Line protocol on interface gigabitEthernet1/1, changed
state to up
Switch(config-if)#
```

通过将级联端口设置为 Trunk 模式可以实现跨交换机多 VLAN 互相访问。

关于交换机端口的 Access、Trunk 以及 Hybird 3 种工作模式,需要熟悉它们的默认缺省 VLAN。具体情况如下。

Access 端口只属于一个 VLAN,所以它的缺省 VLAN 就是它所在的 VLAN,不用另外进行设置;Hybrid 端口和 Trunk 端口属于多个 VLAN,所以需要另外设置其缺省 VLAN ID。不做任何配置的缺省情况下,Hybrid 端口和 Trunk 端口的缺省 VLAN 为 VLAN1。

如果设置了端口的缺省 VLAN ID,当端口接收到不带 VLAN Tag 的报文后,则将报文转发到属于缺省 VLAN 的端口;当端口发送带有 VLAN Tag 的报文时,如果该报文的 VLAN ID 与端口缺省的 VLAN ID 相同,则系统将去掉报文的 VLAN Tag,然后再发送该报文。

默认情况下,交换机端口的 Trunk 工作模式允许所有 VLAN 通过。在实际工程项目中,有时需要对通过 Trunk 端口的 VLAN 进行过滤,允许部分 VLAN 通过,而另一部分 VLAN 不通过的情况。图 4.6 要求交换机的级联端口 G1/1 允许 VLAN10、VLAN20 通过,不允许 VLAN30 通过,具体配置过程如下。

```
Switch1#config t                            //进入全局配置模式
Enter configuration commands, one per line. End with CNTL/Z.
Switch1(config)#interface gigabitEthernet 1/1//进入交换机的级联端口 G1/1
Switch1(config-if)#switchport mode trunk     //将该端口的工作模式设置为 Trunk
% LINEPROTO - 5 - UPDOWN: Line protocol on interface gigabitEthernet1/1, changed
state to down
% LINEPROTO - 5 - UPDOWN: Line protocol on Interface GigabitEthernet1/1, changed
state to up
Switch1(config-if)#switchport trunk allowed vlan 10,20
                      //该命令允许 VLAN10、VLAN20 通过,拒绝其他 VLAN 通过
```

通过 ping 命令测试网络连通性,由于终端计算机 PC4 和终端计算机 PC8 属于 VLAN30,而交换机的级联端口 G1/1 设置为只允许 VLAN10 和 VLAN20 通过,不允许 VLAN30 通过,所以理论上讲终端计算机 PC4 和终端计算机 PC8 是不可以互相访问的。具体在终端计算机 PC4 上通过 ping 命令测试和终端计算机 PC8 的连通性,测试结果如下。

```
PC>ping 192.168.30.2
Pinging 192.168.30.2 with 32 bytes of data:
Request timed out.
Request timed out.
Request timed out.
Request timed out.
Ping statistics for 192.168.30.2:
Packets: Sent =4, Received =0, Lost =4 (100%loss),
```

实验结果表明,两台交换机属于 VLAN30 的终端计算机之间不能互相通信,符合实际理论分析结果。

下面测试同属于 VLAN10 的两台交换机的终端计算机 PC1 和终端计算机 PC5 的连通性情况。由于级联端口 Trunk 模式配置允许虚拟局域网 VLAN10 通过,所以理论上它们之间是可以互相访问的,结果应该是可以 ping 通的。具体结果如下。

```
PC1 ping PC5 的情况
PC>ping 192.168.10.2
Pinging 192.168.10.2 with 32 bytes of data:
Reply from 192.168.10.2: bytes=32 time=30ms TTL=128
Reply from 192.168.10.2: bytes=32 time=5ms TTL=128
Reply from 192.168.10.2: bytes=32 time=10ms TTL=128
Reply from 192.168.10.2: bytes=32 time=12ms TTL=128
```

```
Ping statistics for 192.168.10.2:
    Packets: Sent =4, Received =4, Lost =0 (0%loss),
Approximate round trip times in milli-seconds:
    Minimum =5ms, Maximum =30ms, Average =14ms
PC>
```

结果表明,两台交换机同属于 VLAN10 的终端计算机 PC1 和终端计算机 PC5 之间是可以互相通信的,同样测试两台交换机同属于 VLAN20 的终端计算机 PC3 和终端计算机 PC7 的连通性情况。由于级联端口 Trunk 模式配置允许虚拟局域网 VLAN20 通过,所以理论上它们之间是可以互相访问的。具体测试结果如下。

```
PC3 ping PC7 的情况
PC>ping 192.168.20.2
Pinging 192.168.20.2 with 32 bytes of data:
Reply from 192.168.20.2: bytes=32 time=25ms TTL=128
Reply from 192.168.20.2: bytes=32 time=8ms TTL=128
Reply from 192.168.20.2: bytes=32 time=13ms TTL=128
Reply from 192.168.20.2: bytes=32 time=14ms TTL=128
ing statistics for 192.168.20.2:
    Packets: Sent =4, Received =4, Lost =0 (0%loss),
Approximate round trip times in milli-seconds:
    Minimum =8ms, Maximum =25ms, Average =15ms
PC>
```

结果表明,两台交换机同属于 VLAN20 的终端计算机 PC3 和终端计算机 PC7 之间是可以互相通信的。关于图 4.6 所示两台交换机的级联端口 G1/1 允许 VLAN10 和 VLAN20 通过,而不允许 VLAN30 通过的要求,也可以通过以下命令实现。

```
Switch(config-if)#switchport trunk allowed vlan except 30
                    //排除 VLAN30,仅不允许 VLAN30 通过,其他 VLAN 都允许通过
Switch(config-if)#
```

4.3　交换机 VTP 技术

4.3.1　VTP 简介

在实际的工程项目中,往往涉及多台交换机,每台交换机都需要创建 VLAN 信息。如果为每台交换机单独创建 VLAN 信息,工作量比较大,并且可能由于操作失误导致 VLAN 创建出错,从而导致网络故障。

VLAN 中继协议(VLAN Trunking Protocol,VTP)能够从一个中心控制点开始,维护整个互联网上 VLAN 信息的添加和重命名工作,确保配置的一致性,很好地解决交换机之间的 VLAN 信息同步问题。

VTP 也称为虚拟局域网(VLAN)干道协议。它是思科私有协议。在拥有多台交换机的计算机网络中配置 VLAN 的工作量大,可以通过使用 VTP 将一台交换机配置成 VTP 服务器(VTP Server),将其余交换机配置成 VTP 客户端(VTP Client),这样 VTP Client 交换

机可以自动学习到 VTP Server 上的 VLAN 信息。

1. VTP 原理介绍

VTP 属于 OSI 参考模型第二层通信协议,主要用于管理在同一个域的网络范围内 VLAN 的建立、删除和重命名。在一台 VTP Server 上配置一个新的 VLAN 时,该 VLAN 的配置信息将自动传播到本域内的其他所有交换机。这些交换机会自动接收这些配置信息,使其 VLAN 的配置与 VTP Server 保持一致,从而减少在多台设备上配置同一个 VLAN 信息的工作量,而且保持了 VLAN 配置的统一性。

VTP 有 3 种工作模式,分别为 VTP Server、VTP Client 以及 VTP Transparent。新交换机出厂时默认所有端口都属于 VLAN1,VTP 默认模式为服务器。通常情况下,一个 VTP 域内整个网络只设置一个 VTP Server。VTP Server 维护该 VTP 域中的所有 VLAN 信息列表,VTP Server 可以建立、删除或修改 VLAN,发送并转发相关的通告信息,同步 VLAN 配置,会把配置保存在 NVRAM 中。VTP Client 虽然也维护所有 VLAN 信息列表,但其 VLAN 的配置信息是从 VTP Server 学到的,VTP Client 不能建立、删除或修改 VLAN,但可以转发通告,同步 VLAN 配置,不保存配置到 NVRAM 中。

VTP Transparent 相当于一项独立的交换机,它不参与 VTP 工作,不从 VTP Server 学习 VLAN 配置信息,只拥有本设备上自己维护的 VLAN 信息。VTP Transparent 可以建立、删除和修改本机上的 VLAN 信息,同时会转发通告并把配置保存在 NVRAM 中。

2. VTP 的用途

通常情况下,需要在整个园区网或者企业网中的一组交换机中保持 VLAN 数据库的同步,以保证所有交换机都能从数据帧中读取相关的 VLAN 信息并进行正确的数据转发。然而,对于大型网络来说,可能有成百上千台交换机,而一台交换机都可能存在几十乃至数百个 VLAN,如果仅凭借网络工程师手工配置,其工作量相当大,而且也不利于日后维护——每次添加、修改或删除 VLAN 信息,都需要在所有的交换机上配置。在这种情况下引入 VTP,通过 VTP 技术可以解决这些问题。

要使用 VTP,首先必须建立一个 VTP 管理域,在同一管理域中的交换机共享 VLAN 信息,而且一个交换机只能参加一个管理域,不同域中的交换机不能共享 VLAN 信息。

4.3.2　VTP 配置

在图 4.8 所示的网络拓扑结构中,最上面这台交换机配置为 VTP Server,下面两台交换机配置为 VTP Client,在 VTP Server 上创建新的 VLAN 信息,VTP Client 交换机能够自动获得相关 VLAN 信息。具体配置过程如下。

首先对最上面的交换机 Switch1 进行配置,将它配置成 VTP 服务器。

```
Switch#config t                              //进入全局配置模式
Enter configuration commands, one per line. End with CNTL/Z.
Switch(config)#hostname switch1              //重命名交换机名称
switch1(config)#vtp mode server              //将交换机配置成 VTP 服务器模式
Device mode already VTP SERVER.
switch1(config)#vtp domain tdp               //配置交换机 VTP 域名
Domain name already set to tdp.
```

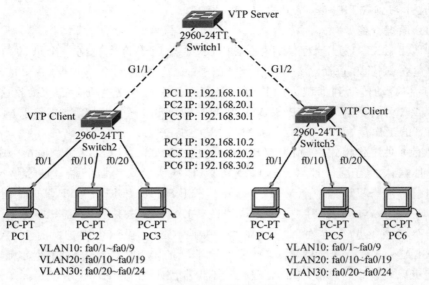

PC1 IP: 192.168.10.1
PC2 IP: 192.168.20.1
PC3 IP: 192.168.30.1

PC4 IP: 192.168.10.2
PC5 IP: 192.168.20.2
PC6 IP: 192.168.30.2

图 4.8　VTP 配置网络拓扑图

```
switch1(config)#vtp password 123              //配置 VTP 验证密码
Password already set to 123
```

接下来配置交换机 Switch2,将其配置为 VTP 客户端。

```
Switch#config t                               //进入全局配置模式
Enter configuration commands, one per line. End with CNTL/Z.
Switch(config)#hostname switch2               //重命名交换机名称
switch2(config)#vtp mode client               //将交换机配置成 VTP 客户端
Setting device to VTP CLIENT mode.
switch2(config)#vtp domain tdp                //配置交换机 VTP 域名,与服务器端相同
Changing VTP domain name from NULL to tdp
switch2(config)#vtp password 123              //配置 VTP 验证密码,与服务器端相同
Setting device VLAN database password to 123
```

同样对交换机 Switch3 进行配置,将其配置为 VTP Client。

```
Switch#config t                               //进入全局配置模式
Enter configuration commands, one per line. End with CNTL/Z.
Switch(config)#hostname switch3               //重命名交换机名称
switch3(config)#vtp mode client               //将交换机配置成 VTP 客户端
Setting device to VTP CLIENT mode.
switch3(config)#vtp domain tdp                //配置交换机 VTP 域名,与服务器端相同
Changing VTP domain name from NULL to tdp
switch3(config)#vtp password 123              //配置 VTP 验证密码,与服务器端相同
Setting device VLAN database password to 123
switch3(config)#
```

在交换机 Switch1 上创建 3 个 VLAN,分别为 VLAN10、VLAN20 以及 VLAN30。

```
switch1(config)#vlan 10                          //创建 VLAN10
switch1(config-vlan)#vlan 20                      //创建 VLAN20
switch1(config-vlan)#vlan 30                      //创建 VLAN30
switch1(config-vlan)#
```

将 VTP Server 交换机 Switch1 与 VTP Client 交换机 Switch2 相连的链路的级联端口配置成中继链路。具体配置过程如下。

```
switch1#config t                                 //进入 VTP Server 交换机的全局配置模式
Enter configuration commands, one per line. End with CNTL/Z.
switch1(config)#interface gigabitEthernet 1/1
//进入 VTP Server 交换机 switch1 与 VTP Client 交换机 Switch1 的级联端口 G1/1
switch1(config-if)#switchport mode trunk          //将级联端口配置成 Trunk 模式
% LINEPROTO - 5 - UPDOWN: Line protocol on interface gigabitEthernet1/1, changed
state to down
% LINEPROTO - 5 - UPDOWN: Line protocol on interface gigabitEthernet1/1, changed
state to up
```

同样将 VTP Server 交换机 Switch1 与 VTP Client 交换机 Switch3 相连的链路的级联端口配置成中继链路。具体配置过程如下。

```
switch1(config)#interface gigabitEthernet 1/2
          //进入 VTP Server 交换机 Switch1 与 VTP Client 交换机 Switch2 的级联端口 G1/2
switch1(config-if)#switchport mode trunk          //将级联端口配置成 Trunk 模式
% LINEPROTO - 5 - UPDOWN: Line protocol on interface gigabitEthernet1/2, changed
state to down
% LINEPROTO - 5 - UPDOWN: Line protocol on interface gigabitEthernet1/2, changed
state to up
switch1(config-if)#
```

需要说明的是,与交换机 Switch1 相连的 VTP Client 交换机 Switch2 的级联端口 G1/1 以及与交换机 Switch1 相连的 VTP Client 交换机 Switch3 的级联端口 G1/2 都已经自适应为中继模式,不需要额外进行配置。如果需要单独进行配置,则将它们配置成 Trunk 模式,具体命令同上。

接下来验证实验效果,首先验证 VTP Client 交换机 Switch2 的 VLAN 信息,通过命令 show vlan 查看结果如下。

```
switch2#show vlan
VLAN Name                         Status    Ports
---------------------------------------------------------
1    default                      active    fa0/1, fa0/2, fa0/3, fa0/4
                                            fa0/5, fa0/6, fa0/7, fa0/8
                                            fa0/9, fa0/10, fa0/11, fa0/12
                                            fa0/13, fa0/14, fa0/15, fa0/16
                                            fa0/17, fa0/18, fa0/19, fa0/20
                                            fa0/21, fa0/22, fa0/23, fa0/24
                                            Gig1/2
```

```
10    VLAN0010                        active
20    VLAN0020                        active
30    VLAN0030                        active
1002 fddi-default                     act/unsup
1003 token-ring-default               act/unsup
1004 fddinet-default                  act/unsup
1005 trnet-default                    act/unsup
```

这样,交换机 Switch2 作为 VTP Client 自动学习了 VTP Server 上的 VLAN 信息。同样,交换机 Switch3 作为 VTP Client 也自动学习了 VTP Server 上的 VLAN 信息。

4.4　交换机网络健壮性增强技术

4.4.1　生成树协议简介

在实际的工程项目中,交换机与交换机之间往往有多条链路,以提供路径冗余,目的是一条链路的损坏不影响整个网络的互联互通。在具有路径冗余的网络中,当交换机接收到一个未知目的地址的数据帧时,交换机的操作是将这个数据帧广播出去,这样,具有冗余路径的交换网络中容易产生广播环,甚至产生广播风暴,广播风暴的产生会占用交换机大量系统资源,从而导致交换机死机。如何解决既要有物理冗余链路保证网络的可靠性,又能避免冗余环路产生广播风暴?生成树协议(Spanning Tree Protocol,STP)能够在逻辑上断开网络的环路,防止广播风暴发生,而一旦正在使用的线路出现故障,逻辑上被断开的线路又被连通,继续传输数据。因此,生成树协议能够很好地解决具有冗余链路网络的广播风暴问题。到目前为止,STP 一共有三代,分别为第一代 STP/RSTP、第二代 PVST/PVST+、第三代 MTSTP/MSTP。

STP 的原理是将一个有环路的桥接网络修剪成一个无环路的树形拓扑结构,按照树的结构构造网络拓扑,消除网络中的环路,通过一定的方法实现路径冗余。STP 能够确保数据帧在某一时刻从一个源出发,到达网络中任何一个目标路径只有一条,而其他路径都处于非激活状态(即不能进行转发),若在网络中发现某条正在使用的链路出现故障时,网络中开启了 STP 技术的交换机会将非激活状态的阻塞端口打开,恢复曾经断开的链路,从而确保网络的连通性。

如图 4.9 所示,从计算机 PC0 到达计算机 PC1 的数据帧会经过中间由 3 台交换机组成的环路,STP 会选择一条最短的路径让数据帧从计算机 PC0 到达计算机 PC1。假如 STP 通过计算,认为从交换机 Switch0 到交换机 Switch1 再到交换机 Switch2 最终到达计算机 PC1 是最短路径,此时交换机 Switch0 到交换机 Switch2 的线路端口处于非激活状态,即有关的端口处于阻塞状态。如果交换机 Switch1 出现了故障,导致交换机 Switch0 到交换机 Switch1 不能传输数据,那么 STP 会激活交换机 Switch0 到交换机 Switch2 的链路,确保数据帧能够到达计算机 PC1。

再如图 4.10 所示,交换机 Switch0 和交换机 Switch1 之间有两条冗余链路,从计算机 PC0 到计算机 PC1 的数据帧会经过这两台交换机组成的环路,STP 会选择一条路径让数据帧从计算机 PC0 到计算机 PC1,假如 STP 通过计算,认为从交换机 Switch0 的端口 G1/1 到交换机 Switch1 的端口 G1/1 为最佳路径,此时交换机 Switch0 的端口 G1/2 到交换机

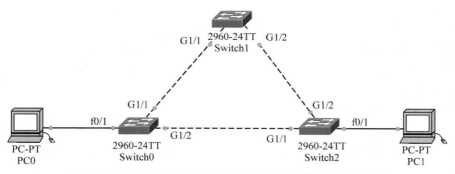

图 4.9　两个终端之间有多条链路下的生成树协议网络拓扑图

Switch1 的端口 G1/2 处于非激活状态,即有关的端口处于阻塞状态。如果交换机 Switch0 的端口 G1/1 到交换机 Switch1 的端口 G1/1 链路出现了故障,导致不能传输数据,那么 STP 会激活交换机 Switch0 的端口 G1/2 到交换机 Switch1 的端口 G1/2 链路,以确保数据帧能够顺利到达计算机 PC1。

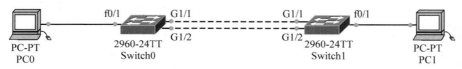

图 4.10　交换机与交换机之间多条链路下的生成树协议网络拓扑图

4.4.2　STP 原理

维护一个树状的网络拓扑,当交换机发现拓扑中有环时,就会逻辑地阻塞一个或更多冗余端口实现无环拓扑,当网络拓扑发生变化时,运行 STP 的交换机会自动重新配置它的端口,以避免环路产生或连接丢失。

1. 选择根桥(根交换机)RB

在网络中需要选择一台根交换机 RB,RB 的选择是由交换机自主进行的,交换机之间通信信息称为 BPDU(桥协议数据单元),每 2s 发送一次,BPDU 中包含的信息较多,但 RB 的选择只比较 BID(桥 ID),BID 最小的就是根交换机。BID=桥优先级+桥 MAC 地址,BPDU 数据帧中的网桥 ID 有 8B,它是由 2B 的网桥优先级和 6B 的背板 MAC 组成的,其中网桥优先级的取值范围是 0~65 535,默认值是 32 768,即先比较桥优先级,然后再比较桥 MAC 地址。一般来说,桥优先级都是一样的,都是 32 768,所以一般只比较桥 MAC 地址,将 MAC 地址最小(也就是 BID 最小)的作为 RB。

2. 选择根端口 RP

对于每台非根桥,都要选择一个端口用来连接到根桥,这就是根端口,根端口只能在非根交换机上选取,当非根桥有多个端口连接到根桥时,应该选择性能比较好的、到根网桥最近的端口作为根端口。

非根桥的根端口判定条件如下:首先比较端口到根网桥路径开销 Q,带宽 10Mb/s 端口开销为 100,带宽 100Mb/s 端口开销为 19,带宽 1000Mb/s 端口开销为 4。非根桥连接根桥交换机的端口中开销最小的为根端口,在开销相同的情况下,比较发送方即上行交换机的网桥 ID(即 BID),BID=桥优先级+桥 MAC 地址。上行交换机网桥 ID(BID)小的非根桥交换机的端口为根端口。上行交换机网桥 ID(BID)相同的情况下比较发送方,即上行交换机的端口 ID(即 PID),端口 ID 由 8 位端口优先级和 8 位端口编号组成,其中端口优先级的取值范围是 0~240,默认值是 128,可以修改,但必须是 16 的倍数,端口 ID 最小的上行交换机端口连接的非根桥交换机的端口为根端口。

3. 选择指定端口 DP

在每一个物理网段的不同端口之间选举出一个指定端口。指定端口的判定过程如下:首先比较物理网段的两个网桥到根网桥路径开销,开销最小的端口为指定端口,开销相同的情况下,比较各自的桥 ID,桥 ID 小的交换机的端口作为指定端口。根桥没有根端口,有的只是指定端口。

4. RP、DP 设置为转发状态,其他端口设置为阻塞状态

选出来的 RP 和 DP 将设为转发状态,既不是根端口,也不是指定端口的其他端口将被阻止(Block)。通过上述 4 步,就可以形成无环路的网络。

如图 4.11 所示,首先选择根桥交换机 RB:通过执行 switch#show interface vlan 1 命令以及 switch#show spanning-tree 命令查看 3 台交换机的优先级以及 MAC 地址如下。

```
Switch0: default 优先级 32768   VLAN1 MAC 地址: 0060.3e05.4ceb
Switch1: default 优先级 32768   VLAN1 MAC 地址: 0060.2f9d.dae1
Switch2: default 优先级 32768   VLAN1 MAC 地址: 0060.3e3d.4caa
```

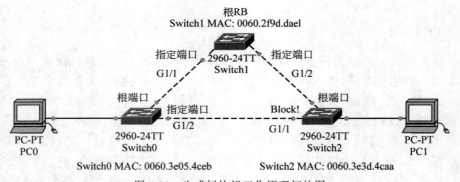

图 4.11　生成树协议工作原理拓扑图

很明显,在优先级相等的情况下,MAC 地址交换机 Switch1 的最小,所以交换机 Switch1 为根 RB 交换机。

其次选择根端口 RP。

对于每台非根桥,交换机 Switch0 和交换机 Switch2 都要选择一个端口用来连接到根桥,作为根端口。选择依据是:首先比较端口到根网桥路径开销,在开销相同的情况下,比较发送方即上行交换机的网桥 ID(即 BID),上行交换机的 BID 相同的情况下比较发送方即上行交换机的端口 ID(即 PID)。

交换机 Switch0 有两个端口,端口 G1/1 和端口 G1/2 能够连接到根桥交换机 Switch1,如图 4.11 所示,从端口 G1/1 到根桥交换机 Switch1 的开销为 4(带宽 1000Mb/s 端口开销为 4),从端口 G1/2 到根桥交换机 Switch1 的开销为 4+4=8,所以将交换机 Switch0 的端

口 G1/1 设置为根端口。图 4.12 所示为交换机 Switch0 生成树情况,图中 Root ID 为根桥,
其 ID 为:优先级 32769＋MAC 地址 0000.0C4C.761D。本交换机 Switch0 的 G1/1 端口(端
口号为 25)和根交换机连接,其开销为 4。Bridge ID 为本交换机 Switch0 的,其 ID 为:优先
级 32769＋MAC 地址 0009.7C98.3E8A。图中 Interface 为端口,Role 为角色,Sts 为状态,
Cost 为开销,Prio.Nbr(PID)为端口优先级＋端口号,Type 为类型。其中端口 G1/1 的角色
为 Root(根端口 RP),状态为转发状态,开销为 4,端口 PID 为 128.25,端口 G1/2 的角色为
Desg(指定端口 DP),状态为转发状态,开销为 4,端口 PID 为 128.26。

```
Switch0#show spanning-tree
VLAN0001
  Spanning tree enabled protocol ieee
  Root ID    Priority    32769
             Address     0000.0C4C.761D
             Cost        4
             Port        25(GigabitEthernet1/1)
             Hello Time  2 sec  Max Age 20 sec  Forward Delay 15 sec

  Bridge ID  Priority    32769   (priority 32768 sys-id-ext 1)
             Address     0009.7C98.3E8A
             Hello Time  2 sec  Max Age 20 sec  Forward Delay 15 sec
             Aging Time  20

Interface         Role Sts Cost      Prio.Nbr Type
----------------  ---- --- --------- -------- ------------
Gi1/2             Desg FWD 4         128.26   P2p
Gi1/1             Root FWD 4         128.25   P2p
```

图 4.12　查看交换机端口开销

交换机 Switch2 有两个端口,端口 G1/1 和端口 G1/2 能够连接到根桥交换机 Switch1,
从端口 G1/2 到根桥交换机 Switch1 的开销为 4,从端口 G1/1 到根桥交换机 Switch1 的开
销为4＋4＝8,所以将交换机 Switch2 的端口 G1/2 设置为根端口。

接下来选择指定端口。

首先比较物理网段两个网桥到根网桥路径开销,开销小的那个网桥端口为指定端口,开
销相同的情况下,比较各自的桥 ID,桥 ID 小的交换机的端口为指定端口。由于根网桥的端
口到根网桥的开销一定是最小的,因此根桥端口均为指定端口。

根桥交换机 Switch1 没有根端口,它的两个端口 G1/1 和 G1/2 分别连接交换机
Switch0 的根端口 G1/1,以及交换机 Switch2 的根端口 G1/2。因此,根桥交换机的两个端
口 G1/1 和端口 G1/2 为指定端口。

从交换机 Switch0 的端口 G1/2 和交换机 Switch2 的端口 G1/1 之间选择一个指定端口,
由于交换机 Switch0 的端口 G1/2 到根桥的开销和交换机 Switch2 的端口 G1/1 到根桥的开销
相同,所以比较这两个交换机的 BID,由于交换机 Switch0 和交换机 Switch2 的优先级相同,均
为 32 768,所以接下来比较这两个交换机的 MAC 大小,交换机 Switch0 的 VLAN1 MAC 地址
为 0060.3e05.4ceb;交换机 Switch2 的 VLAN1 MAC 地址为 0060.3e3d.4caa。显然,交换机
Switch0 的 MAC 小,所以从交换机 Switch0 的端口 G1/2 和交换机 Switch2 的端口 G1/1 之间
选择交换机 Switch0 的端口 G1/2 为指定端口。

最后将 RP、DP 设置为转发状态,将其他端口设置为阻塞状态。也就是说,将交换机
Switch2 的端口 G1/1 设置为阻塞状态,具体如图 4.11 所示。

如图 4.13 所示,两台交换机两条冗余链路下的 STP 工作情况分析,首先选择根桥交换机 RB。两台交换机的优先级及 VLAN1 的 MAC 地址如下。

```
Switch0: default 优先级 32768   VLAN1 MAC 地址: 00e0.b0b9.4e9e
Switch1: default 优先级 32768   VLAN1 MAC 地址: 000c.8566.6888
```

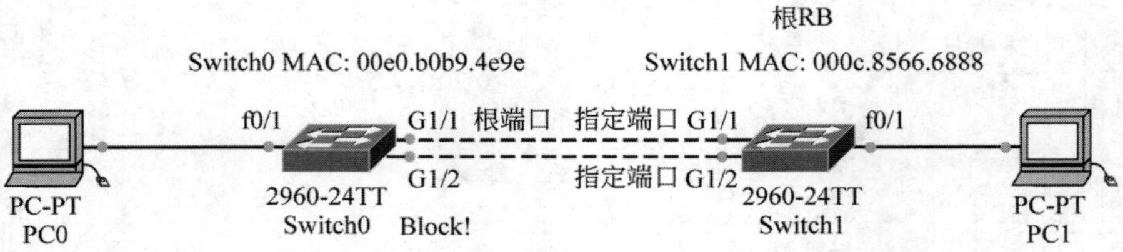

图 4.13　两台交换机多条冗余链路下的 STP

很明显,在优先级相等的情况下,MAC 地址交换机 Switch1 的小,所以交换机 Switch1 为根 RB 交换机。

其次选择根端口 RP。

在非根桥交换机 Switch0 连接根交换机 Switch1 的两个端口中选择一个作为根端口,选择依据是:首先比较端口到根网桥的路径开销,在开销相同的情况下,比较发送方即上行交换机的网桥 ID(即 BID),上行交换机的 BID 相同的情况下,比较发送方即上行交换机的端口 ID(即 PID)。

由于交换机 Switch0 有两个端口,端口 G1/1 和端口 G1/2 连接根桥交换机 Switch1,其中端口 G1/1 到根桥交换机 Switch1 的开销为 4,端口 G1/2 到根桥交换机 Switch1 的开销为 4,开销相同。开销相同的情况下,比较上行交换机的 BID,由于上行交换机为同一台交换机,因此 BID 相同。最后比较上行交换机的 PID,由于上行交换机的两个端口优先级相同,因此比较其端口号,将端口号小的链路连接的交换机的端口设置为根端口,所以将交换机 Switch0 的端口 G1/1 设置为根端口。

接着选择指定端口。

指定端口选择的依据是:首先比较物理网段两个网桥到根网桥路径开销,开销小的那个网桥端口为指定端口,开销相同的情况下,比较各自的桥 ID,桥 ID 小的交换机的端口为指定端口。由于根网桥的端口到根网桥的开销一定是最小的,因此根桥端口均为指定端口。

交换机与交换机之间每条链路选择一个端口为指定端口,根桥交换机 Switch1 两个端口 G1/1 和 G1/2 分别连接交换机 Switch0 的根端口 G1/1 及根端口 G1/2。由于根桥端口均为指定端口,所以根桥交换机端口 G1/1 及端口 G1/2 均为指定端口。

最后将 RP、DP 设置为转发状态,将其他端口设置为阻塞状态。也就是说,将交换机 Switch0 的端口 G1/2 设置为阻塞状态,具体如图 4.13 所示。

图 4.14 所示为 4 台交换机组成环路的网络结构,生成树协议工作过程如下。

首先选择根桥交换机 RB:通过执行 switch♯show interface vlan 1 命令以及 switch♯show spanning-tree 命令查看 3 台交换机的优先级以及 MAC 地址如下。

```
Switch0:default 优先级 32768   VLAN1 MAC 地址:0002.4ac4.5e52
Switch1:default 优先级 32768   VLAN1 MAC 地址:0001.971e.4a5d
```

```
Switch2:default 优先级 32768   VLAN1 MAC 地址:000a.f3e5.5704
Switch3:default 优先级 32768   VLAN1 MAC 地址:0090.21b4.3303
```

很明显,在优先级相等的情况下,MAC 地址交换机 Switch1 的最小,所以交换机 Switch1 为根交换机 RB。

其次选择根端口 RP。

对于每台非根桥,交换机 Switch0、交换机 Switch2 和交换机 Switch3 都要选择一个端口来连接到根桥,作为根端口。选择依据是:首先比较端口到根网桥路径开销,在开销相同的情况下,比较发送方即上行交换机的网桥 ID(即 BID),上行交换机的 BID 相同的情况下比较发送方即上行交换机的端口 ID(即 PID)。

交换机 Switch0 有两个端口,端口 G1/1 和端口 G1/2 能够连接到根桥交换机 Switch1,如图 4.14 所示,从端口 G1/2 到根桥交换机 Switch1 的开销是 4(带宽 1000Mb/s 端口开销为 4),从端口 G1/1 到根桥交换机 Switch1 的开销为 4+4+4=12,所以将交换机 Switch0 的端口 G1/2 设置为根端口。

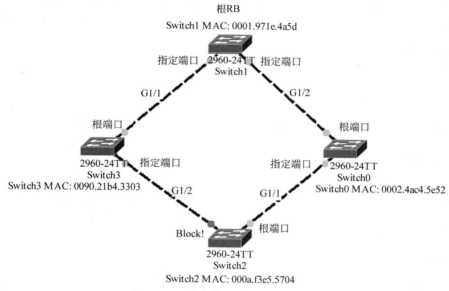

图 4.14　4 台交换机组成环下的 STP

交换机 Switch3 有两个端口,端口 G1/1 和端口 G1/2 能够连接到根桥交换机 Switch1,从端口 G1/1 到根桥交换机 Switch1 的开销为 4,从端口 G1/2 到根桥交换机 Switch1 的开销为 4+4+4=12,所以将交换机 Switch3 的端口 G1/1 设置为根端口。

交换机 Switch2 有两个端口,端口 G1/1 和端口 G1/2 能够连接到根桥交换机 Switch1,这两个端口到根桥交换机 Switch1 的开销相同。在开销相同的情况下,比较发送方即上行交换机的网桥 ID(即 BID),BID 小的交换机连接的端口为根端口,由于端口 G1/1 上行交换机 Switch0 的 BID 小,因此交换机 Switch2 的端口 G1/1 为根端口。

接下来选择指定端口。

首先比较物理网段两个网桥到根网桥路径开销,开销小的那个网桥端口为指定端口,开销相同的情况下,比较各自的桥 ID,桥 ID 小的交换机的端口为指定端口。由于根网桥的端口到根网桥的开销一定是最小的,因此根桥端口均为指定端口。

根桥交换机 Switch1 的两个端口为指定端口,在交换机 Switch0 和交换机 Switch2 之间的物理网段中,交换机 Switch0 的端口开销小,因此交换机 Switch0 的端口 G1/1 为指定端口,同样,交换机 Switch3 的端口 G1/2 为指定端口。

最终将交换机 Switch2 的端口 G1/2 阻塞,具体如图 4.14 所示。

4.4.3 RSTP

STP 存在以下 2 个缺陷。

(1) 收敛速度较慢。

(2) 若 STP 网络拓扑结构频繁变化,网络也会随之频繁失去连通性,从而导致用户通信频繁中断。

快速生成树协议(Rapid spanning Tree Protocol,RSTP)在 STP 基础上进行了改进,实现了网络拓扑快速收敛。RSTP 最早在 IEEE 802.1W-2001 中提出,是由 IEEE 802.1D-1998 标准定义的 STP 改进而来,该协议在网络结构发生变化时,能更快收敛网络。它比 802.1D 增加了一种端口类型:备份端口(backup port)类型,用来做指定端口的备份。它的核心是快速生成树算法,它完全向下兼容 STP 协议,除了和传统的 STP 协议一样具有避免回路、动态管理冗余链路的功能外,RSTP 极大地缩短了拓扑收敛时间。

RSTP 的主要功能归纳为以下两点。

(1) 发现并生成局域网的一个最佳树型拓扑结构。

(2) 发现拓扑故障并随之进行恢复,自动更新网络拓扑结构,启用备份链路,同时保持最佳树型结构。

运行 RSTP 协议的网络交换设备通过对自身网桥信息和接收到的 BPDU 中来自其他网桥的信息进行比较,利用 RSTP 算法进行计算,更新系统状态机,选举端口角色并阻塞某些端口,将环形网络裁剪成树形网络,防止环形网络中的无限循环产生的广播风暴,避免因此带来的报文处理能力下降问题的发生。

4.4.4 PVST

每个 VLAN 生成树(Per-VLAN Spanning Tree,PVST)是解决在虚拟局域网上处理生成树的 Cisco 特有方案。PVST 为每个虚拟局域网运行单独的生成树实例。一般情况下,PVST 要求在交换机之间的中继链路上运行 Cisco 的 ISL(Inter-Switch Link Protocol)。

PVST 为网络中配置的每个 VLAN 维护一个生成树实例,同时它将每个 VLAN 作为一个单独的网络对待。PVST 与 STP/RSTP 的 BPDU 格式不一样,PVST 的 BPDU 格式中将发送的目的地址改成了 Cisco 保留地址 01-00-0C-CC-CC-CD,且在 VLAN 中继下 PVST BPDU 被打上了"ISL VLAN"标签。因此,PVST 协议与 STP/RSTP 协议不兼容。

Cisco 很快推出了经过改进的 PVST+协议,并成为交换机产品的默认生成树协议。经过改进的 PVST+协议在 VLAN1 上运行普通 STP,在其他 VLAN 上运行 PVST 协议,PVST+协议可以与 STP/RSTP 互通,在 VLAN1 上生成树协议按照 STP 计算。在其他 VLAN 上,普通交换机只会把 PVST BPDU 当作多播报文按照 VLAN 号进行转发,但这并不影响环路的消除,只是有可能 VLAN1 和其他 VLAN 的根桥状态可能不一致。由于每个

VLAN 都有一棵独立的生成树,因此单生成树的种种缺陷都被克服了。

PVST 的缺陷表现在以下 3 个方面。

(1)由于每个 VLAN 都需要生成一棵树,所以 PVST BPDU 的通信量将正比于 Trunk 的 VLAN 个数。

(2)在 VLAN 个数比较多的时候,维护多棵生成树的计算量和资源占有量将急剧增长。特别是当中继了很多 VLAN 的端口状态变化时,所有生成树的状态都要重新计算,CPU 将不堪重负。所以,Cisco 交换机限制了 VLAN 的使用个数,同时不建议在一个端口上中继很多 VLAN。

(3)由于协议的私有性,PVST/PVST＋不能像 STP/RSTP 一样得到广泛的支持,不同厂家的设备并不能在这种模式下直接互通,只能通过一些变通的方式实现。

4.4.5　利用 PVST 实现网络负载均衡

1. 基本实现过程分析

1)网络拓扑构建

PVST 配置网络拓扑图如图 4.15 所示,整个网络拓扑由 3 台 Cisco 2960 交换机和 6 台计算机组成,交换机 S2 和交换机 S3 之间利用交叉线通过端口 fa0/1 和端口 fa0/2 连接,交换机 S1 和交换机 S3 之间利用交叉线通过端口 fa0/3 和端口 fa0/4 连接,交换机 S1 的端口 fa0/1 和交换机 S2 的端口 fa0/3 通过交叉线连接,交换机 S1 的端口 fa0/2 和交换机 S2 的端口 fa0/4 通过交叉线连接。3 台交换机的网络拓扑形成一个网络环。

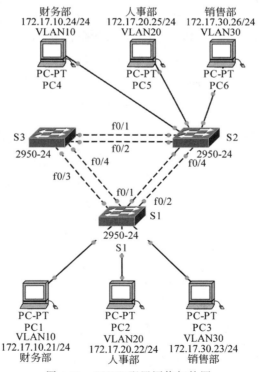

图 4.15　PVST 配置网络拓扑图

计算机 PC1 连接交换机 S1 的端口 fa0/6,计算机 PC2 连接交换机 S1 的端口 fa0/11,计算机 PC3 连接交换机 S1 的端口 fa0/18,计算机 PC4 连接交换机 S2 的端口 fa0/6,计算机 PC5 连接交换机 S2 的端口 fa0/11,计算机 PC6 连接交换机 S2 的端口 fa0/18。

2)VLAN 设计以及网络地址规划

连接交换机 S1 的 3 台计算机分别代表 3 个不同的部门,划分 3 个不同的 VLAN,划分的 VLAN 分别为 VLAN10、VLAN20 以及 VLAN30,其中计算机 PC1 所在的 VLAN10 属于财务部、计算机 PC2 所在的 VLAN20 属于人事部,计算机 PC3 所在的 VLAN30 属于销售部。

财务部所在的 VLAN10 网络地址设置为 172.17.10.0/24,人事部所在的 VLAN20 网络地址设置为 172.17.20.0/24,销售部所在的 VLAN30 网络地址设置为 172.17.30.0/24。

利用同样的划分方式对交换机 S2 进行 VLAN 划分。交换机 S1 和交换机 S2 的 VLAN 设计以及网络地址规划见表 4.6。

表 4.6　交换机 S1 和交换机 S2 的 VLAN 设计以及网络地址规划

VLAN 号	所属部门	端口分配	网络地址分配
10	财务部	fa0/6,fa0/7,fa0/8,fa0/9,fa0/10	172.17.10.0/24
20	人事部	fa0/11,fa0/12,fa0/13,fa0/14,fa0/15,fa0/16,fa0/17	172.17.20.0/24
30	销售部	fa0/18,fa0/19,fa0/20,fa0/21,fa0/22,fa0/23,fa0/24	172.17.30.0/24

3)配置 VTP 并创建 VLAN

将交换机 S1 设置为 VTP 的服务端,将交换机 S2 和交换机 S3 设置为 VTP 客户端。在交换机 S1 上创建 VLAN10、VLAN20 以及 VLAN30,并命名为 caiwu、renshi 以及 xiaoshou。

```
S1(config)#vtp mode server              //将交换机 S1 的 VTP 设置为服务模式
S1(config)#vtp domain wenzhengxueyuan   //为 VTP 设置域名
S1(config)#vlan 10                      //在交换机 S1 上创建 VLAN10
S1(config-vlan)#name caiwu              //为 VLAN10 命名
S1(config-vlan)#exit
S1(config)#vlan 20                      //在交换机 S1 上创建 VLAN20
S1(config-vlan)#name renshi             //为 VLAN20 命名
S1(config-vlan)#exit
S1(config)#vlan 30                      //在交换机 S1 上创建 VLAN30
S1(config-vlan)#name xiaoshou           //为 VLAN30 命名
S2(config)#vtp mode client              //将交换机 S2 的 VTP 设置为客户端模式
S2(config)#vtp domain wenzhengxueyuan   //为 VTP 设置域名
S3(config)#vtp mode client              //将交换机 S3 的 VTP 设置为客户端模式
S3(config)#vtp domain wenzhengxueyuan   //为 VTP 设置域名
```

4)配置中继链路

将交换机 S1 的 fa0/1~fa0/4 号口设置为 Trunk 模式。

```
S1(config)#interface range fastEthernet 0/1-4
S1(config-if-range)#switchport mode trunk
//采用同样的方法配置交换机 S2 和交换机 S3 的 fa0/1~fa0/4 号口为 Trunk 模式
```

5）为 VLAN 分配交换机端口

```
S1(config)#interface range fastEthernet 0/6-10   //进入交换机 S1 的 fa6～fa10 号口
S1(config-if-range)#switchport access vlan 10
                               //将交换机 S1 的 fa6～fa10 号口配进 VLAN10
S1(config-if-range)#end
S1(config)#interface range fastEthernet 0/11-17 //进入交换机 S1 的 fa11～fa17 号口
S1(config-if-range)#switchport access vlan 20
                               //将交换机 S1 的 fa6～fa10 号口配进 VLAN20
S1(config-if-range)#exit
S1(config)#interface range fastEthernet 0/18-24 //进入交换机 S1 的 fa18～fa24 号口
S1(config-if-range)#switchport access vlan 30
                               //将交换机 S1 的 fa6～fa10 号口配进 VLAN30
```

同样对交换机 S2 进行相同的配置。

6）检查生成树协议的默认配置

在每台交换机上,使用 show spanning-tree 命令列出其上的生成树表。交换机 S1 的 PVST 生成树协议部分执行情况如图 4.16 所示。交换机 S2 的 PVST 生成树协议部分执行情况如图 4.17 所示。交换机 S3 的 PVST 生成树协议部分执行情况如图 4.18 所示。

```
S1#show spanning-tree
VLAN0001
  Spanning tree enabled protocol ieee
  Root ID    Priority    32769
             Address     0002.1613.2366
             Cost        19
             Port        1(FastEthernet0/1)
             Hello Time  2 sec  Max Age 20 sec  Forward Delay 15 sec

  Bridge ID  Priority    32769  (priority 32768 sys-id-ext 1)
             Address     0090.2B50.9CD0
             Hello Time  2 sec  Max Age 20 sec  Forward Delay 15 sec
             Aging Time  20

Interface        Role Sts Cost      Prio.Nbr Type
---------------- ---- --- --------- -------- --------------------------------
Fa0/4            Desg FWD 19        128.4    P2p
Fa0/2            Altn BLK 19        128.2    P2p
Fa0/1            Root FWD 19        128.1    P2p
Fa0/3            Desg FWD 19        128.3    P2p


VLAN0010
  Spanning tree enabled protocol ieee
  Root ID    Priority    32778
             Address     0002.1613.2366
             Cost        19
             Port        1(FastEthernet0/1)
             Hello Time  2 sec  Max Age 20 sec  Forward Delay 15 sec

  Bridge ID  Priority    32778  (priority 32768 sys-id-ext 10)
             Address     0090.2B50.9CD0
             Hello Time  2 sec  Max Age 20 sec  Forward Delay 15 sec
             Aging Time  20

Interface        Role Sts Cost      Prio.Nbr Type
---------------- ---- --- --------- -------- --------------------------------
Fa0/4            Desg FWD 19        128.4    P2p
Fa0/6            Desg FWD 19        128.6    P2p
Fa0/2            Altn BLK 19        128.2    P2p
Fa0/1            Root FWD 19        128.1    P2p
Fa0/3            Desg FWD 19        128.3    P2p
```

图 4.16　交换机 S1 的 PVST 生成树协议部分执行情况

```
VLAN0020
  Spanning tree enabled protocol ieee
  Root ID    Priority      32788
             Address       0002.1613.2366
             Cost          19
             Port          1(FastEthernet0/1)
             Hello Time  2 sec  Max Age 20 sec  Forward Delay 15 sec

  Bridge ID  Priority      32788  (priority 32768 sys-id-ext 20)
             Address       0090.2B50.9CD0
             Hello Time  2 sec  Max Age 20 sec  Forward Delay 15 sec
             Aging Time  20

Interface        Role Sts Cost      Prio.Nbr Type
---------------- ---- --- --------- -------- --------------------------------
Fa0/4            Desg FWD 19        128.4    P2p
Fa0/2            Altn BLK 19        128.2    P2p
Fa0/1            Root FWD 19        128.1    P2p
Fa0/3            Desg FWD 19        128.3    P2p
Fa0/11           Desg FWD 19        128.11   P2p

VLAN0030
  Spanning tree enabled protocol ieee
  Root ID    Priority      32798
             Address       0002.1613.2366
             Cost          19
             Port          1(FastEthernet0/1)
             Hello Time  2 sec  Max Age 20 sec  Forward Delay 15 sec

  Bridge ID  Priority      32798  (priority 32768 sys-id-ext 30)
             Address       0090.2B50.9CD0
             Hello Time  2 sec  Max Age 20 sec  Forward Delay 15 sec
             Aging Time  20

Interface        Role Sts Cost      Prio.Nbr Type
---------------- ---- --- --------- -------- --------------------------------
Fa0/4            Desg FWD 19        128.4    P2p
Fa0/2            Altn BLK 19        128.2    P2p
Fa0/1            Root FWD 19        128.1    P2p
Fa0/3            Desg FWD 19        128.3    P2p
Fa0/18           Desg FWD 19        128.18   P2p
```

图 4.16 (续)

```
S2 # show spanning-tree
VLAN0010
  Spanning tree enabled protocol ieee
  Root ID    Priority      32778
             Address       0002.1613.2366
             This bridge is the root
             Hello Time  2 sec  Max Age 20 sec  Forward Delay 15 sec
```

图 4.17 交换机 S2 的 PVST 生成树协议部分执行情况

```
    Bridge ID  Priority     32778  (priority 32768 sys-id-ext 10)
               Address      0002.1613.2366
               Hello Time  2 sec  Max Age 20 sec  Forward Delay 15 sec
               Aging Time  20

Interface           Role Sts Cost      Prio.Nbr Type
---------------     ---- --- --------- -------- --------------------------------
Fa0/1               Desg FWD 19        128.1    P2p
Fa0/2               Desg FWD 19        128.2    P2p
Fa0/3               Desg FWD 19        128.3    P2p
Fa0/4               Desg FWD 19        128.4    P2p
Fa0/6               Desg FWD 19        128.6    P2p

VLAN0020
  Spanning tree enabled protocol ieee
  Root ID    Priority     32788
             Address      0002.1613.2366
             This bridge is the root
             Hello Time  2 sec  Max Age 20 sec  Forward Delay 15 sec

    Bridge ID  Priority     32788  (priority 32768 sys-id-ext 20)
               Address      0002.1613.2366
               Hello Time  2 sec  Max Age 20 sec  Forward Delay 15 sec
               Aging Time  20

Interface           Role Sts Cost      Prio.Nbr Type
---------------     ---- --- --------- -------- --------------------------------
Fa0/1               Desg FWD 19        128.1    P2p
Fa0/2               Desg FWD 19        128.2    P2p
Fa0/3               Desg FWD 19        128.3    P2p
Fa0/4               Desg FWD 19        128.4    P2p
Fa0/11              Desg FWD 19        128.11   P2p

VLAN0030
  Spanning tree enabled protocol ieee
  Root ID    Priority     32798
             Address      0002.1613.2366
             This bridge is the root
             Hello Time  2 sec  Max Age 20 sec  Forward Delay 15 sec

    Bridge ID  Priority     32798  (priority 32768 sys-id-ext 30)
               Address      0002.1613.2366
               Hello Time  2 sec  Max Age 20 sec  Forward Delay 15 sec
               Aging Time  20

Interface           Role Sts Cost      Prio.Nbr Type
---------------     ---- --- --------- -------- --------------------------------
Fa0/1               Desg FWD 19        128.1    P2p
Fa0/2               Desg FWD 19        128.2    P2p
Fa0/3               Desg FWD 19        128.3    P2p
Fa0/4               Desg FWD 19        128.4    P2p
Fa0/18              Desg FWD 19        128.18   P2p
```

图 4.17　（续）

```
s3#show spanning-tree
VLAN0001
  Spanning tree enabled protocol ieee
  Root ID    Priority    32769
             Address     0002.1613.2366
             Cost        19
             Port        1(FastEthernet0/1)
             Hello Time  2 sec  Max Age 20 sec  Forward Delay 15 sec

  Bridge ID  Priority    32769 (priority 32768 sys-id-ext 1)
             Address     00E0.F703.367C
             Hello Time  2 sec  Max Age 20 sec  Forward Delay 15 sec
             Aging Time  20

Interface          Role Sts Cost      Prio.Nbr Type
---------------    ---- --- --------- -------- --------------------------------
Fa0/3              Altn BLK 19        128.3    P2p
Fa0/4              Altn BLK 19        128.4    P2p
Fa0/1              Root FWD 19        128.1    P2p
Fa0/2              Altn BLK 19        128.2    P2p


VLAN0010
  Spanning tree enabled protocol ieee
  Root ID    Priority    32778
             Address     0002.1613.2366
             Cost        19
             Port        1(FastEthernet0/1)
             Hello Time  2 sec  Max Age 20 sec  Forward Delay 15 sec

  Bridge ID  Priority    32778 (priority 32768 sys-id-ext 10)
             Address     00E0.F703.367C
             Hello Time  2 sec  Max Age 20 sec  Forward Delay 15 sec
             Aging Time  20

Interface          Role Sts Cost      Prio.Nbr Type
---------------    ---- --- --------- -------- --------------------------------
Fa0/3              Altn BLK 19        128.3    P2p
Fa0/4              Altn BLK 19        128.4    P2p
Fa0/1              Root FWD 19        128.1    P2p
Fa0/2              Altn BLK 19        128.2    P2p


VLAN0020
  Spanning tree enabled protocol ieee
  Root ID    Priority    32788
             Address     0002.1613.2366
             Cost        19
             Port        1(FastEthernet0/1)
             Hello Time  2 sec  Max Age 20 sec  Forward Delay 15 sec

  Bridge ID  Priority    32788 (priority 32768 sys-id-ext 20)
             Address     00E0.F703.367C
             Hello Time  2 sec  Max Age 20 sec  Forward Delay 15 sec
             Aging Time  20

Interface          Role Sts Cost      Prio.Nbr Type
---------------    ---- --- --------- -------- --------------------------------
Fa0/3              Altn BLK 19        128.3    P2p
Fa0/4              Altn BLK 19        128.4    P2p
Fa0/1              Root FWD 19        128.1    P2p
Fa0/2              Altn BLK 19        128.2    P2p
```

图 4.18　交换机 S3 的 PVST 生成树协议部分执行情况

```
VLAN0030
  Spanning tree enabled protocol ieee
  Root ID    Priority     32798
             Address      0002.1613.2366
             Cost         19
             Port         1(FastEthernet0/1)
             Hello Time   2 sec  Max Age 20 sec  Forward Delay 15 sec

  Bridge ID  Priority     32798   (priority 32768 sys-id-ext 30)
             Address      00E0.F703.367C
             Hello Time   2 sec  Max Age 20 sec  Forward Delay 15 sec
             Aging Time   20

Interface         Role Sts Cost      Prio.Nbr Type
----------------- ---- --- --------- -------- --------------------------------
Fa0/3             Altn BLK 19        128.3    P2p
Fa0/4             Altn BLK 19        128.4    P2p
Fa0/1             Root FWD 19        128.1    P2p
Fa0/2             Altn BLK 19        128.2    P2p
```

图 4.18 　（续）

7）生成树协议工作过程分析

（1）根桥的选择。

根桥（RB）的选择只比较桥 ID(BID)，BID 最小的就是根交换机。BID 的大小是由桥优先级决定的，因此桥优先级小的即为根桥，在优先级相同的情况下比较其 MAC 地址，MAC地址小的即为根桥。一般来说，桥优先级都一样，基本均为 32 768，所以一般只比较桥的MAC 地址。PVST 为每个虚拟局域网运行单独的生成树实例。

从图 4.16 可以看出，交换机 S1 的 VLAN1 的 BID 为 32768＋1＝32769，交换机 S1 的VLAN10 的 BID 为 32768＋10＝32778，交换机 S1 的 VLAN30 的 BID 为 32768＋30＝32798。从图 4.17 可以看出，交换机 S2 的 VLAN1 的 BID 为 32768＋1＝32769，交换机 S2 的 VLAN10的 BID 为 32768＋10＝32778，交换机 S2 的 VLAN30 的 BID 为 32768＋30＝32798。从图 4.18可以看出，交换机 S3 的 VLAN1 的 BID 为 32768＋1＝32769，交换机 S3 的 VLAN10的 BID 为32768＋10＝32778，交换机 S3 的 VLAN30 的 BID 为 32768＋30＝32798。

结果表明，3 台交换机相同 VLAN 的桥的优先级是相同的，由于交换机的 BID 号是由桥优先级＋MAC 地址组成的，因此根桥的选择需要依靠 3 台交换机的 MAC 地址。通过在交换机上执行 show interfaces vlan 1 命令可以查看交换机 S1 的 MAC 地址为 0090.2b50.9cd0，交换机 S2 的 MAC 地址为 0002.1613.2366，交换机 S3 的 MAC 地址为 00e0.f703.367c。由于交换机 S2 的 MAC 地址最小，因此 3 台交换机的 VLAN1、VLAN10、VLAN20以及 VLAN30 的根桥均为交换机 S2。分析结果与实际通过命令查看的结果相同。

（2）根端口（RP）的选择。

对于每台非根桥交换机 S1 和交换机 S3，需要选择一个端口连接到根桥交换机 S2，即根端口的选择。当非根桥有多个端口连接到根桥时，选择性能好的端口作为根端口，根端口的选择依据是：首先比较端口到根网桥路径开销，在开销相同的情况下，比较发送方即上行交换机的网桥 ID(即 BID)，上行交换机的 BID 相同的情况下，比较发送方即上行交换机的端口 ID(即PID)，带宽 10Mb/s 端口开销为 100，带宽 100Mb/s 端口开销为 19，带宽 1000Mb/s 端口开销为4。网桥 ID(BID)＝桥优先级＋桥 MAC 地址。交换机的端口 ID(即 PID)由 8 位端口优先级和8 位端口编号组成，端口优先级的取值范围是 0～240，默认值是 128。如图 4.15 所示，S2 为根交换机，交换机 S1 和交换机 S3 分别选择一个根端口连接到根桥交换机 S2。

首先,交换机 S3 到根桥可以直接到达,即 S3—S2,或者经过 S1 到达 S2,即 S3—S1—S2,根据开销的规则:带宽 10Mb/s 端口开销为 100,带宽 100Mb/s 端口开销为 19,带宽 1000Mb/s 端口开销为 4,可以得出,前者 S3—S2 的开销为 19,后者 S3—S1—S2 的开销为 19+19=38,因此根端口在交换机 S3 直接连接到交换机 S2 的链路中选择,由于交换机 S3 到交换机 S2 有两条链路直接到达,即 fa0/1 端口和 fa0/2 端口。由于这两条链路到达交换机 S2 的开销相同,均为 19,另外两条链路所在交换机的 BID 相同,因此根端口的选择依据为比较端口的 PID,PID=端口优先级+端口号,端口优先级是默认的,一般为 128,所以端口号小的端口将成为根端口。因此,交换机 S3 的 fa0/1 成为交换机 S3 连接根交换机 S2 的根端口。同样分析得出,交换机 S1 到根交换机 S2 的根端口为 fa0/1。

(3) 指定端口(DP)的选择。

从交换机之间的每一条链路上均选择一个端口作为指定端口。根桥的端口为指定端口,原因是根桥的端口到根桥的开销一定是最小的,其余交换机之间的端口首先比较物理网段两个网桥到根网桥的路径开销,开销小的网桥端口为指定端口,开销相同的情况下,比较各自的 BID,BID 小的交换机的端口为指定端口。BID 由优先级和 MAC 地址决定。如图 4.15 所示,首先根桥的端口为指定端口,因此根桥与交换机 S1 以及交换机 S3 每一条链路上均有一个端口为指定端口。现在需要确定交换机 S1 和交换机 S3 之间的链路上的指定端口情况。

从交换机 S1 和交换机 S3 之间的链路确定指定端口。端口到根桥的开销相同,均为 19,接着比较 BID,由于两台交换机优先级相同,因此比较 MAC 地址,交换机 S1 的 MAC 地址为 0090.2b50.9cd0,交换机 S3 的 MAC 地址为 00e0.f703.367c。由于交换机 S1 的 MAC 地址小,因此交换机 S1 的端口 fa0/3 以及 fa0/4 为指定端口。

(4) RP、DP 设置为转发状态,其他端口设置为阻塞状态。

交换机 S3 的端口 fa0/3 和端口 fa0/4 以及交换机 S1 的端口 fa0/2 处于阻塞状态,所有 VLAN 的信息均是通过交换机 S1 的端口 fa0/1 和交换机 S2 的端口 fa0/3 以及交换机 S2 的端口 fa0/1 和交换机 S3 的端口 fa0/1 进行通信的。如图 4.15 所示。

通过 PVST 可以防止环路,但也造成了资源浪费。由于 PVST 根桥基于 VLAN 来定义,使不同 VLAN 的逻辑拓扑不一样。通过链路实现负载平衡可以使某些端口对一个 VLAN 呈阻塞状态,对另一个 VLAN 则可以转发流量,最终实现网络负载均衡。

8) 修改生成树配置,使中继线路分担流量

假设 3 个用户 VLAN(10、20 和 30)承载等量的流量。使 3 个用户 VLAN 中的每一个都使用不同的一组端口进行转发。交换机 S1 成为 VLAN10 的根桥(优先级 4096)、VLAN20 的备用根桥(优先级 16384);交换机 S2 成为 VLAN20 的根桥(优先级 4096)、VLAN30 的备用根桥(优先级 16384);交换机 S3 成为 VLAN30 的根桥(优先级 4096)、VLAN10 的备用根桥(优先级 16384);具体实现如下。

```
S1(config)#spanning-tree vlan 10 priority 4096     将 S1 的 VLAN10 优先级设置为 4096
S1(config)#spanning-tree vlan 20 priority 16384    将 S1 的 VLAN20 优先级设置为 16384
S2(config)#spanning-tree vlan 20 priority 4096     将 S2 的 VLAN20 优先级设置为 4096
S2(config)#spanning-tree vlan 30 priority 16384    将 S2 的 VLAN30 优先级设置为 16384
S3(config)#spanning-tree vlan 30 priority 4096     将 S3 的 VLAN30 优先级设置为 4096
S3(config)#spanning-tree vlan 10 priority 16384    将 S3 的 VLAN10 优先级设置为 16384
```

通过以上设置,3 台交换机的所有端点均处于开启状态。通过在计算机 PC1 和计算机 PC4、计算机 PC2 和计算机 PC5 以及计算机 PC3 和计算机 PC6 之间进行 ping 操作,并采用 packet tracer 软件的数据包跟踪过程,可以看出 VLAN30 的数据包流动过程为 S1—S3—S2; VLAN10 和 VLAN20 的数据包流动过程为 S1—S2,在 S1 和 S2 这两台交换机上,使用 show spanning-tree 命令列出其上的生成树表。其中,交换机 S1 的生成树列表部分如图 4.19 所示。

```
VLAN0010
  Spanning tree enabled protocol ieee
  Root ID    Priority    4106
             Address     0090.2B50.9CD0
             This bridge is the root
             Hello Time  2 sec  Max Age 20 sec  Forward Delay 15 sec

  Bridge ID  Priority    4106   (priority 4096 sys-id-ext 10)
             Address     0090.2B50.9CD0
             Hello Time  2 sec  Max Age 20 sec  Forward Delay 15 sec
             Aging Time  20

Interface         Role Sts Cost      Prio.Nbr Type
----------------- ---- --- --------- -------- --------
Fa0/4             Desg FWD 19        128.4    P2p
Fa0/6             Desg FWD 19        128.6    P2p
Fa0/2             Desg FWD 19        128.2    P2p
Fa0/1             Desg FWD 19        128.1    P2p
Fa0/3             Desg FWD 19        128.3    P2p


VLAN0020
  Spanning tree enabled protocol ieee
  Root ID    Priority    4116
             Address     0002.1613.2366
             Cost        19
             Port        1(FastEthernet0/1)
             Hello Time  2 sec  Max Age 20 sec  Forward Delay 15 sec

  Bridge ID  Priority    16404  (priority 16384 sys-id-ext 20)
             Address     0090.2B50.9CD0
             Hello Time  2 sec  Max Age 20 sec  Forward Delay 15 sec
             Aging Time  20

Interface         Role Sts Cost      Prio.Nbr Type
----------------- ---- --- --------- -------- --------
Fa0/4             Desg FWD 19        128.4    P2p
Fa0/2             Altn BLK 19        128.2    P2p
Fa0/1             Root FWD 19        128.1    P2p
Fa0/3             Desg FWD 19        128.3    P2p
Fa0/11            Desg FWD 19        128.11   P2p


VLAN0030
  Spanning tree enabled protocol ieee
  Root ID    Priority    4126
             Address     00E0.F703.367C
             Cost        19
             Port        3(FastEthernet0/3)
             Hello Time  2 sec  Max Age 20 sec  Forward Delay 15 sec

  Bridge ID  Priority    32798  (priority 32768 sys-id-ext 30)
             Address     0090.2B50.9CD0
             Hello Time  2 sec  Max Age 20 sec  Forward Delay 15 sec
             Aging Time  20

Interface         Role Sts Cost      Prio.Nbr Type
----------------- ---- --- --------- -------- --------
Fa0/4             Altn BLK 19        128.4    P2p
Fa0/2             Altn BLK 19        128.2    P2p
Fa0/1             Altn BLK 19        128.1    P2p
Fa0/3             Root FWD 19        128.3    P2p
Fa0/18            Desg FWD 19        128.18   P2p
```

图 4.19　交换机 S1 的生成树列表部分

交换机 S2 的生成树列表部分如图 4.20 所示。

```
VLAN0010
  Spanning tree enabled protocol ieee
  Root ID    Priority    4106
             Address     0090.2B50.9CD0
             Cost        19
             Port        3(FastEthernet0/3)
             Hello Time  2 sec  Max Age 20 sec  Forward Delay 15 sec

  Bridge ID  Priority    32778  (priority 32768 sys-id-ext 10)
             Address     0002.1613.2366
             Hello Time  2 sec  Max Age 20 sec  Forward Delay 15 sec
             Aging Time  20

Interface         Role Sts Cost      Prio.Nbr Type
---------------   ---- --- ---------  -------- --------------------------------
Fa0/1             Altn BLK 19         128.1    P2p
Fa0/2             Altn BLK 19         128.2    P2p
Fa0/3             Root FWD 19         128.3    P2p
Fa0/4             Altn BLK 19         128.4    P2p
Fa0/6             Desg FWD 19         128.6    P2p


VLAN0020
  Spanning tree enabled protocol ieee
  Root ID    Priority    4116
             Address     0002.1613.2366
             This bridge is the root
             Hello Time  2 sec  Max Age 20 sec  Forward Delay 15 sec

  Bridge ID  Priority    4116  (priority 4096 sys-id-ext 20)
             Address     0002.1613.2366
             Hello Time  2 sec  Max Age 20 sec  Forward Delay 15 sec
             Aging Time  20

Interface         Role Sts Cost      Prio.Nbr Type
---------------   ---- --- ---------  -------- --------------------------------
Fa0/1             Desg FWD 19         128.1    P2p
Fa0/2             Desg FWD 19         128.2    P2p
Fa0/3             Desg FWD 19         128.3    P2p
Fa0/4             Desg FWD 19         128.4    P2p
Fa0/11            Desg FWD 19         128.11   P2p


VLAN0030
  Spanning tree enabled protocol ieee
  Root ID    Priority    4126
             Address     00E0.F703.367C
             Cost        19
             Port        1(FastEthernet0/1)
             Hello Time  2 sec  Max Age 20 sec  Forward Delay 15 sec

  Bridge ID  Priority    16414  (priority 16384 sys-id-ext 30)
             Address     0002.1613.2366
             Hello Time  2 sec  Max Age 20 sec  Forward Delay 15 sec
             Aging Time  20

Interface         Role Sts Cost      Prio.Nbr Type
---------------   ---- --- ---------  -------- --------------------------------
Fa0/1             Root FWD 19         128.1    P2p
Fa0/2             Altn BLK 19         128.2    P2p
Fa0/3             Desg FWD 19         128.3    P2p
Fa0/4             Desg FWD 19         128.4    P2p
Fa0/18            Desg FWD 19         128.18   P2p
```

图 4.20　交换机 S2 的生成树列表部分

交换机 S3 的生成树列表部分如图 4.21 所示。

```
VLAN0010
  Spanning tree enabled protocol ieee
  Root ID    Priority    4106
             Address     0090.2B50.9CD0
             Cost        19
             Port        3(FastEthernet0/3)
             Hello Time  2 sec  Max Age 20 sec  Forward Delay 15 sec

  Bridge ID  Priority    16394  (priority 16384 sys-id-ext 10)
             Address     00E0.F703.367C
             Hello Time  2 sec  Max Age 20 sec  Forward Delay 15 sec
             Aging Time  20

Interface          Role Sts Cost      Prio.Nbr Type
---------------    ---- --- --------- -------- ------------------------------
Fa0/3              Root FWD 19        128.3    P2p
Fa0/4              Altn BLK 19        128.4    P2p
Fa0/1              Desg FWD 19        128.1    P2p
Fa0/2              Desg FWD 19        128.2    P2p


VLAN0020
  Spanning tree enabled protocol ieee
  Root ID    Priority    4116
             Address     0002.1613.2366
             Cost        19
             Port        1(FastEthernet0/1)
             Hello Time  2 sec  Max Age 20 sec  Forward Delay 15 sec

  Bridge ID  Priority    32788  (priority 32768 sys-id-ext 20)
             Address     00E0.F703.367C
             Hello Time  2 sec  Max Age 20 sec  Forward Delay 15 sec
             Aging Time  20

Interface          Role Sts Cost      Prio.Nbr Type
---------------    ---- --- --------- -------- ------------------------------
Fa0/3              Altn BLK 19        128.3    P2p
Fa0/4              Altn BLK 19        128.4    P2p
Fa0/1              Root FWD 19        128.1    P2p
Fa0/2              Altn BLK 19        128.2    P2p


VLAN0030
  Spanning tree enabled protocol ieee
  Root ID    Priority    4126
             Address     00E0.F703.367C
             This bridge is the root
             Hello Time  2 sec  Max Age 20 sec  Forward Delay 15 sec

  Bridge ID  Priority    4126  (priority 4096 sys-id-ext 30)
             Address     00E0.F703.367C
             Hello Time  2 sec  Max Age 20 sec  Forward Delay 15 sec
             Aging Time  20

Interface          Role Sts Cost      Prio.Nbr Type
---------------    ---- --- --------- -------- ------------------------------
Fa0/3              Desg FWD 19        128.3    P2p
Fa0/4              Desg FWD 19        128.4    P2p
Fa0/1              Desg FWD 19        128.1    P2p
Fa0/2              Desg FWD 19        128.2    P2p
```

图 4.21 交换机 S3 的生成树列表部分

从交换机 S1 以及交换机 S2 的生成树列表可以看出,交换机 S1 的端口 fa0/1 可以通过 VLAN10 和 VLAN20 的包,不能通过 VLAN30 的包,端口 fa0/2 能通过 VLAN10 的包,不能通过 VLAN20、VLAN30 的包,交换机 S2 的端口 fa0/3 可以通过 VLAN10、VLAN20 以及 VLAN30 的包,端口 fa0/4 能通过 VLAN20 和 VLAN30 的包,不能通过 VLAN10 的包,见表 4.7。VLAN30 的包通过交换机 S1 的端口 f0/3 到交换机 S3 的端口 f0/3,从交换机 S3 的端口 f0/1 到交换机 S2 的端口 f0/1。VLAN10 和 VLAN20 的包均通过交换机 S1 的端口 fa0/1 和交换机 S2 的端口 fa0/3 进行通信,并不能实现负载均衡。

表 4.7 交换机端口通过 VLAN 情况

设备名称	端 口	可通过的 VLAN
S1	f0/1	VLAN10,VLAN20
	f0/2	VLAN10
	f0/3	VLAN10,VLAN20,VLAN30
	f0/4	VLAN10,VLAN20
S2	f0/1	VLAN20,VLAN30
	f0/2	VLAN20
	f0/3	VLAN10,VLAN20,VLAN30
	f0/4	VLAN20,VLAN30
S3	f0/1	VLAN10,VLAN20,VLAN30
	f0/2	VLAN10,VLAN30
	f0/3	VLAN10,VLAN30
	f0/4	VLAN30

9)通过调节端口的开销实现交换机 S1 和交换机 S2 间的 VLAN10 与 VLAN20 的负载均衡

通过以上设置可以看出交换机 S1 为 VLAN10 的根交换机,交换机 S2 为 VLAN20 的根交换机。将交换机 S1 的端口 fa0/2 的优先级提高,使得在 VLAN20 里将 fa0/1 作为阻塞端口,fa0/2 处于活动端口。具体操作如下。

```
S1(config)#interface fastEthernet 0/2          //进入交换机 S1 的端口 fa0/2
S1(config-if)#spanning-tree vlan 20 cost 18
    //默认 cost 值为 19,现在设置为 18,降低端口开销
```

说明:该命令在 packet tracer 仿真环境下不能执行,在 EVE-NG 仿真环境下可以执行。

2. 在 EVE-NG 仿真环境下进一步探讨利用 PVST 实现网络负载均衡

为了进一步探讨生成树协议,在 EVE-NG 仿真环境下设计图 4.22 所示的网络拓扑图,图中 3 台交换机 S1、S2 以及 S3 两两相连,其中交换机 S1 和交换机 S2 连接终端计算机。在生成树协议工作过程中,首先选择根桥交换机,默认情况下 3 台交换机的优先级 priority 值

是相同的,通过比较它们的 MAC 地址决定根桥交换机,由于交换机 S3 的 MAC 地址最小,因此交换机 S3 为根桥;在非根桥交换机 S1 和交换机 S2 中各选择一个根端口,根端口的选择依据是:首先比较端口到根网桥的路径开销,带宽 10Mb/s 端口开销为 100,带宽 100Mb/s 端口开销为 19,带宽 1000Mb/s 端口开销为 4。在开销相同的情况下,比较发送方即上行交换机的网桥 ID(即 BID),网桥 ID(BID)=桥优先级+桥 MAC 地址。上行交换机的 BID 相同的情况下,比较发送方即上行交换机的端口 ID(即 PID),交换机的端口 ID(即 PID)由 8 位端口优先级和 8 位端口编号组成,端口优先级的取值范围是 0~240,默认值是 128。交换机 S2 的端口 G0/0 以及 G0/1 到根桥的开销相同,开销相同的情况下,比较上行交换机的 BID,由于上行交换机均为 S3,其 BID 相同,因此比较上行交换机的 PID,PID 由端口优先级及端口编号组成,默认情况下端口优先级相同,由于端口 G0/0 编号小,因此交换机 S2 的根端口为 G0/0,同样交换机 S1 的根端口为 G0/2;接下来是指定端口的选择,从交换机之间的每一条链路上均选择一个端口作为指定端口。根桥的端口为指定端口,其余交换机之间的端口首先比较物理网段两个网桥到根网桥路径开销,开销小的那个网桥端口为指定端口,开销相同的情况下,比较各自的桥 ID,桥 ID 小的交换机的端口为指定端口。首先根桥交换机端口为指定端口,接着在交换机 S1 和交换机 S2 相连的端口中确定指定端口,由于交换机 S1 和交换机 S2 到根桥的开销相同,开销相同时比较各自交换机的 BID,BID 小的交换机的端口为指定端口,BID 由优先级和 MAC 地址决定。在优先级相同的情况下,比较 MAC 地址,由于交换机 S1 的 MAC 地址小,因此交换机 S1 的端口 G0/0 和 G0/1 为指定端口。

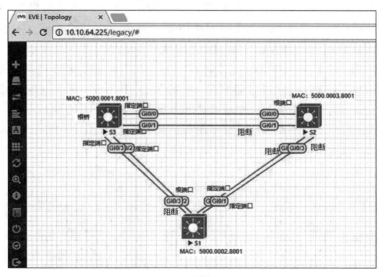

图 4.22　EVE-NG 仿真下的生成树协议

最终阻断的端口为交换机 S2 的端口 G0/1、G0/2 以及 G0/3 和交换机 S1 的端口 G0/3。在交换机中通过 show spanning-tree 命令查看结果相同。

接下来在 3 台交换机中分别创建 VLAN10、VLAN20 以及 VLAN30,同时将交换机之间的级联端口配置成 Trunk 模式。为了实现网络负载均衡,通过下列命令将 3 台交换机分别配置成 VLAN10、VLAN20 以及 VLAN30 的根桥。

S1(config)#spanning-tree vlan 10 priority 4096　　　将 S1 的 VLAN10 优先级设置为 4096

S1(config)#spanning-tree vlan 20 priority 16384　　将 S1 的 VLAN20 优先级设置为 16384

S2(config)#spanning-tree vlan 20 priority 4096　　　将 S2 的 VLAN20 优先级设置为 4096

S2(config)#spanning-tree vlan 30 priority 16384　　将 S2 的 VLAN30 优先级设置为 16384

S3(config)#spanning-tree vlan 30 priority 4096　　　将 S3 的 VLAN30 优先级设置为 4096

S3(config)#spanning-tree vlan 10 priority 16384　　将 S3 的 VLAN10 优先级设置为 16384

接下来分析 VLAN10、VLAN20 以及 VLAN30 生成树情况。

首先分析 VLAN10 生成树的情况,其中交换机 S1 为 VLAN10 根桥交换机,交换机 S2 和交换机 S3 分别寻找连接根桥交换机 S1 的根端口。对根端口的选择,首先比较开销,开销相同的情况下,比较发送方即上行交换机的 BID,BID 相同的情况下,比较发送方即上行交换机的 PID。由于交换机 S2 的端口 G0/0、G0/1、G0/2 以及 G0/3 可以连接到根桥交换机,通过网络拓扑图可以看出,端口 G0/0 以及 G0/1 到根桥交换机 S1 的开销大于端口 G0/2 和 G0/3,因此从这两个端口中确定到根桥交换机 S1 的根端口,由于端口 G0/2 和 G0/3 到根桥交换机 S1 的开销相同,比较上行交换机的 BID,上行交换机均为 S1,因此上行交换机的 BID 也相同,此时比较上行交换机的 PID,由于上行交换机为同一台交换机,因此端口优先级相同,因此比较端口编号,由于上行交换机的端口 G0/0 编号小于 G0/1,因此交换机 S2 的端口 G0/2 为根端口,同样交换机 S3 的端口 G0/2 为根端口,接下来选择指定端口,首先根桥交换机端口为指定端口,因为这些端口到根桥的开销最小,因此根交换机 S1 的端口 G0/0、G0/1、G0/2 以及 G0/3 均为指定端口。接下来在交换机 S2 和交换机 S3 之间选择指定端口,由于交换机 S2 和交换机 S3 之间的接连端口到根桥的开销相同,因此比较它们各自的 BID 值,由于交换机 S3 的 VLAN10 的优先级(priority)为 16384,小于交换机 S2 的 VLAN10 的优先级,因此交换机 S3 的端口 G0/0 以及 G0/1 为指定端口。最终将除根端口、指定端口外的其他端口均设置为阻断端口,图 4.23 所示为 VLAN10 生成树分析结果。结果表明,VLAN10 流量从交换机 S2 的端口 G0/2 到交换机 S1 的端口 G0/0,从交换机 S1 的端口 G0/2 到交换机 S3 的端口 G0/2。图 4.24 为交换机 S1 的 VLAN10 生成树情况,图 4.25 为交换机 S2 的 VLAN10 生成树情况,图 4.26 为交换机 S3 的 VLAN10 生成树情况。

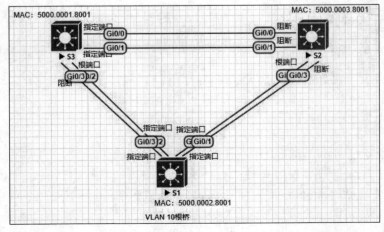

图 4.23　VLAN10 生成树情况

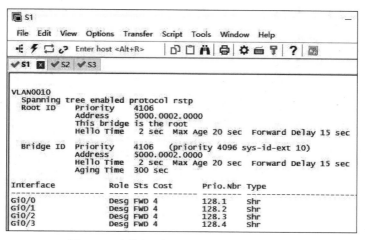

图 4.24　交换机 S1 的 VLAN10 生成树情况

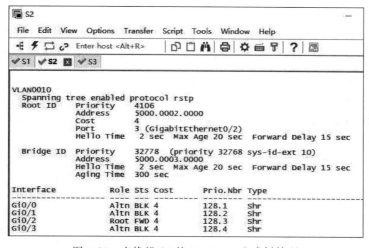

图 4.25　交换机 S2 的 VLAN10 生成树情况

　　其次分析 VLAN20 生成树的情况,其中交换机 S2 为根桥交换机,交换机 S1 和交换机 S3 分别寻找连接根桥交换机 S2 的根端口。对根端口的选择,首先比较连接到根桥的端口到根桥的开销,开销小的端口为根端口,开销相同的情况下,比较上行交换机的 BID,上行交换机 BID 相同的情况下,比较上行交换机的 PID。由于交换机 S1 的端口 G0/0、G0/1、G0/2 以及 G0/3 均能够连接到根桥 S2,其中端口 G0/2 和端口 G0/3 的开销大于端口 G0/0 和端口 G0/1,而端口 G0/0 和端口 G0/1 到根桥交换机 S2 的开销相同,而这两个端口的上行交换机均为 S2,因此上行交换机的 BID 也相同。接下来比较上行交换机的 PID,而上行交换机均为 S2,它们的端口优先级相同,此时比较上行交换机端口的编号,由于交换机 S2 的端口 G0/2 编号小于端口 G0/3,因此交换机 S1 的端口 G0/0 为根端口,同样交换机 S3 的端口 G0/0 为根端口。接下来选择指定端口,首先根桥交换机端口为指定端口,因为这些端口到根桥的开销最小,因此根桥交换机 S2 的端口 G0/0、G0/1、G0/2 以及 G0/3 均为指定端口,接下来从交换机 S1 和交换机 S3 之间选择指定端口,由于交换机 S1 和交换机 S3 之间的接

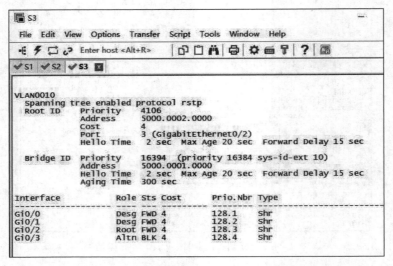

图 4.26　交换机 S3 的 VLAN10 生成树情况

连端口到根桥交换机 S2 的开销相同，因此比较它们各自的 BID 值，由于交换机 S1 的 VLAN20 的优先级为 16384，小于交换机 S3 的 VLAN20 的优先级，因此交换机 S1 的端口 G0/2 以及 G0/3 为指定端口。除根端口以及指定端口外，其他端口均为阻断端口，图 4.27 所示为 VLAN20 生成树分析结果。结果表明，VLAN20 流量从交换机 S1 的端口 G0/0 到交换机 S2 的端口 G0/2，从交换机 S2 的端口 G0/0 到交换机 S3 的端口 G0/0。图 4.28 为交换机 S1 的 VLAN20 生成树情况，图 4.29 为交换机 S2 的 VLAN20 生成树情况，图 4.30 为交换机 S3 的 VLAN20 生成树情况。

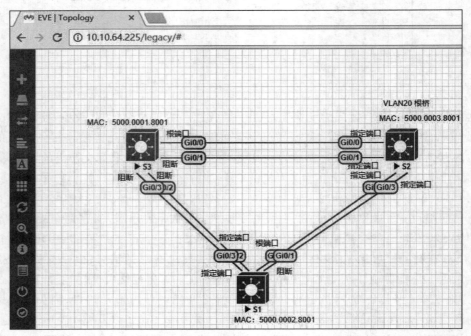

图 4.27　VLAN20 生成树情况

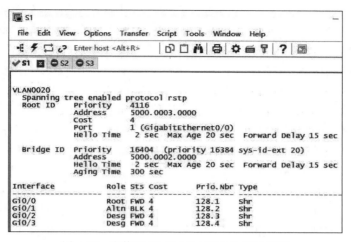

图 4.28　交换机 S1 的 VLAN20 生成树情况

```
S1
File  Edit  View  Options  Transfer  Script  Tools  Window  Help
✓S1  ☒ ⊖S2  ⊖S3

VLAN0020
  Spanning tree enabled protocol rstp
  Root ID    Priority    4116
             Address     5000.0003.0000
             Cost        4
             Port        1 (GigabitEthernet0/0)
             Hello Time  2 sec  Max Age 20 sec  Forward Delay 15 sec

  Bridge ID  Priority    16404  (priority 16384 sys-id-ext 20)
             Address     5000.0002.0000
             Hello Time  2 sec  Max Age 20 sec  Forward Delay 15 sec
             Aging Time  300 sec

Interface         Role Sts Cost      Prio.Nbr Type
----------------- ---- --- --------- -------- --------------------------------
Gi0/0             Root FWD 4          128.1    Shr
Gi0/1             Altn BLK 4          128.2    Shr
Gi0/2             Desg FWD 4          128.3    Shr
Gi0/3             Desg FWD 4          128.4    Shr
```

图 4.28　交换机 S1 的 VLAN20 生成树情况

```
S2
File  Edit  View  Options  Transfer  Script  Tools  Window  Help
✓S1  ✓S2  ☒ ⊖S3

VLAN0020
  Spanning tree enabled protocol rstp
  Root ID    Priority    4116
             Address     5000.0003.0000
             This bridge is the root
             Hello Time  2 sec  Max Age 20 sec  Forward Delay 15 sec

  Bridge ID  Priority    4116   (priority 4096 sys-id-ext 20)
             Address     5000.0003.0000
             Hello Time  2 sec  Max Age 20 sec  Forward Delay 15 sec
             Aging Time  300 sec

Interface         Role Sts Cost      Prio.Nbr Type
----------------- ---- --- --------- -------- --------------------------------
Gi0/0             Desg FWD 4          128.1    Shr
Gi0/1             Desg FWD 4          128.2    Shr
Gi0/2             Desg FWD 4          128.3    Shr
Gi0/3             Desg FWD 4          128.4    Shr
```

图 4.29　交换机 S2 的 VLAN20 生成树情况

```
S3
File  Edit  View  Options  Transfer  Script  Tools  Window  Help
✓S1  ✓S2  ✓S3  ☒

VLAN0020
  Spanning tree enabled protocol rstp
  Root ID    Priority    4116
             Address     5000.0003.0000
             Cost        4
             Port        1 (GigabitEthernet0/0)
             Hello Time  2 sec  Max Age 20 sec  Forward Delay 15 sec

  Bridge ID  Priority    32788  (priority 32768 sys-id-ext 20)
             Address     5000.0001.0000
             Hello Time  2 sec  Max Age 20 sec  Forward Delay 15 sec
             Aging Time  300 sec

Interface         Role Sts Cost      Prio.Nbr Type
----------------- ---- --- --------- -------- --------------------------------
Gi0/0             Root FWD 4          128.1    Shr
Gi0/1             Altn BLK 4          128.2    Shr
Gi0/2             Altn BLK 4          128.3    Shr
Gi0/3             Altn BLK 4          128.4    Shr
```

图 4.30　交换机 S3 的 VLAN20 生成树情况

最后分析 VLAN30 生成树的情况,其中交换机 S3 为根桥交换机,交换机 S1 和交换机 S2 分别寻找连接根桥交换机 S3 的根端口。对根端口的选择,首先比较端口到根桥交换机的开销,开销相同的情况下,比较上行交换机的 BID,上行交换机的 BID 相同的情况下,比较上行交换机的 PID。交换机 S1 的端口 G0/0、G0/1、G0/2 以及 G0/3 能够连接到根桥交换机 S3,其中端口 G0/0、G0/1 到根桥交换机 S3 的开销大于端口 G0/2、G0/3 到根桥交换机 S3 的开销,因此从端口 G0/2、G0/3 中选择到根桥交换机 S3 的根端口,而端口 G0/2、G0/3 到根桥的开销相同,比较上行交换机的 BID,而它们的上行交换机均为 S3,它们的 BID 相同,因此比较上行交换机的 PID,PID 由端口优先级和端口号组成,由于端口 G0/2、G0/3 的上行交换机的端口优先级相同,因此比较端口号,由于交换机 S3 的端口 G0/2 编号小于端口 G0/3,因此上行交换机 S3 的端口 G0/2 连接的交换机 S1 的端口 G0/2 为根端口,同样交换机 S3 的端口 G0/0 连接的交换机 S2 的端口 G0/0 为根端口。接下来选择指定端口,首先根桥交换机端口为指定端口,因为这些端口到根桥的开销最小,因此根桥交换机 S3 的端口 G0/0、G0/1、G0/2 以及 G0/3 为指定端口,接下来在交换机 S1 和交换机 S2 之间选择指定端口。由于交换机 S1 和交换机 S2 相连接的端口到根桥的开销相同,因此比较它们各自的 BID 值,由于交换机 S2 的 VLAN30 的优先级(priority)为 16384,小于交换机 S1 的 VLAN30 优先级,因此交换机 S2 的端口 G0/2 以及 G0/3 为指定端口,除了根端口以及指定端口外,将其他端口均设置为阻断端口。图 4.31 所示为 VLAN30 生成树分析结果,结果表明,VLAN30 流量从交换机 S1 的端口 G0/2 到交换机 S3 的端口 G0/2,再从交换机 S3 的端口 G0/0 到交换机 S2 的端口 G0/0。图 4.32 为交换机 S1 的 VLAN30 生成树情况,图 4.33 为交换机 S2 的 VLAN30 生成树情况,图 4.34 为交换机 S3 的 VLAN30 生成树情况。

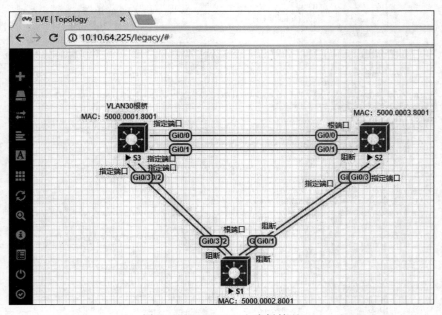

图 4.31　VLAN30 生成树情况

通过调节端口的优先级实现交换机 S1 和交换机 S2 间的 VLAN10 与 VLAN20 的负载均衡。

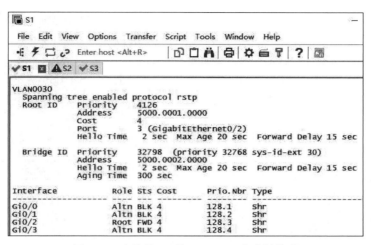

图 4.32　交换机 S1 的 VLAN30 生成树情况

```
S2                                                                    —
File  Edit  View  Options  Transfer  Script  Tools  Window  Help

 ✔S1  ✔S2 ☒ ✔S3

VLAN0030
  Spanning tree enabled protocol rstp
  Root ID    Priority    4126
             Address     5000.0001.0000
             Cost        4
             Port        1 (GigabitEthernet0/0)
             Hello Time   2 sec  Max Age 20 sec  Forward Delay 15 sec

  Bridge ID  Priority    16414  (priority 16384 sys-id-ext 30)
             Address     5000.0003.0000
             Hello Time   2 sec  Max Age 20 sec  Forward Delay 15 sec
             Aging Time  300 sec

Interface           Role Sts Cost      Prio.Nbr Type
------------------- ---- --- --------- -------- ----------
Gi0/0               Root FWD 4          128.1    Shr
Gi0/1               Altn BLK 4          128.2    Shr
Gi0/2               Desg FWD 4          128.3    Shr
Gi0/3               Desg FWD 4          128.4    Shr
```

图 4.33　交换机 S2 的 VLAN30 生成树情况

```
S3                                                                    —
File  Edit  View  Options  Transfer  Script  Tools  Window  Help

 ✔S1  ✔S2  ✔S3 ☒

VLAN0030
  Spanning tree enabled protocol rstp
  Root ID    Priority    4126
             Address     5000.0001.0000
             This bridge is the root
             Hello Time   2 sec  Max Age 20 sec  Forward Delay 15 sec

  Bridge ID  Priority    4126   (priority 4096 sys-id-ext 30)
             Address     5000.0001.0000
             Hello Time   2 sec  Max Age 20 sec  Forward Delay 15 sec
             Aging Time  300 sec

Interface           Role Sts Cost      Prio.Nbr Type
------------------- ---- --- --------- -------- ----------
Gi0/0               Desg FWD 4          128.1    Shr
Gi0/1               Desg FWD 4          128.2    Shr
Gi0/2               Desg FWD 4          128.3    Shr
Gi0/3               Desg FWD 4          128.4    Shr
```

图 4.34　交换机 S3 的 VLAN30 生成树情况

VLAN10 的流量以及 VLAN20 的流量均从交换机 S1 的端口 gigabitethernet0/0 到交换机 S2 的端口 gigabitethernet0/2，为了达到负载均衡，将交换机 S1 的端口 gigabitethernet0/1 的开销降低，成为 VLAN20 的根端口，使得在 VLAN20 里将端口 gigabitethernet0/0 作为阻塞端口，端口 gigabitethernet0/1 作为根端口，处于活动状态。具体操作如图 4.35 所示。

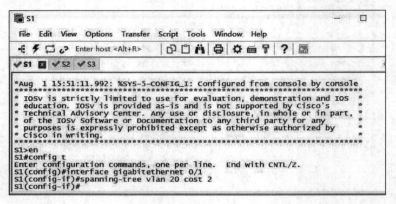

图 4.35　修改端口 cost 值

交换机 S1 以及交换机 S2 生成树情况分别如图 4.36 和图 4.37 所示。

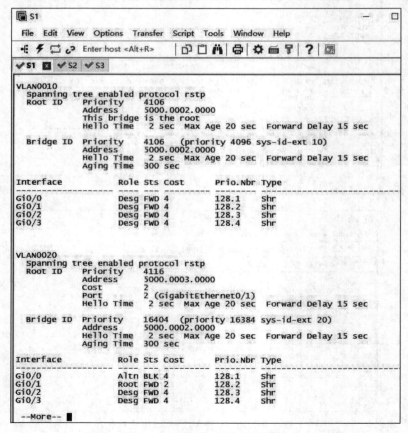

图 4.36　交换机 S1 生成树情况

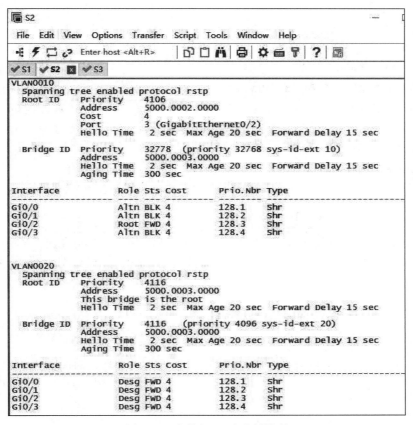

图 4.37 交换机 S2 生成树情况

从图 4.36 和图 4.37 可以看出,VLAN10 流量从交换机 S1 的端口 G0/0 到交换机 S2 的端口 G0/2,VLAN20 流量从交换机 S1 的端口 G0/1 到交换机 S2 的端口 G0/3,实现了负载均衡。

4.5　交换机端口聚合

4.5.1　端口聚合简介

端口聚合也称以太通道(ethernet channel),主要用于交换机之间连接。由于两个交换机之间有多条冗余链路的时候,STP 会将其中的几条链路关闭,只保留一条,这样可以避免二层的环路产生。由于 STP 链路切换很慢,失去了路径冗余的优点,使用以太通道,交换机会把一组物理端口联合起来,作为一个逻辑的通道,也就是 channel-group,这样交换机会认为这个逻辑通道为一个端口。

技术优点如下。

① 带宽增加,带宽相当于一组端口的带宽总和。

② 增加冗余,只要组内不是所有的端口都停机不工作,两个交换机之间就仍然可以继续通信。

③ 负载均衡,可以在组内的端口上配置,使流量可以在这些端口上自动进行负载均衡。

　　端口聚合可将多物理连接当作一个单一的逻辑连接处理,它允许两个交换机之间通过多个端口并行连接,同时传输数据,以提供更高的带宽、更大的吞吐量和可恢复性的技术。一般来说,两个普通交换机连接的最大带宽取决于媒介的连接速度,而使用 Trunk 技术可以将 4 个 200M 的端口捆绑成为一个高达 800M 的连接。这一技术的优点是以较低的成本通过捆绑多端口提高带宽,而其增加的开销只是连接用的普通五类网线和多占用的端口,它可以有效提高上行速度,从而消除网络访问中的瓶颈。另外,Trunk 还具有自动带宽平衡,即容错功能,即使 Trunk 只有一个连接存在时,仍然会工作,这无形中增加了系统的可靠性。

　　端口聚合有两种方式:一种是手动方式;一种是自动方式。

1. 手动方式

手动方式很简单,设置端口成员链路两端的模式为 on 即可。命令格式为

```
Channel-group <number 组号>mode on
```

　　如图 4.38 所示,交换机 Switch0 的端口 G1/1 和端口 G1/2 分别和交换机 Switch1 的端口 G1/1 和端口 G1/2 相级联。要求将两台交换机的端口 G1/1 和端口 G1/2 进行端口聚合。具体配置过程如下。

首先配置交换机 Switch0。

```
Switch(config)#hostname SW0
SW0(config)#interface range gigabitEthernet 0/1-2
SW0(config-if-range)#channel-group 1 mode on   //将这两个端口绑定为一组并指定 on 模
                                               //式,组号本地有效
SW0(config-if-range)#exit
SW0(config)#interface port-channel 1
SW0(config-if)#switchport mode trunk           //指定端口模式为 trunk,如不指定,会自
                                               //动继承物理端口的模式
```

其次配置交换机 Switch1。

```
Switch(config)#hostname SW1
SW1(config)#interface range gigabitEthernet 0/1-2
SW1(config-if-range)#channel-group 1 mode on
SW1(config-if-range)#exit
SW1(config)#interface port-channel 1
SW1(config-if)#switchport mode trunk
SW1(config-if)#
```

通过 show etherchannel summary 命令可以查看绑定了多少端口。

```
SW0#show etherchannel summary
Flags: D -down P -in port-channel
I -stand-alone s -suspended
H -Hot-standby (LACP only)
R -Layer3 S -Layer2
U -in use f -failed to allocate aggregator
u -unsuitable for bundling
w -waiting to be aggregated
```

```
d -default port
Number of channel-groups in use: 1
Number of aggregators: 1
Group Port-channel Protocol Ports
------+ ------------+ -----------+ -------------
1 Po1(SU) -Gig0/1(P) Gig0/2(P)
```

通过 show interfaces etherchannel 命令可以查看聚合端口的端口状态。

```
SW0#show interfaces etherchannel
gigabitEthernet0/1:
Port state =1
Channel group =1 Mode =On Gcchange =-
Port-channel =Po1 GC =-Pseudo port-channel =Po1
Port index =0 Load =0x0 Protocol =-
Age of the port in the current state: 00d:00h:10m:40s
gigabitEthernet0/2:
Port state =1
Channel group =1 Mode =On Gcchange =-
Port-channel =Po1 GC =-Pseudo port-channel =Po1
Port index =0 Load =0x0 Protocol =-
Age of the port in the current state: 00d:00h:10m:40s
Port-channel1:Port-channel1
Age of the Port-channel =00d:00h:11m:18s
Logical slot/port =2/1 Number of ports =2
GC =0x00000000 HotStandBy port =null
Port state =
Protocol =3
Port Security =Disabled
Ports in the Port-channel:
Index Load Port EC state No of bits
------+ ------+ ------+ ------------------+ ----------
0 00 Gig0/1 On 0
0 00 Gig0/2 On 0
Time since last port bundled: 00d:00h:10m:40s Gig0/2
```

2. 自动方式

自动方式有两种协议：PAgP(Port Aggregation Protocol)和 LACP(Link Aggregation Control Protocol)。

PAgP 即 Cisco 设备的端口聚合协议，有 auto 和 desirable 两种模式。auto 模式在协商中只收不发，desirable 模式的端口收发协商的数据包。LACP 即标准的端口聚合协议 802.3ad，有 active 和 passive 两种模式。active 相当于 PAgP 的 auto，而 passive 相当于 PAgP 的 desirable。

自动方式配置二层 EtherChannel，如图 4.38 所示。

具体配置过程如下。

```
Switch#config t                          //进入全局配置模式
```

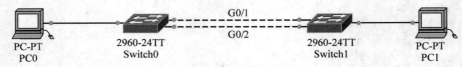

图 4.38　二层端口聚合网络拓扑图

```
Enter configuration commands, one per line. End with CNTL/Z.
Switch(config)#hostname sw0                        //为交换机命名
Sw0 (config)#interface range gigabitEthernet 0/1 - 2  //进入交换机端口 G0/1 和端口 G0/2
sw0 (config-if-range)#channel-protocol pagp        //为交换机配置端口聚合协议 pagp
sw0 (config-if-range)#channel-group 1 mode auto
SW0(config-if-range)#exit
SW0(config)#interface port-channel 1
SW0(config-if)#switchport mode trunk
```

同样配置另一台交换机。

```
Switch#config t                                    //进入全局配置模式
Enter configuration commands, one per line. End with CNTL/Z.
Switch(config)#hostname SW1                         //为交换机命名
SW1(config)#interface range gigabitEthernet 0/1 - 2
SW1(config-if-range)#channel-protocol pagp
SW1(config-if-range)#channel-group 1 mode auto
SW1(config-if-range)#exit
SW1(config)#interface port-channel 1
SW1(config-if)#switchport mode trunk
```

通过 show etherchannel summary 命令可以查看端口通道的状态。

```
SW0#show etherchannel summary
Flags: D - down P - in port-channel
I - stand-alone s - suspended
H - Hot-standby (LACP only)
R - Layer3 S - Layer2
U - in use f - failed to allocate aggregator
u - unsuitable for bundling
w - waiting to be aggregated
d - default port
Number of channel-groups in use: 1
Number of aggregators: 1
Group Port-channel Protocol Ports
------+ -------------+ -----------+ --------
1 Po1(SD) PAgP Gig0/1(I) Gig0/2(I)
```

4.5.2　配置三层 EtherChannel

欲在三层交换机之间实现高速连接,可以采用三层 EtherChannel 方式,从而避免由连

接而产生的瓶颈。配置三层 EtherChannel 需要对多个三层交换机端口进行绑定,如图 4.39
所示,分别对交换机 sw1 和交换机 sw2 的两个端口 G0/1 和 G0/2 进行绑定。

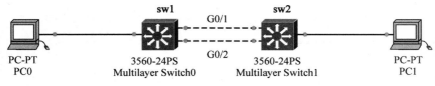

图 4.39　三层端口聚合网络拓扑图

配置三层 EtherChannel 的具体过程如下。

首先创建 port-Channel 逻辑端口,若将 IP 地址从物理端口移动到 EtherChannel,需要
先将该 IP 地址从物理端口中删除。对三层交换机 sw1 创建 port-Channel 逻辑端口的配置
过程如下。

```
switch#config t
switch(config)#hostname sw1
sw1(config)#interface port-channel 1
sw1(config-if)#no switchport
sw1(config-if)#ip address 192.168.1.1 255.255.255.0
sw1(config-if)#no shu
sw1(config-if)#end
```

其次配置三层 EtherChannel 的过程如下。

```
sw1(config)#interface range gigabitEthernet 0/1-2
sw1(config-if-range)#no switchport
sw1(config-if-range)#channel-group 1 mode desirable
sw1(config-if-range)#end
```

最后配置实现 EtherChannel 负载均衡的过程如下。

```
sw1(config)#port-channel load-balance src-mac
```

同样对交换机 sw2 进行配置。

```
switch#config t
switch(config)#hostname sw2
sw2(config)#interface port-channel 1
sw2(config-if)#no switchport
sw2(config-if)#ip address 192.168.1.2 255.255.255.0
sw2(config-if)#no shu
sw2(config-if)#end
sw2(config)#interface range gigabitEthernet 0/1-2
sw2(config-if-range)#no switchport
sw2(config-if-range)#channel-group 1 mode desirable
sw2config-if-range)#end
sw2(config)#port-channel load-balance src-mac
```

通过 ping 命令测试交换机 sw1 与交换机 sw2 之间的连通性结果,如图 4.40 所示。

```
sw1(config)#port-channel load-balance src-m
sw1(config)#port-channel load-balance src-mac
sw1(config)#end

%SYS-5-CONFIG_I: Configured from console by console
sw1#ping 192.168.1.2

Type escape sequence to abort.
Sending 5, 100-byte ICMP Echos to 192.168.1.2, timeout is 2 seco
!!!!!
Success rate is 100 percent (5/5), round-trip min/avg/max = 22/2

sw1#
```

Copy　Paste

图 4.40　连通性测试

4.6　本章小结

本章首先讲解了广播域及冲突域,提出了交换机广播隔离技术——VLAN 技术,探讨了广播风暴产生的原因以及带来的危害,并分析了广播风暴的解决方法。

接着讲解了交换机常见的基于端口、基于 MAC 地址、基于网络层协议、基于 IP 组播、基于策略的 VLAN 划分方法,并详细介绍了基于端口 VLAN 划分的配置方法以及跨交换机的 VLAN 划分方法。探讨了交换机端口的 Access、Trunk、Hybird 3 种工作模式,以及交换机的 VTP 技术,并详细讲解了 VTP 配置过程。

最后详细讲解了交换机网络健壮性增强技术,包括交换机生成树协议 STP 和端口聚合技术以及它们的配置过程。

4.7　习题

一、单选题

1. 以下属于 VLAN 优点的是(　　)。
　　A. 机密数据可以得到保护　　　　　　　　B. 交换机不需要再配置
　　C. 广播可以得到控制　　　　　　　　　　D. 物理的界限限制了用户群的移动
2. 当交换机处在初始状态下,连接在交换机上主机间通信采用的方式为(　　)。
　　A. 广播　　　　　　　B. 单播　　　　　　　C. 组播　　　　　　　D. 不能通信
3. 下列关于冲突域以及广播域的说法,错误的是(　　)。
　　A. 路由器既能分割冲突域,又能分割广播域
　　B. 集线器既不能分割广播域,又不能分割冲突域
　　C. 交换机能够分割冲突域,不能分割广播域
　　D. 网桥能够分割广播域,不能分割冲突域

4. 题 4 图中冲突域及广播域的个数分别为（　　　）。

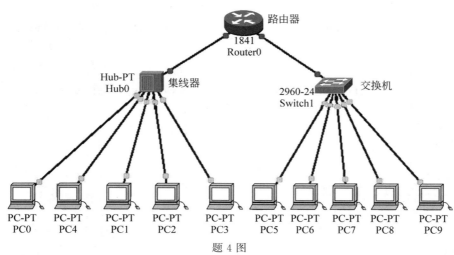

题 4 图

  A. 7 个冲突域、2 个广播域   B. 12 个冲突域、4 个广播域

  C. 4 个冲突域、4 个广播域   D. 2 个冲突域、2 个广播域

5. 既可以分割冲突域，又可以分割广播域的设备是（　　　）。

  A. 网桥   B. 集线器   C. 交换机   D. 路由器

6. VLAN 在现代组网技术中占有重要地位，同一个 VLAN 中的两台主机（　　　）。

  A. 可以跨越多台交换机   B. 必须连接在同一交换机上

  C. 必须连接在同一集线器上   D. 可以跨越多台路由器

7. 网络传输中，使用单个传输源，多个目的节点的传输方式称为（　　　）。

  A. 广播   B. 单播   C. 组播   D. 任意播

8. MAC 地址又称为（　　　）。

  A. 物理地址   B. 二进制地址   C. 八进制地址   D. TCP/IP 地址

9. 通常交换机的管理 VLAN 号是（　　　）。

  A. 0   B. 1   C. 256   D. 1024

10. 下列说法错误的是（　　　）。

  A. 在交换式以太网中可以划分 VLAN

  B. 以太网交换机中端口的速率可能不同

  C. 以太网交换机不可以对通过的信息进行过滤

  D. 利用多个以太网交换机组成的局域网不能出现环

11. 虚拟局域网采用的基础技术是（　　　）。

  A. 交换技术   B. ATM 技术

  C. 总线拓扑技术   D. 环形拓扑结构

12. 虚拟局域网成员的定义方法不包括（　　　）。

  A. 网络层地址   B. IP 广播组虚拟局域网

  C. 用逻辑拓扑结构   D. 用 MAC 地址

13. 以下属于增加 VLAN 的好处的是(　　)。

    A. 机密数据可以得到保护　　　　　　B. 交换机不需要再配置

    C. 广播可以得到控制　　　　　　　　D. 物理的界限限制了用户群的移动

14. VTP 属于 OSI 参考模型的协议层次是(　　)。

    A. 第二层　　　　　B. 第一层　　　　　C. 第三层　　　　　　　D. 第四层及以上

15. 可以建立、删除或修改 VLAN,发送并转发相关的通告信息同步 VLAN 配置,并且会把配置保存在 NVRAM 中的 VTP 工作模式是(　　)。

    A. Client　　　　　　　　　　　　　　B. Server

    C. VTPTransparent　　　　　　　　　D. Trunk

16. 定义生成树协议标准的是(　　)。

    A. 802.1Q　　　　　B. 802.3　　　　　　C. 802.1d　　　　　　D. 802.3u

17. 下列属于生成树协议作用的是(　　)。

    A. 最佳路径选择　　　　　　　　　　B. 阻止路由回路

    C. 阻止交换回路　　　　　　　　　　D. 统一 VLAN 管理

18. 下列属于生成树协议的国际标准的是(　　)。

    A. IEEE 802.1d　　　　　　　　　　　B. IEEE 802.2

    C. IEEE 802.2SNAP　　　　　　　　　D. IEEE 803.3

19. 能够在逻辑上断开网络的环路,防止广播风暴的产生,而正在使用的线路一旦出现故障,逻辑上被断开的线路就又会被连通,继续传输数据的协议是(　　)。

    A. Trunk　　　　　B. VLAN　　　　　C. STP　　　　　　　　D. VTP

20. 能够将一个有环路的桥接网络,修剪成一个无环路的树形拓扑结构,按照树的结构来构造网络拓扑,消除网络中的环路,通过一定的方法实现路径冗余的协议是(　　)。

    A. STP　　　　　　B. VLAN　　　　　C. Trunk　　　　　　D. VTP

21. 桥协议数据单元数据帧中、组成桥 ID 的字节个数是(　　)。

    A. 6　　　　　　　B. 2　　　　　　　C. 4　　　　　　　　D. 8

22. 请按顺序说出 802.1d 中端口由阻塞到转发状态变化的顺序(　　)。

    (1) listening(2)learning(3)blocking(4)forwarding

    A. 3-1-2-4　　　　B. 4-1-2-3　　　　C. 3-2-4-1　　　　D. 4-2-1-3

23. 拥有从非根网桥到根网桥的最低成本路径的端口是(　　)。

    A. 根端口　　　　　　　　　　　　　　B. 指定端口

    C. 阻塞端口　　　　　　　　　　　　　D. 非根非指定端口

24. IEEE 802.1d 定义了生成树协议 STP,将整个网络路由定义为(　　)。

    A. 环状结构　　　　　　　　　　　　　B. 二叉树结构

    C. 有回路的树型结构　　　　　　　　D. 无回路的树状结构

25. STP 的最根本目的是(　　)。

    A. 防止信息丢失

    B. 防止"广播风暴"

    C. 防止网络中出现信息回路,造成网络瘫痪

    D. 使网桥具备网络层功能

二、多选题

1. 可以分割冲突域但不能分割广播域的设备有（　　　）。

 A. 路由器　　　　　　　B. 网桥　　　　　　　　C. 集线器　　　　　　　　D. 交换机

2. 下列属于广播风暴问题的解决方案和防范措施的有（　　　）。

 A. 使用较好的网络设备及质量较好的线缆

 B. 网络的拓扑结构中避免环路的出现

 C. 在网络中快速定位并处理有网络故障的结点

 D. 采用 VLAN 技术来分割广播域，使广播域的范围缩小

3. 在网络中使用交换机代替集线器的原因有（　　　）。

 A. 减少冲突　　　　　　　　　　　　B. 提高带宽率

 C. 隔绝广播风暴　　　　　　　　　　D. 降低网络建设成本

4. 关于 VLAN，下面说法正确的有（　　　）。

 A. 可以限制网上的计算机互相访问的权限

 B. 相互间通信要通过三层设备

 C. 隔离广播域

 D. 只能在同一交换机上的主机进行逻辑分组

5. 实现 VLAN 的方式有（　　　）。

 A. 基于端口的 VLAN　　　　　　　　B. 基于 MAC 的 VLAN

 C. 基于 IP 子网的 VLAN　　　　　　D. 基于协议的 VLAN

6. 在局域网内使用 VLAN 所带来的好处是（　　　）。

 A. 广播可以得到控制

 B. 局域网的容量可以扩大

 C. 可以通过部门等将用户分组而打破了物理位置的限制

 D. 可以简化网络管理员的配置工作量

7. 以太网交换机端口有三种链路类型，分别为（　　　）。

 A. Access　　　　　　　B. Trunk　　　　　　　C. Hybird　　　　　　　D. RS-232

8. 属于 VTP 工作模式的有（　　　）。

 A. Server　　　　　　　　　　　　B. Trunk

 C. VTPTransparent　　　　　　　　D. Client

9. 在 LAN 中定义 VLAN 的好处有（　　　）。

 A. 广播控制　　　　　B. 网络监控　　　　　C. 安全性　　　　　D. 流量管理

10. 交换机作为 VLAN 的核心，提供的智能化的功能有（　　　）。

 A. 将用户、端口或逻辑地址组成 VLAN

 B. 确定对帧的过滤和转发

 C. 与其他交换机和路由器进行通信

 D. 交换机的 VLAN 可以分割广播域

11. 组成桥 ID 的是（　　　）。

 A. 桥优先级　　　　　　　　　　　B. 桥 MAC 地址

 C. 端口开销　　　　　　　　　　　D. 端口 ID 号

12. 交换机端口聚合技术优点表现在(　　　)。

    A. 带宽增加　　　　B. 增加冗余　　　　C. 最后负载均衡　　　D. 隔离广播

13. 实现端口聚合的方式有(　　　)。

    A. 手动方式　　　　B. 自适应方式　　　　C. 自动协商方式　　　D. 路由协议方式

三、判断题

1. 为了增加网络健壮性,在实际的工程项目中,交换机与交换机之间往往有多条链路,目的是为了提供路径冗余,这样一条链路的损坏不影响整个网络的互联互通。　　　(　　　)

2. 交换机端口聚合又称为以太通道,使用以太通道,交换机会把一组物理端口联合起来,做成一个逻辑通道,也就是 channel-group,这样交换机会认为这个逻辑通道为一个端口。

(　　　)

3. 虚拟局域网可以在集线器、交换机以及路由器上实现。　　　(　　　)

4. 使用中继器和集线器连接的所有结点被认为是在同一个冲突域内。而第二层设备(网桥、交换机)以及第三层设备(路由器)都可以分割冲突域。　　　(　　　)

四、填空题

1. 称为 VLAN 中继协议,也称为虚拟局域网 VLAN 干道协议的是_____。

2. 在配置交换机的 VTP 时,需要将交换机的级联端口配置成_____模式。

3. 生成树协议简称为_____。

4. 虚拟局域网简称为_____。

5. 交换机端口聚合中的自动方式中常见的有两种协议:分别为 PAgP 和_____。

6. PAgP 是 Cisco 设备的端口聚合协议,它有 auto 和_____两种模式。

7. LACP 是标准的端口聚合协议 802.3ad,它有 active 和_____两种模式。

五、简答题

1. 什么是广播域?

2. 什么是冲突域?

3. 广播风暴产生的原因有哪些?

4. 广播风暴问题的解决方案和防范措施有哪些?

5. 什么是 VLAN 技术?

6. VLAN 常见的划分方法有哪些?

7. 什么是 VTP?

8. 什么是 STP?

9. 什么是端口聚合? 端口聚合的优点是什么?

第 5 章　路由及直连与静态路由技术

本章学习目标
- 掌握常见的路由算法种类
- 了解路由协议分类，并熟悉它们的概念
- 掌握直连路由工作原理
- 掌握静态路由工作原理及配置方法
- 掌握管理距离与度量值的概念
- 掌握浮动静态路由工作原理及配置方法
- 掌握默认路由工作原理及配置方法

本章首先介绍路由算法的分类、路由协议的分类，接着介绍直连路由的工作原理、静态路由的工作原理及配置实例，之后讲解浮动静态路由的工作原理及配置过程，最后讲解默认路由的工作原理及配置过程。

5.1　路由技术介绍

路由技术主要指路由选择算法。路由选择算法可以分为静态路由选择算法和动态路由选择算法。因特网路由选择协议分为两大类，分别为内部网关协议（Interior Gateway Protocol，IGP）和外部网关协议（Exterior Gateway Protocol，EGP），目前使用最多的外部网关协议是 BGP。

5.1.1　路由算法分类

路由选择算法就是路由选择的方法或策略，按照路由选择算法能否随网络的拓扑结构或者通信量自适应地进行调整变化进行分类，可将路由选择算法分为静态路由选择算法和动态路由选择算法。

1. 静态路由选择算法

静态路由选择算法就是非自适应路由选择算法，这是一种不测量、不利用网络状态信息，仅按照某种固定规律进行决策的简单路由选择算法。静态路由选择算法的特点是简单和开销小，但是不能适应网络状态的变化。静态路由是依靠手工输入的信息配置路由表的方法。

静态路由具有以下优点：①减少了路由器的日常开销；②在小型互联网上很容易配置；③可以控制路由选择的更新。但是，静态路由在网络变化频繁出现的环境中并不会很好地工作。在大型和经常变动的互联网中，配置静态路由是不现实的。

2. 动态路由选择算法

动态路由选择算法就是自适应路由选择算法，是依靠当前网络的状态信息进行决策，从而使路由选择结果在一定程度上适应网络拓扑和通信量的变化而变化。

动态路由选择算法的特点是能较好地适应网络状态的变化，但是实现起来较为复杂，开销也比较大。动态路由选择算法主要包括分布式路由选择算法和集中式路由选择算法。分布式路由选择算法是每一个结点通过定期与相邻结点交换路由选择状态信息修改各自的路由表,使整个网络的路由选择经常处于一种动态变化的状态。集中式路由选择算法是在网络中设置一个结点,专门收集各个结点定期发送的状态信息,然后由该结点根据网络状态信息动态计算出每一个结点的路由表,再将新的路由表发送给各个结点。

5.1.2 路由协议分类

要探讨路由协议分类,首先须掌握两个概念,即自治系统以及动态路由。

1. 自治系统

自治系统(Autonomous System,AS)指的是处于一个管理机构控制下的路由器和网络群组。由于 Internet 规模庞大,为了路由选择的方便和简化,一般将整个 Internet 划分为许多较小的区域,这样的区域称为自治系统。每个自治系统内部采用的路由协议可以不同,自治系统根据自身的情况有权决定采用哪种路由选择协议。

2. 动态路由

动态路由是指路由协议可以根据实际情况自动生成路由表的方法。动态路由的主要优点是:运行动态路由选择协议(如 RIP、EIGRP 或 OSPF)之后,如果存在到目的站点的多条路径,而正在进行数据传输的一条路径发生中断,路由器可以自动选择另外一条路径传输数据。这对于建立大型网络具有绝对的优势。

动态路由协议分为 IGP 和 EGP。而 IGP 又可分为距离矢量路由协议和链路状态路由协议。

1) IGP 以及 EGP

IGP 指在一个自治系统内使用的路由选择协议。常见的 IGP 有 RIP、EIGRP 和 OSPF 等。EGP 指自治系统与自治系统间使用的路由选择协议。常见的 EGP 有 BGP(即 BGP-4)等。

(1) IGP。

IGP 是在一个自治系统内交换路由信息的协议。互联网被分成多个自治系统。自治系统内部运行的动态路由协议称为 IGP。同一自治系统内部运行的 IGP 可以相同,也可以不相同。

开放式最短路径优先(Open Shortest Path First,OSPF)是一个内部网关协议,用于在单一自治系统内决策路由。OSPF 是与 OSI 的 IS-IS 协议十分相似的内部路由选择协议。

增强内部网关路由协议(Enhanced Interior Gateway Routing Protocol,EIGRP)是Cisco 公司的私有协议,结合了链路状态和距离矢量特点的路由选择协议,采用弥散修正算法(DUAL)实现快速收敛。可以不定期发送路由更新信息,以减少带宽的占用,支持AppleTalk、IP、Novell 和 Netware 等多种网络层协议。

路由信息协议(Routing Information Protocol,RIP)是另一个内部网关协议,是内部网关协议中最先得到广泛使用的协议,是互联网的标准协议,其最大优点是实现简单,开销较小。缺点主要表现在:①限制了网络的规模;②路由器交换的信息是路由器的完整路由表;③"坏消息传播得慢",使更新过程的收敛时间过长。

(2) EGP。

EGP 为位于自治系统域边界的两个相邻的周边路由器提供一种交换消息和信息的方法。在区域的边界,周边路由器将一个域与其他域相连。这些路由器使用外部路由选择协议（EGP）交换路由选择。

边界网关协议（BGP）是运行于 TCP 上的一种外部网关路由协议。BGP 是唯一一个用来处理互联网网络的协议，也是唯一能妥善处理好不相关路由域间的多路连接的协议。

2）距离矢量路由协议与链路状态路由协议

（1）距离矢量路由协议。

距离矢量路由协议通过计算网络中链路的距离矢量，然后根据计算结果进行路由选择。典型的距离矢量路由选择协议有 RIP 等。运行距离矢量路由协议的路由器定期向邻居路由器发送消息，消息的内容就是本路由器的路由表信息，如①到达目的网络经过的距离；②到达目的网络的下一跳地址。

RIP 使用距离向量算法计算路由选择路径。路由选择基于到一个目的站中的最少路由中继数。RIP 路由选择表与其他路由器每 30 秒交换一次。

（2）链路状态路由协议。

典型的链路状态路由协议有 OSPF 等。运行链路状态路由协议的路由器最终目的是学习到整个网络的拓扑结构。运行链路状态路由协议的每个路由器都要提供链路状态的拓扑结构信息，信息的内容包括：①路由器所连接的网段链路；②该链路的物理状态。路由器根据网络拓扑结构的变化及时修改路由配置，以适应新的路由选择。OSPF 通过路由器之间网络端口的状态建立链路状态数据库，生成最短路径树。

5.2　直连路由与静态路由技术

根据路由器学习路由信息、生成并维护路由表的方法不同，将路由划分为 3 种，分别为直连路由、静态路由和第 6 章介绍的动态路由。

5.2.1　直连路由

直连路由是由链路层协议发现的，一般指去往路由器的端口地址所在网段的路径。直连路由无须手工配置，只需要路由器相关端口配置网络协议地址，同时管理状态、物理状态和链路协议均为打开或启动状态（UP）时，路由器能够自动感知该链路存在，端口上配置的 IP 网段地址会自动出现在路由表中，且与端口关联，并动态地随端口状态变化而在路由表中出现或消失。图 5.1 所示为直连路由网络拓扑图，各个设备的 IP 地址规划见表 5.1。

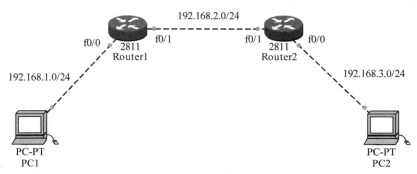

图 5.1　直连路由网络拓扑图

表 5.1　IP 地址规划

设　备	端　口	IP 地址	子 网 掩 码	默 认 网 关
R1	fa0/0	192.168.1.1	255.255.255.0	
	fa0/1	192.168.2.1	255.255.255.0	
R2	fa0/0	192.168.3.1	255.255.255.0	
	fa0/1	192.168.2.2	255.255.255.0	
PC1	网卡	192.168.1.100	255.255.255.0	192.168.1.1
PC2	网卡	192.168.3.100	255.255.255.0	192.168.3.1

　　按照表 5.1 所示 IP 地址的规划,对图 5.1 的网络进行 IP 地址配置,配置完成后,通过 show ip route 命令可以查看路由器 R1 和路由器 R2 的路由表。

　　路由器 R1 的路由表如下。

```
R1#show ip route
Codes: C -connected, S -static, I -IGRP, R -RIP, M -mobile, B -BGP
       D -EIGRP, EX -EIGRP external, O -OSPF, IA -OSPF inter area
       N1 -OSPF NSSA external type 1, N2 -OSPF NSSA external type 2
       E1 -OSPF external type 1, E2 -OSPF external type 2, E -EGP
       i -IS-IS, L1 -IS-IS level-1, L2 -IS-IS level-2, ia -IS-IS inter area
       * -candidate default, U -per-user static route, o -ODR
       P -periodic downloaded static route
Gateway of last resort is not set
C    192.168.1.0/24 is directly connected, FastEthernet0/0
C    192.168.2.0/24 is directly connected, FastEthernet0/1
R1#
```

路由器 R2 的路由表如下。

```
R2#show ip route
Codes: C -connected, S -static, I -IGRP, R -RIP, M -mobile, B -BGP
       D -EIGRP, EX -EIGRP external, O -OSPF, IA -OSPF inter area
       N1 -OSPF NSSA external type 1, N2 -OSPF NSSA external type 2
       E1 -OSPF external type 1, E2 -OSPF external type 2, E -EGP
       i -IS-IS, L1 -IS-IS level-1, L2 -IS-IS level-2, ia -IS-IS inter area
       * -candidate default, U -per-user static route, o -ODR
       P -periodic downloaded static route
Gateway of last resort is not set
C    192.168.2.0/24 is directly connected, FastEthernet0/1
C    192.168.3.0/24 is directly connected, FastEthernet0/0
R2#
```

　　两台路由器的路由表显示结果中,直连路由以字母 C 表示,即 connected。路由器 R1 和路由器 R2 分别获得了两条直连路由。路由器 R1 获得了到网络 192.168.1.0 以及 192.168.2.0 的直连路由,其中网络 192.168.1.0 与路由器 R1 的端口 fa0/0 直接相连,网络 192.168.

2.0 与路由器 R1 的端口 fa0/1 相连。

　　路由器 R2 获得了到网络 192.168.2.0 以及网络 192.168.3.0 的直连路由,其中网络 192.168.2.0 与路由器 R2 的端口 fa0/1 直接相连,网络 192.168.3.0 与路由器 R2 的端口 fa0/0 相连。

5.2.2　静态路由

　　静态路由是由网络管理员根据网络拓扑,使用命令在路由器上手工配置的路由。静态路由的缺点是,它不会随着网络拓扑结构的变化而随之改变路由信息,当网络拓扑发生变化而需要改变路由时,管理员必须手工改变路由信息。静态路由的优点是,路由器不需要进行路由计算,不占用路由器 CPU 及存储资源,它完全依赖于网络管理员的手动配置。

　　图 5.1 所示的网络拓扑中,初始状态下,路由器 R1 和路由器 R2 分别获得了两条直连路由,在该状态下,主机 PC1 和主机 PC2 之间不能进行互相通信,具体过程简单分析如下。

　　主机 PC1 通过计算匹配,发现要访问的目标主机 PC2 和自己并不处于同一个网络中,不能直接进行访问,此时,主机 PC1 将访问请求发送给它的网关路由器 R1 进行处理(这里需要说明的是,主机 PC1 若要访问异构网络,必须配置网关地址)。此访问请求的发送需要底层数据链路层以及物理层的帮助,主机 PC1 通过 ARP 获得路由器 R1 的端口 fa0/0 的 MAC 地址,主机 PC1 将网际层的 IP 数据包封装帧头和帧尾,形成数据链路层的帧,其中帧头的目的 MAC 地址为 ARP 获得的路由器 R1 的端口 fa0/0 的 MAC 地址。最终通过物理层的主机 PC1 的网卡端口将二进制比特流通过通信介质传输给路由器 R1 的端口 fa0/0。路由器 R1 需要获得目的 IP 地址,才能在路由表中查找对应的路由条目进行数据转发。路由器 R1 的端口 fa0/0 获得的二进制比特流需要由底层向高层进行解封装,去掉数据链路层的帧头和帧尾,此时才能得到网际层的 IP 数据报,在 IP 数据报中可以获得需要访问的目的 IP 地址为 192.168.3.100,通过与子网掩码 255.255.255.0 做与运算,得到目标网络地址为 192.168.3.0,接着路由器查找自己的路由表,寻找到目标网络 192.168.3.0 的路由条目。而此时路由器 R1 的路由条目仅有两条,分别为到网络 192.168.1.0 和网络 192.168.2.0 的直连路由,没有到网络 192.168.3.0 的路由条目。因此需要在路由器 R1 中添加到达目标网络 192.168.3.0 的路由条目,这样才能让数据包继续传输下去。通过配置静态路由可以添加该路由条目。静态路由的配置格式如下。

```
Router(config)#ip route　目标网络地址　目标网络子网掩码　下一跳地址
```

　　在链路两端只连接了两台路由器的点到点链路上,也可以不使用下一跳地址,而改用本路由器出口的端口标识。在多路访问链路,如以太网或帧中继上,将不能使用这种方式,因为若有多台设备出现在链路上,本地路由器就不知道应当将信息转发到哪一台路由器上了。

　　在路由器 R1 的路由表里添加到网络 192.168.3.0 的静态路由,具体配置命令如下。

```
R1(config)#ip route 192.168.3.0 255.255.255.0 192.168.2.2
R1(config)#
```

　　通过 show ip route 命令查看路由器 R1 的路由表如下。

```
R1#show ip route
```

```
Codes: C - connected, S - static, I - IGRP, R - RIP, M - mobile, B - BGP
       D - EIGRP, EX - EIGRP external, O - OSPF, IA - OSPF inter area
       N1 - OSPF NSSA external type 1, N2 - OSPF NSSA external type 2
       E1 - OSPF external type 1, E2 - OSPF external type 2, E - EGP
       i - IS-IS, L1 - IS-IS level-1, L2 - IS-IS level-2, ia - IS-IS inter area
       * - candidate default, U - per-user static route, o - ODR
       P - periodic downloaded static route
Gateway of last resort is not set
C    192.168.1.0/24 is directly connected, FastEthernet0/0
C    192.168.2.0/24 is directly connected, FastEthernet0/1
S    192.168.3.0/24 [1/0] via 192.168.2.2
R1#
```

结果显示，路由器 R1 除了前面获得的两条直连路由，还新增加了到目标网络 192.168.
3.0 的静态路由条目"S   192.168.3.0/24 [1/0] via 192.168.2.2"，其中 S 表明是静态路由，
192.168.3.0/24 为目标网络地址。[1/0]中的 1 表示管理距离（AD），0 表示度量值
（metric）。via 表示通过，经由。192.168.2.2 为下一跳地址。

同样，在路由器 R2 上配置到网络 192.168.1.0 的静态路由，具体配置过程如下。

```
R2(config)# ip route 192.168.1.0 255.255.255.0 192.168.2.1
R2(config)#
```

路由器 R2 到达目标网络 192.168.1.0 的下一跳地址为 192.168.2.1。通过 show ip
route 命令查看路由器 R2 的路由表如下。

```
R2# show ip route
Codes: C - connected, S - static, I - IGRP, R - RIP, M - mobile, B - BGP
       D - EIGRP, EX - EIGRP external, O - OSPF, IA - OSPF inter area
       N1 - OSPF NSSA external type 1, N2 - OSPF NSSA external type 2
       E1 - OSPF external type 1, E2 - OSPF external type 2, E - EGP
       i - IS-IS, L1 - IS-IS level-1, L2 - IS-IS level-2, ia - IS-IS inter area
       * - candidate default, U - per-user static route, o - ODR
       P - periodic downloaded static route
Gateway of last resort is not set
S    192.168.1.0/24 [1/0] via 192.168.2.1
C    192.168.2.0/24 is directly connected, FastEthernet0/1
C    192.168.3.0/24 is directly connected, FastEthernet0/0
R2#
```

最终用 ping 命令测试主机 PC1 与主机 PC2 的网络连通性情况，结果如下。

```
PC>ping 192.168.3.100
Pinging 192.168.3.100 with 32 bytes of data:
Reply from 192.168.3.100: bytes=32 time=14ms TTL=126
Reply from 192.168.3.100: bytes=32 time=15ms TTL=126
Reply from 192.168.3.100: bytes=32 time=10ms TTL=126
Reply from 192.168.3.100: bytes=32 time=12ms TTL=126
```

```
Ping statistics for 192.168.3.100:
    Packets: Sent =4, Received =4, Lost =0 (0%loss),
Approximate round trip times in milli-seconds:
    Minimum =10ms, Maximum =15ms, Average =12ms
PC>
```

结果表明,主机 PC1 能够 ping 通主机 PC2,网络是连通的,ping 结果返回的生存时间 (Time To Live,TTL)值为 126,说明两台主机之间经过了两台路由器。每经过一台路由器,TTL 值减 1。因为经过两台路由器,所以 TTL 值为 128-2=126,结果与实际相符。

下面介绍管理距离(AD)和度量值的概念。

1. 管理距离

路由器可能从多种途径获得到同一目的地的多条路由,如到某一目的地既可以通过静态路由获得路径,又可以通过动态路由 RIP 获得不同的路径。为了区分不同路由获得路径的可信度,用管理距离加以表示。管理距离越小,说明路由的可信度越高,在进行路由转发时就越优先考虑;静态路由的管理距离为 1,说明手工输入的静态路由优先级通常高于其他路由。各类路由的管理距离见表 5.2。

表 5.2　各类路由的管理距离

路　　由	管 理 距 离	路　　由	管 理 距 离
直连路由	0	OSPF	110
静态路由	1	RIP	120
外部 BGP	20	外部 EIGRP	170
内部 EIGRP	90	内部 BGP	200
IGRP	100		

2. 度量值

路由协议必须通过一定的标准判别到达目的网络的最佳路径。当一路由器有多条路径到达某一目的网络时,路由协议必须判断其中哪一条是最佳的,并把它放入路由表中,路由协议会给每一条路径计算出一个数,这个数就是度量值,通常这个值是没有单位的。度量值越小,这条路径就越佳,就越优先放入路由表中。然而,不同的路由协议定义度量值的方法是不一样的,因此不同路由协议之间度量值的大小是没有可比性的。同样的网络拓扑通过不同路由协议,它们选择出的最佳路径可能也不一样。度量值指明了路径的优先权,而管理距离指明了发现路由方式的优先权。

5.2.3　浮动静态路由

所谓浮动静态路由(floating static route),是指对同一个目的网络配置不同的下一跳,并且它们的管理距离也不同的多条静态路由,静态路由默认管理距离为 1,在实际配置静态路由时,可以在静态路由命令 ip route 的末尾添加一个可选项参数 distance,以便对此特定的静态路由分配一个比默认管理距离 1 高一些的管理距离值。正常情况下,只有管理距离最小的静态路由优先考虑,进行数据包转发。而浮动静态路由表项不会进行数据包的转发。只有当优先转发数据包的静态路由失效时,管理距离值为次小的浮动静态路由才被启用,这样可以保障目的网络总是可达的,提高了网络可用性。实际上,不仅与静态路由的管理距离进行比较,还会与动态路由的管理距离进行比较,当端口上同时配置了静态路由、浮动静态路由和动态路由,且静态路由无效时,浮动静态路由并不一定会生效,这还要看它所配置的管理距离是否低于所配置的动态路由的管理距离。

在图 5.1 中,为了实现浮动静态路由,需要在路由器 R1 和路由器 R2 之间加一条冗余的点到点链路,以便于一条链路失效时,另一条冗余备份链路被激活,从而使网络能够正常工作。在图 5.1 中,路由器 R1 和路由器 R2 之间通过串口 serial 实现了备份链路。serial 端口也称高速同步串口,主要是连接广域网的 V.35 线缆用的,具体配置时需要在 DCE 端设置时钟。实现浮动静态路由拓扑图如图 5.2 所示。

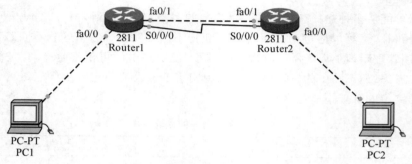

图 5.2　实现浮动静态路由拓扑图

在 Cisco Packet Tracer 仿真软件中 Cisco 路由器 2811 默认不带串口模块,如果要完成该实验,需要在路由器中插入相应的串口模块。插入串口模块的操作过程如下。

第一步:单击 Cisco 路由器 2811,弹出图 5.3 所示的"插模块"窗口。

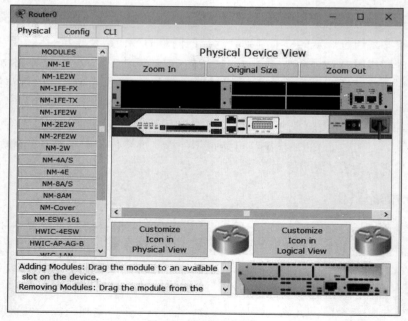

图 5.3　"插模块"窗口

第二步：关闭路由器的电源开关，使路由器处于断电状态。

第三步：选择左边 Physical 窗口中的 WIC-2T 模块。WIC-2T 端口卡是一款模块端口卡，产品概述为两端口串行广域网端口卡，支持 V.35 端口。将该端口卡拖放到路由器上插槽的相应位置，然后松开鼠标。最后点击电源开关，打开电源，结果如图 5.4 所示。

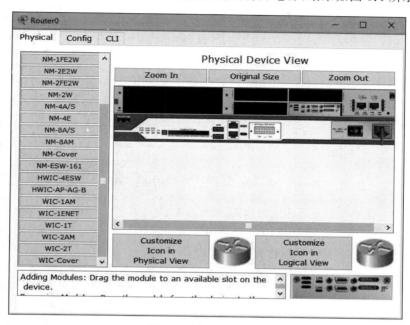

图 5.4　插入模块界面

同样，在另一台路由器上插入同样的模块，此时可以实现图 5.2 所示的网络连接。该实验的 IP 地址规划见表 5.3。注意在配置串口时，需要在 DCE 端设置时钟频率。

表 5.3　浮动静态路由的 IP 地址规划

设　　备	端　　口	IP 地址	子网掩码	默认网关
R1	fa0/0	192.168.1.1	255.255.255.0	
	fa0/1	192.168.2.1	255.255.255.0	
	S0/0/0	192.168.4.1	255.255.255.0	
R2	fa0/0	192.168.3.1	255.255.255.0	
	fa0/1	192.168.2.2	255.255.255.0	
	S0/0/0	192.168.4.2	255.255.255.0	
PC1	网卡	192.168.1.100	255.255.255.0	192.168.1.1
PC2	网卡	192.168.3.100	255.255.255.0	192.168.3.1

浮动静态路由的具体配置过程如下。

（1）按照地址规划为路由器端口以及 PC 配置相应的网络地址参数。

（2）在路由器 R1 上配置静态路由以及浮动静态路由。

```
R1(config)#ip route 192.168.3.0 255.255.255.0 192.168.2.2
R1(config)#ip route 192.168.3.0 255.255.255.0 192.168.4.2   2
R1(config)#
```

（3）在路由器 R2 上配置静态路由以及浮动静态路由。

```
R2(config)#ip route 192.168.1.0 255.255.255.0 192.168.2.1
R2(config)#ip route 192.168.1.0 255.255.255.0 192.168.4.1 2
R2(config)#
```

（4）在路由器 R1 上通过 show ip route 命令查看路由表,结果如下。

```
R1#show ip route
Codes: C -connected, S -static, I -IGRP, R -RIP, M -mobile, B -BGP
       D -EIGRP, EX -EIGRP external, O -OSPF, IA -OSPF inter area
       N1 -OSPF NSSA external type 1, N2 -OSPF NSSA external type 2
       E1 -OSPF external type 1, E2 -OSPF external type 2, E -EGP
       i -IS-IS, L1 -IS-IS level-1, L2 -IS-IS level-2, ia -IS-IS inter area
       * -candidate default, U -per-user static route, o -ODR
       P -periodic downloaded static route
Gateway of last resort is not set
C    192.168.1.0/24 is directly connected, FastEthernet0/0
C    192.168.2.0/24 is directly connected, FastEthernet0/1
S    192.168.3.0/24 [1/0] via 192.168.2.2
C    192.168.4.0/24 is directly connected, Serial0/0/0
R1#
```

路由表显示结果表明,路由器 Router1 通过静态路由到达目标网络192.168.3.0,其下一跳地址为192.168.2.2,而路由配置中同样到达目标网络192.168.3.0 的下一跳地址为192.168.4.2 的静态路由条目并没有出现在路由表中。

（5）在路由器 R2 上通过 show ip route 命令查看路由表,结果如下。

```
R2#show ip route
Codes: C -connected, S -static, I -IGRP, R -RIP, M -mobile, B -BGP
       D -EIGRP, EX -EIGRP external, O -OSPF, IA -OSPF inter area
       N1 -OSPF NSSA external type 1, N2 -OSPF NSSA external type 2
       E1 -OSPF external type 1, E2 -OSPF external type 2, E -EGP
       i -IS-IS, L1 -IS-IS level-1, L2 -IS-IS level-2, ia -IS-IS inter area
       * -candidate default, U -per-user static route, o -ODR
       P -periodic downloaded static route
Gateway of last resort is not set
S    192.168.1.0/24 [1/0] via 192.168.2.1
C    192.168.2.0/24 is directly connected, FastEthernet0/1
C    192.168.3.0/24 is directly connected, FastEthernet0/0
C    192.168.4.0/24 is directly connected, Serial0/0/0
R2#
```

通过路由器 R2 的路由表可以看出路由器 R2 到达网络 192.168.1.0 的路由是通过下一

跳地址 192.168.2.1 完成的。同样,到达网络 192.168.1.0 下一跳为 192.168.4.1 的静态路由并没有出现在路由器 R2 的路由表中。

（6）通过 ping 命令测试两台主机的连通性,结果如下。

```
PC>ping 192.168.3.100
Pinging 192.168.3.100 with 32 bytes of data:
Reply from 192.168.3.100: bytes=32 time=54ms TTL=126
Reply from 192.168.3.100: bytes=32 time=12ms TTL=126
Reply from 192.168.3.100: bytes=32 time=9ms TTL=126
Reply from 192.168.3.100: bytes=32 time=93ms TTL=126
Ping statistics for 192.168.3.100:
    Packets: Sent =4, Received =4, Lost =0 (0%loss),
Approximate round trip times in milli-seconds:
    Minimum =9ms, Maximum =93ms, Average =42ms
PC>
```

结果表明,两台主机是连通的。通过路由跟踪命令 tracert 可以看出,从主机 PC1 到主机 PC2 经过的路由如下。

```
PC>tracert 192.168.3.100
Tracing route to 192.168.3.100 over a maximum of 30 hops:
    1    31 ms        31 ms        32 ms        192.168.1.1
    2    19 ms        63 ms        63 ms        192.168.2.2
    3    94 ms        94 ms        94 ms        192.168.3.100
Trace complete.
PC>
```

结果表明,数据包从路由器 R1 到目标网络 192.168.3.0 是通过静态路由下一跳地址为 192.168.2.2 进行转发的,而配置的浮动静态路由并没有发挥作用。如果两台路由器之间的端口 fa0/1 链路出现故障,试验证浮动静态路由能否发挥作用? 下面进行验证。

（1）进入路由器 R1,将路由器 R1 的端口 fa0/1 停掉,操作如下。

```
R1(config)#interface fastEthernet 0/1
R1(config-if)#shutdown
%LINK-5-CHANGED: Interface FastEthernet0/1, changed state to administratively down
%LINEPROTO-5-UPDOWN: Line protocol on Interface FastEthernet0/1, changed state
to down
R1(config-if)#
```

（2）在路由器 R1 上通过查看路由表 show ip route 命令查看,结果如下。

```
R1#show ip route
Codes: C -connected, S -static, I -IGRP, R -RIP, M -mobile, B -BGP
       D -EIGRP, EX -EIGRP external, O -OSPF, IA -OSPF inter area
       N1 -OSPF NSSA external type 1, N2 -OSPF NSSA external type 2
       E1 -OSPF external type 1, E2 -OSPF external type 2, E -EGP
```

```
        i -IS-IS, L1 -IS-IS level-1, L2 -IS-IS level-2, ia -IS-IS inter area
        * -candidate default, U -per-user static route, o -ODR
        P -periodic downloaded static route
Gateway of last resort is not set
C    192.168.1.0/24 is directly connected, FastEthernet0/0
S    192.168.3.0/24 [2/0] via 192.168.4.2
C    192.168.4.0/24 is directly connected, Serial0/0/0
R1#
```

（3）通过路由表可以看出，路由器 R1 到目标网络 192.168.3.0 的下一跳地址为 192.168.4.2，即浮动静态路由出现在路由表中，此时的管理距离和度量值表示为[2/0]。也就是说，管理距离值为 2，不再是默认的 1 了。

（4）通过 show ip route 命令查看路由器 R2 的路由表，结果如下。

```
R2# show ip route
Codes: C -connected, S -static, I -IGRP, R -RIP, M -mobile, B -BGP
        D -EIGRP, EX -EIGRP external, O -OSPF, IA -OSPF inter area
        N1 -OSPF NSSA external type 1, N2 -OSPF NSSA external type 2
        E1 -OSPF external type 1, E2 -OSPF external type 2, E -EGP
        i -IS-IS, L1 -IS-IS level-1, L2 -IS-IS level-2, ia -IS-IS inter area
        * -candidate default, U -per-user static route, o -ODR
        P -periodic downloaded static route
Gateway of last resort is not set
S    192.168.1.0/24 [2/0] via 192.168.4.1
C    192.168.3.0/24 is directly connected, FastEthernet0/0
C    192.168.4.0/24 is directly connected, Serial0/0/0
R2#
```

结果表明，路由器 R2 到网络 192.168.1.0 的路由条目变成了现在的浮动静态路由，即下一跳地址由 192.168.2.1 变成现在的 192.168.4.1。管理距离由 1 变成现在的 2。

（5）最后在主机 PC1 上通过路由跟踪命令 tracert 跟踪到主机 PC2 的路由，结果如下。

```
PC>tracert 192.168.3.100
Tracing route to 192.168.3.100 over a maximum of 30 hops:
  1    31 ms      5 ms       31 ms      192.168.1.1
  2    62 ms      62 ms      63 ms      192.168.4.2
  3    94 ms      28 ms      94 ms      192.168.3.100
Trace complete.
PC>
```

结果表明，在由于链路故障导致路由器的静态路由出问题的情况下，冗余链路的浮动静态路由发挥了作用，保证了网络的连通性。

5.2.4　默认路由

默认路由是一种特殊的静态路由，当路由表中与目的地址之间没有匹配的表项时，路由器将把数据包发送给默认路由。如果没有默认路由,那么当目的地址在路由表中没有匹配表项时,包将会被丢弃。主机里的默认路由通常被称为默认网关。Windows 操作系统里的默认网关配置如图 5.5 所示。

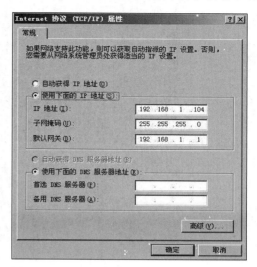

Windows 操作系统里的默认网关是Internet 协议(TCP/IP)属性的配置项,是一个可直接到达 IP 路由器的 IP 地址。配置默认网关可以在 IP 路由表中创建一个默认路径。一台主机可以有多个网关。默认网关指的是一台主机如果找不到可用的路由条目,就把数据包发给默认网关,由默认网关处理数据包。现在主机使用的网关一般都是指默认网关。

图 5.5　Windows 操作系统里的默认网关配置

如果一台主机有多个端口,并为每个端口配置一个默认网关,那么默认情况下 TCP/IP 将根据端口速度自动计算端口跃点数。此端口跃点数将成为所配置的默认网关的路由表中的默认路由的跃点数。最高速度的端口具有默认路由的最低跃点数。这样,只要在多个端口上配置多个默认网关,就会使用最快速度的端口将通信转发到其默认网关。

如果相同速度的多个端口具有相同的最低端口跃点数,那么根据绑定顺序,将使用第一个网络适配器的默认网关。如果第一个网络适配器不可用,则使用第二个网络适配器的默认网关。

在 TCP/IP 的早期版本中,多个默认网关都具有设置为 1 的默认路由跃点数,并且使用的默认网关将取决于端口的顺序。有时,这会给确定 TCP/IP 正在使用哪一个默认网关带来一些困难。

默认情况下,端口跃点数的自动确定已经通过"Internet 协议(TCP/IP)"高级属性的"IP 设置"选项卡上的"自动跃点数"复选框启用。可以禁用端口跃点数的自动确定并输入新的端口跃点数。

在 Windows 操作系统中,通过 route print 命令查看路由表,如图 5.6 所示。图 5.6 所示的路由表中,第一行显示的即为默认网关的相关信息。

默认路由在某些情况下非常有效,当存在末梢网络(网络的边缘,即一个只有一条出路的网络,所有信息只有一个出口,最靠近用户的终端网络)时,默认路由会大大简化路由器的配置,减轻管理员的工作负担,提高网络性能。默认路由也可以配置为浮动的,只要在后面加上适当的管理距离即可。

在如图 5.7 所示的网络中,3 台路由器连接 4 个网络,整个网络 IP 地址规划见表 5.4。路由器 Router0 和路由器 Router2 为两个末梢网络的路由,若要网络互联互通,路由器 Router0 除了两条连接网络 192.168.1.0 和网络 192.168.2.0 的直连路由外,还需要配置到网络 192.168.3.0 以及网络 192.168.4.0 的静态路由,路由器 Router2 除了两条连接网络 192.168.3.0 和网络 192.168.4.0 的直连路由外,还需要配置到网络 192.168.1.0 以及网络 192.168.2.0 的静态路由。

```
C:\WINDOWS\system32\cmd.exe                                    _ |□| x|

C:\Documents and Settings\Administrator>route print

IPv4 Route Table
===========================================================================
Interface List
0x1 ........................... MS TCP Loopback interface
0x10003 ...00 0c 29 14 c9 22 ...... Intel(R) PRO/1000 MT Network Connection
===========================================================================
===========================================================================
Active Routes:
Network Destination        Netmask          Gateway       Interface  Metric
          0.0.0.0          0.0.0.0      192.168.1.1   192.168.1.104     10
        127.0.0.0        255.0.0.0        127.0.0.1       127.0.0.1      1
      192.168.1.0    255.255.255.0    192.168.1.104   192.168.1.104     10
    192.168.1.104  255.255.255.255        127.0.0.1       127.0.0.1     10
    192.168.1.255  255.255.255.255    192.168.1.104   192.168.1.104     10
        224.0.0.0        240.0.0.0    192.168.1.104   192.168.1.104     10
  255.255.255.255  255.255.255.255    192.168.1.104   192.168.1.104      1
Default Gateway:       192.168.1.1
===========================================================================
Persistent Routes:
  None

C:\Documents and Settings\Administrator>
```

图 5.6　Windows 操作系统中显示的路由表

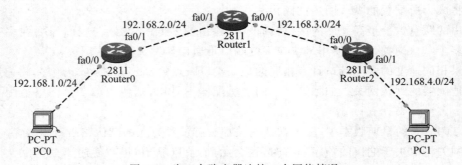

图 5.7　为 3 台路由器连接 4 个网络情况

表 5.4　图 5.7 所示网络 IP 地址规划

设　　备	端　　口	IP 地址	子网掩码	默认网关
R0	fa0/0	192.168.1.1	255.255.255.0	
	fa0/1	192.168.2.1	255.255.255.0	
R1	fa0/0	192.168.3.1	255.255.255.0	
	fa0/1	192.168.2.2	255.255.255.0	
R2	fa0/0	192.168.3.2	255.255.255.0	
	fa0/1	192.168.4.1	255.255.255.0	
PC0	网卡	192.168.1.100	255.255.255.0	192.168.1.1
PC1	网卡	192.168.4.100	255.255.255.0	192.168.4.1

　　使用静态路由实现网络互联互通前面已经讲解过。由于路由器 Router0 和路由器 Router2 是两个末梢网络的路由,路由器 Router0 到不同网络的路由必定通过路由器

Router1 转发,也就是下一跳必定为 Router1,因此可以在路由器 Router0 上配置默认路由,其下一跳为 Router1,这一条默认路由可以代替前面提到的到网络 192.168.3.0 以及到网络 192.168.4.0 的两条静态路由。同样,路由器 Router2 到别的网络的路由必定通过路由器 Router1 进行转发,也就是下一跳必定指向路由器 Router1,因此在路由器 Router2 上配置默认路由,下一跳指向为 Router1,这样,一条默认路由可以代替前面提到的到网络 192.168. 1.0 以及到网络 192.168.2.0 的两条静态路由,甚至到其他任何不同网络的路由均通过这一默认路由进行转发,具体配置过程如下。

（1）按照表 5.4 为 3 个路由器端口以及终端计算机配置地址。

（2）配置路由器 Router0 的默认路由如下。

```
Router0(config)#ip route 0.0.0.0 0.0.0.0 192.168.2.2
Router0(config)#
```

（3）配置路由器 Router1 的两条静态路由。

```
Router1(config)#ip route 192.168.1.0 255.255.255.0 192.168.2.1
Router1(config)#ip route 192.168.4.0 255.255.255.0 192.168.3.2
Router1(config)#
```

（4）配置路由器 Router2 的默认路由如下。

```
Router2(config)#ip route 0.0.0.0 0.0.0.0 192.168.3.1
Router2(config)#
```

（5）分别查看 3 台路由器的路由表,结果如下。

① 路由器 Router0 的路由信息如下。

```
Router0#show ip route
Codes: C -connected, S -static, I -IGRP, R -RIP, M -mobile, B -BGP
       D -EIGRP, EX -EIGRP external, O -OSPF, IA -OSPF inter area
       N1 -OSPF NSSA external type 1, N2 -OSPF NSSA external type 2
       E1 -OSPF external type 1, E2 -OSPF external type 2, E -EGP
       i -IS-IS, L1 -IS-IS level-1, L2 -IS-IS level-2, ia -IS-IS inter area
        * -candidate default, U -per-user static route, o -ODR
       P -periodic downloaded static route
Gateway of last resort is 192.168.2.2 to network 0.0.0.0
C    192.168.1.0/24 is directly connected, FastEthernet0/0
C    192.168.2.0/24 is directly connected, FastEthernet0/1
S*   0.0.0.0/0 [1/0] via 192.168.2.2
Router0#
```

其中"S*　　0.0.0.0/0 [1/0] via 192.168.2.2"为默认路由信息。

② 路由器 Router1 的路由信息如下。

```
Router1#show ip route
Codes: C -connected, S -static, I -IGRP, R -RIP, M -mobile, B -BGP
       D -EIGRP, EX -EIGRP external, O -OSPF, IA -OSPF inter area
```

```
            N1 -OSPF NSSA external type 1, N2 -OSPF NSSA external type 2
            E1 -OSPF external type 1, E2 -OSPF external type 2, E -EGP
            i -IS-IS, L1 -IS-IS level-1, L2 -IS-IS level-2, ia -IS-IS inter area
            * -candidate default, U -per-user static route, o -ODR
            P -periodic downloaded static route
Gateway of last resort is not set
S    192.168.1.0/24 [1/0] via 192.168.2.1
C    192.168.2.0/24 is directly connected, FastEthernet0/1
C    192.168.3.0/24 is directly connected, FastEthernet0/0
S    192.168.4.0/24 [1/0] via 192.168.3.2
Router1#
```

结果显示两条直连路由以及两条静态路由信息。

③ 路由器 Router2 的路由信息如下。

```
Router2# show ip route
Codes: C -connected, S -static, I -IGRP, R -RIP, M -mobile, B -BGP
        D -EIGRP, EX -EIGRP external, O -OSPF, IA -OSPF inter area
        N1 -OSPF NSSA external type 1, N2 -OSPF NSSA external type 2
        E1 -OSPF external type 1, E2 -OSPF external type 2, E -EGP
        i -IS-IS, L1 -IS-IS level-1, L2 -IS-IS level-2, ia -IS-IS inter area
        * -candidate default, U -per-user static route, o -ODR
        P -periodic downloaded static route
Gateway of last resort is 192.168.3.1 to network 0.0.0.0
C    192.168.3.0/24 is directly connected, FastEthernet0/0
C    192.168.4.0/24 is directly connected, FastEthernet0/1
S *  0.0.0.0/0 [1/0] via 192.168.3.1
Router2#
```

结果显示两条直连路由以及一条默认路由。

（6）最后测试网络,通过 ping 命令测试主机 PC0 到主机 PC1 的连通性,结果如下。

```
PC>ping 192.168.4.100
Pinging 192.168.4.100 with 32 bytes of data:
Reply from 192.168.4.100: bytes=32 time=125ms TTL=125
Reply from 192.168.4.100: bytes=32 time=126ms TTL=125
Reply from 192.168.4.100: bytes=32 time=125ms TTL=125
Reply from 192.168.4.100: bytes=32 time=109ms TTL=125
Ping statistics for 192.168.4.100:
    Packets: Sent =4, Received =4, Lost =0 (0%loss),
Approximate round trip times in milli-seconds:
    Minimum =109ms, Maximum =126ms, Average =121ms
PC>
```

测试结果表明,网络是联通的。返回 TTL 值为 125,表明数据包经过了 3 个路由。

5.3　本章小结

本章首先讲解了常见的路由算法种类、静态路由工作原理及配置方法、动态路由工作原理、距离矢量路由协议工作原理和链路状态路由协议工作原理,接着详细讲解了直连路由工作原理、浮动静态路由工作原理及配置方法,最后讲解了默认路由工作原理及配置方法。

5.4　习题

一、单选题

1. 在路由表中,0.0.0.0 代表的是(　　　)。

　　A. 默认路由　　　　B. 静态路由　　　　C. 动态路由　　　　D. RIP 路由

2. 路由器在转发数据包到非直连网段的过程中,依靠数据包中的(　　　)来寻找下一跳地址。

　　A. 帧头中的目的 MAC 地址　　　　　　B. IP 头中的目的 IP 地址

　　C. TCP 头的目的端口号　　　　　　　　D. UDP 头的目的端口号

3. 网络管理员小明通过手工配置 IP 路由表,将新的办公子网加入到原来的网络中,需要输入的命令是(　　　)。

　　A. show route　　　　　　　　　　　B. Route ip

　　C. show ip route　　　　　　　　　　D. ip route

4. 下列用于检查路由协议状况的命令是(　　　)。

　　A. show ip route　　　　　　　　　　B. show ip protocols

　　C. debug ip rip　　　　　　　　　　　D. clear ip route

5. 适合小型网络,并且不能随网络拓扑的变化而变化,由网络管理员根据网络拓扑,使用命令在路由器上手工配置的路由是(　　　)。

　　A. RIP　　　　　　　B. 动态路由　　　　C. 静态路由　　　　D. OSPF

6. 主机 PC1 能够 ping 通主机 PC2,结果返回的 TTL(Time to Live,生存时间)值为126,说明两台主机之间经过的路由器的数量为(　　　)。

　　A. 1　　　　　　　　B. 2　　　　　　　　C. 3　　　　　　　　D. 4

7. 路由器设计重点是提高接收处理和转发分组速度,实现传统 IP 路由转发功能的是(　　　)。

　　A. 硬件　　　　　　　　　　　　　　　B. 软件

　　C. 专用 ASIC　　　　　　　　　　　　D. 操作系统

8. 某路由器收到了一个 IP 数据报,在对其首部进行校验后发现该数据报存在错误,路由器最有可能采取的动作是(　　　)。

　　A. 抛弃该 IP 数据报　　　　　　　　　B. 将该 IP 数据报返给源主机

　　C. 纠正该 IP 数据报的错误　　　　　　D. 通知目的主机数据报出错

9. 用于连接多个逻辑上分开的网络的路由器工作于(　　　)。

　　A. 数据链路层　　　　B. 物理层　　　　C. 网络层　　　　D. 传输层

10. 在路由器发出的 ping 命令中,"U"代表的是(   )。

    A. 遇到网络拥塞现象   B. 数据包已经丢失

    C. 目的地不能到达   D. 成功地接收到一个回送应答

11. C 类 IP 地址的默认子网掩码是(   )。

    A. 255.255.255.0   B. 255.0.0.0

    C. 255.255.0.0   D. 255.255.255.255

12. 下列属于距离矢量路由协议的是(   )。

    A. IGP   B. OSPF   C. RIP   D. BGP

13. 下列属于外部网关路由协议的是(   )。

    A. OSPF   B. RIP   C. BGP   D. EIGRP

14. 用于自治系统与自治系统之间使用的路由选择协议的是(   )。

    A. BGP   B. RIP   C. EIGRP   D. OSPF

15. RIP 路由选择表与其他路由器每(   )秒交换一次。

    A. 30   B. 60   C. 120   D. 240

16. 不会随着网络拓扑结构的变化而随之改变路由信息,当网络拓扑发生变化而需要改变路由时,管理员必须手工改变路由信息的路由是(   )。

    A. BGP   B. RIP   C. OSPF   D. 静态路由

17. 题 17 图所示,在路由器 Router1 上配置到网络 192.168.3.0 的静态路由,配置命令正确的是(   )。

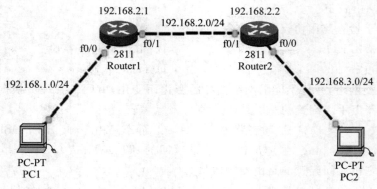

题 17 图

    A. ip route 192.168.2.0 255.255.255.0 192.168.2.2

    B. ip route 192.168.3.0 255.255.255.0 192.168.2.1

    C. ip route 192.168.3.0 255.255.255.0 192.168.2.2

    D. ip route 192.168.2.0 255.255.255.0 192.168.2.2

18. 下列关于静态路由配置格式,正确的是(   )。

    A. Router(config)♯ip route 下一跳地址 目标网络地址 目标网络子网掩码

    B. Router♯ip route 目标网络地址 目标网络子网掩码 下一跳地址

    C. Router♯ip route 下一跳地址 目标网络地址 目标网络子网掩码

    D. Router(config)♯ip route 目标网络地址 目标网络子网掩码 下一跳地址

19. Windows 操作系统中查看路由表的命令是(　　)。

    A. route print　　　　B. show ip route　　　C. route　　　　　　　D. show route print

20. 题 20 图所示,在路由器 Router0 上配置默认路由,其下一跳为 Router1,具体配置命令正确的是(　　)。

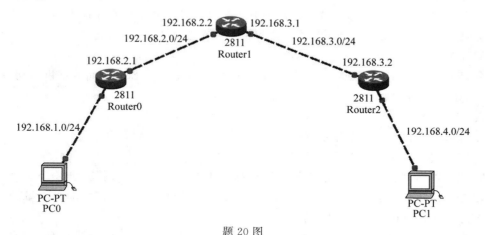

题 20 图

    A. ip route 0.0.0.0 0.0.0.0 192.168.2.1

    B. ip route 192.168.3.0 255.255.255.0 192.168.2.2

    C. ip route 192.168.4.0 255.255.255.0 192.168.2.2

    D. ip route 0.0.0.00.0.0.0 192.168.2.2

二、多选题

1. 下列路由表项不是由网络管理员手动配置的有(　　)。

    A. 直连路由　　　　　B. 默认路由　　　　　C. 静态路由　　　　　D. 动态路由

2. 下列属于静态路由特点的有(　　)。

    A. 路由器不需要进行路由计算　　　　　　B. 能够自动适应网络拓扑的变化

    C. 完全依赖于网络管理员的手动配置　　　D. 不占用路由器 CPU 及存储资源

3. 属于内部网关协议的有(　　)。

    A. RIP　　　　　　　B. EGP　　　　　　　C. BGP　　　　　　　D. OSPF

4. 下列属于内部网关协议的有(　　)。

    A. RIP　　　　　　　B. BGP　　　　　　　C. OSPF　　　　　　　D. EIGRP

5. 运行距离矢量路由协议的路由器定期向邻居路由器发送消息,消息的内容就是自己整个路由表,具体包括(　　)。

    A. 到达目的网络所经过的距离　　　　　　B. 该链路的物理状态

    C. 路由器所连接的网段链路　　　　　　　D. 到达目的网络的下一跳地址

6. 根据路由器学习路由信息、生成并维护路由表的方法不同将路由划分为(　　)。

    A. 直连路由　　　　　B. 静态路由　　　　　C. 动态路由　　　　　D. 距离矢量路由

三、判断题

1. 静态路由的缺点是:它不会随着网络拓扑结构的变化而随之改变路由信息,当网络

拓扑发生变化而需要改变路由时,管理员必须手工改变路由信息。 （　　）

2. 静态路由的优点是:路由器不需要进行路由计算,不占用路由器 CPU 及存储资源,它完全依赖于网络管理员的手动配置。 （　　）

3. 互联网路由选择协议分为两大类,分别为:内部网关协议 IGP(具体的协议有 RIP 和 OSPF 等)以及外部网关协议 EGP,目前使用最多的外部网关协议是 BGP。 （　　）

4. 所谓浮动静态路由,是指对同一个目的网络配置不同的下一跳,并且它们的管理距离相同的多条静态路由。 （　　）

5. 动态路由协议分为内部网关协议 IGP 和外部网关协议 EGP。而内部网关协议 IGP 又可分为距离矢量路由协议和链路状态路由协议。 （　　）

四、填空题

1. 静态路由在路由表中显示字母_____。

2. 直连路由在路由表中显示字母_____。

3. 路由选择算法可以分为静态路由选择算法和_____路由选择算法。

4. 有一种互联设备工作于网络层,它既可以用于相同(或相似)网络间的互联,也可以用于异构网络间的互联,这种设备是_____。

5. 自治系统简称_____,指的是处于一个管理机构控制下的路由器和网络群组。

五、简答题

1. 谈谈路由算法的分类。

2. 谈谈路由协议的分类。

3. 什么是管理距离?什么是度量值?

4. 什么是默认路由?

第6章 动态路由技术

本章学习目标
- 掌握 RIPv1 路由协议的工作原理及配置方法
- 掌握 RIPv2 路由协议的工作原理及配置方法
- 掌握 OSPF 路由协议的工作原理及配置方法
- 掌握 EIGRP 路由协议的工作原理及配置方法
- 掌握 OSPF 度量值的计算方法
- 掌握 EIGRP 度量值的计算方法

本章首先讲解动态路由协议 RIPv1 的工作原理及配置方法,接着讲解动态路由协议 RIPv2 的工作原理及配置方法、动态路由协议 OSPF 的工作原理及配置方法以及动态路由协议 EIGRP 的工作原理及配置方法,最后讲解动态路由协议 OSPF 及动态路由协议 EIGRP 度量值的计算方法。

6.1 RIP 路由技术

6.1.1 RIP 简介

路由信息协议(Routing Information Protocol,RIP)是基于距离矢量算法的路由协议,它利用跳数作为计量标准。目前,RIP 的版本有 RIPv1、RIPv2 及 RIPng,RIPv1 和 RIPv2 适用于 IPv4 网络,RIPng 适用于 IPv6 网络。

Xerox 公司和加州大学伯克利分校在 20 世纪 80 年代初开发了 RIP 的早期版本。1988 年的 RFC1058 对 RIP 做了说明,形成 RIPv1;1998 年,国际互联网工程任务组(The Internet Engineering Task Force, IETF)推出了 RIP 改进版本的正式标准 RFC2453,即 RIPv2;1997 年,IETF 推出了下一代 RIP——RIPng,它的建议标准为 RFC2080。

1. RIP 工作原理

RIP 属于内部网关协议,适用于小型网络一个自治系统内的路由信息的传递。RIP 基于距离矢量算法(Distance Vector Algorithms,DVA)。它用"跳数"衡量到达目的地的路由距离,即度量值。

RIP 基于 Bellham-Ford 算法,在路由实现时,RIP 作为系统长驻进程而存在于路由器中,负责从网络系统的其他路由器接收路由信息,从而对本地 IP 层路由表作动态维护,保证 IP 层发送报文时选择正确的路由。每台路由器负责将本路由器的路由信息通知给相邻路由器,相邻路由器依据传送来的路由器信息对自己的路由信息做相应的修改。RIP 处于 UDP 的上层,RIP 所接收的路由信息都封装在 UDP 的数据报中,RIP 利用 520 号 UDP 端口接收来自远程路由器的路由修改信息,并对本地的路由表做相应的修改,同时通知其他路由器。通过这种方式使每个路由器形成完整的路由条目。

距离矢量路由协议是比较早的路由协议,用来帮助路由设备决定去往呈现在拓扑中的网络路径。通过使用 Bellman-Ford 算法,距离矢量路由协议在邻接的数据链路上周期性地向直连邻居广播包含整个路由表的路由更新信息,而不管网络是否发生了拓扑改变。当那些设备接收到此更新之后,它们就将它与其现有的路由表信息进行比较。

对每一个相邻路由器发送过来的 RIP 报文,依据 Bellman-Ford 算法,路由器都要进行以下处理步骤。

(1) 对地址为 X 的相邻路由器发来的 RIP 报文,先修改此报文中的所有项目:把"下一跳"字段中的地址都改为 X,并把所有的"距离"字段的值加 1。这样做是为了便于进行本路由表的更新。假设从位于地址为 X 的相邻路由器发来的 RIP 报文的某一个项目是:"网络 2,3,Y"(表示到目标网络 2,下一跳为 Y,经过 3 跳到达),那么本路由器就可以推断出"我经过 X 到网络 2 的距离应该为 $3+1=4$",于是,本路由器就把收到的 RIP 报文的这一个项目修改为"网络 2,4,x",作为下一步和路由表中原有项目进行比较时使用(只有比较后才能知道是否需要更新)。每一个项目都有 3 个关键数据,即目的网络 N、距离是 d、下一跳路由器 X。

(2) 对修改后的 RIP 报文中的每一个项目进行以下处理。

若原来的路由表中没有到达目的网络 N 的路由条目,则把该项目直接添加到路由表中;说明原来没有到该网络的路由,现在邻居告诉我到该网络的路由,我应当直接把该路由信息加入路由表中;否则(即在路由表中有目的网络 N,这时再查看下一条路由器地址)若下一跳路由器地址也是 X,则把收到的项目替换成原路由表中的项目。原因是,同样的下一跳地址,目前的路由信息应该是最新的,我们要以最新的路由信息为准,所以要进行替换。此时到目的网络的距离有可能增大或减少,但也可能没有改变;否则(即这个项目是:到目的网络 N,但下一跳路由器不是 X),在这样的情况下,若收到的项目中的距离 d 小于路由表中已有的距离,则进行更新路由信息,说明通过新的下一跳找到更短、更优的路径,否则什么也不做。若距离更大了,显然更不应该更新,目前已有的路径是优于更新的路径。若距离不变,则更新后得不到任何好处,因此也不更新。

(3) 若 3 分钟还没有收到相邻路由器的更新路由表,则说明该路由器出了故障,不能正常工作,因此把该相邻路由器记为不可达的路由器,即把距离置为 16(距离为 16 表示不可达)。

2. RIPv1 路由协议

RIPv1 属于有类路由协议,定义在[RFC 1058]中。在它的路由更新(Routing Updates)中并不带有子网的信息,它不支持可变长子网掩码(VLSM)和无类别域间路由(CIDR)。这个限制造成在 RIPv1 的网络中,无法使用不同的子网掩码。另外,它以广播的形式发送报文,它也不支持对路由过程的认证,使得 RIPv1 有被攻击的可能。

RIPv1 的特点如下。

(1) 数据包中不包含子网掩码,所以就要求网络中所有设备必须使用相同的子网掩码,否则就会出错。

(2) 发送数据包的目的地址使用的是广播地址。

(3) 不支持路由器之间的认证。

3. RIPv2 路由协议

因为 RIPv1 缺陷，RIPv2 在 1994 年被提出。RIPv2 为无类别路由协议，将子网的信息包含在内，透过这样的方式提供无类域间路由，它支持 VLSM、路由聚合与 CIDR，并支持以广播或组播（224.0.0.9）方式发送报文。另外，针对安全性问题，RIPv2 也提供了一套方法，即通过加密达到认证的效果，支持明文认证，而之后［RFC 2082］也定义了利用 MD5 达到认证的方法。RIPv2 的相关规定见［RFC 2453］

如今的 IPv4 网络中使用的基本是 RIPv2，RIPv2 在 RIPv1 的基础上进行了改进。RIPv2 支持不连续子网，支持验证、手动汇总等。下面比较 RIPv2 与 RIPv1 的相同点和不同点。

RIPv2 与 RIPv1 的相同点如下。

（1）都是用跳数作为度量值，最大值为 15。

（2）都是距离矢量路由协议。

（3）容易产生环路，可以使用设置最大跳数、水平分割、路由中毒、毒性逆转、控制更新时间、触发更新防止路由环路。

（4）同样是周期更新，默认每 30 秒发送一次路由更新。

RIP v2 的增强特性有如下 5 方面。

（1）在路由更新中携带有子网掩码的路由选择信息，因此支持 VLSM 和 CIDR。

（2）提供身份验证功能，路由器之间通过明文或者 MD5 认证，只是认证通过，才可以进行路由同步，因此安全性更高。

（3）下一跳路由器的 IP 地址包含在路由更新信息中。

（4）运用组播地址 224.0.0.9 代替 RIPv1 的广播更新。

（5）支持手动汇总。

RIPv1 和 RIPv2 对比情况见表 6.1。

表 6.1　RIPv1 和 RIPv2 对比情况

版本	类型	对 VLSM 支持情况	对 CIDR 支持情况	报文发送情况	支持认证情况
RIPv1	有类	不支持	不支持	广播	不支持
RIPv2	无类	支持	支持	广播或组播	明文或 MD5 认证

4. RIP 配置过程

配置 RIP 比较简单，主要包含两条基本命令。

```
Router(config)#router rip
Router(config-router)#network
```

第一条命令为启动路由选择协议 RIP，第二条指定哪些端口参与路由选择进程。默认情况下，没有任何端口参与。要指定哪些端口参与，可使用 network 命令。对于距离向量协议（RIP），无论是 RIPv1，还是 RIPv2，只需要输入与端口相关的 A、B 或 C 类网络号，尽管端口有时进行了子网划分，使用子网网络地址下的地址，在进行 RIP 动态路由配置时，network 下使用的仍然是主类网络地址，即标准的 A、B 及 C 类地址。

6.1.2 RIPv1 配置

1. RIPv1 基本配置

实现动态路由协议 RIPv1 网络拓扑结构图如图 6.1 所示,两台路由器连接 3 个网络,分别为 192.168.1.0/24、192.168.2.0/24、192.168.3.0/24。具体 IP 地址配置见表 6.2。

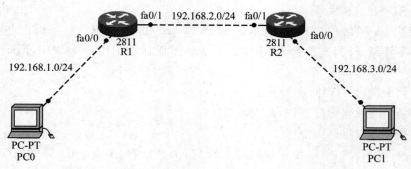

图 6.1   实现动态路由协议 RIPv1 网络拓扑结构图

表 6.2   IP 地址配置

设　　备	端　　口	IP 地址	子 网 掩 码	默 认 网 关
R1	fa0/0	192.168.1.1	255.255.255.0	
	fa0/1	192.168.2.1	255.255.255.0	
R2	fa0/0	192.168.3.1	255.255.255.0	
	fa0/1	192.168.2.2	255.255.255.0	
PC0	网卡	192.168.1.100	255.255.255.0	192.168.1.1
PC1	网卡	192.168.3.100	255.255.255.0	192.168.3.1

首先配置路由器 R1,基本配置如下。

```
Router(config)#hostname R1                              //路由器命名
R1(config)#interface fastEthernet 0/0                   //进入路由器的端口 fa0/0
R1(config-if)#ip address 192.168.1.1 255.255.255.0      //配置 IP 地址
R1(config-if)#no shu                                    //激活
R1(config-if)#exit                                      //退出
R1(config)#interface fastEthernet 0/1                   //进入路由器的端口 fa0/1
R1(config-if)#ip address 192.168.2.1 255.255.255.0      //配置 IP 地址
R1(config-if)#no shu                                    //激活
```

其次配置路由器 R2,基本配置如下。

```
Router(config)#hostname R2                              //路由器命名
R2(config)#interface fastEthernet 0/0                   //进入路由器的端口 fa0/0
R2(config-if)#ip address 192.168.3.1 255.255.255.0      //配置 IP 地址
R2(config-if)#no shu                                    //激活
```

```
R2(config-if)#exit                              //退出
R2(config)#interface fastEthernet 0/1           //进入路由器的端口 fa0/1
R2(config-if)#ip address 192.168.2.2 255.255.255.0   //配置 IP 地址
R2(config-if)#no shu                            //激活
```

接着对两台路由器配置动态路由协议 RIPv1。下面对路由器 R1 配置动态路由协议 RIPv1。

```
R1(config)#router rip                           //R1 启用动态路由协议 RIP
R1(config-router)#network 192.168.1.0
                      //宣告 RIP 要通告的网络,在该网络端口上启用 RIP 进程
R1(config-router)#network 192.168.2.0
                      //宣告 RIP 要通告的网络,在该网络端口上启用 RIP 进程
R1(config-router)#
```

network 命令告诉路由选择协议 RIP 该通告哪些分类网络,将在哪些端口上启用 RIP 路由选择进程。使用 network 命令时,网络号应是路由器直连端口的主网络号,路由器 R1 直连网络 192.168.1.0/24 的主网络号是 192.168.1.0,直连网络 192.168.2.0/24 的主网络号是 192.168.2.0。

再对路由器 R2 配置动态路由协议 RIPv1。

```
R2(config)#router rip                           //R1 启用动态路由协议 RIP
R2(config-router)#network 192.168.2.0
                      //宣告 RIP 要通告的网络,在该网络端口上启用 RIP 进程
R2(config-router)#network 192.168.3.0
                      //宣告 RIP 要通告的网络,在该网络端口上启用 RIP 进程
```

查看路由器 R1 的路由表。

```
R1#show ip route
Codes: C - connected, S - static, I - IGRP, R - RIP, M - mobile, B - BGP
       D - EIGRP, EX - EIGRP external, O - OSPF, IA - OSPF inter area
       N1 - OSPF NSSA external type 1, N2 - OSPF NSSA external type 2
       E1 - OSPF external type 1, E2 - OSPF external type 2, E - EGP
       i - IS-IS, L1 - IS-IS level-1, L2 - IS-IS level-2, ia - IS-IS inter area
       * - candidate default, U - per-user static route, o - ODR
       P - periodic downloaded static route
Gateway of last resort is not set
C    192.168.1.0/24 is directly connected, FastEthernet0/0
C    192.168.2.0/24 is directly connected, FastEthernet0/1
R    192.168.3.0/24 [120/1] via 192.168.2.2, 00:00:12, FastEthernet0/1
R1#
```

其中"R"表示该路由条目是由动态路由协议 RIP 获得的,[120/1]中"120"表示管理距离为 120,这是动态路由协议 RIP 的管理距离,该值固定为 120;"1"表示度量值,RIP 以跳数作为度量值,说明该路由器需要经过 1 跳到达网络 192.168.3.0。结果与实际相符。

查看路由器 R2 的路由表。

```
R2#show ip route
```

```
Codes: C - connected, S - static, I - IGRP, R - RIP, M - mobile, B - BGP
       D - EIGRP, EX - EIGRP external, O - OSPF, IA - OSPF inter area
       N1 - OSPF NSSA external type 1, N2 - OSPF NSSA external type 2
       E1 - OSPF external type 1, E2 - OSPF external type 2, E - EGP
       i - IS-IS, L1 - IS-IS level-1, L2 - IS-IS level-2, ia - IS-IS inter area
       * - candidate default, U - per-user static route, o - ODR
       P - periodic downloaded static route
Gateway of last resort is not set
R    192.168.1.0/24 [120/1] via 192.168.2.1, 00:00:13, FastEthernet0/1
C    192.168.2.0/24 is directly connected, FastEthernet0/1
C    192.168.3.0/24 is directly connected, FastEthernet0/0
R2#
```

综上所述,两台路由器的路由表是全的,因此网络应该是联通的,说明通过动态路由协议 RIPv1 实现了网络的联通性。

2. RIPv1 发送路由更新和接收路由更新规则

RIPv1 属于有类路由协议。有类路由协议的特点就是传输报文中不携带掩码信息,但是作为路由器,肯定是要通过路由的前缀信息和掩码判断一个网络。RIPv1 的报文中并未携带任何掩码信息。

RIPv1 发送路由更新的规则为:将要发送的网段信息与出端口是否为同一主网段。

若是同一主网段,则查看子网掩码是否相同。若子网掩码相同,则发送子网路由信息;若子网掩码不相同,则丢弃。

若不是同一主网段,则发送该路由的汇总路由。

RIPv1 接收路由更新的规则为:接收路由信息是否与入端口属于同一主网段?

若是同一主网段,则查看子网掩码是否相同。若子网掩码相同,则接收;若子网掩码不同,同样接收,但将子网掩码改为入端口的子网掩码。

若不是同一主网段,如果自身路由表中有了该路由的子网路由,则不接收路由更新,若存在同样的主类路由,则作为负载均衡添加路由信息。对于自身路由表中没有该路由的子网路由,则更新路由。

注意:对于 32 位的主机路由,都要无条件地发送和接收。

如图 6.2 所示,RIPv1 协议中,发送路由更新的规则为:加入到 RIPv1 路由协议的其他直连接口(如图 6.2 所示的 loopback 端口)与出端口(即图 6.2 所示的路由器 R1 的 fa0/0 端口)的主类网络号进行对比,如果主类网络号相同且掩码相同,则发送网络细节,如果不同,则发汇总。具体分析过程如下。

图 6.2 RIPv1 路由自动汇总网络拓扑图

(1) 首先判断端口接收的路由与接收端口配置的 IP 地址是否处于同一个主类网。

(2) 如果处于同一个主类网,则查看子网掩码是否相同。若子网掩码相同,则发送更新;若子网掩码不同,则不发送更新。

（3）如果不处于同一主类网络,则发送汇总路由。

如图 6.2 所示,首先将路由器 R1 上将要发送网段信息的 IP 地址都转成主类网络号,具体如下。

```
Loopback 0 主类网络号为:1.0.0.0
Loopback 1 主类网络号为:172.16.0.0
Loopback 2 主类网络号为:192.168.10.0
Loopback 3 主类网络号为:182.15.0.0
```

对比所有的端口 loopback 与端口 fa0/0,发现只有端口 loopback1 的主类网络号和端口 fa0/0 的主类网络号一样。另外,它们的子网掩码也是相同的,因此发送子网路由信息,其他的环回口都发送汇总信息。从端口 fa0/0 发出去的路由信息如下。

```
Loopback0:1.0.0.0
Loopback1:172.16.20.0
Loopback2:192.168.10.0
Loopback3:182.15.0.0
```

在 RIPv1 协议中,接收路由更新的规则如下。

（1）接收路由信息是否与入端口（图 6.2 所示的路由器 R2 的端口 fa0/0）属于同一主网段,若是同一主网段,则查看子网掩码是否相同。若相同,则接收;若不同,则将子网掩码改为入端口的子网掩码接收。

（2）若不是同一主网段,且路由表中有了该路由的子网路由,则不接收路由更新。对于自身路由表中没有该路由的子网路由,则更新路由。

如图 6.2 所示,报文中不携带任何掩码信息。路由器 R2 上的端口 fa0/0 接收到路由器 R1 发来的更新后,将路由器 R1 发来的路由信息的网络号与接收路由器 R2 的端口 fa0/0 的主类网络号进行对比。结果只有网络 172.16.20.0 与接收端口属于同一主网络,并且子网掩码相同,因此接收更新,其他均不属于同一主网段,且路由器 R2 中不含有这些网段的子网路由信息,因此全部更新。

为了验证分析结果,对图 6.2 所示网络做 RIPv1 配置,最终路由更新信息与分析结果一致,具体配置过程如下。

路由器 R1 的 RIP v1 配置如下。

```
R1(config)#router rip                         //启用动态路由协议 RIP
R1(config-router)#network 172.16.0.0          //指定参与 RIP 路由选择进程的端口
R1(config-router)#network 1.0.0.0             //指定参与 RIP 路由选择进程的端口
R1(config-router)#network 192.168.10.0        //指定参与 RIP 路由选择进程的端口
R1(config-router)#network 182.15.0.0          //指定参与 RIP 路由选择进程的端口
R1(config-router)#end                         //退出
```

路由器 R2 的 RIPv1 配置如下。

```
R2(config)#router rip                         //启用动态路由协议 RIP
R2(config-router)#network 172.16.0.0          //指定参与 RIP 路由选择进程的端口
```

R2(config-router)#end   //退出

路由器 R1 的路由表如下。

```
R1#show ip route
Codes: C - connected, S - static, I - IGRP, R - RIP, M - mobile, B - BGP
       D - EIGRP, EX - EIGRP external, O - OSPF, IA - OSPF inter area
       N1 - OSPF NSSA external type 1, N2 - OSPF NSSA external type 2
       E1 - OSPF external type 1, E2 - OSPF external type 2, E - EGP
       i - IS-IS, L1 - IS-IS level-1, L2 - IS-IS level-2, ia - IS-IS inter area
       * - candidate default, U - per-user static route, o - ODR
       P - periodic downloaded static route
Gateway of last resort is not set
     1.0.0.0/24 is subnetted, 1 subnets
C       1.1.1.0 is directly connected, Loopback0
     172.16.0.0/24 is subnetted, 2 subnets
C       172.16.10.0 is directly connected, FastEthernet0/0
C       172.16.20.0 is directly connected, Loopback1
     182.15.0.0/24 is subnetted, 1 subnets
C       182.15.30.0 is directly connected, Loopback3
C    192.168.10.0/24 is directly connected, Loopback2
R1#
```

路由器 R2 的路由表如下。

```
R2#show ip route
Codes: C - connected, S - static, I - IGRP, R - RIP, M - mobile, B - BGP
       D - EIGRP, EX - EIGRP external, O - OSPF, IA - OSPF inter area
       N1 - OSPF NSSA external type 1, N2 - OSPF NSSA external type 2
       E1 - OSPF external type 1, E2 - OSPF external type 2, E - EGP
       i - IS-IS, L1 - IS-IS level-1, L2 - IS-IS level-2, ia - IS-IS inter area
       * - candidate default, U - per-user static route, o - ODR
       P - periodic downloaded static route
Gateway of last resort is not set
R    1.0.0.0/8 [120/1] via 172.16.10.1, 00:00:12, FastEthernet0/0
     172.16.0.0/24 is subnetted, 2 subnets
C       172.16.10.0 is directly connected, FastEthernet0/0
R       172.16.20.0 [120/1] via 172.16.10.1, 00:00:12, FastEthernet0/0
R    182.15.0.0/16 [120/1] via 172.16.10.1, 00:00:12, FastEthernet0/0
R    192.168.10.0/24 [120/1] via 172.16.10.1, 00:00:12, FastEthernet0/0
```

为了进一步验证 RIPv1 发送路由更新和接收路由更新的规则,对图 6.3 所示网络进行
分析。

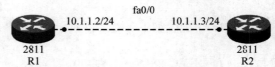

图 6.3   RIPv1 发送路由更新及接收路由更新网络拓扑图

如图 6.3 所示,首先将路由器 R1 上将要发送网段信息的 IP 地址都转成主类网络号,具体如下。

Loopback 0 主类网络号为:10.0.0.0
Loopback 1 主类网络号为:10.0.0.0
Loopback 2 主类网络号为:172.16.0.0
Loopback 3 主类网络号为:192.168.1.0

对比所有的端口 loopback 与端口 fa0/0,发现端口 loopback0 以及端口 loopback1 的主类网络号和 fa0/0 的主类网络号一样,其中 loopback0 的子网掩码与端口 fa0/0 相同,因此发送 loopback0 子网路由信息,而 loopback1 子网掩码与端口 fa0/0 不相同,因此丢弃不转发路由信息,其他的环回口都发送汇总信息。从端口 fa0/0 发出去的路由信息如下。

Loopback1:10.10.1.0
Loopback2:172.16.0.0
Loopback3:192.168.1.0

接下来分析接收路由更新过程。如图 6.3 所示,路由器 R2 上的端口 fa0/0 接收到路由器 R1 发来的更新后,将接收到的路由信息与接收路由器 R2 的端口 fa0/0 的主类网络号做对比。结果只有网络 10.10.1.0 与接收端口属于同一主网络,并且子网掩码相同,因此接收更新,其他均不属于同一主网段,且不存在这些路由的子网路由,因此其他汇总路由信息全部更新。最终更新的结果为:路由器 R2 中添加以下 3 个网段的路由信息,分别为 10.10.1.0、172.16.0.0 以及 192.168.1.0。路由器 R2 的路由表更新号的情况如图 6.4 所示。

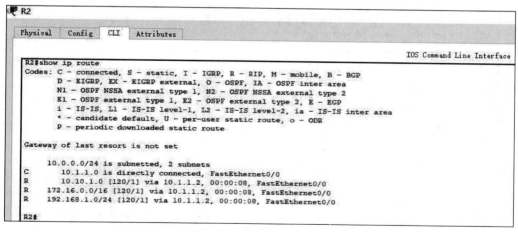

图 6.4　路由器 R2 的路由表更新后的情况

3. RIPv1 的局限性

1) 不支持不连续子网

所谓不连续子网,是指一个网络中,某几个连续由同一主网划分的子网在中间被多个其他网段的子网或网络隔开了。不连续子网的网络拓扑图如图 6.5 所示。路由器 R1 环回端口 loopback0 的主类网络号为 192.168.1.0,子网号为 192.168.1.0/25,路由器 R3 环回端口 loopback0 的主类网络号为 192.168.1.0,子网号为 192.168.1.128/25,它们之间连接了两个主类网络,分别为12.0.0.0以及23.0.0.0。

loopback0
192.168.1.1/25
12.1.1.1/24
12.1.1.2/24
23.1.1.1/24
23.1.1.2/24
loopback0
192.168.1.129/25
2811
R1
S0/0/0
2811
R2
S0/0/1
2811
R3

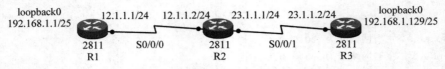

图 6.5　不连续子网的网络拓扑图

根据路由器RIPv1发送路由更新和接收路由更新规则,路由器R1环回端口loopback0的主类网络号192.168.1.0/24与路由器R1发送路由信息端口S0/0/0不属于同一主类网络号,因此发送汇总路由192.168.1.0,根据路由器接收路由信息规则,路由器R2将接收该汇总路由,路由器R2将自己的直连网络12.1.1.0/24汇总成主类网络12.0.0.0向路由器R3发送,同样也将23.1.1.0/24汇总成主类网络23.0.0.0发给路由器R1。另外,路由器R2将路由器R1发送的汇总路由192.168.1.0向路由器R3发送时,由于路由器R3已有主类网络192.168.1.0的子网路由信息,因此路由器R2将192.168.1.0发给路由器R3时不会更新。同样,路由器R3环回端口将汇总从路由器R3端口S0/0/1发送出去后,路由器R2由于有了192.168.1.0的路由,因此作为负载均衡添加更新。3台路由器的路由表如图6.6~图6.8所示。

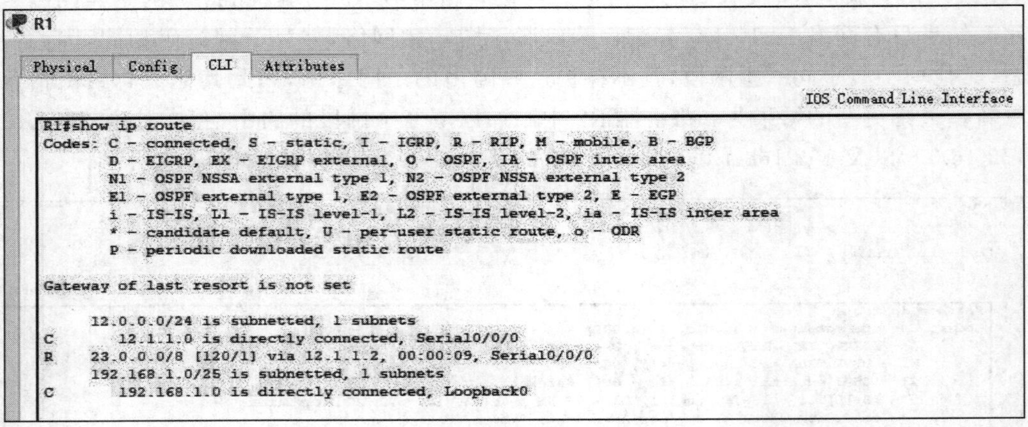

R1
Physical
Config
CLI
Attributes
IOS Command Line Interface

```
R1#show ip route
Codes: C - connected, S - static, I - IGRP, R - RIP, M - mobile, B - BGP
       D - EIGRP, EX - EIGRP external, O - OSPF, IA - OSPF inter area
       N1 - OSPF NSSA external type 1, N2 - OSPF NSSA external type 2
       E1 - OSPF external type 1, E2 - OSPF external type 2, E - EGP
       i - IS-IS, L1 - IS-IS level-1, L2 - IS-IS level-2, ia - IS-IS inter area
       * - candidate default, U - per-user static route, o - ODR
       P - periodic downloaded static route

Gateway of last resort is not set

     12.0.0.0/24 is subnetted, 1 subnets
C       12.1.1.0 is directly connected, Serial0/0/0
R    23.0.0.0/8 [120/1] via 12.1.1.2, 00:00:09, Serial0/0/0
     192.168.1.0/25 is subnetted, 1 subnets
C       192.168.1.0 is directly connected, Loopback0
```

图 6.6　路由器R1的路由表

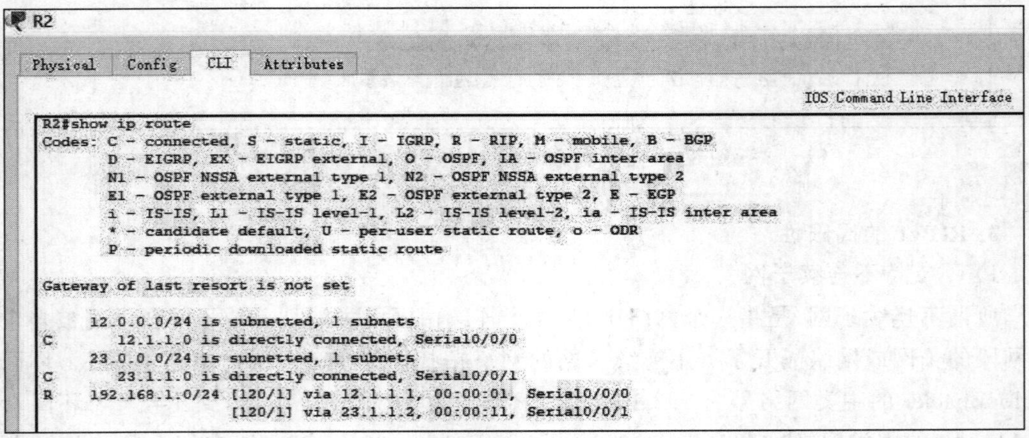

R2
Physical
Config
CLI
Attributes
IOS Command Line Interface

```
R2#show ip route
Codes: C - connected, S - static, I - IGRP, R - RIP, M - mobile, B - BGP
       D - EIGRP, EX - EIGRP external, O - OSPF, IA - OSPF inter area
       N1 - OSPF NSSA external type 1, N2 - OSPF NSSA external type 2
       E1 - OSPF external type 1, E2 - OSPF external type 2, E - EGP
       i - IS-IS, L1 - IS-IS level-1, L2 - IS-IS level-2, ia - IS-IS inter area
       * - candidate default, U - per-user static route, o - ODR
       P - periodic downloaded static route

Gateway of last resort is not set

     12.0.0.0/24 is subnetted, 1 subnets
C       12.1.1.0 is directly connected, Serial0/0/0
     23.0.0.0/24 is subnetted, 1 subnets
C       23.1.1.0 is directly connected, Serial0/0/1
R    192.168.1.0/24 [120/1] via 12.1.1.1, 00:00:01, Serial0/0/0
                    [120/1] via 23.1.1.2, 00:00:11, Serial0/0/1
```

图 6.7　路由器R2的路由表

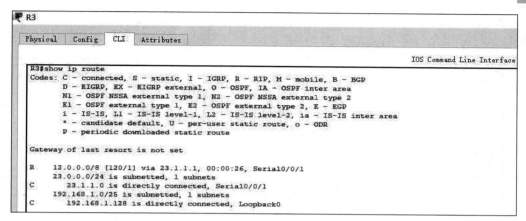

图 6.8　路由器 R3 的路由表

从 3 台路由器的路由表可以看出，整个网络不能互联互通。因此路由器 RIPv1 不支持不连续子网网络互联互通。

2）不支持 VLSM

可变长子网掩码（Variable Length Subnet Mask，VLSM）的含义是在一个网络的同一个主要类别中使用一个以上的子网掩码，它能够更有效地分配 IP 地址空间。设计可变长子网 VLSM 的网络拓扑图，如图 6.9 所示。注意，VLSM 是在同一网络下的子网划分，是在一个划分子网的网络中同时使用几个不同的子网掩码，路由器 R1 环回端口 loopback0 的主类网络号为 192.168.1.0，子网号为 192.168.1.0/26，路由器 R2 环回端口 loopback0 的主类网络号为 192.168.1.0，子网号为 192.168.1.128/26，它们之间连接的主类网络为 192.168.1.64/30。

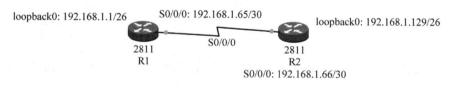

图 6.9　可变长子网 VLSM 的网络拓扑图

根据路由器 RIPv1 发送路由更新和接收路由更新规则，路由器 R1 环回端口 loopback0 的主类网络号为 192.168.1.0，由于出端口 S0/0/0 的主类网络号也是 192.168.1.0，但它们的子网掩码不相同，因此不更新，同样路由器 R2 也不更新，路由器的路由表只有直连路由信息，网络无法联通。路由器 R1 和路由器 R2 的路由表如图 6.10 和图 6.11 所示。

路由器 RIPv1 是一个有类路由协议，而且支持带子网的网络地址，但必须是连续的，并且子网掩码长度必须相同，中间也不被其他主类网络分隔。

6.1.3　RIP 计时器

1. RIP 使用 4 种计时器管理性能

1）路由更新计时器（update timer）

RIP 启动之后，每 30 秒向启用了 RIP 的端口发送自己的除了被水平分割（split horizon）抑制的路由选择表的完整副本给所有相邻路由器的时间间隔。

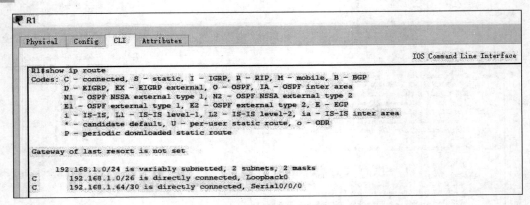

图 6.10　路由器 R1 的路由表

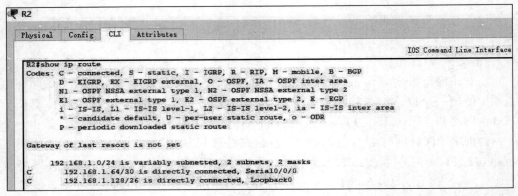

图 6.11　路由器 R2 的路由表

2) 路由失效计时器

路由失效计时器(invalid timer)用于路由器在最终认定一个路由为无效路由之前需要等待的时长(通常为 180 秒)。如果在这个认定等待时间内,路由器没有得到任何关于特定路由的更新消息,则将该路由的度量设置为 16,路由表项将被记为"X.X.X.X is possibly down",路由器将认定这个路由失效。在清除计时器超时以前,该路由仍将保留在路由表中,RIP 路由仍然转发数据包,出现这一情况时,路由器会给所有相邻设备发送关于此路由已经无效的更新。

3) 抑制计时器

抑制计时器(holddown timer)用于稳定路由信息,并有助于在拓扑结构根据新信息收敛的过程中防止路由环路。当路由器接收到某个路由不可达的更新分组时,它处于抑制状态,且时间必须足够长,以便拓扑结构中所有路由器能在此期间获得该不可达网络信息。这一保持状态将抑制持续到路由器接收到具有更好度量的更新分组,或初始路由恢复正常,或保持抑制计时器期,直到计数满为止。默认情况下,该计时器的取值为 180 秒。

4) 路由刷新计时器

路由刷新计时器(flush timer)用于设置将某个路由认定为无效路由起,只将它从路由选择表中删除的时间间隔(通常为 240 秒),这个时间间隔比无效计时器长 60 秒,当路由刷新计时器超时后,该路由将从路由表中删除。在将此路由从路由表中删除之前,路由器会将此路由即将消亡的消息通告给相邻设备。路由失效定时器的取值一定要小于路由刷新计时器的值。这就为路由器在更新本地路由选择表时先将这一无效路由通告给相邻设备保留了足够的时间。

4 种计时器的时间关系如图 6.12 所示。

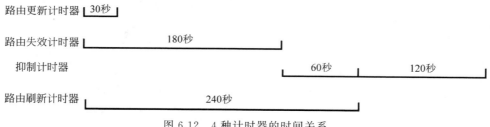

图 6.12　4 种计时器的时间关系

2. 4 种定时器的具体工作过程

(1)一台路由器从接收到邻居发来的路由更新包开始,计时器会重置为 0 秒,并重新计时。路由器 RIP 总是每隔 30 秒通告 UDP520 端口,以 RIP 广播应答方式向邻居路由器发送一个路由更新包。

(2)如果路由器 30 秒还没有收到邻居发来的相关路由更新包,则更新计时器超时。如果再过 150 秒,即 180 秒还没有收到路由更新包,达到失效计时器时间,路由器将认定这个路由失效。然后路由器将邻居路由器的相应路由条目标记为"possibly down"。

(3)失效计时器到时,立刻进入 180 秒的抑制计时器。

(4)抑制计时器用于阻止定期更新的消息在不恰当的时间内重置一个已经坏掉的路由。抑制计时器告诉路由器把可能影响路由的任何改变暂时保持一段时间,抑制时间通常比更新信息发送到整个网络的时间要长。当路由器从接收到以前能够访问的网络现在不能访问的更新后,就将该路由标记为不可访问,并启动一个抑制计时器,如果在抑制期间从任何相邻路由器接收到含有更小度量的有关网络的更新,则恢复该网络并删除抑制计时器。如果在抑制期间从相邻路由器收到的更新包含的度量与之前相同或更大,则该更新将被忽略,这样可以有更多的时间让更新信息传遍整个网络。

(5)失效计时器到时,再过 60 秒,达到 240 秒的刷新计时器,若还没有收到路由更新包。路由器就刷新路由表,把不可达的路由条目删掉。

(6)当路由器处于抑制周期内,它依旧用于向前转发数据。

3. RIP 计时器工作过程仿真实现

在 GNS3 中仿真实现 RIP 计时器的工作过程。RIP 计时器工作过程网络拓扑结构图如图 6.13 所示,该拓扑图由 4 台路由器 R1、R2、R3、R4 组成,其中路由器 R1、路由器 R2 之间通过快速以太网端口 f0/0 连接。路由器 R3 通过端口 f0/0 与路由器 R1 的端口 f0/1 连接,路由器 R4 通过端口 f0/0 与路由器 R2 的端口 f0/1 连接。

4 台路由器的 IP 地址配置见表 6.3。

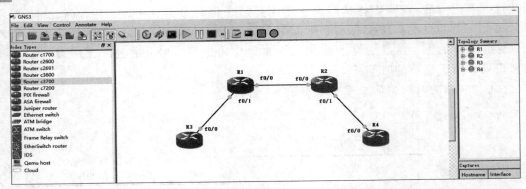

图 6.13　GNS3 中仿真实现 RIP 计时器工作网络拓扑结构图

表 6.3　IP 地址配置

设　　备	端　　口	IP 地 址	子 网 掩 码	默 认 网 关
R1	f0/0	192.168.2.1	255.255.255.0	
	f0/1	192.168.1.1	255.255.255.0	
R2	f0/0	192.168.2.2	255.255.255.0	
	f0/1	192.168.3.1	255.255.255.0	
R3	f0/0	192.168.1.100	255.255.255.0	192.168.1.1
R4	f0/0	192.168.3.100	255.255.255.0	192.168.3.1

(1) 路由器 R1 的基本配置如下。

```
R1>en                                              //进入特权模式
R1#config t                                        //进入全局配置模式
R1(config)#interface fastEthernet 0/0              //进入快速以太网端口 f0/0
R1(config-if)#ip address 192.168.2.1 255.255.255.0 //配置 IP 地址
R1(config-if)#no shu                               //激活
R1(config-if)#exit                                 //退出
R1(config)#interface fastEthernet 0/1              //进入快速以太网端口 f0/1
R1(config-if)#ip address 192.168.1.1 255.255.255.0 //配置 IP 地址
R1(config-if)#no shu                               //激活
```

(2) 路由器 R2 的基本配置如下。

```
R2>en                                              //进入特权模式
R2#config t                                        //进入全局配置模式
R2(config)#interface fastEthernet 0/0              //进入快速以太网端口 f0/0
R2(config-if)#ip address 192.168.2.2 255.255.255.0 //配置 IP 地址
R2(config-if)#no shu                               //激活
R2(config-if)#exit                                 //退出
R2(config)#interface fastEthernet 0/1              //进入快速以太网端口 f0/1
R2(config-if)#ip address 192.168.3.1 255.255.255.0 //配置 IP 地址
```

```
R2(config-if)#no shu                                    //激活
```

（3）路由器 R3 的基本配置如下。

```
R3>en                                                   //进入特权模式
R3#config t                                             //进入全局配置模式
R3(config)#interface fastEthernet 0/0                   //进入快速以太网端口 f0/0
R3(config-if)#ip address 192.168.1.100 255.255.255.0    //配置 IP 地址
R3(config-if)#no shu                                    //激活
R3(config-if)#exit                                      //退出
R3(config)#ip route 0.0.0.0 0.0.0.0 192.168.1.1         //配置默认路由
R3(config)#
```

（4）路由器 R4 的基本配置如下。

```
R4>en                                                   //进入特权模式
R4#config t                                             //进入全局配置模式
R4(config)#interface fastEthernet 0/0                   //进入快速以太网端口 f0/0
R4(config-if)#ip address 192.168.3.100 255.255.255.0    //配置 IP 地址
R4(config-if)#no shu                                    //激活
R4(config-if)#exit                                      //退出
R4(config)#ip route 0.0.0.0 0.0.0.0 192.168.3.1         //配置默认路由
```

（5）路由器 R1 和路由器 R2 配置动态路由协议 RIPv1。

```
R1#config t                                             //进入特权模式
R1(config)#router rip                                   //启用动态路由协议 RIP
R1(config-router)#network 192.168.1.0
                //宣告 RIP 要通告的网络,在该网络端口上启用 RIP 进程
R1(config-router)#network 192.168.2.0
                //宣告 RIP 要通告的网络,在该网络端口上启用 RIP 进程
R2#config t                                             //进入全局配置模式
R2(config)#router rip                                   //启用动态路由协议 RIP
R2(config-router)#network 192.168.2.0
                //宣告 RIP 要通告的网络,在该网络端口上启用 RIP 进程
R2(config-router)#network 192.168.3.0
                //宣告 RIP 要通告的网络,在该网络端口上启用 RIP 进程
```

（6）路由器 R3 ping 路由器 R4 进行网络连通性测试,结果网络是连通的,如图 6.14 所示。

```
R3#ping 192.168.3.100

Type escape sequence to abort.
Sending 5, 100-byte ICMP Echos to 192.168.3.100, timeout is 2 seconds:
!!!!!
Success rate is 100 percent (5/5), round-trip min/avg/max = 92/139/168 ms
R3#
```

图 6.14　网络连通性测试

(7) 在路由器 R1 上,通过执行 show ip route rip 命令查看路由更新计时器变化情况,如图 6.15 所示。可以发现,正常情况下路由器更新计时器每 30 秒更新一次。

```
R1#show ip route rip
R     192.168.3.0/24 [120/1] via 192.168.2.2, 00:00:23, FastEthernet0/0
R1#
```

图 6.15　路由器更新计时器

(8) 将路由器 R2 的端口 f0/0 设置为被动端口,该端口只接收路由更新信息,不主动发送路由更新信息,导致路由器 R1 接收不到路由器 R2 的 192.168.3.0 网段的路由信息。

```
R2(config)#router rip                                          //启动动态路由协议 RIP
R2(config-router)#passive-interface fastEthernet 0/0
                                           //将快速以太网端口 fa0/0 设置为被动端口模式
```

图 6.16 所示,由于在一个 30 秒的路由更新计时器周期内,路由器 R1 没有收到网段 192.168.3.0 的路由信息,触发路由失效计时器。

```
R1#
R1#show ip route rip
R     192.168.3.0/24 [120/1] via 192.168.2.2, 00:01:12, FastEthernet0/0
R1#
R1#
```

图 6.16　触发路由失效计时器

再过 150 秒,达到 180 秒还没有收到路由更新包,达到失效计时器时间,路由器将认定这个路由失效。然后路由器将邻居路由器的相应路由条目标记为“possibly down”,如图 6.17 所示。

```
R1#show ip route rip
R     192.168.3.0/24 is possibly down, routing via 192.168.2.2, FastEthernet0/0
R1#
R1#
```

图 6.17　路由失效计时器超时,路由表项被标记为“possibly down”

失效计时器到时,再过 60 秒,达到 240 秒的刷新计时器,若还没有收到路由更新包。路由器就刷新路由表,把不可达的路由条目删掉,如图 6.18 所示。

```
R1#show ip route rip
R1#
```

图 6.18　刷新计时器超时,该路由从路由表中删除

关于抑制计时器,其目的是用来防止环路出现的,在该例中失效计时器超时时,路由器 R1 将网络 192.168.3.0 设置为 possibly down。紧接着,如果路由器 R1 在另一个端口上收到网络 192.168.3.0 路由信息,抑制计时器就会被立即触发,如果再次收到从邻居发送来的更新信息中包含一个比原来路径具有更好度量值的路由,就标记为可以访问,并取消抑制计时器。如果在抑制计时器超时之前从不同邻居收到的更新信息包含的度量值比以前的更差,更新将被忽略,只有在抑制计时器超时后,才会选择一个最佳的到网络 192.168.3.0 的路

由信息放进路由表里。

因此,触发抑制计时器必须具备两个条件:①路由表里的路由条目显示为 192.168.3.0 is possibly down;②当 192.168.3.0 为 possibly down 时,从其他端口收到相同的路由信息。

6.1.4　RIP 避免路由环路技术

1. 路由环路

在维护路由表信息的时候,如果在拓扑发生改变后,网络收敛缓慢产生了不协调或者矛盾的路由选择条目,就会发生路由环路问题,在这种情况下,路由器对无法到达的网络路由不予理睬,导致用户数据包不停地在网络上循环发送,最终造成网络资源的严重浪费。

2. RIP 路由环路产生场景

如图 6.19 所示,当路由器 A 一侧的 X 网络发生故障,则路由器 A 收到故障信息,并把 X 网络设置为不可达,等待更新周期通知相邻的路由器 B。但是,相邻的路由器 B 的更新周期先来了,则路由器 A 将从路由器 B 那里学习到的 X 网络的路由就是错误的路由,因为此时的 X 网络已经损坏,而路由器 A 却在自己的路由表内增加了一条经过路由器 B 到达 X 网络的路由。然后,路由器 A 还会继续把该错误路由通告给路由器 B,由于路由器 B 原先到达 X 网络的下一跳是路由器 A,现在路由器 A 发同样目的地的路由给路由器 B,尽管代价高了,但这是最新的路由信息,因此路由器 B 更新路由表,认为到达 X 网络须经过路由器 A,路由器 A 认为到达 X 网络须经过路由器 B,而路由器 B 则认为到达 X 网络须经过路由器 A,至此路由环路形成。

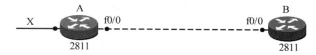

图 6.19　环路形成场景图

3. RIP 中对路由环路的解决方案

1) 设置最大跳数

路由环路问题导致无穷计数问题,若对此不进行干预,那么分组每通过一个路由器,其跳数就会增长。解决这个问题的一个方式是定义一个有限的跳数防止环路,RIP 最多 15 跳,16 跳为无穷大,即经过 16 跳才能到达的网络都被认为是不可达的,因此最大跳数可控制路由选择表的表项在达到一个数值后变为无效的或不可信的。

2) 水平分割

所谓水平分割,是指不把从一个来源处学到的路由再回送给这个来源,即禁止路由选择协议回传路由选择信息,如果路由器从一个端口已经收到路由更新信息,那么这个同样的更新信息一定不能再通过这个端口回送过去。在图 6.19 中,X 网络出现故障后,由于路由器 B 的 X 网段信息是从路由器 A 获得的,因此路由器 B 不会将 X 网段信息再通过路由器端口 f0/0 发回给路由器 A,这就是水平分割,通过水平分割可以避免路由环路发生。

3) 路由中毒

路由中毒也称路由毒化,它可以避免因更新不一致而导致的路由环路问题。设置最大跳数在一定程度上解决了环路问题,但并不彻底,在到达最大值之前,路由环路还是存在的。

路由中毒可以彻底解决这个问题。在图 6.19 中，X 网络出现故障无法访问时，路由器 A 立即向邻居路由发送相关路由更新信息，路由器 A 立即将 X 网络度量值标记为 16 或不可达（有时也被视为无穷大），以此启动路由中毒。路由器 A 将毒化信息告诉它的邻居路由器 B，路由器 B 收到毒化消息后将该链路路由表项标记为无穷大，表示该路径已经失效，并向别的路由器通告，以此毒化各个路由器，告诉邻居 X 网络已经失效，从而避免了路由环路。因此路由中毒就是当某个子网失效时，路由器会把这个子网的 Metric 值设置为 16，公告给其他路由器，表明该子网不可达。

4）毒性逆转

为了防止在同一端口上接收到包含相同中毒路由的更新所采用的中毒路由广播策略，当一条路径信息变为无效之后，路由器并不立即将它从路由表中删除。将其度量值设置为 16 将它广播出去，虽然增加了路由表的大小，但可以立即清除相邻路由器之间的任何环路。也就是说，毒性逆转就是路由器从某个接口收到一条某个子网的路由信息之后，会把这条路由信息的 Metric 值设置为 16，再从这个接口公告出去。在图 6.19 中，当路由器 B 看到到达网络 X 的度量值为无穷大的时候，就发送一个叫作毒化逆转的更新信息给路由器 A，说明 X 网络不可达到，这是超越水平分割的一个特例，保证所有的路由器都接收到了毒化的路由信息。

5）控制更新时间

控制更新时间即抑制计时器，用于阻止定期更新的消息在不恰当的时间内重置一个已经坏掉的路由。抑制计时器把可能影响路由的任何改变暂时保持一段时间。抑制时间通常比更新信息发送到整个网络的时间要长。当路由器从邻居接收到以前能够访问的网络现在不能访问的更新后，就将该路由标记为不可访问，并启动一个抑制计时器，如果再次收到从邻居发送来的更新信息中包含一个比原来路径具有更好度量值的路由，就标记为可以访问，并取消抑制计时器。如果在抑制计时器超时之前从不同邻居收到的更新信息包含的度量值比以前的更差，更新将被忽略，这样可以有充裕的时间让更新信息传遍整个网络。

6）触发更新

正常情况下，路由器会定期将路由表发送给邻居路由器，而触发更新就是立刻发送路由更新信息，以响应某些变化。检测到网络故障的路由器会立即发送一个更新信息给邻居路由器，并依次产生触发更新通知它们的邻居路由器，使整个网络上的路由器在最短的时间内收到更新信息，从而快速了解整个网络的变化。这样也有问题存在，有可能包含更新信息的数据包被某些网络中的链路丢失或损坏，其他路由器没能及时收到触发更新。抑制规则要求一旦路由无效，在抑制时间内，到达同一目的地有同样或更差度量值的路由将会被忽略，这样触发更新将有时间传遍整个网络，从而避免了已经损坏的路由重新插入已经收到触发更新的邻居中，也就解决了路由环路的问题。

6.1.5　RIPv2

1. RIPv2 发送路由更新和接收路由更新规则

RIPv2 发送路由更新的规则为：在开启自动汇总的情况下（默认），判断将要发送的网段信息与出端口是否为同一主网段。若是同一主网段，则带原有掩码发送；若不是同一主网段，则发送该路由的汇总路由。不开自动汇总的情况下，不管是不是同一主网，一律按照原有的掩码发送。

RIPv2 接收路由更新的规则为：不管开不开自动汇总，一律用发送来的掩码更新。

根据 RIPv2 发送路由更新和接收路由更新规则可知，RIPv2 能够有效解决 RIPv1 的两个局限性，分别为：不支持可变长子网 VLSM 以及不支持不连续子网的问题。

1）RIPv2 能够解决可变长子网 VLSM 的问题

VLSM 的含义是在一个网络的同一个主要类别中使用一个以上的子网掩码，它能够更有效地分配 IP 地址空间。根据 RIPv2 发送路由更新的规则：由于 VLSM 的网络都属于同一主网段，因此在开启自动汇总的情况下（默认），将要发送的网段信息与出端口为同一主网段，则带原有掩码发送。因此 RIPv2 能够解决可变长子网 VLSM 网络的互联互通问题。

设计可变长子网 VLSM 的网络拓扑图，如图 6.20 所示。这里要注意，VLSM 是在同一网络下的子网划分，是在一个划分子网的网络中同时使用几个不同的子网掩码，路由器 R1 环回口 loopback0 的主类网络号为 192.168.1.0，子网号为 192.168.1.0/26，路由器 R2 环回口 loopback0 的主类网络号为 192.168.1.0，子网号为 192.168.1.128/26，它们之间连接的主类网络为 192.168.1.64/30。

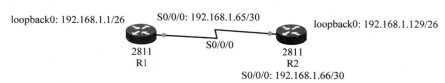

图 6.20　变长子网 VLSM 的网络拓扑图

配置过程如下。

对路由器 R1 进行基本配置。

```
Router>en                                          //进入特权模式
Router#config t                                    //进入全局配置模式
Router(config)#hostname R1                         //为路由器命名
R1(config)#interface loopback 0                     //进入环回口
R1(config-if)#ip address 192.168.1.1 255.255.255.224 //配置 IP 地址
R1(config-if)#exit                                  //退出
R1(config)#interface serial 0/0/0                   //进入串口 S0/0/0
R1(config-if)#ip address 192.168.1.65 255.255.255.252 //配置 IP 地址
R1(config-if)#no shu                                //激活
R1(config-if)#clock rate 64000                      //配置时钟频率
```

对路由器 R2 进行基本配置。

```
Router>en                                          //进入特权模式
Router#config t                                    //进入全局配置模式
Router(config)#hostname R2                         //路由器命名
R2(config)#interface loopback 0                     //进入环回口
R2(config-if)#ip address 192.168.1.129 255.255.255.224 //配置 IP 地址
R2(config-if)#exit                                  //退出
R2(config)#interface serial 0/0/0                   //进入串口 S0/0/0
R2(config-if)#ip address 192.168.1.66 255.255.255.252 //配置 IP 地址
```

```
R2(config-if)#no shu                                    //激活
```

对路由器 R1 设置动态路由器协议 RIPv2。

```
R1(config-if)#exit                                      //退出
R1(config)#router rip                                   //启用动态路由协议 RIP
R1(config-router)#version 2                             //启用版本 2
R1(config-router)#network 192.168.1.0                   //指定参与路由选择进程的端口
```

对路由器 R2 设置动态路由协议 RIPv2。

```
R2(config-if)#exit                                      //退出
R2(config)#router rip                                   //启用动态路由协议 RIP
R2(config-router)#version 2                             //启用版本 2
R2(config-router)#network 192.168.1.0                   //指定参与路由选择进程的端口
```

查看路由器 R1 的路由表。

```
R1(config-router)#end
R1#show ip route
Codes: C - connected, S - static, I - IGRP, R - RIP, M - mobile, B - BGP
       D - EIGRP, EX - EIGRP external, O - OSPF, IA - OSPF inter area
       N1 - OSPF NSSA external type 1, N2 - OSPF NSSA external type 2
       E1 - OSPF external type 1, E2 - OSPF external type 2, E - EGP
       i - IS-IS, L1 - IS-IS level-1, L2 - IS-IS level-2, ia - IS-IS inter area
       * - candidate default, U - per-user static route, o - ODR
       P - periodic downloaded static route
Gateway of last resort is not set
     192.168.1.0/24 is variably subnetted, 3 subnets, 2 masks
C       192.168.1.0/27 is directly connected, Loopback0
C       192.168.1.64/30 is directly connected, Serial0/0/0
R       192.168.1.128/27 [120/1] via 192.168.1.66, 00:00:06, Serial0/0/0
R1#
```

查看路由器 R2 的路由表。

```
R2(config-router)#end
R2#show ip route
Codes: C - connected, S - static, I - IGRP, R - RIP, M - mobile, B - BGP
       D - EIGRP, EX - EIGRP external, O - OSPF, IA - OSPF inter area
       N1 - OSPF NSSA external type 1, N2 - OSPF NSSA external type 2
       E1 - OSPF external type 1, E2 - OSPF external type 2, E - EGP
       i - IS-IS, L1 - IS-IS level-1, L2 - IS-IS level-2, ia - IS-IS inter area
       * - candidate default, U - per-user static route, o - ODR
       P - periodic downloaded static route
Gateway of last resort is not set
     192.168.1.0/24 is variably subnetted, 3 subnets, 2 masks
R       192.168.1.0/27 [120/1] via 192.168.1.65, 00:00:14, Serial0/0/0
C       192.168.1.64/30 is directly connected, Serial0/0/0
```

```
C        192.168.1.128/27 is directly connected, Loopback0
R2#
```

测试网络连通性,操作如下。

　　分析两台路由器的路由表,整个网络的路由是完整的,网络是联通的,通过路由器 R1 ping 测试路由器 R2 的环回口 loopback0,结果是联通的,如图 6.21 所示。

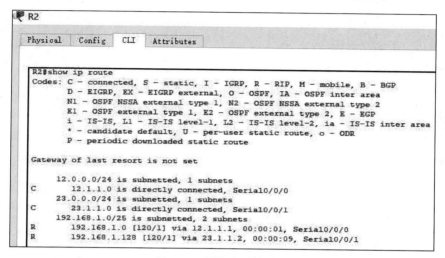

图 6.21　网络连通性测试

2)RIPv2 能够解决不连续子网问题

　　所谓不连续子网,是指一个网络中,某几个连续由同一主网划分的子网在中间被多个其他网段的子网或网络隔开了。不连续子网的网络拓扑图如图 6.22 所示。路由器 R1 环回口 loopback0 的主类网络号为 192.168.1.0,子网号为 192.168.1.0/25,路由器 R3 环回口 loopback0 的主类网络号为 192.168.1.0,子网号为 192.168.1.128/25,它们之间连接了两个主类网络,分别为 12.0.0.0 以及 23.0.0.0。

图 6.22　不连续子网的网络拓扑图

　　根据 RIPv2 发送路由更新的规则:在开启自动汇总的情况下(默认),将要发送的网段信息与出端口不是同一主网段,则发送该路由的汇总路由。不开自动汇总的情况下,不管是不是同一主网,一律按照原有的掩码发送。

　　因此在开启默认的自动汇总的情况下,路由器 R1 的环回口 loopback0 与出端口 S0/0/0 不是同一主网段,则发送汇总路由 192.168.1.0/24,同样,路由器 R3 的环回口 loopback0 与出端口 S0/0/0 不是同一主网段,发送汇总路由 192.168.1.0/24。出现同样的汇总路由 192.168.1.0/24,因此不能解决互联互通问题,但 RIPv2 的更新规则中在不开自动汇总的情况下,不管是不是同一主网,一律按照原有的掩码发送。因此关闭自动汇总功能能够有效解决不连续子网的互联互通问题。

在不关闭自动汇总情况下,配置过程如下。

首先对路由器 R1、路由器 R2 以及路由器 R3 进行基本配置。路由器 R1 配置如下。

```
Router(config)#hostname R1                              //路由器命名
R1(config)#interface loopback 0                         //进入环回口
R1(config-if)#ip address 192.168.1.1 255.255.255.128    //配置 IP 地址
R1(config-if)#exit                                      //退出
R1(config)#interface serial 0/0/0                       //进入 S0/0/0 端口
R1(config-if)#ip address 12.1.1.1 255.255.255.0         //配置 IP 地址
R1(config-if)#no shu                                    //激活
R1(config-if)#clock rate 64000                          //配置时钟频率
```

对路由器 R2 进行基本配置如下。

```
Router(config)#hostname R2                              //路由器命名
R2(config)#interface serial 0/0/0                       //进入 S0/0/0 端口
R2(config-if)#ip address 12.1.1.2 255.255.255.0         //配置 IP 地址
R2(config-if)#no shu                                    //激活
R2(config-if)#exit                                      //退出
R2(config)#interface serial 0/0/1                       //进入 S0/0/1 端口
R2(config-if)#ip address 23.1.1.1 255.255.255.0         //配置 IP 地址
R2(config-if)#clock rate 64000                          //配置时钟频率
```

对路由器 R3 进行基本配置如下。

```
Router(config)#hostname R3                              //路由器命名
R3(config)#interface serial 0/0/1                       //进入 S0/0/1 端口
R3(config-if)#ip address 23.1.1.2 255.255.255.0         //配置 IP 地址
R3(config-if)#no shutdown                               //激活
R3(config-if)#exit                                      //退出
R3(config)#interface loopback 0                         //进入环回口
R3(config-if)#ip address 192.168.1.129 255.255.255.128  //配置 IP 地址
```

接着对路由器 R1、路由器 R2 以及路由器 R3 启用动态路由 RIPv2,具体配置如下。
首先配置路由器 R1。

```
R1(config)#router rip                                   //启动路由协议 RIP
R1(config-router)#version 2                             //启用版本 2
R1(config-router)#network 192.168.1.0                   //指定参与路由选择进程的端口
R1(config-router)#network 12.0.0.0                      //指定参与路由选择进程的端口
```

配置路由器 R2。

```
R2(config)#router rip                                   //启动路由协议 RIP
R2(config-router)#version 2                             //启用版本 2
R2(config-router)#network 12.0.0.0                      //指定参与路由选择进程的端口
R2(config-router)#network 23.0.0.0                      //指定参与路由选择进程的端口
```

配置路由器 R3。

```
R3(config)#router rip                              //启动路由协议 RIP
R3(config-router)#version 2                        //启动版本 2
R3(config-router)#network 23.0.0.0                 //指定参与路由选择进程的端口
R3(config-router)#network 192.168.1.0              //指定参与路由选择进程的端口
```

最后查看 3 台路由器的路由表,结果如下。

路由器 R1 的路由表如图 6.23 所示。路由器 R2 的路由表如图 6.24 所示。路由器 R3 的路由表如图 6.25 所示。

```
Gateway of last resort is not set

     12.0.0.0/24 is subnetted, 1 subnets
C       12.1.1.0 is directly connected, Serial0/0/0
R    23.0.0.0/8 [120/1] via 12.1.1.2, 00:00:20, Serial0/0/0
     192.168.1.0/25 is subnetted, 1 subnets
C       192.168.1.0 is directly connected, Loopback0
```

图 6.23　路由器 R1 的路由表

```
     12.0.0.0/24 is subnetted, 1 subnets
C       12.1.1.0 is directly connected, Serial0/0/0
     23.0.0.0/24 is subnetted, 1 subnets
C       23.1.1.0 is directly connected, Serial0/0/1
R    192.168.1.0/24 [120/1] via 12.1.1.1, 00:00:06, Serial0/0/0
                    [120/1] via 23.1.1.2, 00:00:26, Serial0/0/1
```

图 6.24　路由器 R2 的路由表

```
R    12.0.0.0/8 [120/1] via 23.1.1.1, 00:00:16, Serial0/0/1
     23.0.0.0/24 is subnetted, 1 subnets
C       23.1.1.0 is directly connected, Serial0/0/1
     192.168.1.0/25 is subnetted, 1 subnets
C       192.168.1.128 is directly connected, Loopback0
```

图 6.25　路由器 R3 的路由表

从路由表可以看出,RIPv2 发送路由更新时在开启自动汇总的情况下,要发送的网段信息与出端口不是同一主网段,则发送该路由的汇总路由。动态路由协议 RIPv2 默认开启路由自动汇总功能,对于不连续子网组成的网络,并不能解决网络互联问题。而 RIPv2 路由协议发送路由更新规则中在不开自动汇总的情况下,不管是不是同一主网络,一律按照原有的掩码发送。因此通过关闭自动汇总功能,可以实现不连续子网的网络互联互通问题,具体配置如下。

```
R1(config)#router rip                     //启动路由协议 RIP
R1(config-router)#no auto-summary         //关闭路由器 R1 的 RIPv2 自动汇总功能
R2(config)#router rip                     //启动路由协议 rip
R2(config-router)#no auto-summary         //关闭路由器 R2 的 RIPv2 自动汇总功能
```

```
R3(config)#router rip                            //启动路由协议 RIP
R3(config-router)#no auto-summary                //关闭路由器 R3 的 RIPv2 自动汇总功能
```

　　按照 RIPv2 发送路由更新规则中不开自动汇总的情况下，不管是不是同一主网，一律按照原有的掩码发送，接收路由更新的规则为不管开不开自动汇总，一律用发送来的掩码更新。路由器 R1 可以得到 192.168.1.129/25 以及 23.1.1.0/24 的路由信息，路由器 R3 可以得到 192.168.1.0/25 以及 12.1.1.0/24 的路由信息，路由器 R2 可以得到 192.168.1.0/25 以及 192.168.1.128/25 的路由信息。路由器 R1、路由器 R2 以及路由器 R3 的路由表如图 6.26～图 6.28 所示。

```
R1
  Physical   Config   CLI   Attributes

  R1#show ip route
  Codes: C - connected, S - static, I - IGRP, R - RIP, M - mobile, B - BGP
         D - EIGRP, EX - EIGRP external, O - OSPF, IA - OSPF inter area
         N1 - OSPF NSSA external type 1, N2 - OSPF NSSA external type 2
         E1 - OSPF external type 1, E2 - OSPF external type 2, E - EGP
         i - IS-IS, L1 - IS-IS level-1, L2 - IS-IS level-2, ia - IS-IS inter area
         * - candidate default, U - per-user static route, o - ODR
         P - periodic downloaded static route

  Gateway of last resort is not set

       12.0.0.0/24 is subnetted, 1 subnets
  C       12.1.1.0 is directly connected, Serial0/0/0
       23.0.0.0/24 is subnetted, 1 subnets
  R       23.1.1.0 [120/1] via 12.1.1.2, 00:00:11, Serial0/0/0
       192.168.1.0/25 is subnetted, 2 subnets
  C       192.168.1.0 is directly connected, Loopback0
  R       192.168.1.128 [120/2] via 12.1.1.2, 00:00:11, Serial0/0/0
```

图 6.26　路由器 R1 的路由表

```
R2
  Physical   Config   CLI   Attributes

  R2#show ip route
  Codes: C - connected, S - static, I - IGRP, R - RIP, M - mobile, B - BGP
         D - EIGRP, EX - EIGRP external, O - OSPF, IA - OSPF inter area
         N1 - OSPF NSSA external type 1, N2 - OSPF NSSA external type 2
         E1 - OSPF external type 1, E2 - OSPF external type 2, E - EGP
         i - IS-IS, L1 - IS-IS level-1, L2 - IS-IS level-2, ia - IS-IS inter area
         * - candidate default, U - per-user static route, o - ODR
         P - periodic downloaded static route

  Gateway of last resort is not set

       12.0.0.0/24 is subnetted, 1 subnets
  C       12.1.1.0 is directly connected, Serial0/0/0
       23.0.0.0/24 is subnetted, 1 subnets
  C       23.1.1.0 is directly connected, Serial0/0/1
       192.168.1.0/25 is subnetted, 2 subnets
  R       192.168.1.0 [120/1] via 12.1.1.1, 00:00:01, Serial0/0/0
  R       192.168.1.128 [120/1] via 23.1.1.2, 00:00:09, Serial0/0/1
```

图 6.27　路由器 R2 的路由表

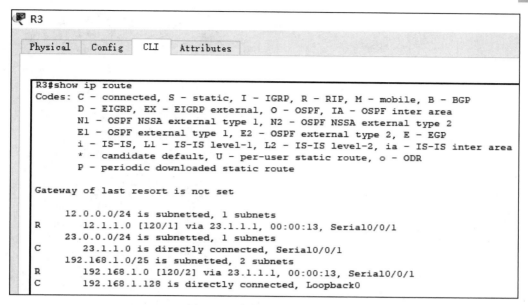

图 6.28　路由器 R3 的路由表

最终进行网络连通性测试,通过路由器 R1 ping 路由器 R3 环回口,测试结果如图 6.29 所示,结果表明网络是联通的。

```
R1#ping 192.168.1.129

Type escape sequence to abort.
Sending 5, 100-byte ICMP Echos to 192.168.1.129, timeout is 2 seconds:
!!!!!
Success rate is 100 percent (5/5), round-trip min/avg/max = 2/4/11 ms
```

图 6.29　网络连通性测试结果

注意图 6.30 所示网络,并不属于不连续子网的情况,只需要使用 RIPv1 即可实现互联互通。而网络 192.168.1.0 和网络 192.168.2.0 是两个不同的主类网络,并不属于同一个主类网络的情况。

lo0: 192.168.1.1/24　　　　　　　　　12.1.1.0/24　　　　　　　　　lo0: 192.168.2.1/24

2811　　　　　　　　　　　　　　　　　　　　　　　2811
R1　　　　　　　　　　　　　　　　　　　　　　　　R2

图 6.30　不属于不连续子网的情况

为了进一步探讨动态路由协议 RIPv2,设计网络拓扑如图 6.31 所示,根据 RIPv1 和 RIPv2 发送路由更新和接收路由更新规则可知,在图 6.31 的网络中,如果仅有路由器 R1 和路由器 R2 连接的网络,没有路由器 R3 的网络,只需要使用 RIPv1 即可实现网络互联互通。整个图 6.31 所示网络不能使用 RIPv1 实现互联互通,因为存在不连续的子网,因此使用 RIPv2 时需要关闭自动汇总。如果仅仅存在可变长子网掩码,只需要使用 RIPv2 而不需要关闭自动汇总,因为是同一主网段,则带原有掩码发送。

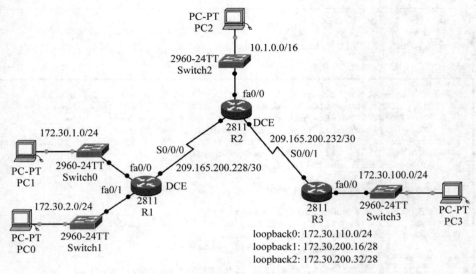

图 6.31　RIPv2 配置网络拓扑图

接下来探讨该网络拓扑下的动态路由协议 RIPv2 配置过程。RIPv2 网络拓扑图中的设备 IP 地址规划见表 6.4。

表 6.4　RIPv2 网络拓扑图中的设备 IP 地址规划

设　　备	端　　口	IP 地址	子网掩码	默 认 网 关
R1	fa0/0	172.30.1.1	255.255.255.0	
	fa0/1	172.30.2.1	255.255.255.0	
	S0/0/0	209.165.200.230	255.255.255.252	
R2	fa0/0	10.1.0.1	255.255.0.0	
	S0/0/0	209.165.200.229	255.255.255.252	
	S0/0/1	209.165.200.233	255.255.255.252	
R3	fa0/0	172.30.100.1	255.255.255.0	
	S0/0/1	209.165.200.234	255.255.255.252	
	loopback0	172.30.110.1	255.255.255.0	
	loopback1	172.30.200.17	255.255.255.240	
	loopback2	172.30.200.33	255.255.255.240	
PC0	网卡	172.30.2.10	255.255.255.0	172.30.2.1
PC1	网卡	172.30.1.10	255.255.255.0	172.30.1.1
PC2	网卡	10.1.1.10	255.255.0.0	10.1.0.1
PC3	网卡	172.30.100.10	255.255.255.0	172.30.100.1

拓扑图中所示的网络包含一个不连续网络 172.30.0.0。该网络已使用 VLSM 划分子

网。172.30.0.0 的子网在物理上和逻辑上被至少一个其他有类网络或主网隔开,在本例中,分隔它们的是两个串行网络 209.165.200.228/30 和 209.165.200.232/30。当采用的路由协议包含的信息不足以区分单个子网时,可能会出现问题。RIPv2 是一种无类路由协议,可以在路由更新中提供子网掩码信息。这样,VLSM 子网信息就能通过网络传播了。

　　路由器 R1 基本配置如下。

```
Router(config)#hostname R1                            //路由器命名
R1(config)#interface fastEthernet 0/0                 //进入路由器的端口 fa0/0
R1(config-if)#ip address 172.30.1.1 255.255.255.0     //配置 IP 地址
R1(config-if)#no shu                                   //激活
R1(config-if)#exit                                     //退出
R1(config)#interface fastEthernet 0/1                 //进入路由器的端口 fa0/1
R1(config-if)#ip address 172.30.2.1 255.255.255.0     //配置 IP 地址
R1(config-if)#no shu                                   //激活
R1(config-if)#exit                                     //退出
R1(config)#interface serial 0/0/0                     //进入路由器的端口 S0/0/0
R1(config-if)#ip address 209.165.200.230 255.255.255.252  //配置 IP 地址
R1(config-if)#no shu                                   //激活
R1(config-if)#clock rate 64000                         //为 DCE 端的端口配置时钟频率
```

　　路由器 R2 基本配置如下。

```
Router(config)#hostname R2                            //为路由器命名
R2(config)#interface fastEthernet 0/0                 //进入路由器的端口 fa0/0
R2(config-if)#ip address 10.1.0.1 255.255.0.0         //配置 IP 地址
R2(config-if)#no shu                                   //激活
R2(config-if)#exit                                     //退出
R2(config)#interface serial 0/0/0                     //进入路由器的端口 S0/0/0
R2(config-if)#ip address 209.165.200.229 255.255.255.252 //配置 IP 地址
R2(config-if)#no shu                                   //激活
R2(config-if)#exit                                     //退出
R2(config)#interface serial 0/0/1                     //进入路由器的端口 S0/0/0
R2(config-if)#ip address 209.165.200.233 255.255.255.252 //配置 IP 地址
R2(config-if)#no shu                                   //激活
R2(config-if)#clock rate 64000                         //为 DCE 端的端口配置时钟频率
```

　　路由器 R3 基本配置如下。

```
Router(config)#hostname R3                            //为路由器命名
R3(config)#interface fastEthernet 0/0                 //进入路由器的端口 fa0/0
R3(config-if)#ip address 172.30.100.1 255.255.255.0   //配置 IP 地址
R3(config-if)#no shu                                   //激活
R3(config-if)#exit                                     //退出
R3(config)#interface serial 0/0/1                     //进入路由器的端口 S0/0/1
R3(config-if)#ip address 209.165.200.234 255.255.255.252 //配置 IP 地址
R3(config-if)#no shu                                   //激活
R3(config-if)#exit                                     //退出
```

```
R3(config)#interface loopback 0                          //进入环回口 0
R3(config-if)#ip address 172.30.110.1 255.255.255.0      //配置 IP 地址
R3(config-if)#exit                                       //退出
R3(config)#interface loopback 1                          //进入环回口 1
R3(config-if)#ip address 172.30.200.17 255.255.255.240   //配置 IP 地址
R3(config-if)#exit                                       //退出
R3(config)#interface loopback 2                          //进入环回口 2
R3(config-if)#ip address 172.30.200.33 255.255.255.240   //配置 IP 地址
```

路由器 R1 启用动态路由协议 RIP。

```
R1(config)#router rip                                    //启用动态路由 RIP
R1(config-router)#network 172.30.0.0
                         //宣告 RIP 要通告的网络,在该网络端口上启用 RIP 进程
R1(config-router)#network 209.165.200.0
                         //宣告 RIP 要通告的网络,在该网络端口上启用 RIP 进程
```

路由器 R2 启用动态路由协议 RIP。

```
R2(config)#router rip                                    //启用动态路由协议 RIP
R2(config-router)#network 209.165.200.0
                         //宣告 RIP 要通告的网络,在该网络端口上启用 RIP 进程
R2(config-router)#network 10.0.0.0
                         //宣告 RIP 要通告的网络,在该网络端口上启用 RIP 进程
```

路由器 R3 启用动态路由协议 RIP。

```
R3(config)#router rip                                    //启用动态路由协议 RIP
R3(config-router)#network 209.165.200.0
                         //宣告 RIP 要通告的网络,在该网络端口上启用 RIP 进程
R3(config-router)#network 172.30.0.0
                         //宣告 RIP 要通告的网络,在该网络端口上启用 RIP 进程
```

路由器默认启用动态路由协议 RIPv1,通过命令查看路由器的路由表。

路由器 R1 的路由表显示结果如下。

```
R1#show ip route
Codes: C - connected, S - static, I - IGRP, R - RIP, M - mobile, B - BGP
       D - EIGRP, EX - EIGRP external, O - OSPF, IA - OSPF inter area
       N1 - OSPF NSSA external type 1, N2 - OSPF NSSA external type 2
       E1 - OSPF external type 1, E2 - OSPF external type 2, E - EGP
       i - IS-IS, L1 - IS-IS level-1, L2 - IS-IS level-2, ia - IS-IS inter area
       * - candidate default, U - per-user static route, o - ODR
       P - periodic downloaded static route
Gateway of last resort is not set
R    10.0.0.0/8 [120/1] via 209.165.200.229, 00:00:00, Serial0/0/0
     172.30.0.0/24 is subnetted, 2 subnets
C       172.30.1.0 is directly connected, FastEthernet0/0
C       172.30.2.0 is directly connected, FastEthernet0/1
```

```
     209.165.200.0/30 is subnetted, 2 subnets
C       209.165.200.228 is directly connected, Serial0/0/0
R       209.165.200.232 [120/1] via 209.165.200.229, 00:00:00, Serial0/0/0
R1#
```

通过路由表可以看出，路由信息不完整，网络不能实现互联互通。

路由器 R2 的路由表显示结果如下。

```
R2# show ip route
Codes: C - connected, S - static, I - IGRP, R - RIP, M - mobile, B - BGP
       D - EIGRP, EX - EIGRP external, O - OSPF, IA - OSPF inter area
       N1 - OSPF NSSA external type 1, N2 - OSPF NSSA external type 2
       E1 - OSPF external type 1, E2 - OSPF external type 2, E - EGP
       i - IS-IS, L1 - IS-IS level-1, L2 - IS-IS level-2, ia - IS-IS inter area
       * - candidate default, U - per-user static route, o - ODR
       P - periodic downloaded static route
Gateway of last resort is not set
     10.0.0.0/16 is subnetted, 1 subnets
C       10.1.0.0 is directly connected, FastEthernet0/0
R    172.30.0.0/16 [120/1] via 209.165.200.230, 00:00:12, Serial0/0/0
                    [120/1] via 209.165.200.234, 00:00:27, Serial0/0/1
     209.165.200.0/30 is subnetted, 2 subnets
C       209.165.200.228 is directly connected, Serial0/0/0
C       209.165.200.232 is directly connected, Serial0/0/1
```

查看路由器 R2 的路由表，结果显示路由信息不完整，网络不能实现互联互通。

路由器 R3 的路由表显示结果如下。

```
R3# show ip route
Codes: C - connected, S - static, I - IGRP, R - RIP, M - mobile, B - BGP
       D - EIGRP, EX - EIGRP external, O - OSPF, IA - OSPF inter area
       N1 - OSPF NSSA external type 1, N2 - OSPF NSSA external type 2
       E1 - OSPF external type 1, E2 - OSPF external type 2, E - EGP
       i - IS-IS, L1 - IS-IS level-1, L2 - IS-IS level-2, ia - IS-IS inter area
       * - candidate default, U - per-user static route, o - ODR
       P - periodic downloaded static route
Gateway of last resort is not set
R    10.0.0.0/8 [120/1] via 209.165.200.233, 00:00:20, Serial0/0/1
     172.30.0.0/16 is variably subnetted, 4 subnets, 2 masks
C       172.30.100.0/24 is directly connected, FastEthernet0/0
C       172.30.110.0/24 is directly connected, Loopback0
C       172.30.200.16/28 is directly connected, Loopback1
C       172.30.200.32/28 is directly connected, Loopback2
     209.165.200.0/30 is subnetted, 2 subnets
R       209.165.200.228 [120/1] via 209.165.200.233, 00:00:20, Serial0/0/1
C       209.165.200.232 is directly connected, Serial0/0/1
R3#
```

查看路由器 R3 的路由表,结果显示路由信息不完整,网络不能实现互联互通。

由于动态路由协议 RIPv2 能够支持不连续子网以及无类域间路由,因此启用路由器动态路由协议 RIP 的版本 2,并取消自动汇总功能,能实现该网络的互联互通,具体配置如下。

```
R1(config-router)#version 2              //启动路由器 R1 动态路由协议 RIP 版本 2
R1(config-router)#no auto-summary        //取消自动汇总功能
R2(config-router)#version 2              //启动路由器 R2 动态路由协议 RIP 版本 2
R2(config-router)#no auto-summary        //取消自动汇总功能
R3(config-router)#version 2              //启动路由器 R3 动态路由协议 RIP 版本 2
R3(config-router)#no auto-summary        //取消自动汇总功能
```

再次查看路由器 R1 的路由表如下。

```
R1#show ip route
Codes: C - connected, S - static, I - IGRP, R - RIP, M - mobile, B - BGP
       D - EIGRP, EX - EIGRP external, O - OSPF, IA - OSPF inter area
       N1 - OSPF NSSA external type 1, N2 - OSPF NSSA external type 2
       E1 - OSPF external type 1, E2 - OSPF external type 2, E - EGP
       i - IS-IS, L1 - IS-IS level-1, L2 - IS-IS level-2, ia - IS-IS inter area
       * - candidate default, U - per-user static route, o - ODR
       P - periodic downloaded static route
Gateway of last resort is not set
     10.0.0.0/8 is variably subnetted, 2 subnets, 2 masks
R       10.0.0.0/8 [120/1] via 209.165.200.229, 00:01:52, Serial0/0/0
R       10.1.0.0/16 [120/1] via 209.165.200.229, 00:00:00, Serial0/0/0
     172.30.0.0/16 is variably subnetted, 6 subnets, 2 masks
C       172.30.1.0/24 is directly connected, FastEthernet0/0
C       172.30.2.0/24 is directly connected, FastEthernet0/1
R       172.30.100.0/24 [120/2] via 209.165.200.229, 00:00:00, Serial0/0/0
R       172.30.110.0/24 [120/2] via 209.165.200.229, 00:00:00, Serial0/0/0
R       172.30.200.16/28 [120/2] via 209.165.200.229, 00:00:00, Serial0/0/0
R       172.30.200.32/28 [120/2] via 209.165.200.229, 00:00:00, Serial0/0/0
     209.165.200.0/30 is subnetted, 2 subnets
C       209.165.200.228 is directly connected, Serial0/0/0
R       209.165.200.232 [120/1] via 209.165.200.229, 00:00:00, Serial0/0/0
R1#
```

查看路由器 R2 的路由表如下。

```
R2#show ip route
Codes: C - connected, S - static, I - IGRP, R - RIP, M - mobile, B - BGP
       D - EIGRP, EX - EIGRP external, O - OSPF, IA - OSPF inter area
       N1 - OSPF NSSA external type 1, N2 - OSPF NSSA external type 2
       E1 - OSPF external type 1, E2 - OSPF external type 2, E - EGP
       i - IS-IS, L1 - IS-IS level-1, L2 - IS-IS level-2, ia - IS-IS inter area
       * - candidate default, U - per-user static route, o - ODR
```

```
          P - periodic downloaded static route
Gateway of last resort is not set
     10.0.0.0/16 is subnetted, 1 subnets
C        10.1.0.0 is directly connected, FastEthernet0/0
     172.30.0.0/16 is variably subnetted, 7 subnets, 3 masks
R        172.30.0.0/16 [120/1] via 209.165.200.234, 00:02:01, Serial0/0/1
                       [120/1] via 209.165.200.230, 00:02:02, Serial0/0/0
R        172.30.1.0/24 [120/1] via 209.165.200.230, 00:00:12, Serial0/0/0
R        172.30.2.0/24 [120/1] via 209.165.200.230, 00:00:12, Serial0/0/0
R        172.30.100.0/24 [120/1] via 209.165.200.234, 00:00:09, Serial0/0/1
R        172.30.110.0/24 [120/1] via 209.165.200.234, 00:00:09, Serial0/0/1
R        172.30.200.16/28 [120/1] via 209.165.200.234, 00:00:09, Serial0/0/1
R        172.30.200.32/28 [120/1] via 209.165.200.234, 00:00:09, Serial0/0/1
     209.165.200.0/30 is subnetted, 2 subnets
C        209.165.200.228 is directly connected, Serial0/0/0
C        209.165.200.232 is directly connected, Serial0/0/1
R2#
```

查看路由器 R3 的路由表如下。

```
R3# show ip route
Codes: C - connected, S - static, I - IGRP, R - RIP, M - mobile, B - BGP
       D - EIGRP, EX - EIGRP external, O - OSPF, IA - OSPF inter area
       N1 - OSPF NSSA external type 1, N2 - OSPF NSSA external type 2
       E1 - OSPF external type 1, E2 - OSPF external type 2, E - EGP
       i - IS-IS, L1 - IS-IS level-1, L2 - IS-IS level-2, ia - IS-IS inter area
       * - candidate default, U - per-user static route, o - ODR
       P - periodic downloaded static route
Gateway of last resort is not set
     10.0.0.0/8 is variably subnetted, 2 subnets, 2 masks
R        10.0.0.0/8 [120/1] via 209.165.200.233, 00:02:31, Serial0/0/1
R        10.1.0.0/16 [120/1] via 209.165.200.233, 00:00:13, Serial0/0/1
     172.30.0.0/16 is variably subnetted, 6 subnets, 2 masks
R        172.30.1.0/24 [120/2] via 209.165.200.233, 00:00:13, Serial0/0/1
R        172.30.2.0/24 [120/2] via 209.165.200.233, 00:00:13, Serial0/0/1
C        172.30.100.0/24 is directly connected, FastEthernet0/0
C        172.30.110.0/24 is directly connected, Loopback0
C        172.30.200.16/28 is directly connected, Loopback1
C        172.30.200.32/28 is directly connected, Loopback2
     209.165.200.0/30 is subnetted, 2 subnets
R        209.165.200.228 [120/1] via 209.165.200.233, 00:00:13, Serial0/0/1
C        209.165.200.232 is directly connected, Serial0/0/1
R3#
```

结果显示,3 台路由器的路由表是全的,基本能够判定整个网络是互联互通的。

2. RIPv2 手动汇总配置

默认情况下,RIPv1 和 RIPv2 路由协议都会在主类网络的边界汇总,在实际网络互联系统中可以通过关闭 RIPv2 自动汇总功能,以便 RIPv2 在更新路由信息时包含子网掩码信息,以支持不连续子网等网络互联问题。RIPv2 还支持手动汇总功能,以减轻路由表的大小。下面以一个实例说明 RIPv2 的这一功能,这里需要注意:由于 Packet tracer 仿真软件不支持手动汇总命令,因此该实验可以在 GNS3 或者 EVE-NG 仿真环境下完成。下面以 GNS3 环境下完成该实验的网络拓扑,拓扑图如图 6.32 所示。

lo0: 192.168.1.1/28
lo1: 192.168.1.17/28
lo2: 192.168.1.33/28
lo3: 192.168.1.49/28

R1　12.1.1.1/24　　　　　R2　23.1.1.1/24　　　　R3　lo: 192.168.1.129/25

S1/0　S1/0　S1/1　　S1/0
12.1.1.2/24　　23.1.1.2/24

图 6.32　实现手动汇总网络拓扑图

配置过程如下。

首先进行路由器基本配置,配置 3 台路由器端口的网络地址参数。

路由器 R1 的配置如下。

```
Router(config)#hostname R1                                    //为路由器命名
R1(config)#interface loopback 0                              //进入路由器环回口 0
R1(config-if)#ip address 192.168.1.1 255.255.255.240         //配置 IP 地址
R1(config-if)#exit                                           //退出
R1(config)#interface loopback 1                              //进入路由器环回口 1
R1(config-if)#ip address 192.168.1.17 255.255.255.240        //配置 IP 地址
R1(config-if)#exit                                           //退出
R1(config)#interface loopback 2                              //进入路由器环回口 2
R1(config-if)#ip address 192.168.1.33 255.255.255.240        //配置 IP 地址
R1(config-if)#exit                                           //退出
R1(config)#interface loopback 3                              //进入路由器环回口 3
R1(config-if)#ip address 192.168.1.49 255.255.255.240        //配置 IP 地址
R1(config-if)#exit                                           //退出
R1(config)#interface serial 1/0                              //进入路由器的端口 S1/0
R1(config-if)#ip address 12.1.1.1 255.255.255.0              //配置 IP 地址
R1(config-if)#no shu                                         //激活
R1(config-if)#clock rate 64000                               //配置端口时钟频率
```

路由器 R2 的配置如下。

```
Router(config)#hostname R2                                    //为路由器命名
R2(config)#interface serial 1/0                              //进入路由器的端口 S1/0
R2(config-if)#ip address 12.1.1.2 255.255.255.0              //配置 IP 地址
R2(config-if)#no shu                                         //激活
R2(config-if)#exit                                           //退出
R2(config)#interface serial 1/1                              //进入路由器的端口 S1/1
R2(config-if)#ip address 23.1.1.1 255.255.255.0              //配置 IP 地址
R2(config-if)#clock rate 64000                               //配置时钟频率
R2(config-if)#no shu                                         //激活
```

路由器 R3 的配置如下。

```
Router(config)#hostname R3                              //为路由器命名
R3(config)#interface serial 1/0                         //进入路由器的端口 S1/0
R3(config-if)#ip address 23.1.1.2 255.255.255.0         //配置 IP 地址
R3(config-if)#no shu                                    //激活
R3(config-if)#exit                                      //退出
R3(config)#interface loopback 0                         //进入路由器环回口 0
R3(config-if)#ip address 192.168.1.129 255.255.255.128  //配置 IP 地址
R3(config-if)#exit                                      //退出
```

接下来配置 3 台路由器动态路由协议 RIPv2,并通过 network 命令宣告 RIP 要通告的网络,以及通告网络的端口。为了支持不连续子网网络互联问题,需要关闭 3 台路由器的自动汇总功能。

路由器 R1 的配置如下。

```
R1(config)#router rip                 //启动动态路由协议 RIP
R1(config-router)#version 2           //启动版本 2
R1(config-router)#no auto-summary     //取消自动汇总
R1(config-router)#network 192.168.1.0 //指定参与 RIP 路由选择进程的端口
R1(config-router)#network 12.0.0.0    //指定参与 RIP 路由选择进程的端口
```

路由器 R2 的配置如下。

```
R2(config)#router rip                 //启动动态路由协议 RIP
R2(config-router)#version 2           //启动版本 2
R2(config-router)#no auto-summary     //取消自动汇总
R2(config-router)#network 12.0.0.0    //指定参与 RIP 路由选择进程的端口
R2(config-router)#network 23.0.0.0    //指定参与 RIP 路由选择进程的端口
```

路由器 R3 的配置如下。

```
R3(config)#router rip                 //启动动态路由协议 RIP
R3(config-router)#version 2           //启动版本 2
R3(config-router)#no auto-summary     //取消自动汇总
R3(config-router)#network 23.0.0.0    //指定参与 RIP 路由选择进程的端口
R3(config-router)#network 192.168.1.0 //指定参与 RIP 路由选择进程的端口
```

配置完成后查看 3 台路由器的路由表(注意,RIP 路由的收敛时间较长,通常需要 3～4 分钟,这个过程不影响网络连通性,图 6.33 所示为经过一段时间等待后,路由器 R1 的 23.0.0.0/8 网络处于 possibly down 状态,图 6.34 所示为路由器 R3 的 12.0.0.0/8 网络处于 possibly down 状态,路由收敛过程是动态变化的,图片截取某个状态下的情况)。

收敛后的路由器 R1 的路由表如图 6.35 所示,路由器 R2 的路由表如图 6.36 所示,路由器 R3 的路由表如图 6.37 所示。

RIPv2 路由协议关闭自动汇总功能,可以在支持不连续子网的同时,也带来路由表变大的现状,路由器 R2 以及路由器 R3 都学到了路由器 R1 直连的 4 个网络的路由。为了解决这个问题,在路由器 R1 的外出端口上对多条外出网络执行手动汇总,最终减轻路由器路由表的大小(注意,汇总是在路由的外出端口上面完成的,要是有多条外出端口,就需要在每个

```
Dynamips(0): R1, Console port                                    –    □    ×
R1#show ip route
Codes: C - connected, S - static, I - IGRP, R - RIP, M - mobile, B - BGP
       D - EIGRP, EX - EIGRP external, O - OSPF, IA - OSPF inter area
       N1 - OSPF NSSA external type 1, N2 - OSPF NSSA external type 2
       E1 - OSPF external type 1, E2 - OSPF external type 2, E - EGP
       i - IS-IS, L1 - IS-IS level-1, L2 - IS-IS level-2, ia - IS-IS inter area
       * - candidate default, U - per-user static route, o - ODR
       P - periodic downloaded static route

Gateway of last resort is not set

     23.0.0.0/8 is variably subnetted, 2 subnets, 2 masks
R       23.1.1.0/24 [120/1] via 12.1.1.2, 00:00:28, Serial1/0
R       23.0.0.0/8 is possibly down,
          routing via 12.1.1.2, Serial1/0
     12.0.0.0/24 is subnetted, 1 subnets
C       12.1.1.0 is directly connected, Serial1/0
     192.168.1.0/24 is variably subnetted, 5 subnets, 2 masks
C       192.168.1.32/28 is directly connected, Loopback2
C       192.168.1.48/28 is directly connected, Loopback3
C       192.168.1.0/28 is directly connected, Loopback0
C       192.168.1.16/28 is directly connected, Loopback1
R       192.168.1.128/25 [120/2] via 12.1.1.2, 00:00:28, Serial1/0
R1#
```

图 6.33 路由器 R1 的 RIP 路由收敛过程

```
Dynamips(2): R3, Console port                                    –    □    ×
       E1 - OSPF external type 1, E2 - OSPF external type 2, E - EGP
       i - IS-IS, L1 - IS-IS level-1, L2 - IS-IS level-2, ia - IS-IS inter area
       * - candidate default, U - per-user static route, o - ODR
       P - periodic downloaded static route

Gateway of last resort is not set

     23.0.0.0/24 is subnetted, 1 subnets
C       23.1.1.0 is directly connected, Serial1/0
     12.0.0.0/8 is variably subnetted, 2 subnets, 2 masks
R       12.1.1.0/24 [120/1] via 23.1.1.1, 00:00:20, Serial1/0
R       12.0.0.0/8 is possibly down,
          routing via 23.1.1.1, Serial1/0
     192.168.1.0/24 is variably subnetted, 6 subnets, 3 masks
R       192.168.1.32/28 [120/2] via 23.1.1.1, 00:00:20, Serial1/0
R       192.168.1.48/28 [120/2] via 23.1.1.1, 00:00:20, Serial1/0
R       192.168.1.0/28 [120/2] via 23.1.1.1, 00:00:20, Serial1/0
R       192.168.1.0/24 is possibly down,
          routing via 23.1.1.1, Serial1/0
R       192.168.1.16/28 [120/2] via 23.1.1.1, 00:00:20, Serial1/0
C       192.168.1.128/25 is directly connected, Loopback0
```

图 6.34 路由器 R3 的 RIP 路由收敛过程

端口上执行手动汇总。)

在路由器 R1 外出端口 S1/0 上执行手动汇总,配置如图 6.38 所示。

等待路由收敛后(3~4min)查看路由器 R2 和路由器 R3 的路由表,结果就只能看到汇总后的一条路由条目了,具体如图 6.39 及图 6.40 所示。

3. RIPv2 高级配置

1) 路由验证配置

如图 6.41 所示,配置路由器 R1 和路由器 R2,使用动态路由器协议 RIPv2,使之互联互通。

路由器 R1 的基本配置如下。

```
R1(config)#interface loopback 0          //进入路由器环回口 0
```

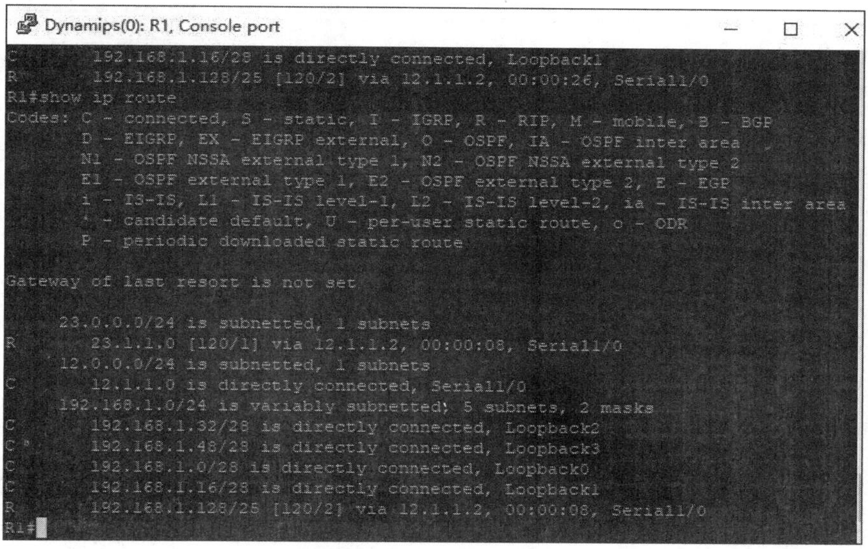

图 6.35　收敛后的路由器 R1 的路由表

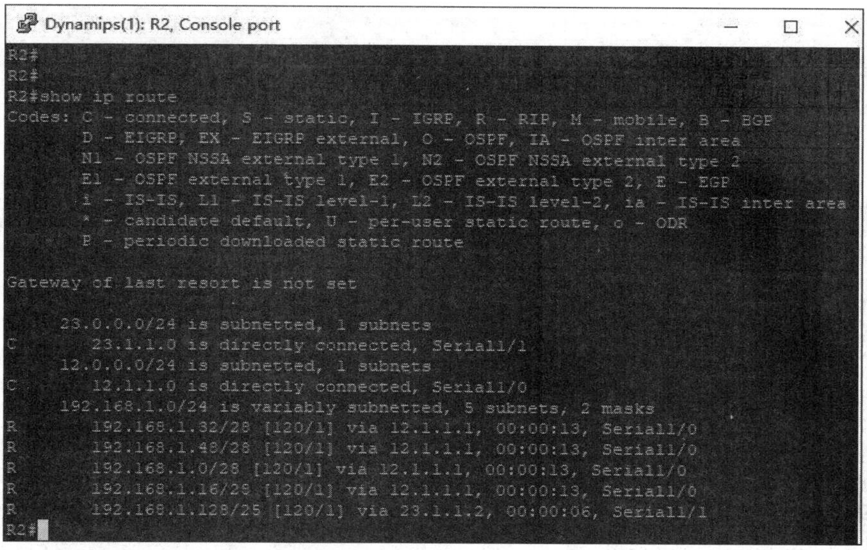

图 6.36　收敛后的路由器 R2 的路由表

```
R1(config-if)#ip address 192.168.1.1 255.255.255.128   //配置 IP 地址
R1(config-if)#exit                                      //退出
R1(config)#interface serial 1/0                         //进入路由器的端口 S1/0
R1(config-if)#ip address 12.1.1.1 255.255.255.0         //配置 IP 地址
R1(config-if)#no shu                                     //激活
R1(config-if)#clock rate 64000                          //配置时钟频率
R1(config-if)#exit                                       //退出
R1(config)#router rip                                    //启动路由器动态路由协议 RIP
R1(config-router)#version 2                              //启动版本 2
```

```
Dynamips(2): R3, Console port                                    —   □   ✕
R3#
R3#
R3#show ip route
Codes: C - connected, S - static, I - IGRP, R - RIP, M - mobile, B - BGP
       D - EIGRP, EX - EIGRP external, O - OSPF, IA - OSPF inter area
       N1 - OSPF NSSA external type 1, N2 - OSPF NSSA external type 2
       E1 - OSPF external type 1, E2 - OSPF external type 2, E - EGP
       i - IS-IS, L1 - IS-IS level-1, L2 - IS-IS level-2, ia - IS-IS inter area
       * - candidate default, U - per-user static route, o - ODR
       P - periodic downloaded static route

Gateway of last resort is not set

     23.0.0.0/24 is subnetted, 1 subnets
C       23.1.1.0 is directly connected, Serial1/0
     12.0.0.0/24 is subnetted, 1 subnets
R       12.1.1.0 [120/1] via 23.1.1.1, 00:00:15, Serial1/0
     192.168.1.0/24 is variably subnetted, 5 subnets, 2 masks
R       192.168.1.32/28 [120/2] via 23.1.1.1, 00:00:15, Serial1/0
R       192.168.1.48/28 [120/2] via 23.1.1.1, 00:00:15, Serial1/0
R       192.168.1.0/28 [120/2] via 23.1.1.1, 00:00:15, Serial1/0
R       192.168.1.16/28 [120/2] via 23.1.1.1, 00:00:15, Serial1/0
C       192.168.1.128/25 is directly connected, Loopback0
R3#
```

图 6.37 收敛后的路由器 R3 的路由表

```
R1(config-if)#exit
R1(config)#interface serial1/0
R1(config-if)#ip summary-address rip 192.168.1.0 255.255.255.192
R1(config-if)#
```

图 6.38 手动汇总配置

```
R2#show ip route
Codes: C - connected, S - static, I - IGRP, R - RIP, M - mobile, B - BGP
       D - EIGRP, EX - EIGRP external, O - OSPF, IA - OSPF inter area
       N1 - OSPF NSSA external type 1, N2 - OSPF NSSA external type 2
       E1 - OSPF external type 1, E2 - OSPF external type 2, E - EGP
       i - IS-IS, L1 - IS-IS level-1, L2 - IS-IS level-2, ia - IS-IS inter area
       * - candidate default, U - per-user static route, o - ODR
       P - periodic downloaded static route

Gateway of last resort is not set

     23.0.0.0/24 is subnetted, 1 subnets
C       23.1.1.0 is directly connected, Serial1/1
     12.0.0.0/24 is subnetted, 1 subnets
C       12.1.1.0 is directly connected, Serial1/0
     192.168.1.0/24 is variably subnetted, 2 subnets, 2 masks
R       192.168.1.0/26 [120/1] via 12.1.1.1, 00:00:05, Serial1/0
R       192.168.1.128/25 [120/1] via 23.1.1.2, 00:00:13, Serial1/1
R2#
```

图 6.39 路由器 R2 汇总后的路由表

```
R1(config-router)#network 12.0.0.0                //指定参与 RIP 路由选择进程的端口
R1(config-router)#net 192.168.1.0                 //指定参与 RIP 路由选择进程的端口
R1(config-router)#exit                            //退出
```

路由器 R2 的基本配置如下。

```
R2(config)#interface loopback 0                   //进入路由器环回口 0
```

```
R3#show ip route
Codes: C - connected, S - static, I - IGRP, R - RIP, M - mobile, B - BGP
       D - EIGRP, EX - EIGRP external, O - OSPF, IA - OSPF inter area
       N1 - OSPF NSSA external type 1, N2 - OSPF NSSA external type 2
       E1 - OSPF external type 1, E2 - OSPF external type 2, E - EGP
       i - IS-IS, L1 - IS-IS level-1, L2 - IS-IS level-2, ia - IS-IS inter area
       * - candidate default, U - per-user static route, o - ODR
       P - periodic downloaded static route

Gateway of last resort is not set

     23.0.0.0/24 is subnetted, 1 subnets
C       23.1.1.0 is directly connected, Serial1/0
     12.0.0.0/24 is subnetted, 1 subnets
R       12.1.1.0 [120/1] via 23.1.1.1, 00:00:20, Serial1/0
     192.168.1.0/24 is variably subnetted, 2 subnets, 2 masks
R       192.168.1.0/26 [120/2] via 23.1.1.1, 00:00:20, Serial1/0
C       192.168.1.128/25 is directly connected, Loopback0
R3#
```

图 6.40　路由器 R3 汇总后的路由表

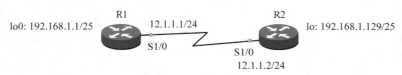

图 6.41　路由验证网络拓扑

R2(config-if)#ip address 192.168.1.129 255.255.255.128	//配置 IP 地址
R2(config-if)#exit	//退出
R2(config)#interface serial 1/0	//进入路由器的端口 S1/0
R2(config-if)#ip address 12.1.1.2 255.255.255.0	//配置 IP 地址
R2(config-if)#no shu	//激活
R2(config-if)#exit	//退出
R2(config)#router rip	//启动动态路由协议 RIP
R2(config-router)#version 2	//启动版本 2
R2(config-router)#network 192.168.1.0	//指定参与 RIP 路由选择进程的端口
R2(config-router)#network 12.0.0.0	//指定参与 RIP 路由选择进程的端口

通过查看路由器 R1 的路由表(图 6.42)和路由器 R2 的路由表(图 6.43),通过 RIP 学习路由,实现网络互联互通。

接下来配置 RIPv2 路由协议验证,首先配置路由器 R1。

R1(config)#key chain tdp	//创建密钥链 tdp
R1(config-keychain)#key 1	//配置密钥链中 key 1
R1(config-keychain-key)#key-string wenzheng	//配置密码串
R1(config-keychain-key)#exit	
R1(config-keychain)#exit	
R1(config)#interface serial 1/0	
R1(config-if)#ip rip authentication key-chain tdp	
	//在与 R2 相连的串口中配置使用密钥链 tdp 进行验证
R1(config-if)#ip rip authentication mode md5	//使用 md5 验证

```
R1#show ip route
Codes: C - connected, S - static, I - IGRP, R - RIP, M - mobile, B - BGP
       D - EIGRP, EX - EIGRP external, O - OSPF, IA - OSPF inter area
       N1 - OSPF NSSA external type 1, N2 - OSPF NSSA external type 2
       E1 - OSPF external type 1, E2 - OSPF external type 2, E - EGP
       i - IS-IS, L1 - IS-IS level-1, L2 - IS-IS level-2, ia - IS-IS inter area
       * - candidate default, U - per-user static route, o - ODR
       P - periodic downloaded static route

Gateway of last resort is not set

     12.0.0.0/24 is subnetted, 1 subnets
C       12.1.1.0 is directly connected, Serial1/0
     192.168.1.0/25 is subnetted, 2 subnets
C       192.168.1.0 is directly connected, Loopback0
R       192.168.1.128 [120/1] via 12.1.1.2, 00:00:24, Serial1/0
R1#
```

图 6.42　路由器 R1 的路由表

```
R2#show ip route
Codes: C - connected, S - static, I - IGRP, R - RIP, M - mobile, B - BGP
       D - EIGRP, EX - EIGRP external, O - OSPF, IA - OSPF inter area
       N1 - OSPF NSSA external type 1, N2 - OSPF NSSA external type 2
       E1 - OSPF external type 1, E2 - OSPF external type 2, E - EGP
       i - IS-IS, L1 - IS-IS level-1, L2 - IS-IS level-2, ia - IS-IS inter area
       * - candidate default, U - per-user static route, o - ODR
       P - periodic downloaded static route

Gateway of last resort is not set

     12.0.0.0/24 is subnetted, 1 subnets
C       12.1.1.0 is directly connected, Serial1/0
     192.168.1.0/25 is subnetted, 2 subnets
R       192.168.1.0 [120/1] via 12.1.1.1, 00:00:09, Serial1/0
C       192.168.1.128 is directly connected, Loopback0
R2#
```

图 6.43　路由器 R2 的路由表

配置好 R1 验证后,经过一段时间,路由器 R1 的路由表发生了变化,如图 6.44 所示,3min 后路由 192.168.1.128 处于 possibly down 状态,再经过 60 秒,该路由从路由表中消失,如图 6.45 所示。

```
R1#show ip route
Codes: C - connected, S - static, I - IGRP, R - RIP, M - mobile, B - BGP
       D - EIGRP, EX - EIGRP external, O - OSPF, IA - OSPF inter area
       N1 - OSPF NSSA external type 1, N2 - OSPF NSSA external type 2
       E1 - OSPF external type 1, E2 - OSPF external type 2, E - EGP
       i - IS-IS, L1 - IS-IS level-1, L2 - IS-IS level-2, ia - IS-IS inter area
       * - candidate default, U - per-user static route, o - ODR
       P - periodic downloaded static route

Gateway of last resort is not set

     12.0.0.0/24 is subnetted, 1 subnets
C       12.1.1.0 is directly connected, Serial1/0
     192.168.1.0/25 is subnetted, 2 subnets
C       192.168.1.0 is directly connected, Loopback0
R       192.168.1.128/25 is possibly down,
          routing via 12.1.1.2, Serial1/0
```

图 6.44　路由器 R1 的路由表 1

```
R2#show ip route
Codes: C - connected, S - static, I - IGRP, R - RIP, M - mobile, B - BGP
       D - EIGRP, EX - EIGRP external, O - OSPF, IA - OSPF inter area
       N1 - OSPF NSSA external type 1, N2 - OSPF NSSA external type 2
       E1 - OSPF external type 1, E2 - OSPF external type 2, E - EGP
       i - IS-IS, L1 - IS-IS level-1, L2 - IS-IS level-2, ia - IS-IS inter area
       * - candidate default, U - per-user static route, o - ODR
       P - periodic downloaded static route

Gateway of last resort is not set

     12.0.0.0/24 is subnetted, 1 subnets
C       12.1.1.0 is directly connected, Serial1/0
     192.168.1.0/25 is subnetted, 1 subnets
C       192.168.1.128 is directly connected, Loopback0
```

图 6.45　路由器 R1 的路由表 2

同样，配置路由器 R2。

R2(config)#key chain tdp	//创建密钥链 tdp
R2(config-keychain)#key 1	//配置密钥链中 key 1
R2(config-keychain-key)#key-string wenzheng	//配置密码串
R2(config-keychain-key)#exit	
R2(config-keychain)#exit	
R2(config)#interface serial 1/0	
R2(config-if)#ip rip authentication key-chain tdp	

　　　　　　　　　　　//在与路由器 R1 相连的串口中配置使用密钥链 tdp 进行验证

R2(config-if)#ip rip authentication mode md5　　//使用 md5 验证

配置好路由器 R2 验证后，经过短时间的等待，两台路由器的路由表恢复成图 6.35 及图 6.36，验证成功，整个网络互联互通。

2）RIPv1 与 RIPv2 混合配置

如图 6.46 所示，将路由器 R1 配置成 RIPv1 协议，将路由器 R2 配置成 RIPv2 协议，探索在一个网络中既有 RIPv1 又有 RIPv2 时的情况，具体配置过程如下。

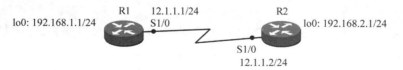

图 6.46　RIPv1 与 RIPv2 混合实验拓扑

配置路由器 R1 如下。

R1(config)#interface loopback 0	//进入路由器环回口 0
R1(config-if)#ip address 192.168.1.1 255.255.255.0	//配置 IP 地址
R1(config-if)#exit	//退出
R1(config)#interface serial 1/0	//进入路由器的端口 S1/0
R1(config-if)#ip address 12.1.1.1 255.255.255.0	//配置 IP 地址
R1(config-if)#no shu	//激活
R1(config-if)#clock rate 64000	//配置时钟频率

```
R1(config-if)#exit                              //退出
R1(config)#router rip                           //启动动态路由协议 RIP,默认启用 RIPv1
R1(config-router)#network 192.168.1.0           //指定参与 RIP 路由选择进程的端口
R1(config-router)#network 12.0.0.0              //指定参与 RIP 路由选择进程的端口
```

配置路由器 R2 如下。

```
R2(config)#interface loopback 0                 //进入路由器环回口 0
R2(config-if)#ip address 192.168.2.1 255.255.255.0  //配置 IP 地址
R2(config-if)#no shutdown                       //激活
R2(config-if)#exit                              //退出
R2(config)#interface serial 1/0                 //进入路由器的端口 S1/0
R2(config-if)#ip address 12.1.1.2 255.255.255.0 //配置 IP 地址
R2(config-if)#no shu                            //激活
R2(config-if)#exit                              //退出
R2(config)#router rip                           //启动动态路由协议 RIP
R2(config-router)#version 2                     //启动版本 2
R2(config-router)#network 192.168.2.0           //指定参与 RIP 路由选择进程的端口
R2(config-router)#network 12.0.0.0              //指定参与 RIP 路由选择进程的端口
```

查看路由器 R1 与路由器 R2 的路由表,路由器 R1 的路由表如图 6.47 所示,路由器 R2 的路由表如图 6.48 所示。

```
R1#show ip route
Codes: C - connected, S - static, I - IGRP, R - RIP, M - mobile, B - BGP
       D - EIGRP, EX - EIGRP external, O - OSPF, IA - OSPF inter area
       N1 - OSPF NSSA external type 1, N2 - OSPF NSSA external type 2
       E1 - OSPF external type 1, E2 - OSPF external type 2, E - EGP
       i - IS-IS, L1 - IS-IS level-1, L2 - IS-IS level-2, ia - IS-IS inter area
       * - candidate default, U - per-user static route, o - ODR
       P - periodic downloaded static route

Gateway of last resort is not set

     12.0.0.0/24 is subnetted, 1 subnets
C       12.1.1.0 is directly connected, Serial1/0
C    192.168.1.0/24 is directly connected, Loopback0
R    192.168.2.0/24 [120/1] via 12.1.1.2, 00:00:02, Serial1/0
R1#
```

图 6.47　路由器 R1 的路由表

```
R2#show ip route
Codes: C - connected, S - static, I - IGRP, R - RIP, M - mobile, B - BGP
       D - EIGRP, EX - EIGRP external, O - OSPF, IA - OSPF inter area
       N1 - OSPF NSSA external type 1, N2 - OSPF NSSA external type 2
       E1 - OSPF external type 1, E2 - OSPF external type 2, E - EGP
       i - IS-IS, L1 - IS-IS level-1, L2 - IS-IS level-2, ia - IS-IS inter area
       * - candidate default, U - per-user static route, o - ODR
       P - periodic downloaded static route

Gateway of last resort is not set

     12.0.0.0/24 is subnetted, 1 subnets
C       12.1.1.0 is directly connected, Serial1/0
C    192.168.2.0/24 is directly connected, Loopback0
R2#
```

图 6.48　路由器 R2 的路由表

从路由表中可以看出,路由器 R1 获得了路由器 R2 环回口 192.168.2.0 网络的路由,但路由器 R2 没有获得路由器 R1 环回口 192.168.1.0 网络的路由,路由器 R2 学不到路由器 R1 的路由信息的原因是什么? 分别查看路由器 R1 和路由器 R2 的协议情况,路由器 R1 的协议情况如图 6.49 所示。路由器 R2 的协议情况如图 6.50 所示。

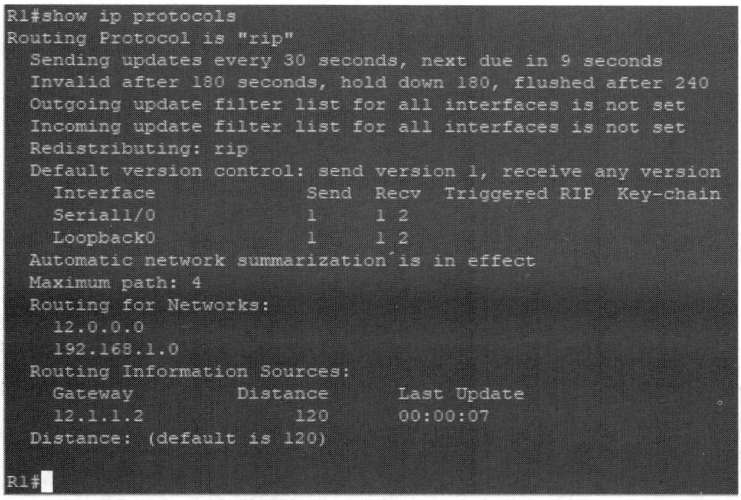

```
R1#show ip protocols
Routing Protocol is "rip"
 Sending updates every 30 seconds, next due in 9 seconds
 Invalid after 180 seconds, hold down 180, flushed after 240
 Outgoing update filter list for all interfaces is not set
 Incoming update filter list for all interfaces is not set
 Redistributing: rip
 Default version control: send version 1, receive any version
  Interface            Send  Recv  Triggered RIP  Key-chain
  Serial1/0            1     1 2
  Loopback0            1     1 2
 Automatic network summarization is in effect
 Maximum path: 4
 Routing for Networks:
  12.0.0.0
  192.168.1.0
 Routing Information Sources:
  Gateway           Distance      Last Update
  12.1.1.2           120          00:00:07
 Distance: (default is 120)

R1#
```

图 6.49　路由器 R1 的协议情况

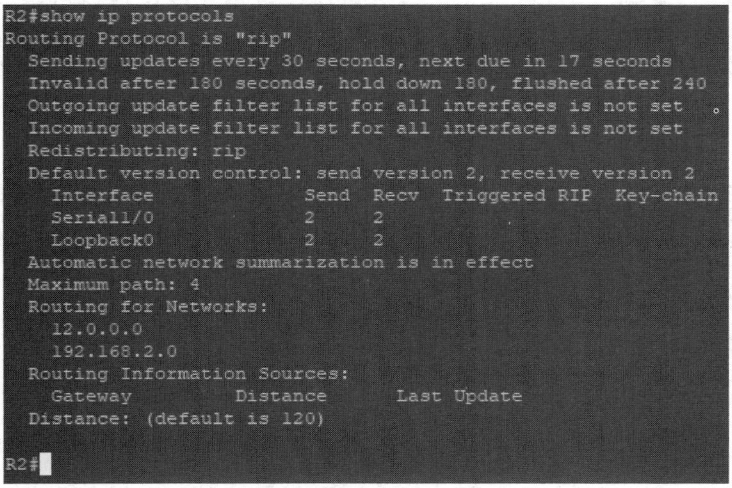

```
R2#show ip protocols
Routing Protocol is "rip"
 Sending updates every 30 seconds, next due in 17 seconds
 Invalid after 180 seconds, hold down 180, flushed after 240
 Outgoing update filter list for all interfaces is not set
 Incoming update filter list for all interfaces is not set
 Redistributing: rip
 Default version control: send version 2, receive version 2
  Interface            Send  Recv  Triggered RIP  Key-chain
  Serial1/0            2     2
  Loopback0            2     2
 Automatic network summarization is in effect
 Maximum path: 4
 Routing for Networks:
  12.0.0.0
  192.168.2.0
 Routing Information Sources:
  Gateway           Distance      Last Update
 Distance: (default is 120)

R2#
```

图 6.50　路由器 R2 的协议情况

从图 6.49 可以看出,路由器 R1 默认发送和接收 RIP 版本的情况是"send version 1,receive any version"。也就是说,路由器 R1 发送版本 1 的更新,接收任何版本(V1、V2)的更新。路由器 R1 配置的是 RIPv1,而路由器 R2 配置的是 RIPv2,当路由器 R2 发送 v2 版本的更新时,路由器 R1 照样可以接收,这就是路由器 R1 为什么能够学习到路由器 R2 环回口的原因。

而路由器 R2 上的 RIPv2 协议默认发送和接收的协议为"send version 2,receive

version 2",也就是发送版本 2 以及只能接收版本 2,因此路由器 R1 发送过来的版本 1 的更新直接被忽略了。

若要网络互通,采取的办法是:在路由器 R1 的出端口上配置发送版本 1 和版本 2 的更新,或者在路由器 R2 的外出端口上配置接收版本 1 和版本 2 的更新。下面分别说明这两种方法。

方法一:在路由器 R1 的出端口上发版本 1 及版本 2 的更新,配置如图 6.51 所示。

```
R1(config)#interface serial 1/0
R1(config-if)#ip rip send version 1 2
R1(config-if)#
```

图 6.51　更改发送 RIP 版本信息

路由器 R1 的路由表如图 6.52 所示。路由器 R2 的路由表如图 6.53 所示。

```
R1#show ip route
Codes: C - connected, S - static, I - IGRP, R - RIP, M - mobile, B - BGP
       D - EIGRP, EX - EIGRP external, O - OSPF, IA - OSPF inter area
       N1 - OSPF NSSA external type 1, N2 - OSPF NSSA external type 2
       E1 - OSPF external type 1, E2 - OSPF external type 2, E - EGP
       i - IS-IS, L1 - IS-IS level-1, L2 - IS-IS level-2, ia - IS-IS inter area
       * - candidate default, U - per-user static route, o - ODR
       P - periodic downloaded static route

Gateway of last resort is not set

     12.0.0.0/24 is subnetted, 1 subnets
C       12.1.1.0 is directly connected, Serial1/0
C    192.168.1.0/24 is directly connected, Loopback0
R    192.168.2.0/24 [120/1] via 12.1.1.2, 00:00:24, Serial1/0
R1#
```

图 6.52　路由器 R1 的路由表

```
R2#show ip route
Codes: C - connected, S - static, I - IGRP, R - RIP, M - mobile, B - BGP
       D - EIGRP, EX - EIGRP external, O - OSPF, IA - OSPF inter area
       N1 - OSPF NSSA external type 1, N2 - OSPF NSSA external type 2
       E1 - OSPF external type 1, E2 - OSPF external type 2, E - EGP
       i - IS-IS, L1 - IS-IS level-1, L2 - IS-IS level-2, ia - IS-IS inter area
       * - candidate default, U - per-user static route, o - ODR
       P - periodic downloaded static route

Gateway of last resort is not set

     12.0.0.0/24 is subnetted, 1 subnets
C       12.1.1.0 is directly connected, Serial1/0
R    192.168.1.0/24 [120/1] via 12.1.1.1, 00:00:23, Serial1/0
C    192.168.2.0/24 is directly connected, Loopback0
R2#
```

图 6.53　路由器 R2 的路由表

方法二:在路由器 R2 的外出端口上配置接收版本 1 和版本 2 的更新。首先清除方法一的配置,清除配置如图 6.54 所示。经过一段时间更新后,路由器 R2 上的 192.168.1.0/24 路由信息不存在了。

在路由器 R2 的外出接口上配置接收版本 1 和版本 2 的更新,配置如图 6.55 所示。

```
R1(config)#interface serial 1/0
R1(config-if)#ip rip send version 1
R1(config-if)#
```

图 6.54　路由器 R1 发送版本信息恢复默认情况

```
R2(config)#interface serial 1/0
R2(config-if)#ip rip receive version 1 2
R2(config-if)#
```

图 6.55　更改接收 RIP 版本信息

经过一段时间更新后,路由器 R2 的路由表中出现了到路由器 R1 环回口 192.169.1.0/24 的路由信息,如图 6.56 所示。

```
R2#show ip route
*Mar  1 01:02:35.751: %SYS-5-CONFIG_I: Configured from console by console
R2#show ip route
Codes: C - connected, S - static, I - IGRP, R - RIP, M - mobile, B - BGP
       D - EIGRP, EX - EIGRP external, O - OSPF, IA - OSPF inter area
       N1 - OSPF NSSA external type 1, N2 - OSPF NSSA external type 2
       E1 - OSPF external type 1, E2 - OSPF external type 2, E - EGP
       i - IS-IS, L1 - IS-IS level-1, L2 - IS-IS level-2, ia - IS-IS inter area
       * - candidate default, U - per-user static route, o - ODR
       P - periodic downloaded static route

Gateway of last resort is not set

     12.0.0.0/24 is subnetted, 1 subnets
C       12.1.1.0 is directly connected, Serial1/0
R    192.168.1.0/24 [120/1] via 12.1.1.1, 00:00:26, Serial1/0
C    192.168.2.0/24 is directly connected, Loopback0
```

图 6.56　路由器 R2 的路由表

6.2　OSPF 路由技术

6.2.1　OSPF 简介

开放最短路径优先(OSPF)是一个内部网关协议(IGP),用于在单一自治系统(autonomous system,AS)内决策路由。是对链路状态路由协议的一种实现,采用的算法为(Dijkstra)算法,用来计算最短路径树。Dijkstra 算法通常称为 SPF(最短路径优先)算法,但事实上,最短路径优先是所有路由算法追求的共同目标,与 RIP 路由协议相比,OSPF 属于链路状态协议,而 RIP 属于距离矢量协议。

OSPF 链路状态路由协议克服了距离矢量路由协议 RIP 的许多缺陷,具体如下。

(1) OSPF 不再采用跳数的概念,而是根据端口的吞吐率、拥塞状态、往返时间、可靠性等实际链路的负载能力定出路由的代价,同时选择最短、最优路由并允许到达同一目的地址的多条路由,从而实现网络负载均衡。

(2) OSPF 支持不同服务类型的不同代价,从而可以实现不同服务质量(Quality of Service,QoS)的路由服务。

(3) OSPF 路由器不再交换路由表,而是同步各路由器对网络状态的认识,即链路状态数据库,然后通过 Dijkstra 算法计算出到达网络中各目的地址的最优路由。这样,OSPF 路由器间不需要定期交换大量数据,而只是保持着一种连接,一旦有链路状态发生变化时,才通过组播方式对这一变化做出反应,这样不但减轻了系统间的数据负荷。而且达到了对网络拓扑的快速收敛。而这些正是 OSPF 强大生命力和应用潜力的根本所在。

表 6.5 所示为 OSPF 与 RIP 的比较。

表 6.5　OSPF 和 RIP 的比较

特　　征	OSPF	RIPv2	RIPv1
协议类型	链路状态	距离矢量	距离矢量
是否支持无类路由选择	是	是	否
是否支持 VLSM	是	是	否
自动汇总	否	是	是
是否支持手工汇总	是	是	否
是否支持不连续的网络	是	是	否
传播路由的方式	网络拓扑发生变化时发送组播	定期发送组播	定期发送广播
度量值	带宽	跳数	跳数
跳数限制	无限制	15	15
汇聚速度	快	慢	慢
是否验证对等体的身份	是	是	否
是否要求将网络分层	是(使用区域)	否(只支持扁平网络)	否(只支持扁平网络)
更新	事件触发	定期	定期
路由算法	Dijkstar	Bellman-Ford	Bellman-Ford

在进行 OSPF 路由方案部署过程中,OSPF 的各种区域的理解非常重要。在一个 OSPF 网络中,可以包括多种区域,如主干区域(Backbone Area)、末梢区域(Stub Area)等。OSPF 网络中的区域是以区域 ID 标识的,区域 ID 为 0 的区域规定为主干区域。

一个 OSPF 互联网络至少有一个主干区域,其 ID 号为 0.0.0.0,也可称为区域 0,主要工作是在其余区域间传递路由信息。图 6.57 所示为 OSPF 层次设计示例,该设计能够最大限度地减少路由选择表条目,并将拓扑变化带来的影响限制在当前区域内。

6.2.2　OSPF 工作原理

要搞清楚 OSPF 是如何发现、传播和选择路由的,就需要充分理解 OSPF 的工作原理。OSPF 的工作过程大致分为 3 个步骤:初始化邻居关系、LSA 泛洪以及计算 SPF 树。

1. 初始化邻居关系

这一阶段是建立邻居关系,它是 OSPF 操作的重要组成部分。初始化 OSPF 时,路由器将为它分配内存,包括分配用于维护邻居表和拓扑表的内存。确定配置了 OSPF 的端口

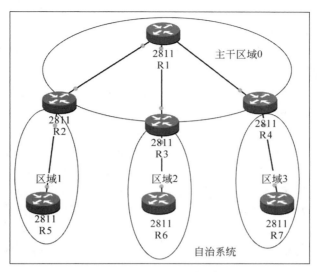

图 6.57 OSPF 设计示例

后,路由器将检查这些端口是否处于活动状态,并开始发送 Hello 分组。

Hello 分组用于发现邻居、建立邻居关系以及维护与其他 OSPF 路由器的关系。在支持组播的环境中,定期通过每个启用了 OSPF 的端口向外发送 Hello 分组。

Hello 分组的发送频率取决于网络的类型与拓扑。根据路由器所连接的物理网络不同,OSPF 将网络划分为 4 种类型:分别为①点到点型(Point-to-Point),如 T1 线路,是连接单独的一对路由器的网络,点到点网络上的有效邻居总是可以形成邻接关系的。②广播多路访问型(Broadcast MultiAccess),如以太网、Token Ring、FDDI。③非广播多路访问型(None Broadcast MultiAccess,NBMA),如 X.25、Frame Relay 和 ATM,不具备广播的能力,因此邻居要人工来指定。④点到多点型(Point-to-MultiPoint),是 NBMA 网络的一个特殊配置,可以看成是点到点链路的集合。在点到点网络和广播网络中,Hello 分组的发送时间间隔为 10s,而在非广播多路访问网络和点到多点网络中,Hello 分组发送的时间间隔为 30s。

2. LSA 泛洪

与 RIP 仅仅向相邻的路由器发送消息不同的是,OSPF 向自治系统中的所有路由器发送消息,OSPF 使用链路状态通告(Link-State Advertise,LSA)泛洪来共享路由选择信息。它是一种 OSPF 数据分组,包含要在 OSPF 路由器之间共享的链路状态和路由选择信息。LSA 分组有很多种。OSPF 路由器只跟与它建立了邻居关系的路由器交换 LSA 分组。LSA 分组用于更新和维护拓扑数据库。通过发送 LSA 分组,可在区域内所有 OSPF 路由器之间共享包含链路状态数据的 LSA 信息。网络拓扑图是根据 LSA 更新创建的,而泛洪让所有 OSPF 路由器都有相同的网络拓扑图,可用于进行 SPF 计算。

LSA 更新泛洪到整个网络后,每个接收方都必须确认它收到了更新。另外,接收方还必须对 LSA 更新进行验证。

3. 计算 SPF 树

每台路由器都单独计算前往当前区域中每个网络的最佳(最短)路径。具体是根据拓扑数据库中的信息进行计算的,使用的算法为 SPF 算法。通过该算法为每台路由器创建一棵树,树根为当前路由器,其他所有网络都分布在不同的树枝和树叶上。路由器根据创建好的最短路径树将 OSPF 路由插入到路由器的路由选择表中。

创建好的树只包含路由器所属区域中的网络,如果路由器包含分属不同区域的端口,将针对每个区域单独创建一棵 SPF 树。具体选择最佳路由时,SPF 算法考虑的一个重要指标是前往网络的每条潜在路径的度量值或成本。注意,SPF 并不计算前往其他区域的路由,它只计算本区域内的路由信息。

要深入理解 OSPF 中 SPF 算法的相关概念,还需要理解 OSPF 度量值的计算方法。度量值也称为成本,SPF 树中的每个出站端口都有相关联的成本。整条路径的成本为路径上每个出站端口的成本之和。由于 RFC2338 没有规定成本的计算方法,Cisco 必须实现自己的方法计算每个 OSPF 端口的成本。Cisco 使用的计算公式很简单,具体是:用 10^8 除以带宽,其中"带宽"是指为端口配置的带宽。根据该公式,100Mb/s 快速以太网端口的默认OSPF 成本为 1。需要指出的是,可使用 ip ospf cost 命令修改默认值。成本的取值范围为 $1\sim65535$,另外,成本是赋给链路的,必须在相应的端口上进行修改。具体端口类型的开销值见表 6.6。

表 6.6　相应端口类型的开销值

端　口　类　型	10^8/带宽 ＝ 开销
快速以太网及以上速度	10^8/100 000 000b/s＝1
以太网	10^8/10 000 000b/s＝10
E1	10^8/2048 000b/s＝48
T1	10^8/1 544 000b/s＝64
128Kb/s	10^8/128 000b/s＝781
64Kb/s	10^8/64 000b/s＝1562
56Kb/s	10^8/56 000b/s＝1785

从路由器到目的网络的累计开销值称为累计开销。这里需要注意的是,由于链路的默认带宽值可以人为修改,因此链路的实际带宽很可能不同于默认带宽。因此,只有链路的默认带宽值与链路的实际带宽值相匹配时,计算生成的路由表才能体现准确的最佳路径信息。

通过使用 show interface 命令可以查看端口所用的带宽值,同一条链路的两端端口其带宽值应该配置为相同。可以通过以下两种方式来修改端口的开销值。

(1) 通过修改端口的带宽修改开销,命令如下:Router(config-if)＃ bandwidth bandwidth-kbps。

(2) 直接修改开销值,命令如下:Router(config-if)＃ip ospf cost cost 值($1\sim65535$)。

注意:Cisco 公司是根据带宽来计算成本,但其他厂商可能根据别的指标计算链路的成本。不同厂商的路由器进行连接时需要调整它们的成本,因为只有链路两端路由器上的成本相同,OSPF 才能够正常运行。

下面通过实际的例子来探索 SPF 算法的具体实现过程。

如图 6.58 所示为 5 个路由器 R1、R2、R3、R4、R5 连接的互联网。图中分别标注了端口的开销值。不同网络之间的开销值为经过网络的开销求和,如路由器 R2LAN 内的主机到达路由器 R3LAN 内的主机的最短路径为: R2 到 R1(20)＋R1 到 R3(5)＋R3 到 LAN(2)＝27。

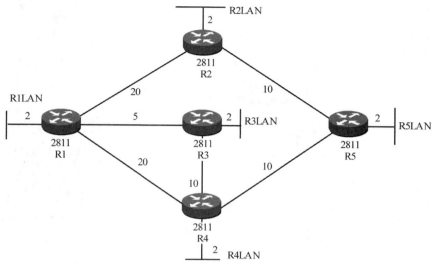

图 6.58　SPF 算法分析网络拓扑图

每台路由器会自行确定通向拓扑中每个目的地的开销。表 6.7 所示为路由器 R5 分别到目的地 R1LAN、R2LAN、R3LAN 以及 R4LAN 的开销。

表 6.7　路由器 R5 分别到目的地 R1LAN、R2LAN、R3LAN 以及 R4LAN 的开销

目 的 地	最 短 路 径	开 销
R1LAN	R5 到 R4,再到 R3,再到 R1	27
R2LAN	R5 到 R2	12
R3LAN	R5 到 R4,再到 R3	22
R4LAN	R5 到 R4	12

链路状态路由过程的具体步骤如下。

(1) 每台路由器了解其自身的链路(即与其直连的网络)。

(2) 每台路由器负责"问候"直连网络中的相邻路由器。

(3) 每台路由器创建一个链路状态数据包(Link-State Packets,LSP),其中包含与该路由器直连的每条链路的状态。

(4) 每台路由器将 LSP 泛洪到所有邻居,然后邻居将收到的所有 LSP 存储到数据库中。

(5) 每台路由器使用数据库构建一个完整的拓扑图,并计算通向每个目的网络的最佳路径。

如图 6.59 所示,链路状态路由 OSPF 具体分析过程如下。

(1) 以路由器 R1 为例,该路由器了解其自身的链路(即与其直连的网络),结果如图 6.59 所示。

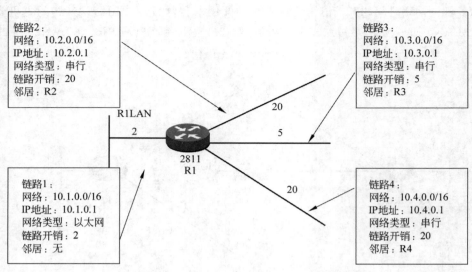

图 6.59　路由器 R1 直连网络链路情况

（2）路由器 R1 向邻居发送 Hello 数据包,结果如图 6.60 所示。

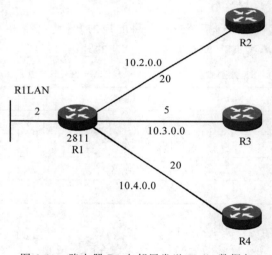

图 6.60　路由器 R1 向邻居发送 Hello 数据包

　　路由器使用 Hello 协议发现其链路上的所有邻居,两台链路状态路由器获悉它们是邻居时,将形成一种相邻关系,这些小型 Hello 数据包持续在两个相邻的邻居之间互换,以此实现"保持生存"功能监控邻居的状态。

（3）路由器创建链路状态数据包。

　　路由器一旦建立了相邻关系,即可创建链路状态数据包(LSP),其中包含与该链路相关的链路状态信息,如图 6.61 所示。

（4）将链路状态数据库泛洪到邻居,并构建链路状态数据库。

　　路由器一旦接收到来自相邻路由器的 LSP,立即将该 LSP 从除接收该 LSP 的端口以外的所有端口发出,如图 6.62 和图 6.63 所示。链路状态路由协议则在泛洪完成后再使用

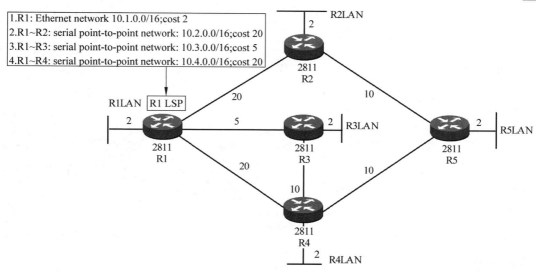

图 6.61 路由器 R1 创建链路状态数据包

SPF 算法计算最佳路径,LSP 中还包含其他信息(如序列号和过期信息),以帮助管理泛洪过程。

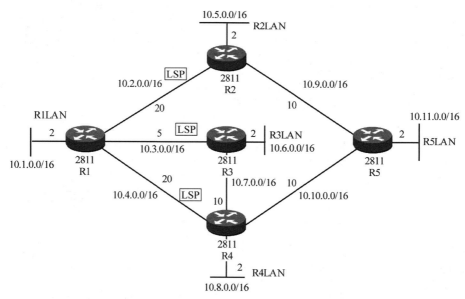

图 6.62 LSP 从除接收该 LSP 的端口以外的所有端口发出 1

LSP 并不需要定期发送,仅在下列情况下才需要发送:(1)在路由器初始启动期间,或在该路由器上的路由协议进程启动期间;(2)每次拓扑发生更改时,包括链路接通或断开,或是相邻关系建立或破裂。

构建链路状态数据库:路由区域内的每台路由器都可以使用 SPF 算法来构建 SPF 树。表 6.8 所示为路由器 R1 构建的链路状态数据库。

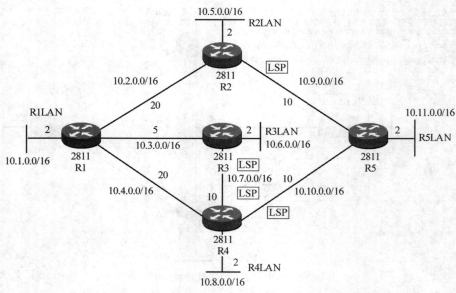

图 6.63　LSP 从除接收该 LSP 的端口以外的所有端口发出 2

表 6.8　路由器 R1 构建的链路状态数据库

路由器 R1 的链路状态数据库
路由器 R1 链路状态 　　连接到网络 10.2.0.0/16 上的邻居 R2,开销为 20 　　连接到网络 10.3.0.0/16 上的邻居 R3,开销为 5 　　连接到网络 10.4.0.0/16 上的邻居 R4,开销为 20 　　带有一个网络 10.1.0.0/16,开销为 2
来自路由器 R2 的 LSP 　　连接到网络 10.2.0.0/16 上的邻居 R1,开销为 20 　　连接到网络 10.9.0.0/16 上的邻居 R5,开销为 10 　　带有一个网络 10.5.0.0/16,开销为 2
来自路由器 R3 的 LSP 　　连接到网络 10.3.0.0/16 上的邻居 R1,开销为 5 　　连接到网络 10.7.0.0/16 上的邻居 R4,开销为 10 　　带有一个网络 10.6.0.0/16,开销为 2
来自路由器 R4 的 LSP 　　连接到网络 10.4.0.0/16 上的邻居 R1,开销为 20 　　连接到网络 10.7.0.0/16 上的邻居 R3,开销为 10 　　连接到网络 10.10.0.0/16 上的邻居 R5,开销为 10 　　带有一个网络 10.8.0.0/16,开销为 2
来自路由器 R5 的 LSP 　　连接到网络 10.9.0.0/16 上的邻居 R2,开销为 10 　　连接到网络 10.10.0.0/16 上的邻居 R4,开销为 10 　　带有一个网络 10.11.0.0/16,开销为 2

（5）路由器使用数据库构建一个完整的拓扑图，并计算通向每个目的网络的最佳路径。

有了完整的链路状态数据库，路由器 R1 现在使用该数据库和 SPF（最短路径优先）算法来计算通向每个网络的首选路径（即最短路径），SPF 算法在构建 SPF 树的同时便会确定最短路径。表 6.9 所示为路由器 R1 通向每个网络的最短路径。

表 6.9　路由器 R1 通向每个网络的最短路径

目　的　地	最　短　路　径	开　　销
R2LAN	R1—R2	22
R3LAN	R1—R3	7
R4LAN	R1—R3—R4	17
R5LAN	R1—R3—R4—R5	27

路由器使用数据库构建一个完整的拓扑图的过程如下：首先利用路由器 R1 本身的链路状态（表 6.10 所示）构建 SPF 树（网络拓扑图）的过程如图 6.64 所示。

表 6.10　路由器 R1 链路状态

路由器 R1 的链路状态数据库
路由器 R1 链路状态
连接到网络 10.2.0.0/16 上的邻居 R2，开销为 20
连接到网络 10.3.0.0/16 上的邻居 R3，开销为 5
连接到网络 10.4.0.0/16 上的邻居 R4，开销为 20
带有一个网络 10.1.0.0/16，开销为 2

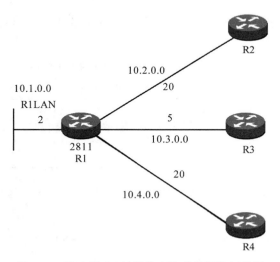

图 6.64　路由器 R1 链路状态构建的网络拓扑图

由表 6.11 所示路由器 R1 来自路由器 R2 的 LSP 链路状态构建的网络拓扑图如图 6.65 所示。

表 6.11　路由器 R1 来自路由器 R2 的 LSP 链路状态

路由器 R1 的链路状态数据库
来自路由器 R2 的 LSP 　　连接到网络 10.2.0.0/16 上的邻居 R1,开销为 20 　　连接到网络 10.9.0.0/16 上的邻居 R5,开销为 10 　　带有一个网络 10.5.0.0/16,开销为 2

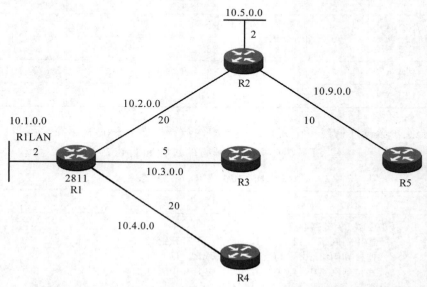

图 6.65　路由器 R1 来自路由器 R2 的 LSP 链路状态构建的网络拓扑图

由表 6.12 所示路由器 R1 来自路由器 R3 的 LSP 链路状态构建的网络拓扑图如图 6.66 所示。

表 6.12　路由器 R1 来自路由器 R3 的 LSP 链路状态

路由器 R1 的链路状态数据库
来自路由器 R3 的 LSP 　　连接到网络 10.3.0.0/16 上的邻居 R1,开销为 5 　　连接到网络 10.7.0.0/16 上的邻居 R4,开销为 10 　　带有一个网络 10.6.0.0/16,开销为 2

由表 6.13 所示路由器 R1 来自路由器 R4 的 LSP 链路状态构建的网络拓扑图如图 6.67 所示。

表 6.13　路由器 R1 来自路由器 R4 的 LSP 链路状态

路由器 R1 的链路状态数据库
来自路由器 R4 的 LSP 　　连接到网络 10.4.0.0/16 上的邻居 R1,开销为 20 　　连接到网络 10.7.0.0/16 上的邻居 R3,开销为 10 　　连接到网络 10.10.0.0/16 上的邻居 R5,开销为 10 　　带有一个网络 10.8.0.0/16,开销为 2

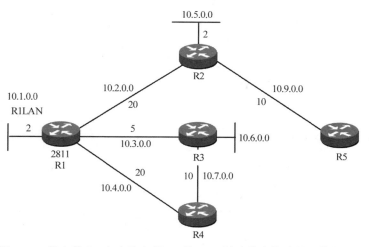

图 6.66　路由器 R1 来自路由器 R3 的 LSP 链路状态构建的网络拓扑图

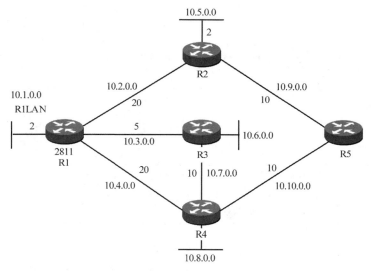

图 6.67　路由器 R1 来自路由器 R4 的 LSP 链路状态构建的网络拓扑图

由表 6.14 所示路由器 R1 来自路由器 R5 的 LSP 链路状态构建的网络拓扑图如图 6.68 所示。

表 6.14　路由器 R1 来自路由器 R5 的 LSP 链路状态

路由器 R1 的链路状态数据库
来自路由器 R5 的 LSP
连接到网络 10.9.0.0/16 上的邻居 R2,开销为 10
连接到网络 10.10.0.0/16 上的邻居 R4,开销为 10
带有一个网络 10.11.0.0/16,开销为 2

SPF 算法在构建 SPF 树的同时会确定最短路径,由 SPF 树生成路由表。路由器 R1 的 SPF 信息表见表 6.15。

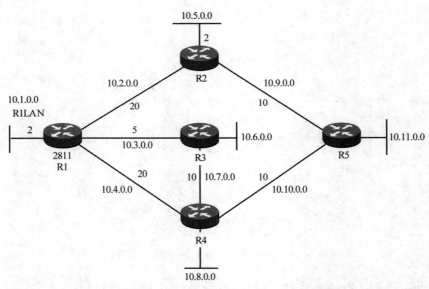

图 6.68　路由器 R1 来自路由器 R5 的 LSP 链路状态构建的网络拓扑图

表 6.15　路由器 R1 的 SPF 信息表

SPF 信息
网络 10.5.0.0/16：通过 R2，serial 0/0/0，开销为 22
网络 10.6.0.0/16：通过 R3，serial 0/0/1，开销为 7
网络 10.7.0.0/16：通过 R3，serial 0/0/1，开销为 15
网络 10.8.0.0/16：通过 R3，serial 0/0/1，开销为 17
网络 10.9.0.0/16：通过 R2，serial 0/0/0，开销为 30
网络 10.10.0.0/16：通过 R3，serial 0/0/1，开销为 25
网络 10.11.0.0/16：通过 R3，serial 0/0/1，开销为 27

由路由器 R1 的 SPF 信息表(表 6.15)得到的路由表见表 6.16。

表 6.16　路由器 R1 的路由表

路由器 R1 的路由表
Directly Conneted Networks
10.1.0.0/16 Directly Conneted Networks
10.2.0.0/16 Directly Conneted Networks
10.3.0.0/16 Directly Conneted Networks
10.4.0.0/16 Directly Conneted Networks
Remote Networks
10.5.0.0/16 via R2 serial 0/0/0，cost ＝22
10.6.0.0/16 via R3 serial 0/0/1，cost ＝7
10.7.0.0/16 via R3 serial 0/0/1，cost ＝15
10.8.0.0/16 via R3 serial 0/0/1，cost ＝17
10.9.0.0/16 via R2 serial 0/0/0，cost ＝30
10.10.0.0/16 via R3 serial 0/0/1，cost ＝25
10.11.0.0/16 via R3 serial 0/0/1，cost ＝27

6.2.3　配置 OSPF

即便是配置基本的 OSPF，也比配置 RIP 复杂，若再考虑 OSPF 支持的众多选项，情况将更加复杂。本教材涉及基本的单区域 OSPF 配置。配置 OSPF 时，最重要的两个方面是启动 OSPF 以及配置 OSPF 区域。

1. 启动 OSPF

配置 OSPF 最简单的方式是只使用一个区域。下列命令用于激活 OSPF 路由选择进程，具体如下。

```
Router(config)#router ospf ?
  <1-65535>   Process ID
```

OSPF 进程 ID 用 1～65535 的数字标识。这是路由器上独一无二的数字，将一系列 OSPF 配置命令归入特定进程下。即使不同 OSPF 路由器的进程 ID 不同，也能相互通信。进程 ID 只在本地有意义，用途不大。可在同一台路由器上同时运行多个 OSPF 进程，但这并不意味着配置的是多区域 OSPF。每个进程都维护不同的拓扑表副本，并独立管理通信。这里仅探讨每台路由器运行单个进程的单区域 OSPF 情况。

2. 配置 OSPF 区域

启动 OSPF 进程后，需要指定要在哪些端口上激活 OSPF 通信，并指定每个端口所属的区域。这样做也就指定了要将哪些网络通告给其他路由器。OSPF 在配置中使用通配符掩码。

如图 6.69 所示，路由器 R1 的基本 OSPF 配置过程如下。

```
R1(config)#router ospf 1
R1(config-router)#network 10.0.0.0 0.255.255.255 area  0
```

区域编号可以是 $0～4.2×10^9$ 的任何数字。区域编号与进程 ID 不是同一个概念，进程 ID 的取值范围为 1～65535。进程 ID 无关紧要，在网络中不同的路由器上，进程 ID 可以相同，也可以不同。进程 ID 只在本地有意义。

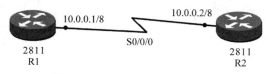

图 6.69　OSPF 基本配置拓扑图

在 network 命令中，前两个参数是网络号（这里为 10.0.0.0）和通配符掩码（0.255.255.255），这两个数字一起指定了 OSPF 将在其上运行的端口，这些端口还将包含在 OSPF LSA 中。根据该命令，OSPF 将把当前路由器上位于网络 10.0.0.0 的端口都加入区域 0。

通配符掩码中，值为 0 的字节表示网络号的相应字节必须完全匹配，而 255 表示网络号的相应字节无关紧要。因此，网络号和通配符掩码组合 1.1.1.1 0.0.0.0 只与 IP 地址为 1.1.1.1 的端口匹配。如果要匹配一系列网络中的端口，可使用网络号和通配符掩码组合 1.1.0.0 0.0.255.255，它与位于地址范围 1.1.0.0～1.1.255.255 的端口都匹配。

最后一个参数是区域号，它指定了网络号和通配符掩码指定的端口所属的区域。仅当两台 OSPF 路由器的端口属于同一个网络和区域时，它们才能建立邻居关系。

在配置区域命令格式"Network ＋ IP ＋ wild card bits"中，"Network"通过"IP"和"wild card bits"筛选出一组 IP 地址，从而定位出需要开启 OSPF 的端口（谁拥有其中一个 IP 地址，谁就开启 OSPF），端口开启 OSPF 的含义：①从该端口收发 OSPF 报文；②该端口所在的网络对应的路由成为 OSPF 的资源。

示例：

```
inter f0/1
ip add 10.1.1.1 255.255.255.0
router ospf 1
network 10.1.1.1 0.0.0.255 area 0
```

这个 network 命令实际上宣告了 10.1.1.0-10.1.1.255 这 256 个地址。当然，在这个环境下，恰好有且仅有一个接口在这个范围内。也就是说，把端口的掩码反过来写，正好能且只能宣告一个接口，不会多宣告。如果写成 network 10.1.1.1 0.0.0.0 area 0，效果也完全一样，或者写成 network 10.1.1.2 0.0.0.255 area 0，效果也是一样的，如果写成 network 0.0.0.0 255.255.255.255 area 0，可宣告所有的 IP 地址，也就是所有的端口。也就是说，network 宣告的地址只要能够包含端口的 IP 地址即可。

3. 基本 OSPF 配置示例

OSPF 配置网络拓扑图如图 6.70 所示。

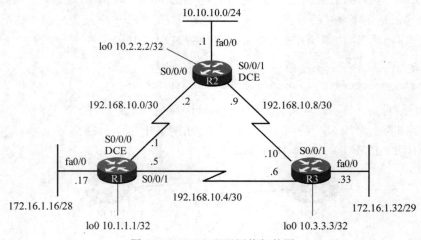

图 6.70　OSPF 配置网络拓扑图

图 6.70 所示的网络拓扑图中，路由器 R1、路由器 R2、路由器 R3 的端口相关配置如表 6.17 所示。

表 6.17　路由器 R1、路由器 R2、路由器 R3 的端口相关配置

设　　备	端　　口	IP 地址	子网掩码
R1	fa0/0	172.16.1.17	255.255.255.240
	S0/0/0	192.168.10.1	255.255.255.252
	S0/0/1	192.168.10.5	255.255.255.252

设　　备	端　　口	IP 地　址	子 网 掩 码
R2	fa0/0	10.10.10.1	255.255.255.0
	S0/0/0	192.168.10.2	255.255.255.252
	S0/0/1	192.168.10.9	255.255.255.252
R3	fa0/0	172.16.1.33	255.255.255.248
	S0/0/0	192.168.10.6	255.255.255.252
	S0/0/1	192.168.10.10	255.255.255.252

具体动态路由协议 OSPF 的配置过程如下。

首先配置路由器 R1,配置过程如下。

```
R1(config)#interface serial 0/0/0                //进入路由器 R1 的端口 serial0/0/0
R1(config-if)#ip address 192.168.10.1 255.255.255.252   //配置 IP 地址
R1(config-if)#clock rate 64000                   //配置时钟频率
R1(config-if)#no shu                             //激活
R1(config-if)#exit                               //退出
R1(config)#interface serial 0/0/1                //进入路由器 R1 的端口 serial0/0/1
R1(config-if)#ip address 192.168.10.5 255.255.255.252   //配置 IP 地址
R1(config-if)#no shu                             //激活
R1(config-if)#exit                               //退出
R1(config)#interface fastEthernet 0/0            //进入路由器 R1 的端口 fa0/0
R1(config-if)#ip address 172.16.1.17 255.255.255.240    //配置 IP 地址
R1(config-if)#no shu                             //激活
R1(config)#router ospf 1                         //路由器启动 OSPF 其进程号为 1
R1(config-router)#network 192.168.10.0 0.0.0.3 area 0
    //OSPF 把当前路由器上位于网络 192.168.10.0/255.255.255.252 的端口加入区域 0
R1(config-router)#network 192.168.10.4 0.0.0.3 area 0
    //OSPF 把当前路由器上位于网络 192.168.10.4/255.255.255.252 的端口加入区域 0
R1(config-router)#network 172.16.1.16 0.0.0.15 area 0
    //OSPF 把当前路由器上位于网络 192.168.10.15/255.255.255.252 的端口加入区域 0
R1(config-router)#
```

其次配置路由器 R2。

```
R2(config)#interface fastEthernet 0/0            //进入路由器 R2 的端口 fa0/0
R2(config-if)#ip address 10.10.10.1 255.255.255.0   //配置 IP 地址
R2(config-if)#no shu                             //激活
R2(config-if)#exit                               //退出
R2(config)#interface serial 0/0/0                //进入路由器 R2 的端口 serial0/0/0
R2(config-if)#ip address 192.168.10.2 255.255.255.252   //配置 IP 地址
R2(config-if)#no shu                             //激活
R2(config-if)#exit                               //退出
R2(config)#interface serial 0/0/1                //进入路由器 R2 的端口 serial0/0/1
```

```
R2(config-if)#ip address 192.168.10.9 255.255.255.252   //配置 IP 地址
R2(config-if)#clock rate 64000                          //配置时钟频率
R2(config-if)#no shu                                    //退出
R2(config)#router ospf 1                                //路由器启动 OSPF 其进程号为 1
R2(config-router)#network 192.168.10.0 0.0.0.3 area 0
    //OSPF 把当前路由器上位于网络 192.168.10.0/255.255.255.252 的端口加入区域 0
R2(config-router)#network 192.168.10.8 0.0.0.3 area 0
    //OSPF 把当前路由器上位于网络 192.168.10.8/255.255.255.252 的端口加入区域 0
R2(config-router)#network 10.10.10.0 0.0.0.255 area 0
    //OSPF 把当前路由器上位于网络 10.10.10.0/255.255.255.252 的端口加入区域 0
R2(config-router)#
```

最后配置路由器 R3。

```
R3(config)#interface fastEthernet 0/0                   //进入路由器 R3 的端口 fa0/0
R3(config-if)#ip address 172.16.1.33 255.255.255.248    //配置 IP 地址
R3(config-if)#no shu                                    //激活
R3(config-if)#exit                                      //退出
R3(config)#interface serial 0/0/1                       //进入路由器 R3 的端口 serial0/0/1
R3(config-if)#ip address 192.168.10.10 255.255.255.252  //配置 IP 地址
R3(config-if)#no shu                                    //激活
R3(config-if)#exit                                      //退出
R3(config)#interface serial 0/0/0                       //进入路由器 R3 的端口 serial0/0/0
R3(config-if)#ip address 192.168.10.6 255.255.255.252   //配置 IP 地址
R3(config-if)#no shu                                    //激活
R3(config-if)#clock rate 64000                          //配置时钟频率
R3(config-if)#exit                                      //退出
R3(config)#router ospf 1                                //路由器启动 OSPF 其进程号为 1
R3(config-router)#network 172.16.1.32 0.0.0.7 area 0
//OSPF 把当前路由器上位于网络 172.16.1.32/255.255.255.248 的端口加入区域 0
R3(config-router)#network 192.168.10.4 0.0.0.3 area 0
//OSPF 把当前路由器上位于网络 192.168.10.4/255.255.255.252 的端口加入区域 0
R3(config-router)#network 192.168.10.8 0.0.0.3 area 0
//OSPF 把当前路由器上位于网络 192.168.10.8/255.255.255.252 的端口加入区域 0
R3(config-router)#
```

接下来对配置结果进行验证。
首先通过 show ip route 命令查看路由器 R1 的路由表如下。

```
R1#show ip route
Codes: C - connected, S - static, I - IGRP, R - RIP, M - mobile, B - BGP
       D - EIGRP, EX - EIGRP external, O - OSPF, IA - OSPF inter area
       N1 - OSPF NSSA external type 1, N2 - OSPF NSSA external type 2
       E1 - OSPF external type 1, E2 - OSPF external type 2, E - EGP
       i - IS-IS, L1 - IS-IS level-1, L2 - IS-IS level-2, ia - IS-IS inter area
       * - candidate default, U - per-user static route, o - ODR
       P - periodic downloaded static route
```

```
Gateway of last resort is not set
     10.0.0.0/24 is subnetted, 1 subnets
O        10.10.10.0 [110/65] via 192.168.10.2, 00:04:11, Serial0/0/0
     172.16.0.0/16 is variably subnetted, 2 subnets, 2 masks
C        172.16.1.16/28 is directly connected, FastEthernet0/0
O        172.16.1.32/29 [110/65] via 192.168.10.6, 00:04:11, Serial0/0/1
     192.168.10.0/30 is subnetted, 3 subnets
C        192.168.10.0 is directly connected, Serial0/0/0
C        192.168.10.4 is directly connected, Serial0/0/1
O        192.168.10.8 [110/128] via 192.168.10.2, 00:07:29, Serial0/0/0
                      [110/128] via 192.168.10.6, 00:07:29, Serial0/0/1
R1#
```

显示结果表明,路由器 R1 的路由表是全的,能够包含到网络中各个网段的路由条目。其次通过 show ip route 命令查看路由器 R2 的路由表如下。

```
R2#show ip route
Codes: C - connected, S - static, I - IGRP, R - RIP, M - mobile, B - BGP
       D - EIGRP, EX - EIGRP external, O - OSPF, IA - OSPF inter area
       N1 - OSPF NSSA external type 1, N2 - OSPF NSSA external type 2
       E1 - OSPF external type 1, E2 - OSPF external type 2, E - EGP
       i - IS-IS, L1 - IS-IS level-1, L2 - IS-IS level-2, ia - IS-IS inter area
       * - candidate default, U - per-user static route, o - ODR
       P - periodic downloaded static route
Gateway of last resort is not set
     10.0.0.0/24 is subnetted, 1 subnets
C        10.10.10.0 is directly connected, FastEthernet0/0
     172.16.0.0/16 is variably subnetted, 2 subnets, 2 masks
O        172.16.1.16/28 [110/65] via 192.168.10.1, 00:04:26, Serial0/0/0
O        172.16.1.32/29 [110/65] via 192.168.10.10, 00:04:26, Serial0/0/1
     192.168.10.0/30 is subnetted, 3 subnets
C        192.168.10.0 is directly connected, Serial0/0/0
O        192.168.10.4 [110/128] via 192.168.10.1, 00:07:34, Serial0/0/0
                      [110/128] via 192.168.10.10, 00:07:34, Serial0/0/1
C        192.168.10.8 is directly connected, Serial0/0/1
```

显示结果表明,路由器 R2 的路由表是全的,能够包含到网络中各个网段的路由条目。再次通过 show ip route 命令查看路由器 R3 的路由表如下。

```
R3#show ip route
Codes: C - connected, S - static, I - IGRP, R - RIP, M - mobile, B - BGP
       D - EIGRP, EX - EIGRP external, O - OSPF, IA - OSPF inter area
       N1 - OSPF NSSA external type 1, N2 - OSPF NSSA external type 2
       E1 - OSPF external type 1, E2 - OSPF external type 2, E - EGP
       i - IS-IS, L1 - IS-IS level-1, L2 - IS-IS level-2, ia - IS-IS inter area
       * - candidate default, U - per-user static route, o - ODR
       P - periodic downloaded static route
```

```
Gateway of last resort is not set
    10.0.0.0/24 is subnetted, 1 subnets
O       10.10.10.0 [110/65] via 192.168.10.9, 00:04:43, Serial0/0/1
    172.16.0.0/16 is variably subnetted, 2 subnets, 2 masks
O       172.16.1.16/28 [110/65] via 192.168.10.5, 00:04:43, Serial0/0/0
C       172.16.1.32/29 is directly connected, FastEthernet0/0
    192.168.10.0/30 is subnetted, 3 subnets
O       192.168.10.0 [110/128] via 192.168.10.5, 00:07:51, Serial0/0/0
                     [110/128] via 192.168.10.9, 00:07:51, Serial0/0/1
C       192.168.10.4 is directly connected, Serial0/0/0
C       192.168.10.8 is directly connected, Serial0/0/1
R3#
```

显示结果表明,路由器 R3 的路由表是全的,能够包含到网络中各个网段的路由条目。通过路由表的分析结果,可以得出整个网络通过动态路由协议 OSPF 实现了互联互通。

6.2.4 DR/BDR

根据路由器所连接的物理网络不同,OSPF 将网络划分为 4 种类型,即点到点型、广播多路访问型、非广播多路访问型、点到多点型。

在广播多路访问型和非广播多路访问型网络中,任意两台相邻路由器之间都要交换路由信息。如果网络中有 n 台路由器,则需要建立 $n(n-1)/2$ 个邻接关系。这使得任意一台路由器的路由变化都会导致多次传递,浪费了带宽资源。为此,OSPF 协议定义了指定路由器(Designated Router,DR),所有路由器都只将信息发送给 DR,再由 DR 将网络链路状态发送出去。若 DR 由于某种故障失效,则网络中的路由器必须重新选举 DR,由于选举时间较长,在选举期间路由的计算是不正确的。为了能够缩短选举时间,OSPF 提出备份指定路由器(Backup Designated Router,BDR)的概念。动态路由协议 OSPF 中每个多路访问(multi-access)网段都有 DR 和 BDR 以及非指定路由器(DROther)。通过点对点链路相互连接的网络,不会执行 DR 和 BDR 选举。

DR:负责使用该变化信息更新其他所有 OSPF 路由器(称为 DROther)。

BDR:BDR 会监控 DR 的状态,并在当前 DR 发生故障时接替其角色。

OSPF 有两个组播地址 224.0.0.5 和 224.0.0.6,OSPF 在广播多路访问和非广播多路访问网络中会选举 DR、BDR,这样可以有效控制 OSPF 区域内的 LSA 泛洪。DR、BDR 会使用 224.0.0.5 来发送 LSA 更新,则 DROTHER 会使用 224.0.0.6 发送 LSA 更新。如 OSPF 区域内有链路发生变化时,若变化路由器为 DROTHER,它不会将 LSA 泛洪给区域内其他路由器,而是通过组播地址 224.0.0.6 先发送给 DR、BDR,然后 DR 再将此更新通过 224.0.0.5 发送给其他区域内路由器。即 DR、BDR 监听 224.0.0.6,DROTHER 监听 224.0.0.5。

具有最高优先级的 OSPF 路由器成为网段中的 DR。如果优先级相同,具有最高路由器 ID 的路由器会成为 DR。默认所有路由器具有相同的优先级,其值均为 1。如果 DR 故障,BDR 会被提升为 DR。

DR 和 BDR 的优先级根据端口不同而不同,可以使用 ip ospf priority 命令在端口配置模式中配置端口的优先级。一旦选举了 DR 和 BDR,它们就会维持这些角色,即使其他具有更高优先级的路由器与它们形成邻居关系,也不会改变它们的角色。只在没有 DR 或 BDR 时,才会进行选举或重新选举。将优先级设置为 0,意味着该路由器将永远不会成为 DR 或 BDR。

OSPF 网络中的每台路由器都需要一个唯一 ID(路由器 ID)——该 ID 不仅在区域内唯一,在整个 OSPF 网络中也都是唯一的。该 ID 用于向 OSPF 路由器提供唯一标识,它包含在路由器中生成的 OSPF 消息中。路由器 ID 选择过程如下。

(1) 路由器活动环回端口的最高 IP 地址(这是路由器上的逻辑端口)作为路由器 ID。

(2) 如果在活动的环回端口上没有 IP 地址,路由器启动时会使用其中最高的 IP 地址作为路由器 ID。

路由器如果没有活动端口,OSPF 进程不会启动,因此在路由选择表中不会有任何 OSPF 路由。由于环回端口总是被启用的,因此一般使用环回端口 IP 地址作为路由器的 ID。这样,路由器可以获得 ID,并启动 OSPF。

6.2.5　默认路由传播

如图 6.71 所示,在连接到 ISP 的边界 OSPF 路由器上,通常有一个指向 ISP 的默认路由。要获取这个路由并将它分布到 OSPF 进程中,可使用以下配置命令,让边界路由器成为自治系统边界路由器。

```
Router(config)#ip route 0.0.0.0 0.0.0.0 ISP-interface-or-IP-address
//配置出口路由器默认路由
Router(config)#router ospf process-ID       //路由器启动 OSPF 其进程号为 process-ID
Router(config-router)#default-information originate   //路由重分布
```

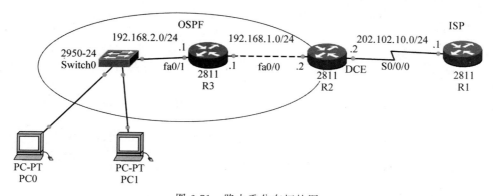

图 6.71　路由重分布拓扑图

首先配置 ISP 路由器 R1,具体配置如下。

```
R1(config)#interface serial 0/0/0                    //进入路由器 R1 的端口 serial0/0/0
R1(config-if)#ip address 202.102.10.1 255.255.255.0   //配置 IP 地址
R1(config-if)#no shu                                 //激活
```

其次配置出口路由器 R2,基本配置如下。

```
R2(config)#interface serial 0/0/0                    //进入路由器 R2 的端口 serial0/0/0
```

```
R2(config-if)#ip address 202.102.10.2 255.255.255.0        //配置 IP 地址
R2(config-if)#clock rate 64000                              //配置时钟频率
R2(config-if)#no shu                                        //激活
R2(config-if)#exit                                          //退出
R2(config)#interface fastEthernet 0/0                       //进入路由器 R2 的端口 fa0/0
R2(config-if)#ip address 192.168.1.2 255.255.255.0          //配置 IP 地址
R2(config-if)#no shu                                        //激活
```

路由器 R3 的基本配置如下。

```
R3(config)#interface fastEthernet 0/0                       //进入路由器 R3 的端口 fa0/0
R3(config-if)#ip address 192.168.1.1 255.255.255.0          //配置 IP 地址
R3(config-if)#no shu                                        //激活
R3(config-if)#exit                                          //退出
R3(config)#interface fastEthernet 0/1                       //进入路由器 R3 的端口 fa0/1
R3(config-if)#ip address 192.168.2.1 255.255.255.0          //配置 IP 地址
R3(config-if)#no shu                                        //激活
```

配置路由器 R2 指向 ISP 的默认路由。

```
R2(config)#ip route 0.0.0.0 0.0.0.0 202.102.10.1           //配置出口路由器默认路由
```

路由器 R2 和路由器 R3 配置 OSPF 路由器协议。
路由器 R2 的配置如下。

```
R2(config)#router ospf 1                                    //路由器启动 OSPF 其进程号为 1
R2(config-router)#network 192.168.1.0 0.0.0.255 area 0
//OSPF 把当前路由器上位于网络 192.168.1.0/255.255.255.0 的端口加入区域 0
```

路由器 R3 的配置如下。

```
R3(config)#router ospf 1                                    //路由器启动 OSPF 其进程号为 1
R3(config-router)#network 192.168.1.0 0.0.0.255 area 0
    //OSPF 把当前路由器上位于网络 192.168.1.0/255.255.255.0 的接口加入区域 0
R3(config-router)#network 192.168.2.0 0.0.0.255 area 0
    //OSPF 把当前路由器上位于网络 192.168.2.0/255.255.255.0 的接口加入区域 0
```

在路由器 R2 上配置默认路由重分布,具体配置如下。

```
R2(config-router)#default-information originate
```

查看路由器 R3 的路由表如下。

```
R3#show ip route
Codes: C - connected, S - static, I - IGRP, R - RIP, M - mobile, B - BGP
       D - EIGRP, EX - EIGRP external, O - OSPF, IA - OSPF inter area
       N1 - OSPF NSSA external type 1, N2 - OSPF NSSA external type 2
       E1 - OSPF external type 1, E2 - OSPF external type 2, E - EGP
       i - IS-IS, L1 - IS-IS level-1, L2 - IS-IS level-2, ia - IS-IS inter area
       * - candidate default, U - per-user static route, o - ODR
```

```
    P - periodic downloaded static route
Gateway of last resort is 192.168.1.2 to network 0.0.0.0
C    192.168.1.0/24 is directly connected, FastEthernet0/0
C    192.168.2.0/24 is directly connected, FastEthernet0/1
O * E2 0.0.0.0/0 [110/1] via 192.168.1.2, 00:00:20, FastEthernet0/0
R3#
```

路由表中的路由条目"O * E2 0.0.0.0/0［110/1］via 192.168.1.2，00：00：20，FastEthernet0/0"，是将默认路由通过 OSPF 路由协议进行重分布。

6.2.6　OSPF 认证

OSPF 支持邻居和路由选择更新的认证，目的是为了加强网络安全性，可以使用明文密码或 MD5 算法创建的数字签名认证。认证信息被放置在每个 LSA（链路状态通告）中，并在被 OSPF 路由器接受之前进行验证。要成为邻居，密钥信息（明文密码或 MD5 算法的密钥）必须在两个要成为邻居的对等体之间匹配。如果两个 OSPF 邻居上的密码或者密钥值不匹配，就不会发生邻居关系。使用 MD5 密码比使用明文密码更安全。

配置认证需要以下两个步骤。

（1）指定要使用的密码（密钥）或启用认证。密钥的配置是以端口为基础的，意味着相同端口的每个邻居 OSPF 路由器必须使用密码（密钥）。命令如下。

```
Router(config-if)#ip ospf authentication-key password
```

密码以明文形式存储在路由器配置中。要对其进行加密，使用 Router（config）♯ service password-encryption 命令。

（2）指定密码是以明文形式发送，还是使用 MD5 创建数字签名。可以以端口为基础设置，也可以以区域为基础设置。

```
Router(config-if)#ip ospf authentication [message-digest]
```

如果省略了 message-digest 参数，密钥就作为明文密码发送。其他选项是配置与路由器相关联的区域使用的密码（密钥）。

```
Router(config)#router ospf process_ID
Router(config-router)#area area_#  authentication [message-digest]
```

如果省略了 message-digest 参数，密钥就作为明文密码发送。

如图 6.72 所示，OSPF 明文密码认证配置过程如下。

首先对路由器 R2 进行基本配置。

```
R2(config)#interface serial 0/0/0            //进入路由器 R2 的端口 serial0/0/0
R2(config-if)#ip address 23.1.1.1 255.255.255.0 //配置 IP 地址
R2(config-if)#no shu                         //激活
R2(config-if)#clock rate 64000               //配置时钟频率
```

路由器 R3 的基本配置如下：

```
R3(config)#interface serial 0/0/0            //进入路由器 R3 的端口 serial0/0/0
```

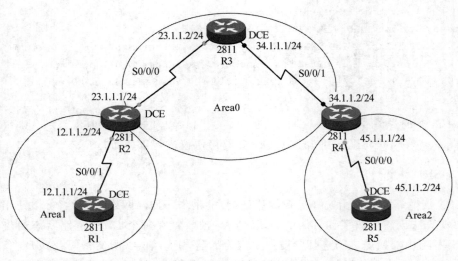

图 6.72　OSPF 认证拓扑结构图

```
R3(config-if)#ip address 23.1.1.2 255.255.255.0   //配置 IP 地址
R3(config-if)#no shu                              //激活
R3(config-if)#exit                                //退出
R3(config)#interface serial 0/0/1                 //进入路由器 R3 的端口 serial0/0/1
R3(config-if)#ip address 34.1.1.1 255.255.255.0   //配置 IP 地址
R3(config-if)#no shu                              //激活
R3(config-if)#clock rate 64000                    //配置时钟频率
R3(config-if)#exit                                //退出
```

路由器 R4 的基本配置如下。

```
R4(config)#interface serial 0/0/1                 //进入路由器 R4 的端口 serial0/0/1
R4(config-if)#ip address 34.1.1.2 255.255.255.0   //配置 IP 地址
R4(config-if)#no shu                              //激活
R4(config-if)#exit                                //退出
```

配置路由器 R2 的 OSPF 路由协议。

```
R2(config)#router ospf 1                          //路由器启动 OSPF 其进程号为 1
R2(config-router)#network 23.1.1.0 0.0.0.255 area 0
//OSPF 把当前路由器上位于网络 23.1.1.0/255.255.255.0 的端口加入区域 0
```

配置路由器 R3 的 OSPF 路由协议。

```
R3(config)#router ospf 1                          //路由器启动 OSPF 其进程号为 1
R3(config-router)#network 23.1.1.0 0.0.0.255 area 0
    //OSPF 把当前路由器上位于网络 23.1.1.0/255.255.255.0 的端口加入区域 0
R3(config-router)#network 34.1.1.0 0.0.0.255 area 0
    //OSPF 把当前路由器上位于网络 34.1.1.0/255.255.255.0 的端口加入区域 0
```

配置路由器 R4 的 OSPF 路由协议。

```
R4(config)#router ospf 1                            //路由器启动 OSPF 其进程号为 1
R4(config-router)#network 34.1.1.0 0.0.0.255 area 0
    //OSPF 把当前路由器上位于网络 34.1.1.0/255.255.255.0 的端口加入区域 0
```

接下来进行 OSPF 明文认证配置，在路由器 R2 和路由器 R3 上进行 OSPF 明文认证，
具体配置过程如下。

首先在路由器 R2 上做如下配置，观察路由器 R2 配置完认证，路由器 R3 没有配置认证
时的情况。

```
R2(config)#interface serial 0/0/0                   //进入路由器 R2 的端口 serial0/0/0
R2(config-if)#ip ospf authentication               //启用路由器 OSPF 认证功能
R2(config-if)#ip ospf authentication-key cisco      //将认证密码设置为 cisco
```

在路由器 R2 上通过 Debug 命令工具可以看到如下信息。

```
R2#debug ip ospf events
OSPF events debugging is on
R2#
00:51:36: OSPF: Rcv pkt from   23.1.1.2, Serial0/0/0 : Mismatch Authentication
type. Input packet specified type 0, we use type 1
```

这里的 Type0 指对方没有启用认证，而我们使用的是 type1 认证，即明文认证。
在路由器 R3 上通过 Debug 调试命令，可以看到如下结果。

```
R3#debug ip ospf events
OSPF events debugging is on
R3#
00:53:58: OSPF: Rcv hello from 34.1.1.2 area 0 from Serial0/0/1 34.1.1.2
00:53:58: OSPF: End of hello processing
00:54:03: OSPF: Rcv pkt from   23.1.1.1, Serial0/0/0 : Mismatch Authentication
type. Input packet specified type 1, we use type 0
```

这里的 Type0 指没有启用认证，而对方使用的是 type1 认证，即明文认证。
接下来在路由器 R3 上配置认证，使得邻居关系恢复正常，具体配置过程如下。

```
R3(config)#interface serial 0/0/0                   //进入路由器 R3 的端口 serial0/0/0
R3(config-if)#ip ospf authentication               //启用路由器 OSPF 认证功能
R3(config-if)#ip ospf authentication-key cisco      //将认证密码设置为 cisco
```

接下来可以看到邻居关系恢复过程，具体如下。

```
R3(config-if)#
00:58:43: OSPF: Send DBD to 23.1.1.1 on Serial0/0/0 seq 0x4495 opt 0x00 flag 0x7
len 32
00:58:43: OSPF: Rcv DBD from 23.1.1.1 on Serial0/0/0 seq 0x460b opt 0x00 flag 0x7 len
32   mtu 1500 state EXSTART
00:58:43: OSPF: First DBD and we are not SLAVE
00:58:43: OSPF: Rcv DBD from 23.1.1.1 on Serial0/0/0 seq 0x4495 opt 0x00 flag 0x2 len
92   mtu 1500 state EXSTART
```

00:58:43: OSPF: NBR Negotiation Done. We are the MASTER

00:58:43: OSPF: Send DBD to 23.1.1.1 on Serial0/0/0 seq 0x4496 opt 0x00 flag 0x3 len 92

00:58:43: OSPF: Rcv DBD from 23.1.1.1 on Serial0/0/0 seq 0x4496 opt 0x00 flag 0x0 len 32 mtu 1500 state EXCHANGE

00:58:43: OSPF: Send DBD to 23.1.1.1 on Serial0/0/0 seq 0x4497 opt 0x00 flag 0x1 len 32

00:58:43: OSPF: Rcv DBD from 23.1.1.1 on Serial0/0/0 seq 0x4497 opt 0x00 flag 0x0 len 32 mtu 1500 state EXCHANGE

00:58:43: Exchange Done with 23.1.1.1 on Serial0/0/0

00:58:43: Synchronized with with 23.1.1.1 on Serial0/0/0, state FULL

00:58:43: %OSPF-5-ADJCHG: Process 1, Nbr 23.1.1.1 on Serial0/0/0 from LOADING to FULL, Loading Done

邻居关系恢复正常,接下来配置路由器 R3 和路由器 R4 串行链路,进行 MD5 认证过程,具体配置过程如下。

首先配置路由器 R3。

R3(config)#interface serial 0/0/1   //进入路由器 R3 的端口 serial0/0/1
R3(config-if)#ip ospf authentication message-digest
                    //启用路由器 OSPF 认证功能,并定义认证类型为 MD5
R3(config-if)#ip ospf message-digest-key 1 md5 cisco //设置 MD5 密码为 cisco

路由器 R4 通过 Debug 调试,显示结果如下。

R4#debug ip ospf events
OSPF events debugging is on
R4#
01:10:04: OSPF: Rcv pkt from 34.1.1.1, Serial0/0/1 : Mismatch Authentication type. Input packet specified type 2, we use type 0

显示结果表明,对方采用 type 2 MD5 加密认证,而本身没有采用认证,即 type0。

路由器 R3 通过 Debug 调试,显示结果如下。

R3#debug ip ospf events
OSPF events debugging is on
R3#
01:12:53: OSPF: Rcv hello from 23.1.1.1 area 0 from Serial0/0/0 23.1.1.1
01:12:53: OSPF: End of hello processing
01:12:58: OSPF: Rcv pkt from 34.1.1.2, Serial0/0/1 : Mismatch Authentication type. Input packet specified type 0, we use type 2

表明对方认证类型为 type 0,即没有认证,而我们本身使用的认证类型为 type2 ,即 MD5 加密认证。

接下来配置路由器 R4,使其动态路由协议 OSPF 采用 MD5 进行认证。

R4(config)#interface serial 0/0/1   //进入路由器 R4 的端口 serial0/0/1
R4(config-if)#ip ospf authentication message-digest

//启用路由器 OSPF 认证功能,并定义认证类型为 MD5

```
R4(config-if)#ip ospf message-digest-key 1 md5 cisco   //设置 MD5 密码为 cisco
R4(config-if)#
01:26:54: %OSPF-5-ADJCHG: Process 1, Nbr 34.1.1.1 on Serial0/0/1 from LOADING to
FULL, Loading Done
```

路由器 R4 配置完 MD5 认证后,邻居关系恢复正常。网络通信恢复正常状态。

接下来配置区域认证,具体配置在 Area1 上进行区域认证过程。

首先在路由器 R1 上做如下配置。

```
R1(config)#interface serial 0/0/1              //进入路由器 R1 的端口 serial0/0/1
R1(config-if)#ip address 12.1.1.1 255.255.255.0 //配置 IP 地址
R1(config-if)#no shu                           //激活
R1(config-if)#clock rate 64000                 //配置时钟频率
```

在路由器 R2 上做如下配置。

```
R2(config)#interface serial 0/0/1              //进入路由器 R2 的端口 serial0/0/1
R2(config-if)#ip address 12.1.1.2 255.255.255.0 //配置 IP 地址
R2(config-if)#no shu                           //激活
```

路由器 R1 启动 OSPF 路由协议。

```
R1(config)#router ospf 1                        //路由器启动 OSPF 其进程号为 1
R1(config-router)#network 12.1.1.0 0.0.0.255 area 1
     //OSPF 把当前路由器上位于网络 12.1.1.0/255.255.255.0 的端口加入区域 1
R1(config-router)#
```

路由器 R2 启动 OSPF 路由协议。

```
R2(config)#router ospf 1                         //路由器启动 OSPF 其进程号为 1
R2(config-router)#network 12.1.1.0 0.0.0.255 area 1
     //OSPF 把当前路由器上位于网络 12.1.1.0/255.255.255.0 的端口加入区域 1
R2(config-router)#
```

查看邻居情况如下。

```
R1#show ip ospf neighbor
Neighbor ID     Pri  State        Dead Time   Address     Interface
23.1.1.1          0  FULL/  -      00:00:36    12.1.1.2     Serial0/0/1
R1#
```

接下来配置区域明文密码认证,首先配置路由器 R1。

```
R1(config)#router ospf 1                        //路由器启动 OSPF 其进程号为 1
R1(config-router)#area 1 authentication         //配置区域认证
R1(config-router)#exit                          //退出
R1(config)#interface serial 0/0/1               //进入路由器 R1 的端口 serial0/0/1
R1(config-if)#ip ospf authentication-key cisco //配置认证密码为 cisco
R1#debug ip ospf events
```

```
OSPF events debugging is on
R1#
01:49:30: OSPF: Rcv pkt from  12.1.1.2, Serial0/0/1 : Mismatch Authentication
type. Input packet specified type 0, we use type 1
```

配置路由器 R2 如下。

```
R2(config)#router ospf 1                            //路由器启动 OSPF 其进程号为 1
R2(config-router)#area 1 authentication             //配置区域认证
R2(config-router)#exit                              //退出
R2(config)#interface serial 0/0/1                   //进入路由器 R2 的端口 serial0/0/1
R2(config-if)#ip ospf authentication-key cisco //配置认证密码为 cisco
R2(config-if)#
02:13:26: %OSPF-5-ADJCHG: Process 1, Nbr 12.1.1.1 on Serial0/0/1 from LOADING to
FULL, Loading Done
```

配置区域加密 MD5 认证过程如下。

```
R1(config)#router ospf 1                            //路由器启动 OSPF 其进程号为 1
R1(config-router)#area 1 authentication message-digest   //配置区域 MD5 认证
R1(config-router)#exit                              //退出
R1(config)#interface serial 0/0/1                   //进入路由器的端口 serial0/0/1
R1(config-if)#ip ospf message-digest-key 1 md5 cisco  //配置 MD 5 认证密码为 cisco
01:57:00: % OSPF-5-ADJCHG: Process 1, Nbr 23.1.1.1 on Serial0/0/1 from FULL to
DOWN, Neighbor Down: Dead timer expired
```

接着配置路由器 R2 如下。

```
R2(config)#router ospf 1                            //路由器启动 OSPF 其进程号为 1
R2(config-router)#area 1 authentication message-digest   //配置区域 MD5 认证
R2(config-router)#exit                              //退出
R2(config)#interface serial 0/0/1                   //进入路由器的端口 serial0/0/1
R2(config-if)#ip ospf message-digest-key 1 md5 cisco   //配置 MD 5 认证密码为 cisco
R2(config-if)#
02:20:57: %OSPF-5-ADJCHG: Process 1, Nbr 12.1.1.1 on Serial0/0/1 from LOADING to
FULL, Loading Done
```

邻居关系恢复正常,网络通信恢复正常。

6.2.7　OSPF 故障排除

常用来进行 OSPF 故障排除的命令有:

```
show ip protocols
show ip route
show ip ospf
show ip ospf interface
show ip ospf neighbor
debug ip ospf adj
```

```
debug ip ospf events
debug ip ospf packet
```

图 6.73 所示为 OSPF 故障排除网络拓扑图，该互联网络由 4 台路由器和 4 台计算机组成，通过动态路由协议 OSPF 将网络互联起来。接下来通过相关命令查看网络故障过程。

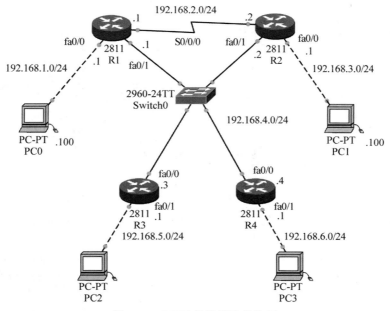

图 6.73　OSPF 故障排除结构图

1. show ip protocols

该命令显示在路由器上已经配置并正在运行的所有 IP 路由选择协议。

```
R1# show ip protocols
Routing Protocol is "ospf 1"
  Outgoing update filter list for all interfaces is not set
  Incoming update filter list for all interfaces is not set
  Router ID 192.168.4.1
  Number of areas in this router is 1. 1 normal 0 stub 0 nssa
  Maximum path: 4
  Routing for Networks:
    192.168.1.0 0.0.0.255 area 0
    192.168.2.0 0.0.0.255 area 0
    192.168.4.0 0.0.0.255 area 0
  Routing Information Sources:
    Gateway         Distance      Last Update
    192.168.4.1       110         00:09:12
    192.168.4.2       110         00:09:12
    192.168.5.1       110         00:09:22
    192.168.6.1       110         00:09:22
  Distance: (default is 110)
```

在该例中,路由器 ID 是 192.168.4.1。参与到 OSPF 中的所有接口(192.168.1.0　0.0.0.255、192.168.2.0　0.0.0.255 以及 192.168.4.0　0.0.0.255)都在区域 0 中。默认管理距离为 110。

2. show ip route 命令

路由器在路由选择表中保持了一份到达接收站的最佳 IP 路径列表。要查看路由选择表,可以使用 show ip route 命令。

```
R1#show ip route
Codes: C - connected, S - static, I - IGRP, R - RIP, M - mobile, B - BGP
       D - EIGRP, EX - EIGRP external, O - OSPF, IA - OSPF inter area
       N1 - OSPF NSSA external type 1, N2 - OSPF NSSA external type 2
       E1 - OSPF external type 1, E2 - OSPF external type 2, E - EGP
       i - IS-IS, L1 - IS-IS level-1, L2 - IS-IS level-2, ia - IS-IS inter area
        * - candidate default, U - per-user static route, o - ODR
       P - periodic downloaded static route
Gateway of last resort is not set
C    192.168.1.0/24 is directly connected, FastEthernet0/0
C    192.168.2.0/24 is directly connected, Serial0/0/0
O    192.168.3.0/24 [110/2] via 192.168.4.2, 00:10:47, FastEthernet0/1
C    192.168.4.0/24 is directly connected, FastEthernet0/1
O    192.168.5.0/24 [110/2] via 192.168.4.3, 00:10:47, FastEthernet0/1
O    192.168.6.0/24 [110/2] via 192.168.4.4, 00:10:47, FastEthernet0/1
R1#
```

在该例中,有一条 OSPF 路由"O 192.168.3.0/24 [110/2] via 192.168.4.2,00：10：47,FastEthernet0/1",该路由的管理距离为 110,度量值为 2,并能通过邻居 192.168.4.2 到达。

3. show ip ospf 命令

要查看路由器的 OSPF 配置概况,可以使用 show ip ospf 命令。

```
R1#show ip ospf
 Routing Process "ospf 1" with ID 192.168.4.1
 Supports only single TOS(TOS0) routes
 Supports opaque LSA
 SPF schedule delay 5 secs, Hold time between two SPFs 10 secs
 Minimum LSA interval 5 secs. Minimum LSA arrival 1 secs
 Number of external LSA 0. Checksum Sum 0x000000
 Number of opaque AS LSA 0. Checksum Sum 0x000000
 Number of DCbitless external and opaque AS LSA 0
 Number of DoNotAge external and opaque AS LSA 0
 Number of areas in this router is 1. 1 normal 0 stub 0 nssa
 External flood list length 0
    Area BACKBONE(0)
        Number of interfaces in this area is 3
        Area has no authentication
        SPF algorithm executed 182 times
        Area ranges are
```

```
        Number of LSA 5. Checksum Sum 0x024b91
        Number of opaque link LSA 0. Checksum Sum 0x000000
        Number of DCbitless LSA 0
        Number of indication LSA 0
        Number of DoNotAge LSA 0
        Flood list length 0
R1#
```

该命令显示了 OSPF 计时器配置和其他统计信息,包括 SPF 算法在某个区域中运行的次数。

4. show ip ospf interface 命令

在端口的基础上,OSPF 路由器跟踪一个端口属于哪个区域,以及有哪些邻居连接到该端口。要查看这些信息,可以使用 show ip ospf interface 命令。

```
R1# show ip ospf interface
FastEthernet0/0 is up, line protocol is up
  Internet address is 192.168.1.1/24, Area 0
  Process ID 1, Router ID 192.168.4.1, Network Type BROADCAST, Cost: 1
  Transmit Delay is 1 sec, State DR, Priority 1
  Designated Router (ID) 192.168.4.1, Interface address 192.168.1.1
  No backup designated router on this network
  Timer intervals configured, Hello 10, Dead 40, Wait 40, Retransmit 5
    Hello due in 00:00:07
  Index 1/1, flood queue length 0
  Next 0x0(0)/0x0(0)
  Last flood scan length is 1, maximum is 1
  Last flood scan time is 0 msec, maximum is 0 msec
  Neighbor Count is 0, Adjacent neighbor count is 0
  Suppress hello for 0 neighbor(s)
FastEthernet0/1 is up, line protocol is up
  Internet address is 192.168.4.1/24, Area 0
  Process ID 1, Router ID 192.168.4.1, Network Type BROADCAST, Cost: 1
  Transmit Delay is 1 sec, State DROTHER, Priority 1
  Designated Router (ID) 192.168.6.1, Interface address 192.168.4.4
  Backup Designated Router (ID) 192.168.5.1, Interface address 192.168.4.3
  Timer intervals configured, Hello 10, Dead 40, Wait 40, Retransmit 5
    Hello due in 00:00:07
  Index 2/2, flood queue length 0
  Next 0x0(0)/0x0(0)
  Last flood scan length is 1, maximum is 1
  Last flood scan time is 0 msec, maximum is 0 msec
  Neighbor Count is 3, Adjacent neighbor count is 2
    Adjacent with neighbor 192.168.6.1  (Designated Router)
    Adjacent with neighbor 192.168.5.1  (Backup Designated Router)
  Suppress hello for 0 neighbor(s)
```

```
Serial0/0/0 is up, line protocol is up
  Internet address is 192.168.2.1/24, Area 0
  Process ID 1, Router ID 192.168.4.1, Network Type POINT-TO-POINT, Cost: 64
  Transmit Delay is 1 sec, State POINT-TO-POINT, Priority 0
  No designated router on this network
  No backup designated router on this network
  Timer intervals configured, Hello 10, Dead 40, Wait 40, Retransmit 5
    Hello due in 00:00:07
  Index 3/3, flood queue length 0
  Next 0x0(0)/0x0(0)
  Last flood scan length is 1, maximum is 1
  Last flood scan time is 0 msec, maximum is 0 msec
  Neighbor Count is 1 , Adjacent neighbor count is 1
    Adjacent with neighbor 192.168.4.2
  Suppress hello for 0 neighbor(s)
```

使用该命令可以显示路由器的 ID、DR 和 BDR 的 ID,Hello 计时器(10s)、失效时间间隔(40s)、邻居数目以及邻接关系数目。要与另一台 OSPF 路由器成为邻居,hello 与失效时间间隔值必须匹配。"Designated Router (ID) 192.168.6.1,Interface address 192.168.4.4"表明 DR 路由器的 ID 为 192.168.6.1。与本路由器相连的端口 IP 地址为 192.168.4.4。"Backup Designated Router (ID) 192.168.5.1,Interface address 192.168.4.3"表明 BDR 路由器的 ID 为 192.168.5.1。与本路由器相连的接口 IP 地址为 192.168.4.3。

在该实例中,本路由器 ID 是 192.168.4.1。它的状态是 DROTHER,"Neighbor Count is 3,Adjacent neighbor count is 2"表明,3 个邻居形成 2 个邻接关系。注意,邻接关系只在路由器与 DR 及 BDR 之间建立(不在网段上的所有路由器之间建立)。

5. show ip ospf neighbor

要查看路由器的所有 OSPF 邻居,可以使用 show ip ospf neighbor 命令。

在路由器 R1 上执行 show ip ospf neighbor 命令,结果如下。

```
R1# show ip ospf neighbor
Neighbor ID    Pri    State          Dead Time    Address        Interface
192.168.6.1    1      FULL/DR        00:00:38     192.168.4.4    FastEthernet0/1
192.168.5.1    1      FULL/BDR       00:00:38     192.168.4.3    FastEthernet0/1
192.168.4.2    1      2WAY/DROTHER   00:00:38     192.168.4.2    FastEthernet0/1
192.168.4.2    0      FULL/          -            00:00:38       192.168.2.2
```

在路由器 R2 上执行 show ip ospf neighbor 命令,结果如下。

```
R2# show ip ospf neighbor
Neighbor ID    Pri    State          Dead Time    Address        Interface
192.168.6.1    1      FULL/DR        00:00:33     192.168.4.4    FastEthernet0/1
192.168.5.1    1      FULL/BDR       00:00:33     192.168.4.3    FastEthernet0/1
192.168.4.1    1      2WAY/DROTHER   00:00:33     192.168.4.1    FastEthernet0/1
192.168.4.1    0      FULL/          -            00:00:33       192.168.2.1
```

在路由器 R3 上执行 show ip ospf neighbor 命令,结果如下。

```
R3# show ip ospf neighbor

Neighbor ID     Pri   State           Dead Time    Address         Interface
192.168.6.1     1     FULL/DR         00:00:32     192.168.4.4     FastEthernet0/0
192.168.4.2     1     FULL/DROTHER    00:00:31     192.168.4.2     FastEthernet0/0
192.168.4.1     1     FULL/DROTHER    00:00:31     192.168.4.1     FastEthernet0/0
R3#
```

在路由器 R4 上执行 show ip ospf neighbor 命令,结果如下。

```
R4# show ip ospf neighbor

Neighbor ID     Pri   State           Dead Time    Address         Interface
192.168.5.1     1     FULL/BDR        00:00:30     192.168.4.3     FastEthernet0/0
192.168.4.2     1     FULL/DROTHER    00:00:30     192.168.4.2     FastEthernet0/0
192.168.4.1     1     FULL/DROTHER    00:00:30     192.168.4.1     FastEthernet0/0
R4#
```

可以使用该命令列出路由器的所有 OSPF 邻居、它们的 OSPF 状态、它们的路由器 ID 以及邻居连接到哪个端口。

在该实例中,连接到路由器 R1 的 fa0/1 的路由器有 3 台:192.168.6.1 是 DR,192.168.5.1 是 BDR,192.168.4.2 是 DROTHER(其他路由器)。对于 DR 和 BDR,由于该路由器与 DR 以及 BDR 彼此共享路由选择信息,所以状态是 FULL,这是所期待的结果,DROTHER 路由器处于 two-way 状态,表明是该路由器的一个邻居,但该路由器与 DROTHER 路由器不会彼此直接共享路由选择信息。"192.168.4.2 0 FULL/ - 00:00:38 192.168.2.2 serial0/0/0"表明,连接到路由器 R1 的 S0/0/0 的路由器有 1 台:该路由器的 ID 为 192.168.4.2,本路由器通过与该路由器的端口 S0/0/0 的 IP 地址为 192.168.2.2 相连,属于 WAN 点对点链路。在 WAN 点对点链路上,没有 DR 和 BDR 路由器。也可以选择将邻居的 ID 添加到 show ip interface neighbor 命令中,以获得关于特定邻居的更多信息。

6. debug ip ospf adj 命令

使用 debug 命令可以进行更详细的故障排除。如果希望查看路由器建立到其他路由器的邻接关系进程,可以使用 debug ip ospf adj 命令。

7. debug ip ospf events 命令

该命令可以查看路由器上的 OSPF 事件。

8. debug ip ospf packet 命令

该命令可以查看 OSPF LSA 分组的内容。

6.3　EIGRP 路由技术

6.3.1　EIGRP 简介

增强内部网关路由选择协议(Enhanced Interior Gateway Routing Protocol,EIGRP)是 Cisco 私有的路由选择协议(2013 年已经公有化)。从本质上讲,它是一种距离矢量协议,但是又内建了很多链路状态协议的优点,因此称为混合协议。EIGRP 是基于 Cisco 专有的 IGRP 路由选择协议,因此其配置与 IGRP 类似。

EIGRP 使用扩散更新算法(Diffusing Update Algorithm,DUAL)更新路由选择表。该算法通过在本地拓扑表中存储邻居的路由选择信息实现非常快速的收敛。如果路由选择表中的主要路由失效,不需要与其他 EIGRP 相邻路由器交谈寻找前往接收站的替代路径,DUAL 可以从拓扑表(邻居的路由选择表)中取出备份路由,并将其放入到路由选择表中。

EIGRP 拥有许多新增的链路状态特征,这些特征主要包括以下几项:

1) 快速收敛

链路状态包(LSP)的转发是不依靠路由计算的,它只宣告链路和链路状态,而不宣告路由,所以即使链路发生了变化,不会引起链路的路由被宣告。同时,EIGRP 采用 DUAL,通过多个路由器并行地进行路由计算,网络就可以在无环路产生的情况下较为快速地进行收敛。

2) 无环路拓扑

DUAL 机制能够保证生成的路由没有环路。

3) 支持 VLSM 和路由汇总

EIGRP 支持 VLSM 和路由汇总,它允许在网络的任意一点进行汇总。EIGRP 既支持自动汇总,又支持任意长度掩码的手工汇总。EIGRP 本质上是距离向量协议,因此它会自动以 A 类、B 类和 C 类网络边界汇总路由,也可以进行手动汇总。使用路由汇总以后,对于聚合范围内的多条路由信息只向外发送一条路由信息,这样可以减少占用的网络带宽,也减少对处理器和内存资源的使用。

4) 减少带宽占用,网络开销小

EIGRP 使用的 DUAL 只发送路由信息改变了的更新,而不发送整个路由表。与周期性更新的距离矢量路由协议 RIP 相比,EIGRP 不作周期性的更新;和更新传输到一个区域内的所有路由器上的链路状态路由协议相比,EIGRP 只发送更新给需要该更新信息的路由器。所以它的网络开销更少。

5) 可提供在 16 条路径上进行负载均衡(同等成本或非同等成本)

EIGRP 是目前唯一支持不等价负载分担的协议,即支持不同 Metric 路由之间的负载平衡。EIGRP 默认支持 4 条路径上的负载均衡,从 IOS 12.3 版本之后,最多支持 16 条路径上的负载均衡。

6) 支持多种可路由协议

EIGRP 支持 IPv4、IPv6、IPX 以及 AppleTalk 等可路由协议。EIGRP 可以同时为所有这些协议进行路由。如果在某个环境里运行了这些可路由协议,则使用 EIGRP 最合适。只需为这几种协议运行一种路由选择协议,而不用为每种协议运行一个单独的路由选择协议,从而显著减轻了路由选择开销。

6.3.2　EIGRP 配置

1. 基本 EIGRP 配置

配置 EIGRP 涉及以下两条基本语句。

```
Router(config)#router eigrp  Autonomous system number<1-65535>
Router(config-router)#network  Network number(A.B.C.D)EIGRP wildcard-mask bits
(A.B.C.D)
```

第一条语句为启用 EIGRP 动态路由协议,该语句需要输入自治系统(AS)号;第二条语句用于将端口加入 EIGRP 的 network 语句。EIGRP 属于无类路由协议,它所指定的网络号可以是有类网络号,也可以是使用子网掩码限定的网络号。即使 EIGRP 是无类的,使用 network 命令指定网络号时,默认也必须将其配置为有类协议。如 network 172.16.0.0 将包括与子网 172.16.1.0/24 和 172.16.100.0/24 相关的端口。默认情况下,当在 network 命令中使用诸如 172.16.0.0 等有类网络地址时,该路由器上属于该有类网络地址的所有端口都将启用 EIGRP。然后,有时并不希望为所有端口启用 EIGRP,在配置 EIGRP 时仅通告特定子网,将 wildcard-mask 与 network 命令一起使用。

如图 6.74 所示,以路由器 R1 为例,路由选择协议 EIGRP 的配置如下。

```
R1(config)#router eigrp 100            //启用 EIGRP 路由协议
R1(config-router)#network 172.16.0.0   //将 172.16.0.0 网络端口加入 EIGRP
R1(config-router)#network 10.0.0.0     //将 10.0.0.0 网络端口加入 EIGRP
R1(config-router)#
```

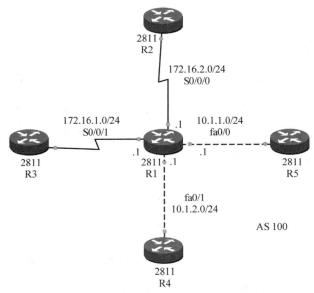

图 6.74　EIGRP 配置网络拓扑图

该路由器有 4 个端口:172.16.1.1/24、172.16.2.1/24、10.1.1.1/24、10.1.2.1/24。配置 network 命令时,只输入 A 类、B 类或 C 类网络号,或者用子网掩码限制地址。在上面的例子中,输入 B 类和 A 类网络号,在所有 4 个端口上启动了 EIGRP 路由选择。

还可以使用 network 语句进行更具体的配置,将 wildcard-mask 与 network 命令一起使用,以包括 EIGRP AS 中的特定端口,如:

```
R1(config)#router eigrp 100                      //启用 EIGRP 路由协议
R1(config-router)#network 172.16.1.0 0.0.0.255
                                   //将 172.16.1.0/24 网络端口加入 EIGRP
R1(config-router)#network 172.16.2.0 0.0.0.255
                                   //将 172.16.2.0/24 网络端口加入 EIGRP
```

```
R1(config-router)#network 10.1.1.0 0.0.0.255 //将 10.1.1.0/24 网络端口加入 EIGRP
R1(config-router)#network 10.1.2.0 0.0.0.255 //将 10.1.2.0 网络端口加入 EIGRP
R1(config-router)#
```

这两种方法在实践中都可以使用,建议使用后者;特别是在路由器可能正在运行多种路由选择协议(如 EIGRP 和 OSPF),并且只想在每个路由选择协议中只包括某些有类地址的子网情况下。

2. 路由汇总

EIGRP 自动汇总类边界上的路由。

如图 6.75 以及图 6.76 所示,如果路由器连接到 172.16.0.0/16 中的子网和一个独立的网络,如 192.168.1.0/24,那么 EIGRP 将 172.16.0.0/16 路由从 192.168.1.0/24 端口发出(而不是特定子网 172.16.1.0/24 或者 172.16.2.0/24)。如果网络分成 172.16.1.0/24 和 172.16.2.0/24 两部分,但通过 192.168.1.0/24 连接起来,将导致可到达性问题,因为两边都在网络边界通告 172.16.0.0/16。

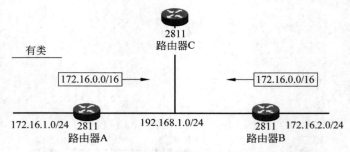

图 6.75　有类不连续子网汇总网络拓扑

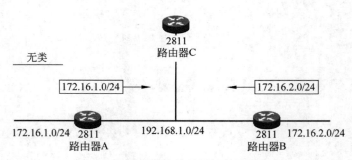

图 6.76　无类不连续子网汇总网络拓扑

关闭 EIGRP 自动汇总,可使用以下配置。

```
Router(config)#router eigrp  Autonomous system number <1-65535>
Router(config-router)#no auto-summary
```

关闭自动汇总,就会将 EIGRP 进程转换为无类协议。

拥有不连续类地址子网并使用 EIGRP 路由选择进程时,可在 EIGRP 路由器上使用 no auto-summary 关闭自动汇总功能。

3. EIGRP 配置示例

EIGRP 配置网络拓扑结构图如图 6.77 所示。

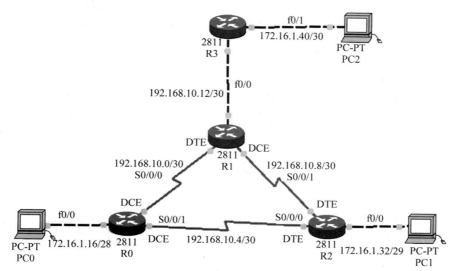

图 6.77 EIGRP 基本配置网络拓扑结构图

相关网络端口地址配置见表 6.18。

表 6.18 EIGRP 网络拓扑图中的设备 IP 地址规划

设　　备	端　　口	IP 地址	子 网 掩 码	默 认 网 关
R0	fa0/0	172.16.1.17	255.255.255.240	
	S0/0/0	192.168.10.1	255.255.255.252	
	S0/0/1	192.168.10.5	255.255.255.252	
R1	fa0/0	192.168.10.13	255.255.255.252	
	S0/0/0	192.168.10.2	255.255.255.252	
	S0/0/1	192.168.10.9	255.255.255.252	
R2	fa0/0	172.16.1.33	255.255.255.248	
	S0/0/0	192.168.10.6	255.255.255.252	
	S0/0/1	192.168.10.10	255.255.255.252	
R3	fa0/0	192.168.10.14	255.255.255.252	
	fa0/1	172.16.1.41	255.255.255.252	
P0	网卡	172.16.1.18	255.255.255.240	172.16.1.17
PC1	网卡	172.16.1.34	255.255.255.248	172.16.1.33
PC2	网卡	172.16.1.42	255.255.255.252	172.16.1.41

第一步，对路由器 R0 进行基本配置，过程如下。

```
Router>en                                       //进入特权模式
Router#config t                                 //进入全局配置模式
Router(config)#hostname R0                      //对路由器命名
R0(config)#interface fastEthernet 0/0           //进入快速以太网端口 Fa0/0
R0(config-if)#ip address 172.16.1.17 255.255.255.240   //配置 IP 地址
R0(config-if)#no shu                            //激活
R0(config-if)#exit                              //退出
R0(config)#interface serial 0/0/0              //进入路由器 R0 的端口 serial0/0/0
R0(config-if)#ip address 192.168.10.1 255.255.255.252   //配置 IP 地址
R0(config-if)#no shu                            //激活
R0(config-if)#clock rate 64000                  //配置时钟频率
R0(config-if)#exit                              //退出
R0(config)#interface serial 0/0/1              //进入路由器 R0 的端口 serial0/0/1
R0(config-if)#ip address 192.168.10.5 255.255.255.252   //配置 IP 地址
R0(config-if)#no shu                            //激活
R0(config-if)#clock rate 64000                  //配置时钟频率
R0(config-if)#exit                              //退出
```

第二步,对路由器 R1 进行基本配置,过程如下。

```
Router>en                                       //进入特权模式
Router#config t                                 //进入全局配置模式
Router(config)#hostname R1                      //为路由器命名
R1(config)#interface fastEthernet 0/0           //进入路由器 R1 的端口 fa0/0
R1(config-if)#ip address 192.168.10.13 255.255.255.252   //配置 IP 地址
R1(config-if)#no shu                            //激活
R1(config-if)#exit                              //退出
R1(config)#interface serial 0/0/1              //进入路由器 R1 的端口 serial0/0/1
R1(config-if)#ip address 192.168.10.9 255.255.255.252   //配置 IP 地址
R1(config-if)#no shu                            //激活
R1(config-if)#clock rate 64000                  //配置时钟频率
R1(config-if)#exit                              //退出
R1(config)#interface serial 0/0/0              //进入路由器 R1 的端口 serial0/0/0
R1(config-if)#ip address 192.168.10.2 255.255.255.252   //配置 IP 地址
R1(config-if)#no shu                            //激活
R1(config-if)#exit                              //退出
```

第三步,对路由器 R2 进行基本配置,过程如下。

```
Router>en                                       //进入特权模式
Router#config t                                 //进入全局配置模式
Router(config)#hostname R2                      //为路由器命名
R2(config)#interface serial 0/0/0              //进入路由器 R2 的端口 serial0/0/0
R2(config-if)#ip address 192.168.10.6 255.255.255.252   //配置 IP 地址
R2(config-if)#no shu                            //激活
R2(config-if)#exit                              //退出
R2(config)#interface serial 0/0/1              //进入路由器 R2 的端口 serial0/0/0
```

```
R2(config-if)#ip address 192.168.10.10 255.255.255.252    //配置 IP 地址
R2(config-if)#no shu                              //激活
R2(config-if)#exit                                //退出
R2(config)#interface fastEthernet 0/0             //进入路由器 R2 的端口 fa0/0
R2(config-if)#ip address 172.16.1.33 255.255.255.248    //配置 IP 地址
R2(config-if)#no shu                              //激活
```

第四步,对路由器 R3 进行基本配置,过程如下。

```
Router>en                                         //进入特权模式
Router#config t                                   //进入全局配置模式
Router(config)#hostname R3                        //为路由器命名
R3(config)#interface fastEthernet 0/0             //进入路由器 R3 的端口 fa0/0
R3(config-if)#ip address 192.168.10.14 255.255.255.252    //配置 IP 地址
R3(config-if)#no shu                              //激活
R3(config-if)#exit                                //退出
R3(config)#interface fastEthernet 0/1             //进入路由器 R3 的端口 fa0/1
R3(config-if)#ip address 172.16.1.41 255.255.255.252    //配置 IP 地址
R3(config-if)#no shu                              //激活
```

第五步,对路由器 R0 配置动态路由协议 EIGRP。

```
R0(config)#router eigrp 1                         //路由器 R0 启用动态路由协议 EIGRP
R0(config-router)#no auto-summary                 //取消自动汇总功能
R0(config-router)#network 172.16.1.16 0.0.0.15    //将端口加入 EIGRP
R0(config-router)#network 192.168.10.0 0.0.0.3    //将端口加入 EIGRP
R0(config-router)#network 192.168.10.4 0.0.0.3    //将端口加入 EIGRP
R0(config-router)#
```

第六步,对路由器 R1 配置动态路由协议 EIGRP。

```
R1(config)#router eigrp 1                          //路由器 R1 启用动态路由协议 EIGRP
R1(config-router)#no auto-summary                  //取消自动汇总功能
R1(config-router)#network 192.168.10.12 0.0.0.3    //将端口加入 EIGRP
R1(config-router)#network 192.168.10.0 0.0.0.3     //将端口加入 EIGRP
R1(config-router)#network 192.168.10.8 0.0.0.3     //将端口加入 EIGRP
R1(config-router)#
```

第七步,对路由器 R2 配置动态路由协议 EIGRP。

```
R2(config)#router eigrp 1                          //路由器 R2 启用动态路由协议 EIGRP
R2(config-router)#no auto-summary                  //取消自动汇总功能
R2(config-router)#network 192.168.10.8 0.0.0.3     //将端口加入 EIGRP
R2(config-router)#network 192.168.10.4 0.0.0.3     //将端口加入 EIGRP
R2(config-router)#network 172.16.1.32 0.0.0.7      //将端口加入 EIGRP
R2(config-router)#
```

第八步,对路由器 R3 配置动态路由协议 EIGRP。

```
R3(config)#router eigrp 1                          //路由器 R3 启用动态路由协议 EIGRP
```

```
R3(config-router)#no auto-summary                    //将端口加入 EIGRP
R3(config-router)#network 172.16.1.40 0.0.0.3    //将端口加入 EIGRP
R3(config-router)#network 192.168.10.12 0.0.0.3 //将端口加入 EIGRP
```

第九步,查看 4 台路由器的路由表,如图 6.78~图 6.81 所示。

```
R0#show ip route
Codes: C - connected, S - static, I - IGRP, R - RIP, M - mobile, B - BGP
       D - EIGRP, EX - EIGRP external, O - OSPF, IA - OSPF inter area
       N1 - OSPF NSSA external type 1, N2 - OSPF NSSA external type 2
       E1 - OSPF external type 1, E2 - OSPF external type 2, E - EGP
       i - IS-IS, L1 - IS-IS level-1, L2 - IS-IS level-2, ia - IS-IS inter area
       * - candidate default, U - per-user static route, o - ODR
       P - periodic downloaded static route

Gateway of last resort is not set

     172.16.0.0/16 is variably subnetted, 3 subnets, 3 masks
C       172.16.1.16/28 is directly connected, FastEthernet0/0
D       172.16.1.32/29 [90/2172416] via 192.168.10.6, 00:01:24, Serial0/0/1
D       172.16.1.40/30 [90/2174976] via 192.168.10.2, 00:01:12, Serial0/0/0
     192.168.10.0/30 is subnetted, 4 subnets
C       192.168.10.0 is directly connected, Serial0/0/0
C       192.168.10.4 is directly connected, Serial0/0/1
D       192.168.10.8 [90/2681856] via 192.168.10.2, 00:01:35, Serial0/0/0
                     [90/2681856] via 192.168.10.6, 00:01:24, Serial0/0/1
D       192.168.10.12 [90/2172416] via 192.168.10.2, 00:01:35, Serial0/0/0
R0#
```

图 6.78 路由器 R0 的路由表

```
R1#show ip route
Codes: C - connected, S - static, I - IGRP, R - RIP, M - mobile, B - BGP
       D - EIGRP, EX - EIGRP external, O - OSPF, IA - OSPF inter area
       N1 - OSPF NSSA external type 1, N2 - OSPF NSSA external type 2
       E1 - OSPF external type 1, E2 - OSPF external type 2, E - EGP
       i - IS-IS, L1 - IS-IS level-1, L2 - IS-IS level-2, ia - IS-IS inter area
       * - candidate default, U - per-user static route, o - ODR
       P - periodic downloaded static route

Gateway of last resort is not set

     172.16.0.0/16 is variably subnetted, 3 subnets, 3 masks
D       172.16.1.16/28 [90/2172416] via 192.168.10.1, 00:02:20, Serial0/0/0
D       172.16.1.32/29 [90/2172416] via 192.168.10.10, 00:02:09, Serial0/0/1
D       172.16.1.40/30 [90/30720] via 192.168.10.14, 00:01:56, FastEthernet0/0
     192.168.10.0/30 is subnetted, 4 subnets
C       192.168.10.0 is directly connected, Serial0/0/0
D       192.168.10.4 [90/2681856] via 192.168.10.1, 00:02:20, Serial0/0/0
                     [90/2681856] via 192.168.10.10, 00:02:09, Serial0/0/1
C       192.168.10.8 is directly connected, Serial0/0/1
C       192.168.10.12 is directly connected, FastEthernet0/0
R1#
```

图 6.79 路由器 R1 的路由表

最终,通过主机 PC0 ping 主机 PC2 进行连通性测试,测试结果如图 6.82 所示。结果表明网络是连通的。

4. 手动汇总配置

默认情况下,EIGRP 路由协议都会在主类网络的边界汇总,在实际网络互联系统可以通过关闭 EIGRP 自动汇总功能,以便 EIGRP 支持连续子网等网络互联问题。EIGRP 还支持手动汇总功能,以减轻路由表的大小。下面以一个实例说明 EIGRP 的这一功能,Packet

```
R2#show ip route
Codes: C - connected, S - static, I - IGRP, R - RIP, M - mobile, B - BGP
       D - EIGRP, EX - EIGRP external, O - OSPF, IA - OSPF inter area
       N1 - OSPF NSSA external type 1, N2 - OSPF NSSA external type 2
       E1 - OSPF external type 1, E2 - OSPF external type 2, E - EGP
       i - IS-IS, L1 - IS-IS level-1, L2 - IS-IS level-2, ia - IS-IS inter area
       * - candidate default, U - per-user static route, o - ODR
       P - periodic downloaded static route

Gateway of last resort is not set

     172.16.0.0/16 is variably subnetted, 3 subnets, 3 masks
D       172.16.1.16/28 [90/2172416] via 192.168.10.5, 00:03:17, Serial0/0/0
C       172.16.1.32/29 is directly connected, FastEthernet0/0
D       172.16.1.40/30 [90/2174976] via 192.168.10.9, 00:03:04, Serial0/0/1
     192.168.10.0/30 is subnetted, 4 subnets
D       192.168.10.0 [90/2681856] via 192.168.10.9, 00:03:17, Serial0/0/1
                     [90/2681856] via 192.168.10.5, 00:03:17, Serial0/0/0
C       192.168.10.4 is directly connected, Serial0/0/0
C       192.168.10.8 is directly connected, Serial0/0/1
D       192.168.10.12 [90/2172416] via 192.168.10.9, 00:03:17, Serial0/0/1
R2#
```

图 6.80　路由器 R2 的路由表

```
R3#show ip route
Codes: C - connected, S - static, I - IGRP, R - RIP, M - mobile, B - BGP
       D - EIGRP, EX - EIGRP external, O - OSPF, IA - OSPF inter area
       N1 - OSPF NSSA external type 1, N2 - OSPF NSSA external type 2
       E1 - OSPF external type 1, E2 - OSPF external type 2, E - EGP
       i - IS-IS, L1 - IS-IS level-1, L2 - IS-IS level-2, ia - IS-IS inter area
       * - candidate default, U - per-user static route, o - ODR
       P - periodic downloaded static route

Gateway of last resort is not set

     12.0.0.0/24 is subnetted, 1 subnets
D       12.1.1.0 [90/30720] via 23.1.1.1, 00:10:41, FastEthernet0/1
     23.0.0.0/24 is subnetted, 1 subnets
C       23.1.1.0 is directly connected, FastEthernet0/1
     192.168.1.0/24 is variably subnetted, 5 subnets, 2 masks
D       192.168.1.0/28 [90/158720] via 23.1.1.1, 00:01:54, FastEthernet0/1
D       192.168.1.16/28 [90/158720] via 23.1.1.1, 00:01:54, FastEthernet0/1
D       192.168.1.32/28 [90/158720] via 23.1.1.1, 00:01:54, FastEthernet0/1
D       192.168.1.48/28 [90/158720] via 23.1.1.1, 00:01:54, FastEthernet0/1
C       192.168.1.128/25 is directly connected, Loopback0
R3#
```

图 6.81　路由器 R3 的路由表

```
PC>ping 172.16.1.42

Pinging 172.16.1.42 with 32 bytes of data:

Reply from 172.16.1.42: bytes=32 time=118ms TTL=125
Reply from 172.16.1.42: bytes=32 time=124ms TTL=125
Reply from 172.16.1.42: bytes=32 time=108ms TTL=125
Reply from 172.16.1.42: bytes=32 time=123ms TTL=125

Ping statistics for 172.16.1.42:
    Packets: Sent = 4, Received = 4, Lost = 0 (0% loss),
Approximate round trip times in milli-seconds:
    Minimum = 108ms, Maximum = 124ms, Average = 118ms

PC>
```

图 6.82　主机 PC0 ping 主机 PC2 连通性测试结果图

Tracer 仿真软件支持 EIGRP 手动汇总功能，因此该实验可以在 Packet Tracer 仿真软件中完成。实现手动汇总网络拓扑结构图如图 6.83 所示。

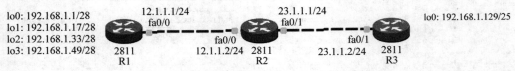

图 6.83　实现手动汇总网络拓扑结构图

配置过程如下。

首先进行路由器基本配置，配置 3 台路由器端口的网络地址参数。

路由器 R1 的配置如下。

```
Router>en                                        //进入特权模式
Router#config t                                  //进入全局配置模式
Router(config)#hostname R1                       //为路由器命名
R1(config)#interface loopback 0                  //进入路由器环回口 0
R1(config-if)#ip address 192.168.1.1 255.255.255.240
                                                 //为路由器环回口 0 配置 IP 地址
R1(config-if)#exit                               //退出
R1(config)#interface loopback 1                  //进入路由器环回口 1
R1(config-if)#ip address 192.168.1.17 255.255.255.240
                                                 //为路由器环回口 1 配置 IP 地址
R1(config-if)#exit                               //退出
R1(config)#interface loopback 2                  //进入路由器环回口 2
R1(config-if)#ip address 192.168.1.33 255.255.255.240
                                                 //为路由器环回口 2 配置 IP 地址
R1(config-if)#exit                               //退出
R1(config)#interface loopback 3                  //进入路由器环回口 3
R1(config-if)#ip address 192.168.1.49 255.255.255.240
                                                 //为路由器环回口 3 配置 IP 地址
R1(config-if)#exit                               //退出
R1(config)#interface fastEthernet 0/0            //进入路由器快速以太网端口 fa0/0
R1(config-if)#ip address 12.1.1.1 255.255.255.0
                                                 //为路由器快速以太网端口配置 IP 地址
R1(config-if)#no shu                             //激活
```

路由器 R2 的配置如下。

```
Router>en                                        //进入特权模式
Router#config t                                  //进入全局配置模式
Router(config)#hostname R2                       //为路由器命名
R2(config)#interface fastEthernet 0/0            //进入路由器快速以太网端口 fa0/0
R2(config-if)#ip address 12.1.1.2 255.255.255.0
                                                 //为路由器快速以太网端口配置 IP 地址
R2(config-if)#no shu                             //激活
R2(config-if)#exit                               //退出
```

```
R2(config)#interface fastEthernet 0/1              //进入路由器快速以太网端口 fa0/1
R2(config-if)#ip address 23.1.1.1 255.255.255.0
                                                   //为路由器快速以太网端口配置 IP 地址
R2(config-if)#no shu                               //激活
```

路由器 R3 的配置如下。

```
Router>en                                          //进入特权模式
Router#config t                                    //进入全局配置模式
Router(config)#hostname R3                         //为路由器命名
R3(config)#interface fastEthernet 0/1              //进入路由器快速以太网端口 fa0/1
R3(config-if)#ip address 23.1.1.2 255.255.255.0
                                                   //为路由器快速以太网端口配置 IP 地址
R3(config-if)#no shu                               //激活
R3(config-if)#exit                                 //退出
R3(config)#interface loopback 0                    //进入路由器环回口 0
R3(config-if)#ip address 192.168.1.129 255.255.255.128 //为路由器环回口配置 IP 地址
R3(config-if)#exit                                 //退出
```

接下来配置 3 台路由器动态路由协议 EIGRP,并通告 network 命令宣告 EIGRP 要通告的网络,为了支持不连续子网网络互联问题,需要关闭 3 台路由器的自动汇总功能。

路由器 R1 的配置如下。

```
R1(config)#router eigrp 1                          //启动路由器动态路由协议 EIGRP
R1(config-router)#network 192.168.1.0 0.0.0.15     //将端口加入 EIGRP
R1(config-router)#network 192.168.1.16 0.0.0.15    //将端口加入 EIGRP
R1(config-router)#network 192.168.1.32 0.0.0.15    //将端口加入 EIGRP
R1(config-router)#network 192.168.1.48 0.0.0.15    //将端口加入 EIGRP
R1(config-router)#network 12.1.1.0 0.0.0.255       //将端口加入 EIGRP
R1(config-router)# no auto-summary                 //取消自动汇总
```

路由器 R2 的配置如下。

```
R2(config)#router eigrp 1                          //启动路由器动态路由协议 EIGRP
R2(config-router)#network 12.1.1.0 0.0.0.255       //将端口加入 EIGRP
R2(config-router)#network 23.1.1.0 0.0.0.255       //将端口加入 EIGRP
R2(config-router)# no auto-summary                 //取消自动汇总
```

路由器 R3 的配置如下。

```
R3(config)#router eigrp 1                          //启动路由器动态路由协议 EIGRP
R3(config-router)#network 192.168.1.128 0.0.0.127  //将端口加入 EIGRP
R3(config-router)#network 23.1.1.0 0.0.0.255       //将端口加入 EIGRP
R3(config-router)# no auto-summary                 //取消自动汇总
```

配置完成后,查看 3 台路由器的路由表,如图 8.84~图 8.86 所示。

关闭自动汇总功能后,路由器通过 EIGRP 路由协议能够发现到各位网络的路由信息。通过路由器 R1 ping 测试到路由器 R3 环回口 loopback0 的 IP 地址 192.168.1.129,结果如

```
R1#show ip route
Codes: C - connected, S - static, I - IGRP, R - RIP, M - mobile, B - BGP
       D - EIGRP, EX - EIGRP external, O - OSPF, IA - OSPF inter area
       N1 - OSPF NSSA external type 1, N2 - OSPF NSSA external type 2
       E1 - OSPF external type 1, E2 - OSPF external type 2, E - EGP
       i - IS-IS, L1 - IS-IS level-1, L2 - IS-IS level-2, ia - IS-IS inter area
       * - candidate default, U - per-user static route, o - ODR
       P - periodic downloaded static route

Gateway of last resort is not set

     12.0.0.0/24 is subnetted, 1 subnets
C       12.1.1.0 is directly connected, FastEthernet0/0
     23.0.0.0/24 is subnetted, 1 subnets
D       23.1.1.0 [90/30720] via 12.1.1.2, 00:00:01, FastEthernet0/0
     192.168.1.0/24 is variably subnetted, 5 subnets, 2 masks
C       192.168.1.0/28 is directly connected, Loopback0
C       192.168.1.16/28 is directly connected, Loopback1
C       192.168.1.32/28 is directly connected, Loopback2
C       192.168.1.48/28 is directly connected, Loopback4
D       192.168.1.128/25 [90/158720] via 12.1.1.2, 00:00:01, FastEthernet0/0
R1#
```

图 6.84　路由器 R1 的路由表

```
R2#show ip route
Codes: C - connected, S - static, I - IGRP, R - RIP, M - mobile, B - BGP
       D - EIGRP, EX - EIGRP external, O - OSPF, IA - OSPF inter area
       N1 - OSPF NSSA external type 1, N2 - OSPF NSSA external type 2
       E1 - OSPF external type 1, E2 - OSPF external type 2, E - EGP
       i - IS-IS, L1 - IS-IS level-1, L2 - IS-IS level-2, ia - IS-IS inter area
       * - candidate default, U - per-user static route, o - ODR
       P - periodic downloaded static route

Gateway of last resort is not set

     12.0.0.0/24 is subnetted, 1 subnets
C       12.1.1.0 is directly connected, FastEthernet0/0
     23.0.0.0/24 is subnetted, 1 subnets
C       23.1.1.0 is directly connected, FastEthernet0/1
     192.168.1.0/24 is variably subnetted, 5 subnets, 2 masks
D       192.168.1.0/28 [90/156160] via 12.1.1.1, 00:01:12, FastEthernet0/0
D       192.168.1.16/28 [90/156160] via 12.1.1.1, 00:01:12, FastEthernet0/0
D       192.168.1.32/28 [90/156160] via 12.1.1.1, 00:01:12, FastEthernet0/0
D       192.168.1.48/28 [90/156160] via 12.1.1.1, 00:01:12, FastEthernet0/0
D       192.168.1.128/25 [90/156160] via 23.1.1.2, 00:09:59, FastEthernet0/1
R2#
```

图 6.85　路由器 R2 的路由表

```
R3#show ip route
Codes: C - connected, S - static, I - IGRP, R - RIP, M - mobile, B - BGP
       D - EIGRP, EX - EIGRP external, O - OSPF, IA - OSPF inter area
       N1 - OSPF NSSA external type 1, N2 - OSPF NSSA external type 2
       E1 - OSPF external type 1, E2 - OSPF external type 2, E - EGP
       i - IS-IS, L1 - IS-IS level-1, L2 - IS-IS level-2, ia - IS-IS inter area
       * - candidate default, U - per-user static route, o - ODR
       P - periodic downloaded static route

Gateway of last resort is not set

     12.0.0.0/24 is subnetted, 1 subnets
D       12.1.1.0 [90/30720] via 23.1.1.1, 00:10:41, FastEthernet0/1
     23.0.0.0/24 is subnetted, 1 subnets
C       23.1.1.0 is directly connected, FastEthernet0/1
     192.168.1.0/24 is variably subnetted, 5 subnets, 2 masks
D       192.168.1.0/28 [90/158720] via 23.1.1.1, 00:01:54, FastEthernet0/1
D       192.168.1.16/28 [90/158720] via 23.1.1.1, 00:01:54, FastEthernet0/1
D       192.168.1.32/28 [90/158720] via 23.1.1.1, 00:01:54, FastEthernet0/1
D       192.168.1.48/28 [90/158720] via 23.1.1.1, 00:01:54, FastEthernet0/1
C       192.168.1.128/25 is directly connected, Loopback0
R3#
```

图 6.86　路由器 R3 的路由表

图 6.87 所示,结果表明网络是连通的。

```
R1#ping 192.168.1.129

Type escape sequence to abort.
Sending 5, 100-byte ICMP Echos to 192.168.1.129, timeout is 2 seconds:
!!!!!
Success rate is 100 percent (5/5), round-trip min/avg/max = 62/68/77 ms

R1#
```

图 6.87　路由器 R1 ping 测试到路由器 R3 环回口 loopback0 结果

接下来配置手动汇总。

从路由器 R2 的路由表(图 6.85)和路由器 R3 的路由表(图 6.86)可以看出,这两台路由器到路由器 R1 直连的 4 个网络(其网络地址分别为 192.168.1.0/28、192.168.1.16/28、192.168.1.32/28 以及 192.168.1.48/28)各有 1 条路由信息到达。这 4 个网络可以汇总成 1 个网络,其网络地址为 192.168.1.0/26。EIGRP 通过配置手动汇总功能,可以达到减轻路由表大小的目的。在路由器 R1 的端口 fa0/0 实现手动汇总,具体配置命令如下。

```
R1#config t                                        //进入全局配置模式
R1(config)#interface fastEthernet 0/0              //进入路由器快速以太网端口 fa0/0
R1(config-if)#ip summary-address eigrp 1 192.168.1.0 255.255.255.192
                                                   //配置手动汇总
```

EIGRP 路由手动汇总后,分别查看路由器 R2 和路由器 R3 的路由表,结果如图 6.88 和图 6.89 所示。

```
R2#show ip route
Codes: C - connected, S - static, I - IGRP, R - RIP, M - mobile, B - BGP
       D - EIGRP, EX - EIGRP external, O - OSPF, IA - OSPF inter area
       N1 - OSPF NSSA external type 1, N2 - OSPF NSSA external type 2
       E1 - OSPF external type 1, E2 - OSPF external type 2, E - EGP
       i - IS-IS, L1 - IS-IS level-1, L2 - IS-IS level-2, ia - IS-IS inter area
       * - candidate default, U - per-user static route, o - ODR
       P - periodic downloaded static route

Gateway of last resort is not set

     12.0.0.0/24 is subnetted, 1 subnets
C       12.1.1.0 is directly connected, FastEthernet0/0
     23.0.0.0/24 is subnetted, 1 subnets
C       23.1.1.0 is directly connected, FastEthernet0/1
     192.168.1.0/24 is variably subnetted, 2 subnets, 2 masks
D       192.168.1.0/26 [90/156160] via 12.1.1.1, 00:01:03, FastEthernet0/0
D       192.168.1.128/25 [90/156160] via 23.1.1.2, 00:13:23, FastEthernet0/1
R2#
```

图 6.88　手动汇总后路由器 R2 的路由表

可以发现执行手动汇总后这两台路由器的路由表比没有执行手动汇总时减少了。也就是将没有手动汇总时的 4 条路由条目(分别到网络 192.168.1.0/28、192.168.1.16/28、192.168.1.32/28、192.168.1.48/28)汇总成一个网络(192.168.1.0/26)。

再次通过路由器 R1 ping 测试到路由器 R3 环回口 loopback0 的 IP 地址 192.168.1.129,结果如图 6.90 所示,结果表明网络仍然是连通的。

```
R3#show ip route
Codes: C - connected, S - static, I - IGRP, R - RIP, M - mobile, B - BGP
       D - EIGRP, EX - EIGRP external, O - OSPF, IA - OSPF inter area
       N1 - OSPF NSSA external type 1, N2 - OSPF NSSA external type 2
       E1 - OSPF external type 1, E2 - OSPF external type 2, E - EGP
       i - IS-IS, L1 - IS-IS level-1, L2 - IS-IS level-2, ia - IS-IS inter area
       * - candidate default, U - per-user static route, o - ODR
       P - periodic downloaded static route

Gateway of last resort is not set

     12.0.0.0/24 is subnetted, 1 subnets
D       12.1.1.0 [90/30720] via 23.1.1.1, 00:13:54, FastEthernet0/1
     23.0.0.0/24 is subnetted, 1 subnets
C       23.1.1.0 is directly connected, FastEthernet0/1
     192.168.1.0/24 is variably subnetted, 2 subnets, 2 masks
D       192.168.1.0/26 [90/158720] via 23.1.1.1, 00:01:34, FastEthernet0/1
C       192.168.1.128/25 is directly connected, Loopback0
R3#
```

图 6.89　手动汇总后路由器 R3 的路由表

```
R1#ping 192.168.1.129

Type escape sequence to abort.
Sending 5, 100-byte ICMP Echos to 192.168.1.129, timeout is 2 seconds:
!!!!!
Success rate is 100 percent (5/5), round-trip min/avg/max = 62/64/70 ms

R1#
```

图 6.90　路由器 R1 ping 测试到路由器 R3 环回口 loopback0 结果

5. EIGRP 度量值计算

EIGRP 使用度量值确定到目的地的最佳路径。对于每一个子网,EIGRP 拓扑表包含一条或多条可能的路由。每条可能的路由都包含各种度量值。EIGRP 路由器根据度量值计算一个整数值来选择前往目的地的最佳路径。

EIGRP 度量值使用带宽(bandwidth)、负载(load)、延迟(delay)、可靠性(reliability)以及 MTU 计算,它们分别用 K1、K2、K3、K4 以及 K5 来表示。度量值的计算公式为 256 * {K1(107/带宽)+K2(107/带宽)/(256-负载)+K3(延迟)/10+K5/(可靠性+K4)},默认情况下,K1 和 K3 的值为 1,其他 K 值都是 0,因此,EIGRP 度量值的计算公式为:度量值=256×(107/最小带宽+累积延时/10)。默认情况下,只有带宽和延迟用于度量值计算,其他值都被关闭,但是可以在度量值算法中手动启用这些值。

图 6.77 所示的 EIGRP 网络拓扑结构图中,路由器 R0 的路由表如图 6.78 所示,从图中可以看出,路由器 R0 到网络 172.16.1.32/29 的度量值为 2172416,其计算过程分析如下。

度量值的计算公式为 256×(107/最小带宽+累积延时/10),需要知道路由器 R0 到网络 172.16.1.32 的最小带宽和累积时延。从拓扑图中可以看出,路由器 R0 到网络 172.16.1.32 的最佳路径为 R0 到 R2。在路由器 R0 中,通过执行 show interface serial0/0/1 命令,查看端口 serial0/0/1 的带宽和时延,结果如图 6.91 所示。从图中可以看出,端口 serial0/0/1 的带宽为 1544Kb,时延为 20000usec(μs)。在路由器 R2 中,通过执行 show interface fa0/0 命令,查看端口 fa0/0 的带宽和时延,结果如图 6.92 所示。从图中可以看出,端口 fa0/0 的带宽为 100000Kb,时延为 100 usec(μs)。

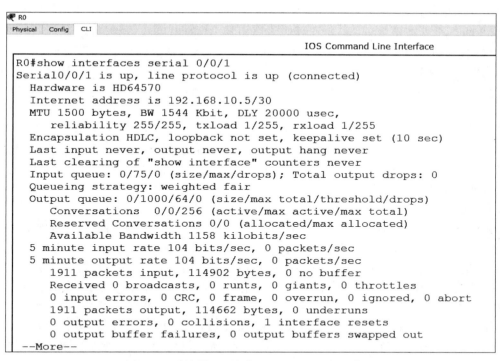

图 6.91　路由器 R0 的端口 serial0/0/1 相关信息

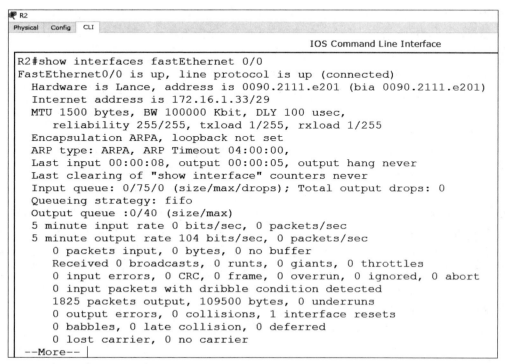

图 6.92　路由器 R2 的端口 serial0/0/1 相关信息

因此度量值计算公式 256×(107/最小带宽＋累积延时/10)中,路由器 R0 到网络 172. 16.1.32 的最小带宽值为 1544,累积延时为路由器 R0 的出口 S0/0/1 与路由器 R2 的出口 fa0/0 的时延和,具体为 20000＋100＝20100,因此度量值的具体计算过程为：256×(107/ 1544＋20100/10)＝256×(6476＋2010)＝256×8486＝2172416(注意 107/1544＝6476,小数点后面数字直接去掉),计算结果和实际相符。

6.3.3 EIGRP 工作原理

EIGRP 是一种距离矢量无类路由协议,同时具有链路状态的特点,它不使用跳数作为度量,而是使用由带宽、负载、延迟、可靠性以及 MTU 组成的综合度量。它采用 DUAL 来计算到目标网络的最短路径。

1. 邻居关系构建

EIGRP 使用 Hello 分组发现并维持邻居关系且共享路由信息。EIGRP 使用组播地址 224.0.0.10 作为其 hello 分组的目的地址。EIGRP 在所有带宽大于 1544Kb/s 的网络端口上每 5s 生成一次 hello 分组,如以太网、Frame Relay point-to-point 子接口、ATM point-to-point 子接口、ISDN PRI。除此以外,所有带宽低于或等于 1544Kb/s 的网络端口上每 60s 生成一次 hello 分组,如 T1、Frame Relay multipoint 端口、ATM multipoint 端口、ISDN BRI 端口等。如果超过一定的时间没有收到邻居的 Hello 包,便认为邻居无效,称为 EIGRP Hold-time,失效时间间隔默认为 hello 时间间隔的 3 倍,分别为 15s 和 180s。Hello 间隔时间和 Hold-time 都可以手工调整,但是如果调整了 hello 间隔时间,hold-time 并不会自动调整到相应的 3 倍,而是保持不变。

为了让 EIGRP 路由器成为邻居,在其 hello 分组中必须匹配下列信息：①自治系统号; ② K 值(K 值启用/禁用在 DUAL 中使用不同的度量值组件)。为了让路由器成为邻居,两台路由器上的 hello 和抑制计时器不需要匹配。

两台路由器成为邻居关系,需要经历下列过程。

(1) 第一台路由器生成带有配置信息的 hello。

(2) 如果配置信息匹配(AS 号和 K 值),则第二台路由器用带有本地拓扑信息的更新消息回应。

(3) 第一台路由器用 ACK 消息回应,确认接收到第二台路由器的更新。

(4) 第一台路由器通过一个更新消息将其拓扑发送到第二台路由器。

(5) 第二台路由器用 ACK 回应。

经过以上步骤,两台路由器已经收敛。该过程与 OSPF 不同,OSPF 是通过指定路由器 (DR)散布路由选择信息。对于 EIGRP,任何路由器都可以同其他任何路由器共享路由选择信息。EIGRP 和 OSPF 一样是面向连接的：路由器发送的特定 EIGRP 消息会期待来自接收站的确认(ACK)。EIGRP 路由器希望返回的 ACK 消息类型如下。

(1) 更新：包含路由选择更新。

(2) 查询：让相邻路由器验证路由选择信息。

(3) 应答：回应查询消息。

如果一台 EIGRP 路由器没有收到这 3 种类型分组的 ACK,路由器会尝试 16 次重新发送信息。在此之后,路由器将宣告邻居无效。5 种 EIGRP 消息类型分别为 hello、更新、查询、应答和确认。

2. 5 个基本概念

1）可行距离（Feasible Distance，FD）

本地路由器到达每个目标网络的最小度量值作为那个目标网络的可行距离（FD），如图 6.77 所示，路由器 R0 到达网络 172.16.1.32 的路由，度量值分别为 2172416（R0-R2）和 2684416（R0-R1-R2），其中 2172416 的计算过程为 256 * （107/1544＋20100/10），2684416 的计算过程为 256 * （107/1544＋40100/10），那么 2172416 就成了 FD。

2）通告距离（Advertised Distance，AD）

本地路由器的邻居路由器到达目标网络的度量值（Metric），如图 6.77 所示，路由器 R0 到达网络 172.16.1.32 的路由，通告距离（AD）分别为 28160（R0-R2）和 2172416（R0-R1-R2），其中 28160 的计算过程为 256 * （107/100000＋100/10），2172416 的计算过程为 256 * （107/1544＋20100/10）。

3）可行条件（Feasible Condition，FC）

本地路由器的邻居宣告到达目标网络的距离（AD）小于本地路由器到达目标网络的可行距离（FD），即 AD＜FD。

4）后继路由（Successor）

在所有邻居提供的拓扑表中选一个最小度量值，即到达目标网络最优路径的下一跳路由器，它被存储在路由表中。

5）可行后继路由（Feasible Successor，FS）

本地路由器的拓扑数据库中到达接收站的最佳备份路径，对于一个特定接收站可能存在多个可行后继，即可能存在多条路径可以到达目的地，但被选为 FD 的最优的那条被放入路由表中使用，而留在拓扑数据库中的备用路由称为可行后继路由（FS），可行后继路由需要满足可行条件（FC），如果邻居路由不满足可行条件，这个路由器就不能成为 FS，FS 和 FC 是避免路由环路的核心技术，FS 到达目标网络的距离比本地路由器到达目标网络的 FD 要小，存在一个或多个 FS 的目标网络被记录在拓扑表中的可能。

图 6.93 和图 6.94 所示为 5 个基本概念和 3 张表的理解。

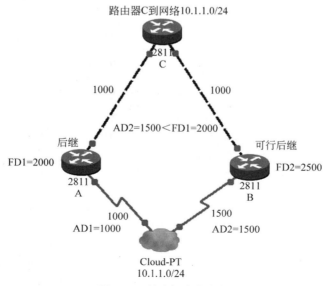

图 6.93　基本概念的理解

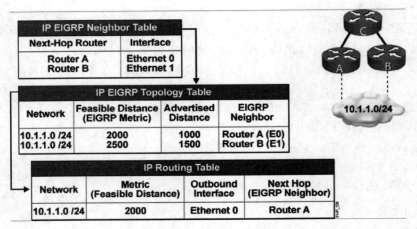

图 6.94 对应的 3 张表

3. EIGRP 的 3 张表

EIGRP 的 3 张表分别为邻居表、拓扑表和路由表。

1) 邻居表（neighbor table）

包含 EIGRP 邻居列表，与 OSPF 中指定路由器（DR）/备份路由器（BDR）和网段上其他路由器之间建立的邻接关系表类似。EIGRP 的每种可路由协议（IP、IPX 和 AppleTalk）都有自己的邻居表。通过执行 show ip eigrp neighbors 命令查看邻居表，在图 6.77 所示网络中，查看路由器 R0 的邻居表如图 6.95 所示。

```
R0#show ip eigrp neighbors
IP-EIGRP neighbors for process 1
H   Address          Interface      Hold Uptime      SRTT    RTO    Q    Seq
                                    (sec)            (ms)           Cnt  Num
0   192.168.10.2     Se0/0/0        12   01:09:11    40      1000   0    99
1   192.168.10.6     Se0/0/1        14   01:09:11    40      1000   0    79

R0#
```

图 6.95 路由器 R0 的邻居表

表 6.19 显示了 show ip eigrp neighbors 命令中的字段。

表 6.19 show ip eigrp neighbors 命令中的字段

字　　段	描　　述
Process（进程）	邻居的 EIGRP 路由选择进程的 AS 号；如果路由器正在运行多个 AS，会看到邻居的不同部分，每个部分都列在一个不同的 AS 号下
H（handle）	Cisco 内部用来跟踪邻居的编号
Address（地址）	EIGRP 邻居的网络层地址
Interface（端口）	正在接收邻居 hello 的路由器端口
Hold（保持时间）	在没有看到邻居的 hello 消息时，认为链路不可用之前等待的最长时间
Uptime（正常运行时间）	本地路由器上一次收到邻居更新分组后经过的时间，以小时/分/秒计。这个时间越长，表明邻居关系越稳定

续表

字　　段	描　　述
SRTT(平滑往返时间，smoothround-trip time)	将 EIGRP 分组发送到邻居和本地路由器收到对该分组的确认(ACK)之间的时间间隔，以毫秒(ms)为单位。该时间用于确定重传间隔
RTO	路由器将重传队列中的 EIGRP 分组重新发送到邻居前要等待的时间，以毫秒(ms)为单位
Q Cnt(队列计数，queue count)	已经放入队列中准备发送给邻居的更新/查询/应答分组数。0 表示队列中没有等待发送的 EIGRP 分组，如果该值经常大于 0，则可能存在拥塞问题
Seq Num(序列号)	邻居上次发送的最后更新、查询、应答分组序列号，用于管理同步及避免信息处理中的重复或错序

2）拓扑表(topology table)

与 OSPF 数据库类似，包含了 EIGRP 路由器学习的所有接收站和路径的列表——它基本上是相邻路由器的路由选择表的编辑。每种可路由协议都有一个单独的拓扑表。拓扑表中存放着前往目标地址的所有路由(FD/AD)。通过执行 show ip eigrp topology 命令查看拓扑表，在图 6.77 所示网络中，查看路由器 R0 的拓扑表如图 6.96 所示。

```
R0#show ip eigrp topology
IP-EIGRP Topology Table for AS 1

Codes: P - Passive, A - Active, U - Update, Q - Query, R - Reply,
       r - Reply status

P 172.16.1.16/28, 1 successors, FD is 28160
         via Connected, FastEthernet0/0
P 192.168.10.0/30, 1 successors, FD is 2169856
         via Connected, Serial0/0/0
P 192.168.10.12/30, 1 successors, FD is 2172416
         via 192.168.10.2 (2172416/28160), Serial0/0/0
P 192.168.10.8/30, 2 successors, FD is 2681856
         via 192.168.10.2 (2681856/2169856), Serial0/0/0
         via 192.168.10.6 (2681856/2169856), Serial0/0/1
P 172.16.1.32/29, 1 successors, FD is 2172416
         via 192.168.10.6 (2172416/28160), Serial0/0/1
P 192.168.10.4/30, 1 successors, FD is 2169856
         via Connected, Serial0/0/1
P 172.16.1.40/30, 1 successors, FD is 2174976
         via 192.168.10.2 (2174976/30720), Serial0/0/0
R0#
```

图 6.96　路由器 R0 的拓扑表

P(Passive)表示处于被动收敛状态即稳定状态；A(Active)表示该路由器已经失去了它到这个网络的路由，并且正在搜索替代路由，即非稳定状态。

3）路由表(routing table)

从拓扑表中选择到达目标地址的最佳路由放入路由表。通过执行 show ip route 命令查看路由表，在图 6.77 所示网络中，查看路由器 R0 的路由表如图 6.97 所示。

4. 选择路由

EIGRP 不使用跳数作为度量，而是使用带宽、负载、延迟、可靠性以及 MTU 组成的综合度量值。默认只有带宽和延迟被启动，带宽和延迟与 K1 和 K3 对应。

```
R0#show ip route
Codes: C - connected, S - static, I - IGRP, R - RIP, M - mobile, B - BGP
       D - EIGRP, EX - EIGRP external, O - OSPF, IA - OSPF inter area
       N1 - OSPF NSSA external type 1, N2 - OSPF NSSA external type 2
       E1 - OSPF external type 1, E2 - OSPF external type 2, E - EGP
       i - IS-IS, L1 - IS-IS level-1, L2 - IS-IS level-2, ia - IS-IS inter area
       * - candidate default, U - per-user static route, o - ODR
       P - periodic downloaded static route

Gateway of last resort is not set

     172.16.0.0/16 is variably subnetted, 3 subnets, 3 masks
C       172.16.1.16/28 is directly connected, FastEthernet0/0
D       172.16.1.32/29 [90/2172416] via 192.168.10.6, 01:18:47, Serial0/0/1
D       172.16.1.40/30 [90/2174976] via 192.168.10.2, 01:18:47, Serial0/0/0
     192.168.10.0/30 is subnetted, 4 subnets
C       192.168.10.0 is directly connected, Serial0/0/0
C       192.168.10.4 is directly connected, Serial0/0/1
D       192.168.10.8 [90/2681856] via 192.168.10.2, 01:18:48, Serial0/0/0
                     [90/2681856] via 192.168.10.6, 01:18:47, Serial0/0/1
D       192.168.10.12 [90/2172416] via 192.168.10.2, 01:18:48, Serial0/0/0
R0#
```

图 6.97　路由器 R0 的路由表

EIGRP 用来选择到接收站最佳路径路由的方法没有 OSPF 复杂,因此需要更少的 CPU 开销,但它需要比 RIPv2 等距离向量协议更多的处理。EIGRP 路由器将拓扑信息保存在拓扑表中。

后继路由是在拓扑表中与所有其他到达相同接收站的替代路径相比,具有最佳度量值(可行距离)的路径。可行后继是后继路由的备份路由。

后继路由存储在 IP 路由选择表和 EIGRP 拓扑表中。可行后继是在后继路由无效时可以使用的有效备份路由。

并非所有路由都能选作可行后继。为了让拓扑表中的一条路由作为可行后继,邻居路由器的通告距离必须小于原始路由的可行距离。如果路由选择表中的一条后继路由失效,并且在拓扑表中存在一条可行后继,EIGRP 路由器会进入 Passive 状态(意味着存在有效替代路由,并可以在路由选择表中立即使用,无须联系任何通告该路由的邻居)——它立刻从拓扑表中取出可行后继,并将其放入路由选择表,收敛几乎是即时的。如果 EIGRP 路由器在拓扑表中没有找到可行后继,则它会进入 Active 状态(表明存在替代路径,但可能有效或可能无效),并为有问题的路由生成一个查询分组。该查询送往最初通告该路由的邻居。

后继路由不再可用并且拓扑表中不存在可行后继路由时,组播 EIGRP 查询将被发送到所有通告相同路由的其他邻居,以确定它们是否有到接收站网络的有效路径(后继路由)。

6.3.4　邻居认证

EIGRP 支持使用 MD5 算法对来自邻居的路由选择更新进行认证。使用 MD5 认证路由选择更新可以确保路由器只接受来自授权路由器的更新,防止不支持的路由器向路由选择进程注入坏的路由选择更新。

设置 EIGRP 认证需要 3 个步骤:启用 EIGRP,定义用于 MD5 认证的密钥,启用认证。定义 MD5 认证的密钥使用以下配置。

```
Router(config)#key chain name_of_key_chain
```

```
Router(config-keychain)#key key_number
Router(config-keychain-key)#key-string key_value
```

key chain 命令指定了要使用的密钥信息的名称：名称只有本地意义。执行该命令后，将进入子命令模式。key 子命令模式命令指定了密钥数，它必须在该网段中使用认证密钥的所有路由器上匹配；该命令将进入第二个子命令模式。

key-string 命令指定实际的认证密钥，它的长度可以多达 16 个字符。每个密钥可以有一个单独的生命周期值，允许不同的密钥可以用在不同的时期；然而，如果使用这种方法，建议使用网络时间协议（Network Time Protocol，NTP）同步路由器上的日期和时间。

如图 6.98 所示，路由器 RA 上的配置如下。

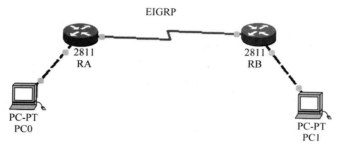

图 6.98　EIGRP 认证网络拓扑图

```
RA(config)#int s0/0/0
RA(config-if)#ip authentication mode eigrp 12 md5
RA(config-if)#ip authentication key-chain eigrp 12 RAchain
RA(config-if)#exit
RA(config)#key chain RAchain
RA(config-keychain)#key 67
RA(config-keychain-key)#key-string test
RA(config-keychain-key)#end
```

路由器 RB 上的配置如下。

```
RB(config)#int s0/0/0
RB(config-if)#ip authentication mode eigrp 12 md5
RB(config-if)#ip authentication key-chain eigrp 12 RBchain
RB(config-if)#exit
RB(config)#key chain RBchain
RB(config-keychain)#key 67
RB(config-keychain-key)#key-string test
RB(config-keychain-key)#end
```

6.3.5　EIGRP 负载均衡

EIGRP 负载均衡（EIGRP load balancing）可以从对等和非对等两个角度进行分析。EIGRP 默认支持 4 条链路的不等价的负载均衡（所有路由基本上都支持），使用以下命令可支持 6 条链路的不等价负载均衡（GNS3 模拟器中支持该命令）。

```
R1>en                                          //进入特权模式
R1#config t                                    //进入全局配置模式
R1(config)#router eigrp 10                     //启用动态路由协议 EIGRP
R1(config-router)#maximum-paths 6              //设置 6 条链路的不等价负载均衡
R1(config-router)#
```

每个路由协议都支持等值路径的负载均衡,EIGRP 既支持等值路径负载均衡,又支持不等值路径的负载均衡。maximum-paths 命令要和 variance 命令相互协调使用,参数variance 后跟差异度量值,实现负载均衡。使用 variance 命令向路由器通告一个 N 值,N值为 1~128,默认为 1。差异值为 1 时,只有相同度量才会安置到本地路由表中,差异值为2 时,任一由 EIGRP 发现的路由,只有其度量少于继任度量的两倍,才会被安置到本地的路由表中。

如图 6.99 所示,路由器 E 有 3 条路径到网络 X。第一条路径为 E-B-A,其度量值(metric)为 30;第二条路径为 E-C-A,其度量值为 20;第三条路径为 E-D-A,其度量值为 45,路由器 E 选择 3 条路径中度量值最小的路径 E-C-A,该路径的度量值为 20,如果希望EIGRP 优先选择 E-B-A 路径,则应配置 variance 值为乘数 2,具体配置如下。

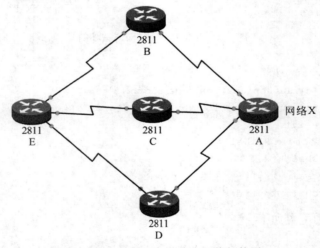

图 6.99   EIGRP 负载均衡网络拓扑图

```
Router>en                                      //进入特权模式
Router#config t                                //进入全局配置模式
Router(config)#router eigrp 1                  //启用动态路由协议 EIGRP
Router(config-router)#variance 2               //配置 variance 值为乘数 2
Router(config-router)#
```

这时增加度量值到 40(2*20=40)。这样,EIGRP 包括了所有度量值小于 40 的路由,在上面的配置中,路由器使用了两条路径到达网络 X,分别为 E-C-A 和 E-B-A,因为两条路径的度量值都在 40 以内。因为 E-D-A 的度量值为 45,大于 40,所以 EIGRP 不选择此路径到达网络 X。如果路由器 D 报告到达网络 X 的度量值为 25,则这个值比可行的度量值 20要大。这就意味着即使 variance 设置为 3,E-D-A 路径也不会被选择为负载均衡的路径,因为 router D 不是可行的后继者。

实现 EIGRP 对等和非对等负载均衡实验拓扑结构图如图 6.100 所示。首先配置动态路由协议 EIGRP,使网络互联互通。

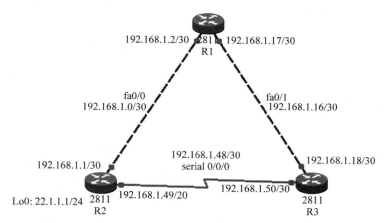

图 6.100 EIGRP 对等和非对等负载均衡实验拓扑结构图

首先对 3 台路由器进行基本配置。

路由器 R1 的配置过程如下。

```
Router>en                                       //进入特权模式
Router#config t                                 //进入全局配置模式
Router(config)#hostname R1                      //为路由器命名
R1(config)#interface fastEthernet 0/0           //进入路由器快速以太网端口 fa0/0
R1(config-if)#ip address 192.168.1.2 255.255.255.252   //配置 IP 地址
R1(config-if)#no shu                            //激活
R1(config)#interface fastEthernet 0/1           //进入路由器快速以太网端口 fa0/1
R1(config-if)#ip address 192.168.1.17 255.255.255.252   //配置 IP 地址
R1(config-if)#no shu                            //激活
R1(config-if)#exit                              //退出
```

路由器 R2 的配置过程如下。

```
Router>en                                       //进入特权模式
Router#config t                                 //进入全局配置模式
Router(config)#hostname R2                      //为路由器命名
R2(config)#interface fastEthernet 0/0           //进入路由器快速以太网端口 fa0/0
R2(config-if)#ip address 192.168.1.1 255.255.255.252   //配置 IP 地址
R2(config-if)#no shu                            //激活
R2(config-if)#exit                              //退出
R2(config)#interface serial 0/0/0               //进入路由器串口 S0/0/0
R2(config-if)#ip address 192.168.1.49 255.255.255.252   //配置 IP 地址
R2(config-if)#no shu                            //激活
R2(config-if)#clock rate 64000                  //配置时钟频率
R2(config-if)#exit                              //退出
```

```
R2(config)#interface loopback 0                    //进入路由器环回口 0
R2(config-if)#ip address 22.1.1.1 255.255.255.0   //配置 IP 地址
R2(config-if)#exit                                 //退出
```

路由器 R3 的配置过程如下。

```
Router>en                                          //进入特权模式
Router#config t                                    //进入全局配置模式
Router(config)#hostname R3                         //为路由器命名
R3(config)#interface fastEthernet 0/1              //进入路由器快速以太网端口 fa0/1
R3(config-if)#ip address 192.168.1.18 255.255.255.252   //配置 IP 地址
R3(config-if)#no shu                               //激活
R3(config-if)#exit                                 //退出
R3(config)#interface serial 0/0/0                  //进入路由器串口 S0/0/0
R3(config-if)#ip address 192.168.1.50 255.255.255.252   //配置 IP 地址
R3(config-if)#no shu                               //激活
R3(config-if)#exit                                 //退出
```

其次在 3 台路由器上配置动态路由协议 EIGRP。

路由器 R1 配置动态路由协议 EIGRP。

```
R1(config)#router eigrp 1                           //启用动态路由协议 EIGRP
R1(config-router)#network 192.168.1.0 0.0.0.3       //将端口加入 EIGRP
R1(config-router)#network 192.168.1.16 0.0.0.3      //将端口加入 EIGRP
R1(config-router)#
```

路由器 R2 配置动态路由协议 EIGRP。

```
R2(config)#router eigrp 1                           //启用动态路由协议 EIGRP
R2(config-router)#network 192.168.1.0 0.0.0.3       //将端口加入 EIGRP
R2(config-router)#network 192.168.1.48 0.0.0.3      //将端口加入 EIGRP
R2(config-router)#network 22.1.1.0 0.0.0.255        //将端口加入 EIGRP
R2(config-router)#
```

路由器 R3 配置动态路由协议 EIGRP。

```
R3(config)#router eigrp 1                           //启用动态路由协议 EIGRP
R3(config-router)#network 192.168.1.16 0.0.0.3      //将端口加入 EIGRP
R3(config-router)#network 192.168.1.48 0.0.0.3      //将端口加入 EIGRP
R3(config-router)#
```

通过查看路由器 R1 的路由表,如图 6.101 所示,可以发现路由器 R1 到网络 192.168.1.48 实现了对等负载均衡。

从 R1-R2-网络 192.168.1.48 以及从 R1-R3-网络 192.168.1.48 这两条路径的度量值相同,均为 2172416。实现了对等负载均衡。

接下来探讨非对等负载均衡的情况。从图 6.100 可以看出,路由器 R1 到路由器 R2 的环回口 loopback0 有两条路径可以到达,分别为 R1-R2-loopback0 以及 R1-R3-R2-loopback0。另外,从路由器 R1 的路由表(图 6.101)中可以看出,路由器 R1 没有到路由器

```
R1#show ip route
Codes: C - connected, S - static, I - IGRP, R - RIP, M - mobile, B - BGP
       D - EIGRP, EX - EIGRP external, O - OSPF, IA - OSPF inter area
       N1 - OSPF NSSA external type 1, N2 - OSPF NSSA external type 2
       E1 - OSPF external type 1, E2 - OSPF external type 2, E - EGP
       i - IS-IS, L1 - IS-IS level-1, L2 - IS-IS level-2, ia - IS-IS inter area
       * - candidate default, U - per-user static route, o - ODR
       P - periodic downloaded static route

Gateway of last resort is not set

D    22.0.0.0/8 [90/156160] via 192.168.1.1, 00:02:28, FastEthernet0/0
     192.168.1.0/30 is subnetted, 3 subnets
C       192.168.1.0 is directly connected, FastEthernet0/0
C       192.168.1.16 is directly connected, FastEthernet0/1
D       192.168.1.48 [90/2172416] via 192.168.1.1, 00:02:42, FastEthernet0/0
                     [90/2172416] via 192.168.1.18, 00:00:31, FastEthernet0/1
R1#
```

图 6.101　路由器 R1 的路由表

R2 环回口 loopback0 的网络 22.0.0.0 的两条路由。因此需要进行配置,从而在路由器 R1 上出现两条到网络 22.0.0.0 的路由,实现非对等负载均衡。

首先分别分析这两条路径的 AD 值和 FD 值,从而配置出可行后继路由。

路径 R1-R2-loopback0 度量值 FD 的计算公式为 $256 \times (10^7/$最小带宽 $+$ 累计延时$/10)$,通过 show interface loopback0 命令可以查看,路由器环回口的带宽为 8000000Kb/s,延时为 5000usec。路由器 R1 到环回口 loopback0 的最小带宽值为 100000Kb/s,累计延时为路由器 R1 的出口 fa0/0 与路由器 R2 环回口的时延和,具体为 $5000+100=5100$,因此度量值为 $256 \times (10^7/100000+5100/10)=256 \times (100+510)=256 \times 610=156160$。AD 值为路由器 R2 到环回口的度量值,度量值 AD 的计算公式为 $256 \times (10^7/$最小带宽 $+$ 累计延时$/10)$,最小带宽为 8000000Kb/s,延时为 5000usec,因此 $AD=256 \times (10^7/8000000+5000/10)=128256$。因此路径 R1-R2-loopback0 的(FD/AD)值为 156160/128256,如图 6.102 所示。

```
R1#show ip eigrp top
R1#show ip eigrp topology
IP-EIGRP Topology Table for AS 1

Codes: P - Passive, A - Active, U - Update, Q - Query, R - Reply,
       r - Reply status

P 192.168.1.0/30, 1 successors, FD is 28160
        via Connected, FastEthernet0/0
P 192.168.1.16/30, 1 successors, FD is 28160
        via Connected, FastEthernet0/1
P 192.168.1.48/30, 2 successors, FD is 2172416
        via 192.168.1.1 (2172416/2169856), FastEthernet0/0
        via 192.168.1.18 (2172416/2169856), FastEthernet0/1
P 22.0.0.0/8, 1 successors, FD is 156160
        via 192.168.1.1 (156160/128256), FastEthernet0/0
R1#
```

图 6.102　路由器 R1 的拓扑表

路径 R1-R3-R2-loopback0 度量值 FD 的计算公式为 $256 \times (10^7/$最小带宽 $+$ 累计延时$/10)$,路由器 R1 到环回口 loopback0 的最小带宽值为 1544Kb/s,累计延时为路由器 R1 的出口 fa0/1、路由器 R3 的端口 serial0/0/0 以及路由器 R2 环回口的时延和,具体为 $100+20000+5000=25100$,因此度量值为 $256\times(107/1544+25100/10)=256\times(6476+2510)=256\times8986=2300416$。AD 值为路由器 R3 到路由器 R2 环回口的度量值 AD,AD 的计算公式 $256\times(107/$最小带宽$+$累计延时$/10)$中最小带宽为 1544kbit/s,延时为路由器 R2 的端口 Serial0/0/0 的延时与路由器 R2 的环回口 loopback0 的延时和,因此 $AD=256\times(107/1544+25000/10)=2297856$。因此路径 R1-R3-R2-loopback0 的(FD/AD)值为 2300416/2297856。这两个值也可以通过将图 6.100 中的路由器 R1 和路由器 R2 之间的链路断开得到,断开路由器 R1 和路由器 R2 之间的链路后,通过在路由器 R1 上执行 show ip eigrp topology 命令查看结果如图 6.103 所示。

```
R1#show ip eigrp topology
IP-EIGRP Topology Table for AS 1

Codes: P - Passive, A - Active, U - Update, Q - Query, R - Reply,
       r - Reply status

P 192.168.1.16/30, 1 successors, FD is 28160
        via Connected, FastEthernet0/1
P 192.168.1.48/30, 1 successors, FD is 2172416
        via 192.168.1.18 (2172416/2169856), FastEthernet0/1
P 22.0.0.0/8, 1 successors, FD is 2300416
        via 192.168.1.18 (2300416/2297856), FastEthernet0/1
R1#
```

图 6.103　断开路由器 R1 和 R2 之间的链路后的拓扑表

由于图 6.103 中的 AD 值 2297856 大于图 6.102 中的 FD 值 156160,因此路由器 R3 不是路由器 R1 到网络 22.0.0.0 的可行后继路由。若将路由器 R3 配置成路由器 R1 到网络 22.0.0.0 的可行后继路由从而出现在路由器 R1 的拓扑表中,需要修改相应的值使得路由器 R1 经过路由器 R3 到达网络 22.0.0.0 的 AD(通告距离)值满足 AD<FD 的条件,其中 FD 为路由器 R1 到网络 22.0.0.0 的最小度量值(可行距离)。

更改路由器 R3 连接路由器 R2 的端口 serial0/0/0 的带宽和延迟可以改变 AD 值,使 AD 值小于 FD 值(156160),具体配置过程如下。

```
R3#config t                           //进入全局配置模式
R3(config)#interface serial 0/0/0     //进入路由器的端口 S0/0/0
R3(config-if)#bandwidth 1000000       //为端口配置带宽
R3(config-if)#delay 20                //为端口配置延时
```

注意:尽管配置延时为 20,但实际通过 show interface serial 0/0/0 命令查看的延时结果为 200。

再次计算路径 R1-R3-R2-loopback0 的度量值 FD 和 AD 值。度量值 FD 的计算公式 $256\times(107/$最小带宽$+$累计延时$/10)$中,路由器 R1 到环回口 loopback0 的最小带宽值为 100000Kb/s,累计延时为路由器 R1 的端口 fa0/1、路由器 R3 的端口 serial0/0/0 以及路由器 R2 环回口的延时和,具体为 $100+200+5000=5300$。因此度量值为 $256\times(107/100000+530)=161280$。

度量值 AD 的计算公式为 $256\times(107/$最小带宽 $+$ 累计延时$/10)$中,最小带宽为

1000000Kb/s，延时为路由器 R2 的端口 serial0/0/0 的延时和路由器 R2 的环回口
loopback0 的延时和，因此 AD＝256×(107/1000000＋5200/10)＝135680。因此路径 R1-
R3-R2-loopback0 的(FD/AD)值为(161280/135680)。这两个值也可以通过将图 6.100 中
的路由器 R1 和路由器 R2 之间的链路断开得到，断开路由器 R1 和路由器 R2 之间的链路
后，通过在路由器 R1 上执行 show ip eigrp topology 命令，结果如图 6.104 所示。

```
R1#show ip eigrp topology
IP-EIGRP Topology Table for AS 1

Codes: P - Passive, A - Active, U - Update, Q - Query, R - Reply,
       r - Reply status

P 192.168.1.16/30, 1 successors, FD is 28160
        via Connected, FastEthernet0/1
P 192.168.1.48/30, 1 successors, FD is 33280
        via 192.168.1.18 (33280/7680), FastEthernet0/1
P 22.0.0.0/8, 1 successors, FD is 161280
        via 192.168.1.18 (161280/135680), FastEthernet0/1
R1#
```

图 6.104　断开路由器 R1 和路由器 R2 之间的链路后的拓扑表

这时的 AD 值 135680 小于可行距离 156160，因此此时的路由器 R3 可以作为路由器
R1 到网络 22.0.0.0 的可行后继路由。再次连接上路由器 R1 和路由器 R2 之间的链路，通
过 show ip eigrp topology 命令，可以查看路由器 R1 的拓扑表，如图 6.105 所示。从图中可
以看出路由器 R1 有两条路径到达网络 22.0.0.0。

```
R1#show ip eigrp topology
IP-EIGRP Topology Table for AS 1

Codes: P - Passive, A - Active, U - Update, Q - Query, R - Reply,
       r - Reply status

P 192.168.1.16/30, 1 successors, FD is 28160
        via Connected, FastEthernet0/1
P 192.168.1.48/30, 1 successors, FD is 33280
        via 192.168.1.18 (33280/7680), FastEthernet0/1
P 22.0.0.0/8, 1 successors, FD is 156160
        via 192.168.1.1 (156160/128256), FastEthernet0/0
        via 192.168.1.18 (161280/135680), FastEthernet0/1
P 192.168.1.0/30, 1 successors, FD is 28160
        via Connected, FastEthernet0/0
R1#
```

图 6.105　路由器 R1 的拓扑表

查看路由器 R1 的路由表如图 6.106 所示，没有出现到网络 22.0.0.0 的负载均衡。

要实现非等价负载均衡，还需要配置负载均衡的条件，即 FD of FS route＜FD of best
router(successor) * variance。即 161280＜156160 * variance，计算得 variance＝1.03278
……≈2。

在路由器 R1 上配置 variance，将 variance 的值配置为 2，过程如下。

R1(config)#router eigrp 1　　　　　　　　　　//启用动态路由协议 EIGRP

```
R1#show ip route
Codes: C - connected, S - static, I - IGRP, R - RIP, M - mobile, B - BGP
       D - EIGRP, EX - EIGRP external, O - OSPF, IA - OSPF inter area
       N1 - OSPF NSSA external type 1, N2 - OSPF NSSA external type 2
       E1 - OSPF external type 1, E2 - OSPF external type 2, E - EGP
       i - IS-IS, L1 - IS-IS level-1, L2 - IS-IS level-2, ia - IS-IS inter area
       * - candidate default, U - per-user static route, o - ODR
       P - periodic downloaded static route

Gateway of last resort is not set

D    22.0.0.0/8 [90/156160] via 192.168.1.1, 00:08:24, FastEthernet0/0
     192.168.1.0/30 is subnetted, 3 subnets
C       192.168.1.0 is directly connected, FastEthernet0/0
C       192.168.1.16 is directly connected, FastEthernet0/1
D       192.168.1.48 [90/33280] via 192.168.1.18, 00:06:18, FastEthernet0/1
R1#
```

图 6.106　路由器 R1 的路由表

```
R1(config-router)#variance 2                          //配置 variance 值
R1(config-router)#
```

最后通过 show ip route 命令查看路由器 R1 的路由表如图 6.107 所示,结果表明实现了网络负载均衡。

```
R1#show ip route
Codes: C - connected, S - static, I - IGRP, R - RIP, M - mobile, B - BGP
       D - EIGRP, EX - EIGRP external, O - OSPF, IA - OSPF inter area
       N1 - OSPF NSSA external type 1, N2 - OSPF NSSA external type 2
       E1 - OSPF external type 1, E2 - OSPF external type 2, E - EGP
       i - IS-IS, L1 - IS-IS level-1, L2 - IS-IS level-2, ia - IS-IS inter area
       * - candidate default, U - per-user static route, o - ODR
       P - periodic downloaded static route

Gateway of last resort is not set

D    22.0.0.0/8 [90/156160] via 192.168.1.1, 00:00:45, FastEthernet0/0
                [90/161280] via 192.168.1.18, 00:00:43, FastEthernet0/1
     192.168.1.0/30 is subnetted, 3 subnets
C       192.168.1.0 is directly connected, FastEthernet0/0
C       192.168.1.16 is directly connected, FastEthernet0/1
D       192.168.1.48 [90/33280] via 192.168.1.18, 00:00:43, FastEthernet0/1
R1#
```

图 6.107　路由器 R1 的路由表

6.3.6　EIGRP 故障排除

故障排除常用命令如下。

```
show ip protocols

show ip route

show ip eigrp neighbors

show ip eigrp topology

show ip eigrp interfaces

show ip eigrp traffic

debug ip eigrp

debug eigrp packets
```

图 6.108 为 EIGRP 故障排除拓扑图。

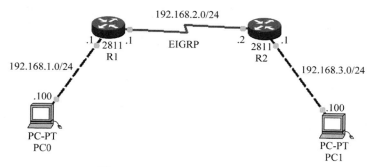

图 6.108　EIGRP 故障排除拓扑图

1. show ip protocols

可以使用 show ip protocols 命令来显示已经在路由器上配置并且正在运行的 IP 路由选择协议。

```
R1# show ip protocols
Routing Protocol is "eigrp  1 "
  Outgoing update filter list for all interfaces is not set
  Incoming update filter list for all interfaces is not set
  Default networks flagged in outgoing updates
  Default networks accepted from incoming updates
  EIGRP metric weight K1=1, K2=0, K3=1, K4=0, K5=0
  EIGRP maximum hopcount 100
  EIGRP maximum metric variance 1
Redistributing: eigrp 1
  Automatic network summarization is in effect
  Automatic address summarization:
  Maximum path: 4
  Routing for Networks:
     192.168.1.0
     192.168.2.0
  Routing Information Sources:
    Gateway        Distance      Last Update
    192.168.2.2    90            15927892
  Distance: internal 90 external 170
```

在该命令中,可以看到 AS 是 1,变化因子是 1(只支持同等成本负载均衡)。启用了 K1 和 K3 度量值,这意味着计算度量值时 DUAL 算法只使用带宽和延迟。配置了两条 network 语句:192.168.1.0 和 192.168.2.0。有一台相邻路由器 192.168.2.2。内部 EIGRP 的管理距离是 90(同一 AS 号内的路由器)。

2. show ip route

```
R1# show ip route
Codes: C - connected, S - static, I - IGRP, R - RIP, M - mobile, B - BGP
```

```
            D - EIGRP, EX - EIGRP external, O - OSPF, IA - OSPF inter area
            N1 - OSPF NSSA external type 1, N2 - OSPF NSSA external type 2
            E1 - OSPF external type 1, E2 - OSPF external type 2, E - EGP
            i - IS-IS, L1 - IS-IS level-1, L2 - IS-IS level-2, ia - IS-IS inter area
            * - candidate default, U - per-user static route, o - ODR
            P - periodic downloaded static route
Gateway of last resort is not set
C    192.168.1.0/24 is directly connected, FastEthernet0/0
C    192.168.2.0/24 is directly connected, Serial0/0/0
D    192.168.3.0/24 [90/2172416] via 192.168.2.2, 00:02:59, Serial0/0/0
R1#
```

在显示的底部,第一列中的 D 代表 EIGRP 路由。在该实例中,有一条从 192.168.2.2 学到的 EIGRP 路由。对于 EIGRP 路由,会在方括号([])中看到两组值。第一个值指示路由的管理距离(90),第二个值指示路由器的可行距离(度量值)。从后面可看到与该路由相关联的路由,即多久之前接收到关于这个路由或邻居的更新,以及要使用路由器上的哪个本地端口到达邻居。

注意:路由选择表中的 D 表示 EIGRP 路由。EIGRP 路由的管理距离是90。

3. show ip eigrp neighbors

```
R1#show ip eigrp neighbors
IP-EIGRP neighbors for process 1
H   Address          Interface        Hold Uptime    SRTT   RTO    Q    Seq
                                      (sec)          (ms)          Cnt  Num
0   192.168.2.2      Se0/0/0          13   00:04:07  40     1000   0    4
```

在该实例中有一个邻居(192.168.2.2)。show ip eigrp neighbors 命令用于显示与路由器有邻接关系的 EIGRP 路由器,它们的 IP 地址、重新传输时间间隔以及它们的队列数。如果没有看到邻居,须确保 EIGRP 路由选择进程中的 network 命令包含邻居连接到的端口。

4. show ip eigrp topology

```
R1#show ip eigrp topology
IP-EIGRP Topology Table for AS 1
Codes: P - Passive, A - Active, U - Update, Q - Query, R - Reply,
       r - Reply status
P 192.168.1.0/24, 1 successors, FD is 28160
        via Connected, FastEthernet0/0
P 192.168.2.0/24, 1 successors, FD is 2169856
        via Connected, Serial0/0/0
P 192.168.3.0/24, 1 successors, FD is 2172416
        via 192.168.2.2 (2172416/28160), Serial0/0/0
R1#
```

列出邻居的路由时,会看到括号中有两个值。第一个值是可行距离(到达接收站的路由器度量值),第二个值是通告距离(邻居通告的度量值)。

5. show ip eigrp interfaces

```
R1#show ip eigrp interfaces
```

```
IP-EIGRP interfaces for process 1
                          Xmit Queue    Mean   Pacing Time   Multicast      Pending
   Interface       Peers  Un/Reliable   SRTT   Un/Reliable   Flow Timer     Routes
Fa0/0              0      0/0           1236   0/10          0              0
Se0/0/0            1      0/0           1236   0/10          0              0
R1#
```

6. show ip eigrp traffic

```
R1# show ip eigrp traffic
IP-EIGRP Traffic Statistics for process 1
  Hellos sent/received: 189/88
  Updates sent/received: 2/3
  Queries sent/received: 0/0
  Replies sent/received:  0/0
  Acks sent/received:  3/2
  Input queue high water mark 1, 0 drops
  SIA-Queries sent/received: 0/0
  SIA-Replies sent/received: 0/0
R1#
```

6.4　混合路由协议通信

在实际的大型网络工程项目中,往往涉及多种动态路由协议混合使用的情况。一般情况下,不同的动态路由协议之间是不可以互相学习到路由信息的,路由重分发可以解决这个问题。为了实现混合路由协议,设计了两个不同的部门,分别是信息工程系和工商管理系,其中信息工程系的网络是通过动态路由协议 OSPF 进行互联互通的,而工商管理系的计算机是通过动态路由协议 RIP 互联互通的,现要求将这两个不同的部门的网络进行互联互通。混合路由实验拓扑结构图如图 6.109 所示。

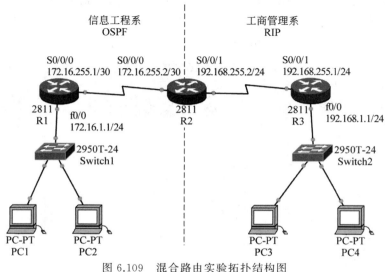

图 6.109　混合路由实验拓扑结构图

整个拓扑涉及 Cisco 2811 路由器 3 台、Cisco 2950 交换机两台、终端测试计算机 4 台。其中信息工程系路由器 R1 和路由器 R2 之间通过串口 S0/0/0 相连,工商管理系路由器 R3 和路由器 R2 之间通过串口 S0/0/1 相连。路由器 R1 的端口 f0/0 通过交换机连接信息工程系的计算机,路由器 R3 的端口 f0/0 通过交换机连接工商管理系的计算机。

两台路由器之间利用串口相连时,需要在两台路由器上均要添加广域网模块。具体操作为:①单击需要添加模块的路由器 R1,弹出图 6.110 所示的窗口,之后关闭机器的电源。②在窗口的 Physical 区(图 6.110)选择 WIC-2T 模块,将它拖放到空的模块槽中,然后释放鼠标。③重新打开电源。使用同样的方法,分别为路由器 R2、路由器 R3 添加 WIC-2T 模块。

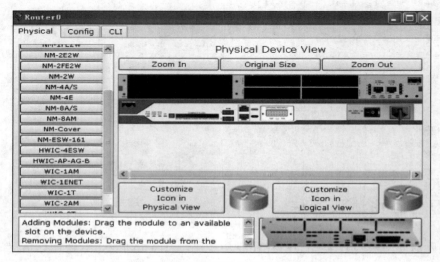

图 6.110   开关电源以及添加删除模块窗口

对终端计算机的 IP 地址配置具体如下。通过 Packet Tracer 模拟器的终端机器的图形界面可以方便地设置 PC 机的 IP 地址。①依次单击需要配置 IP 地址的 4 台终端设备,在弹出的窗口中选择 Desktop 菜单。②在 Desktop 菜单中单击 IP Configuration,在弹出的窗口中设置 IP 地址,如图 6.111 所示。4 台计算机的 IP 配置信息分别为 PC1:172.16.1.2/24,网关 172.16.1.1,PC2:172.16.1.3/24,网关 172.16.1.1,PC3:192.168.1.2/24,网关 192.168.1.1,PC4:192.168.1.3/24,网关 192.168.1.1。

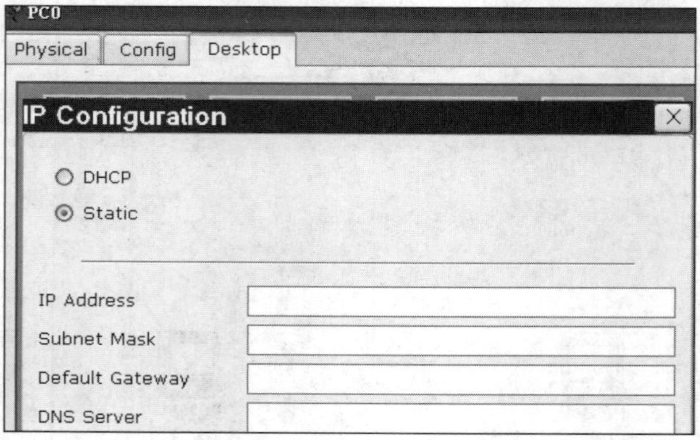

图 6.111   终端机器 IP 地址设置界面

网络拓扑中涉及设备的 IP 地址分配见表 6.20。

表 6.20　端口和终端 IP 地址分配

	S0/0/0	S0/0/1	f0/0
R1	172.16.255.1/30		172.16.1.1/24
R2	172.16.255.2/30	192.168.255.2/24	
R3		192.168.255.1/24	192.168.1.1/24
PC1/PC2	172.16.1.0/24 网关：172.16.1.1		
PC3/PC4	192.168.1.0/24 网关：192.168.1.1		

命令配置及解析如下。

（1）配置各台路由器的 IP 地址，并且使用 ping 命令确认各路由器的直连口的互通性。

① 对路由器 R1 进行基本配置。

```
Router>en                                      //进入特权模式
Router#config t                                //进入全局配置模式
Router(config)#hostname R1                     //为路由器命名为 R1
R1(config)#interface fastEthernet 0/0          //进入路由器 R1 的端口 f0/0
R1(config-if)#ip address 172.16.1.1 255.255.255.0 //为路由器端口 f0/0 设置 IP 地址
R1(config-if)#no shu                           //激活路由器的端口 f0/0
R1(config-if)#exit                             //退出
R1(config)#interface serial 0/0/0             //进入路由器串行端口 S0/0/0
R1(config-if)#ip address 172.16.255.1 255.255.255.252
//为路由器串行接口 S0/0/0 设置 IP 地址
R1(config-if)#no shu                           //激活路由器的端口 S0/0/0
```

② 对路由器 R2 进行基本配置。

```
Router>en                                      //进入特权模式
Router#config t                                //进入全局配置模式
Router(config)#hostname R2                     //为路由器命名为 R2
R2(config)#interface serial 0/0/0             //进入路由器串行端口 S0/0/0
R2(config-if)#ip address 172.16.255.2 255.255.255.252
//为路由器串行接口 S0/0/0 设置 IP 地址
R2(config-if)#no shu                           //激活路由器串行端口 S0/0/0
R2(config-if)#clock rate 64000                 //设置端口的时钟频率
R2(config-if)#exit                             //退出
R2(config)#interface serial 0/0/1             //进入路由器串行端口 S0/0/1
R2(config-if)#ip address 192.168.255.2 255.255.255.0
//为路由器串行接口 S0/0/1 设置 IP 地址
R2(config-if)#no shu                           //激活路由器串行端口 S0/0/1
R2(config-if)#clock rate 64000                 //设置路由器串行端口 S0/0/1 的时钟频率
```

③ 对路由器 R3 进行基本配置。

```
Router>en                                          //进入特权模式
Router#config t                                    //进入全局配置模式
Router(config)#hostname R3                         //为路由器命名
R3(config)#interface fastEthernet 0/0              //进入路由器的端口 f0/0
R3(config-if)#ip address 192.168.1.1 255.255.255.0 //为路由器端口 f0/0 设置 IP 地址
R3(config-if)#no shu                               //激活路由器的端口 f0/0
R3(config-if)#exit                                 //退出
R3(config)#interface serial 0/0/1                  //进入路由器串行端口 S0/0/1
R3(config-if)#ip address 192.168.255.1 255.255.255.0
//为路由器串行接口 S0/0/1 设置 IP 地址
R3(config-if)#no shu                               //激活路由器串行端口 S0/0/1
```

基本配置完成后,通过 ping 命令确认各路由器的直连口的互通性。测试结果为全通。

(2) 配置路由器 R1 与路由器 R2 的 OSPF 路由协议和路由器 R2 与路由器 R3 的 RIP 路由协议。

① 配置路由器 R1 与路由器 R2 的 OSPF 路由协议。

```
R1>en                                              //进入特权模式
R1#config t                                        //进入全局配置模式
R1(config)#router ospf 1                           //启动路由器 1 的动态路由协议 OSPF
R1(config-router)#network 172.16.1.0 0.0.0.255 area 0   //宣告网络地址和区域号
R1(config-router)#network 172.16.255.0 0.0.0.3 area 0   //宣告网络地址和区域号
R1(config-router)#end
R2>en                                              //进入特权模式
R2#config t                                        //进入全局配置模式
R2(config)#router ospf 1                           //启动路由器 1 的动态路由协议 OSPF
R2(config-router)#network 172.16.255.0 0.0.0.3 area 0
                                    //宣告和路由器 1 连接的网络的网络地址和区域号
R2(config-router)#end
```

② 配置路由器 R2 与路由器 R3 的 RIP 路由协议。

```
R2#config t                                        //进入特权模式
R2(config)#router rip                              //启动路由器 1 的动态路由协议 RIP
R2(config-router)#version 2                        //启动动态路由协议 RIP 的版本 2
R2(config-router)#no auto-summary                  //取消自动汇总功能
R2(config-router)#network 192.168.255.0            //宣告和路由器 3 连接的网络的网络地址
R2(config-router)#end
R3>en                                              //进入特权模式
R3#config t                                        //进入全局配置模式
R3(config)#router rip                              //启动路由器 3 的动态路由协议 RIP
R3(config-router)#version 2                        //启动动态路由协议 RIP 的版本 2
R3(config-router)#no auto-summary                  //取消自动汇总功能
R3(config-router)#network 192.168.255.0            //宣告网络地址
R3(config-router)#network 192.168.1.0              //宣告网络地址
```

```
R3(config-router)#end
```

（3）查看路由器 R1、路由器 R2 和路由器 R3 的路由表。

① 查看路由器 R1 的路由表。

```
R1# show ip route
     172.16.0.0/16 is variably subnetted, 2 subnets, 2 masks
C       172.16.1.0/24 is directly connected, FastEthernet0/0
C       172.16.255.0/30 is directly connected, Serial0/0/0
```

结果没有学习到动态路由信息。

② 查看路由器 R2 的路由表。

```
R2# show ip route
     172.16.0.0/16 is variably subnetted, 2 subnets, 2 masks
O       172.16.1.0/24 [110/65] via 172.16.255.1, 00:05:38, Serial0/0/0
C       172.16.255.0/30 is directly connected, Serial0/0/0
R    192.168.1.0/24 [120/1] via 192.168.255.1, 00:00:12, Serial0/0/1
C    192.168.255.0/24 is directly connected, Serial0/0/1
```

③ 查看路由器 R3 的路由表。

```
R3# show ip route
C    192.168.1.0/24 is directly connected, FastEthernet0/0
C    192.168.255.0/24 is directly connected, Serial0/0/1
```

结果没有学习到动态路由信息。

从 show ip route 命令可以看出，只有路由器 R2 才可以学习到整个网络的完整路由，因为路由器 R2 处于 OSPF 与 RIP 网络的边界，其同时运行了两种不同的路由协议。

（4）为了确保路由器 R1 和路由器 R2 能够学习到整个网络路由，可在路由器 R2 上配置路由重发布。具体配置如下。

```
R2# config t                              //进入全局配置模式
R2(config)# router ospf 1                 //进入动态路由协议 OSPF
R2(config-router)#redistribute rip metric 200 subnets
//将 RIP 网络的路由重发布到 OSPF 的网络中。并且指定其度量为 200, Subnets 命令可以确保
RIP 网络中的无类子网路由能够正确地被发布
R2(config-router)#exit                    //退出
R2(config)# router rip                    //进入动态路由协议 RIP
R2(config-router)#redistribute ospf 1 metric 10
     //将 OSPF 网络路由重发布到 RIP 中。并指定其度量跳数为:10
R2(config-router)#exit                    //退出
```

（5）查看路由器 R1 和路由器 R3 的路由表。

① 查看路由器 R1 的路由表。

```
R1# show ip route
     172.16.0.0/16 is variably subnetted, 2 subnets, 2 masks
C       172.16.1.0/24 is directly connected, FastEthernet0/0
```

```
C       172.16.255.0/30 is directly connected, Serial0/0/0
O E2 192.168.1.0/24 [110/200] via 172.16.255.2, 00:00:57, Serial0/0/0
O E2 192.168.255.0/24 [110/200] via 172.16.255.2, 00:00:57, Serial0/0/0
R1#
```

结果表明,路由器 R1 已经通过重发布的配置学习到了 RIP 网络的路由。

② 查看路由器 R3 的路由表。

```
R3# show ip route
    172.16.0.0/16 is variably subnetted, 2 subnets, 2 masks
R       172.16.1.0/24 [120/10] via 192.168.255.2, 00:01:02, Serial0/0/1
R       172.16.255.0/30 [120/10] via 192.168.255.2, 00:01:02, Serial0/0/1
C   192.168.1.0/24 is directly connected, FastEthernet0/0
C   192.168.255.0/24 is directly connected, Serial0/0/1
R3#
```

结果表明,路由器 R3 学习到了 OSPF 的路由。

(6) 实验结果验证。

```
PC>ping 192.168.1.2
Pinging 192.168.1.2 with 32 bytes of data:
Request timed out.
Reply from 192.168.1.2: bytes=32 time=188ms TTL=125
Reply from 192.168.1.2: bytes=32 time=172ms TTL=125
Reply from 192.168.1.2: bytes=32 time=172ms TTL=125
Ping statistics for 192.168.1.2:
    Packets: Sent = 4, Received = 3, Lost = 1 (25% loss),
Approximate round trip times in milli-seconds:
    Minimum = 172ms, Maximum = 188ms, Average = 177ms
PC>
```

通过信息系的一台计算机 PC1 ping 工商系的一台计算机 PC3,结果是连通的。说明信息工程系和工商管理系的网络通过动态路由协议的重分发而起作用,结果整个网络是互联互通的。

6.5 本章小结

主要讲解了常见的动态路由协议 RIP、OSPF 以及 EIGRP。首先讲解了动态路由协议 RIPv1 的工作原理及配置方法,接着讲解了动态路由协议 RIPv2 的工作原理及配置方法。其次讲解了动态路由协议 OSPF 工作原理及配置方法,分析了 OSPF 路由度量值的计算方法,讲述了 OSPF 动态路由协议 DR 以及 BDR 的工作原理及选举过程,探讨了路由重分布原理及配置过程。同时分析了 OSPF 动态路由协议的认证过程,包括明文认证、密文认证以及区域认证,探讨了动态路由协议 OSPF 故障排除的常见命令。

最后讲解了思科专用动态路由协议 EIGRP 的工作原理及配置方法,分析了 EIGRP 度量值的计算方法,探讨了动态路由协议 EIGRP 的密文认证过程及动态路由协议 EIGRP 故障排除的常见命令。

6.6　习题

一、单选题

1. 路由协议中的管理距离,是告诉这条路由的(　　　)。

　　A. 传输距离远近　　　B. 路由信息等级　　　C. 可信度等级　　　　D. 线路好坏

2. 静态路由、RIP 路由协议以及 OSPF 路由协议,它们的默认管理距离分别是(　　　)。

　　A. 1,120,110　　　　B. 1,40,120　　　　　C. 2,140,110　　　　D. 2,120,120

3. 适用于 IPv6 的 RIP 协议版本是(　　　)。

　　A. RIPv1　　　　　　B. RIPng　　　　　　C. RIPv2　　　　　　D. RIPv3

4. RIP 路由协议属于(　　　)。

　　A. 链路状态协议　　　　　　　　　B. 外部网关协议

　　C. 静态协议　　　　　　　　　　　D. 内部网关协议

5. RIP 路由协议的最大跳数为(　　　)。

　　A. 6　　　　　　　　　B. 15　　　　　　　　C. 16　　　　　　　　D. 12

6. 距离矢量路由协议,同时属于内部网关协议的是(　　　)。

　　A. NLSP　　　　　　　B. OSPF　　　　　　　C. RIP　　　　　　　　D. BGP-4

7. RIP 路由协议判断最优路由的依据是(　　　)。

　　A. 带宽　　　　　　　　B. 跳数　　　　　　　C. 路径开销　　　　　D. 延迟时间

8. RIP 路由缺省的 holddown time 是(　　　)。

　　A. 120　　　　　　　　B. 160　　　　　　　　C. 140　　　　　　　　D. 180

9. 当 RIP 向相邻的路由器发送更新时,更新计时的时间值为(　　　)。

　　A. 30 秒　　　　　　　B. 60 秒　　　　　　　C. 90 秒　　　　　　　D. 120 秒

10. 关于 RIPv1 和 RIPv2 的描述,正确的是(　　　)。

　　A. RIPv2 是默认的,RIPv1 必须配置

　　B. RIPv1 是无类路由,RIPv2 使用 VLSM

　　C. RIPv2 可以识别子网,RIPv1 是有类路由协议

　　D. RIPv1 用跳数作为度量值,RIPv2 则是使用跳数和路径开销的综合值

11. 用于检验路由器发送的路由信息的命令是(　　　)。

　　A. Router # show ip rip route

　　B. Router(config-router) # show router ip

　　C. Router(config) # show ip rip

　　D. Router # show ip route

12. 如果要对 RIP 进行调试排错,应该使用的命令是(　　　)。

　　A. Router # debug ip rip

　　B. Router(config) # debug ip rip

　　C. Router # show router rip event

　　D. Router(config) # show ip interface

13. RIP 路由器不把从邻居路由器学来的路由信息再发回给它,被称为(　　)。

    A. 抑制　　　　　　　B. 触发更新　　　　　　C. 毒性逆转　　　　　　D. 水平分割

14. RIP 中确定最佳路径的消息是(　　)。

    A. 带宽　　　　　　　　　　　　　　　　B. 跳数

    C. 传递消息的不同而变化　　　　　　　　D. 管理距离

15. 在 RIP 路由选择协议中,路由更新发送一次的时间是(　　)。

    A. 30 秒　　　　　　B. 60 秒　　　　　　C. 90 秒　　　　　　D. 随机的时间

16. OSPF 的管辖距离是(　　)。

    A. 100　　　　　　B. 90　　　　　　C. 110　　　　　　D. 120

17. 如题 17 图所示,路由器 R2LAN 内的主机到达路由器 R3LAN 内的主机的最短路径为(　　)。

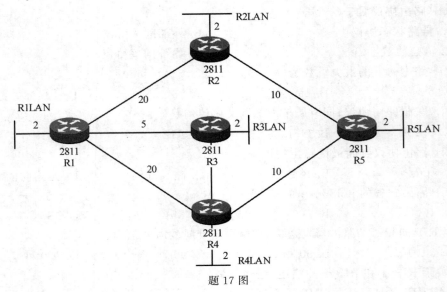

题 17 图

    A. 2　　　　　　B. 25　　　　　　C. 20　　　　　　D. 27

18. 下列属于距离矢量路由协议的是(　　)。

    A. BGP　　　　　　B. OSPF　　　　　　C. RIP　　　　　　D. EGP

19. 下列属于关闭自动汇总的命令是(　　)。

    A. shutdown　　　　　　　　　　　　　　B. no shutdown

    C. auto-summary　　　　　　　　　　　　D. no auto-summary

20. 以建立和维持邻居路由器的比邻关系的 OSPF 分组的类型是(　　)。

    A. Hello 分组　　　　　　　　　　　　　B. 链路状态请求

    C. 链路状态确认　　　　　　　　　　　　D. 数据库描述

21. OSPF 路由器的组播地址是(　　)。

    A. 224.0.0.5　　　　B. 224.0.0.6　　　　C. 224.0.0.1　　　　D. 224.0.0.4

22. OSPF 路由协议是一种(　　)。

    A. 外部网关协议　　　　　　　　　　　　B. 距离向量路由协议

C. 内部网关协议　　　　　　　　　　　D. 链路状态路由协议

23. 目前使用最广泛的 IGP 协议是(　　　)。

    A. OSPF　　　　　　B. RIP　　　　　　　C. BGP　　　　　　　D. IS-IS

24. 下列关于 OSPF 和 RIPv2 的论述,正确的是(　　　)。

    A. 只传递路由状态信息　　　　　　　B. 只能采取组播更新

    C. 都支持 VLSM　　　　　　　　　　 D. 都采用了水平分割的机制

25. OSPF 协议的协议号是(　　　)。

    A. 88　　　　　　　　B. 89　　　　　　　　C. 179　　　　　　　D. 520

26. 配置 OSPF 路由,需要的命令条数至少是(　　　)。

    A. 3 条　　　　　　　B. 1 条　　　　　　　C. 2 条　　　　　　　D. 4 条

27. 配置单区域 OSPF,启动 OSPF 路由选择进程的命令是在全局配置模式下输入 router ospf＋进程 ID,其中进程 ID 号的范围为(　　　)。

    A. 0～32　　　　　　B. 0～1024　　　　　C. 0～64　　　　　　D. 1～65535

二、多选题

1. 为了避免路由循环,RIP 等距离向量算法使用的机制有(　　　)。

    A. 水平分割(splithorizon)　　　　　　B. 毒性逆转(poisonreverse)

    C. 触发更新(triggerupdate)　　　　　　D. 抑制计时(holddowntimer)

2. RIP 的版本有(　　　)。

    A. RIPv1　　　　　　B. RIPv2　　　　　　C. RIPv3　　　　　　D. RIPng

3. 下列属于 RIP 计时器的有(　　　)。

    A. 路由更新计时器　　　　　　　　　B. 路由失效计时器

    C. 抑制计时器　　　　　　　　　　　D. 路由刷新计时器

4. 下列关于 OSPF 协议优点的描述,正确的有(　　　)。

    A. 支持变长子网屏蔽码(VLSM)　　　B. 无路由自环

    C. 支持路由验证　　　　　　　　　　D. 对负载分担的支持性能较好

5. 下列属于 OSPF 工作过程的有(　　　)。

    A. 交换路由表　　　　　　　　　　　B. 链路状态通告(LSA)泛洪

    C. 计算最短路径优先 SPF 树　　　　　D. 初始化邻居关系

6. 防止路由环路可以采取的措施有(　　　)。

    A. 路由毒化和水平分割　　　　　　　B. 水平分割和触发更新

    C. 毒性逆转和抑制计时器　　　　　　D. 关闭自动汇总和触发更新

7. OSPF 路由协议与 RIP 路由协议相比,其优势表现在(　　　)。

    A. 支持可变长子网掩码　　　　　　　B. 收敛速度快

    C. 没有路由环　　　　　　　　　　　D. 路由协议使用组播技术

8. 下列属于 OSPF 路由协议的特点的有(　　　)。

    A. 路由自动聚合　　　　　　　　　　B. 支持验证

    C. 无路由自环　　　　　　　　　　　D. 支持区域划分

9. 题 9 图所示网络拓扑中,OSPF 的配置正确的有(　　　)。

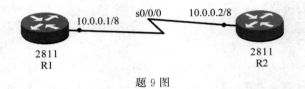

题 9 图

A.

```
R1(config)#router ospf 1
R1(config-router)#network 10.0.0.0 0.255.255.255 area  0
```

B.

```
R2(config)#router ospf 1
R2(config-router)#network 10.0.0.0 0.255.255.255area  0
```

C.

```
R1(config)#router ospf 1
R1(config-router)#network 10.0.0.0 area  0
```

D.

```
R2(config)#router ospf 1
R2(config-router)#network 10.0.0.0 area  0
```

10. 下列属于路由表中的路由来源的有( )。

　　A. 接口上报的直接路由

　　B. 手工配置的静态路由

　　C. 动态路由协议发现的路由

　　D. 以太网接口通过 ARP 协议获得的该网段中的主机路由

三、判断题

1. OSPF 是对链路状态路由协议的一种实现,它采用的算法为 Dijkstra 算法,用来计算最短路径树。 ( )

2. OSPF 与 RIP 一样,每隔 30 秒向相邻路由器之间交换一次路由表。 ( )

3. RIPv2 支持不连续子网、VLSM 及 CIDR,需要在配置时关闭自动汇总功能。( )

4. RIPv2 为无类别路由协议,与 RIPv1 类似不将子网的信息包含在内,但它支持 VLSM、路由聚合与 CIDR。 ( )

5. 为了避免路由循环,RIP 等距离向量算法使用了水平分割、毒性逆转、触发更新和抑制计时等机制。 ( )

6. 协议规定在 OSPF 中所有的区域都必须直接和区域 0 相连接。 ( )

四、填空题

1. 开放最短路径优先简称_____,它属于内部网关协议,用于在单一自治系统内进行路由决策。

2. OSPF 网络中的区域是以区域 ID 标识的,区域 ID 为 0 的区域规定为_____。

3. 在广播网络和点到点网络中,Hello 分组的发送时间间隔为_____秒。

4. 在非广播网络和点到多点网络中,Hello 分组发送的时间间隔为_____秒。

5. 在 OSPF 中,100Mb/s 快速以太网接口的默认 OSPF 成本为_____。

五、简答题

1. 简述 RIP 路由协议的工作原理。

2. 简述 OSPF 路由协议工作原理。

3. 简述 EIGRP 路由协议工作原理。

六、操作题

1. 利用 RIP 路由协议实现网络互联互通。

2. 利用 OSPF 路由协议实现网络互联互通。

3. 利用 EIGRP 路由协议实现网络互联互通。

第 7 章　三层交换、VLAN 间通信及 DHCP 技术

本章学习目标

- 了解基本的二层交换技术和三层交换技术
- 掌握三层交换工作原理
- 掌握三层交换和路由器的区别
- 了解不同 VLAN 间不能互相通信的原理
- 掌握利用路由器实现 VLAN 间通信的配置过程
- 掌握单臂路由的配置过程
- 掌握利用三层交换机实现跨 VLAN 通信配置过程

本章首先介绍二层交换技术和三层交换技术，详细介绍三层交换的工作原理，探讨三层交换和路由器的区别，分析不同 VLAN 间不能通信的原理，接着详细讲解利用路由器实现 VLAN 间通信的配置过程，以及利用单臂路由实现不同 VLAN 间通信的配置过程。本章最后详细讲解利用三层交换机实现不同 VLAN 间通信的配置过程。

7.1　交换技术概述

随着 Internet 的发展，局域网和广域网技术得到了广泛的推广和应用。数据交换技术从简单的电路交换发展到二层交换，从二层交换又逐渐发展到今天较成熟的三层交换，以后还会发展到将来的高层交换。三层交换技术是指二层交换技术加三层转发技术，它解决了局域网中网段划分之后，网段中子网必须依赖路由器进行管理的局面，解决了传统路由器低速、复杂造成的网络瓶颈问题。

二层交换技术从网桥发展到 VLAN，在局域网建设和改造中得到了广泛的应用。二层交换技术工作在 OSI 七层网络模型中的第二层，即数据链路层。它按照接收到的数据包目的 MAC 地址进行转发，对于网络层或者高层协议来说是透明的。它不处理网络层的 IP 地址，不处理高层协议（如 TCP、UDP）的端口地址，只需要数据包的物理地址，即 MAC 地址。二层交换的优点是数据交换靠硬件实现，速度快，但它不能处理不同 IP 子网间的数据交换。传统路由器可以处理大量的跨越 IP 子网的数据包，但是它的转发效率比二层低，因此既想利用二层交换转发效率高这一优点，又要处理三层 IP 数据包跨子网通信，三层交换技术就诞生了。

三层交换（也称多层交换技术，或 IP 交换技术）是相对于传统交换概念而提出的。传统的交换技术是在 OSI 网络模型中的第二层——数据链路层进行操作，而三层交换技术是在网络模型中的第三层——网络层实现数据包的高速转发。

7.2　交换原理

一个具有三层交换功能的设备,是一个带有三层路由功能的第二层交换机,是两者的有机结合,并不是简单地把路由器设备的硬件及软件叠加在局域网交换机上。

三层交换工作在 OSI 七层网络模型中的第三层,即网络层,是利用第三层协议中的 IP 包的报头信息对后续数据业务流进行标记,具有同一标记的业务流和后续报文被交换到第二层——数据链路层,从而建立起源 IP 地址和目的 IP 地址之间的一条通路,这条通路经过第二层,即数据链路层。有了这条通路,三层交换机就没有必要每次将接收到的数据包进行拆包判断路由,而是直接将数据包进行转发,将数据流进行交换。具体工作原理如下。

假设两个使用 IP 的站点 A、B 通过第三层交换机进行通信,发送站点 A 在开始发送时,把自己的 IP 地址与接收站点 B 的 IP 地址进行比较,判断 B 站是否与自己在同一子网内。若目的站 B 与发送站 A 在同一子网内,则进行二层的转发。若两个站点不在同一子网内,发送站 A 需要与目的站 B 进行通信,发送站 A 要向默认网关发送 ARP(地址解析)请求,而默认网关的 IP 地址其实是三层交换机的三层交换模块。当发送站 A 对默认网关的 IP 地址广播发出一个 ARP 请求时,如果三层交换模块在以前的通信过程中已经知道 B 站的 MAC 地址,则向发送站 A 回复 B 的 MAC 地址,否则三层交换模块根据路由信息向 B 站广播一个 ARP 请求,B 站得到此 ARP 请求后向三层交换模块回复其 MAC 地址,三层交换机模块保存此地址并回复给发送站 A,同时将 B 站的 MAC 地址发送到二层交换引擎的 MAC 地址表中。从此以后,A 向 B 发送的数据包便全部交给二层交换处理,信息得以高速交换。由于仅在路由过程中才需要三层处理,绝大部分数据都通过二层交换转发,因此三层交换机的速度很快,接近二层交换机的速度。

三层交换机具有部分路由功能,它与路由器本质上是有区别的:路由器端口类型多,支持的三层协议多,路由能力强,所以适合大型网络之间的互联,虽然不少三层交换机甚至二层交换机都有异构网络的互联端口,但一般大型网络的互联端口不多,互联设备的主要功能不是在端口之间进行快速交换,而是选择最佳路径甚至需要进行负载分担以及链路备份,最重要的是,还需要与其他网络进行路由信息交换,所有这些都是路由器能完成的功能。

7.3　VLAN 间通信简介

两台计算机即使连接在同一台交换机上,只要它们所属的 VLAN 不同,也无法直接通信。本节讨论如何在不同的 VLAN 间进行路由,使分属不同 VLAN 的主机能够互相通信。

不同 VLAN 间的主机不能直接通信的具体原因如下。

在 VLAN 内的通信,必须在数据帧头中指定通信目标的 MAC 地址。为了获取 MAC 地址,TCP/IP 下使用的是 ARP。ARP 解析 MAC 地址的方法是通告广播。也就是说,如果广播报文无法到达,那么就无法解析 MAC 地址,也就无法直接通信。

计算机分属不同的 VLAN,也就意味着分属不同的广播域,自然收不到彼此的广播报文。因此,属于不同 VLAN 的计算机之间无法直接互相通信。为了能够在 VLAN 间通信,需要利用 OSI 参考模型中的更高一层——网络层的信息(IP 地址)进行路由。

路由功能一般由路由器提供,但我们也经常利用带有路由功能的交换机——三层交换机实现。

下面分别使用路由器和三层交换机进行 VLAN 间的路由情况分析。

7.4 利用路由器实现 VLAN 间通信

使用路由器实现 VLAN 间通信时,与构建横跨多台交换机的 VLAN 时的情况类似,会遇到"该如何连接路由器与交换机"的问题。路由器和交换机的接线方式有两种。

① 将路由器与交换机上的每个 VLAN 分别连接。

② 不论 VLAN 有多少个,路由器与交换机都只用一根网线连接。

本节讨论将路由器与交换机上的每个 VLAN 分别连接实现跨 VLAN 通信的情况。不论 VLAN 有多少个,路由器与交换机都只用一根网线连接,从而实现不同 VLAN 间通信的情况将在下一节讨论。

把路由器和交换机以 VLAN 为单位分别用网线进行连接,具体实现过程是将交换机上用于和路由器互连的每个端口设为访问链接,然后分别用网线与路由器上的独立端口进行互联。如果交换机上有 2 个 VLAN,就需要在交换机上预留 2 个端口用于与路由器进行互连,并且路由器上同样需要有 2 个端口,最终两者之间用 2 条网线分别连接。

这样的方法在扩展性上显然是有问题的,每增加一个新的 VLAN,都需要消耗路由器的一个端口和交换机上的访问链接,还需要重新布设一条网线。而路由器通常不会带有太多的 LAN 端口。新建 VLAN 时,为了对应增加 VLAN 所需的端口,必须将路由器升级成带有多个 LAN 端口的高端产品,另外加上重新布线带来的开销,最终导致这种接线方法不科学。

利用路由器实现 VLAN 间通信,网络拓扑如图 7.1 所示。交换机 Switch0 被划分为两个 VLAN,分别为 VLAN10 和 VLAN20,其中端口 fa0/1~fa0/12 属于 VLAN10,端口 fa0/13~fa0/24 属于 VLAN20。属于 VLAN10 的端口 fa0/2 与端口 fa0/0 相连,属于 VLAN20 的端口 fa0/20 与端口 fa0/1 相连。

不同 VLAN 间的计算机不能互相通信,即计算机 PC0 和计算机 PC1 不可以互相通信,若要实现它们之间的正常通信,需要通过配置路由器实现。图 7.1 中各设备的具体 IP 地址规划见表 7.1。

表 7.1 图 7.1 中各设备的具体 IP 地址规划

设 备	端 口	IP 地址	子 网 掩 码	默 认 网 关
路由器	fa0/0	192.168.10.1	255.255.255.0	—
	fa0/1	192.168.20.1	255.255.255.0	—
PC0	网卡	192.168.10.100	255.255.255.0	192.168.10.1
PC1	网卡	192.168.20.200	255.255.255.0	192.168.20.1

首先配置两台计算机的网络参数,如图 7.2 和图 7.3 所示。

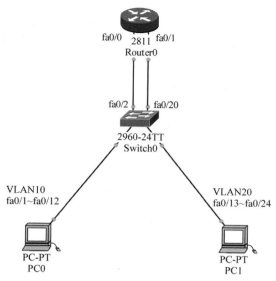

图 7.1　将路由器与交换机上的每个 VLAN 分别连接网络拓扑

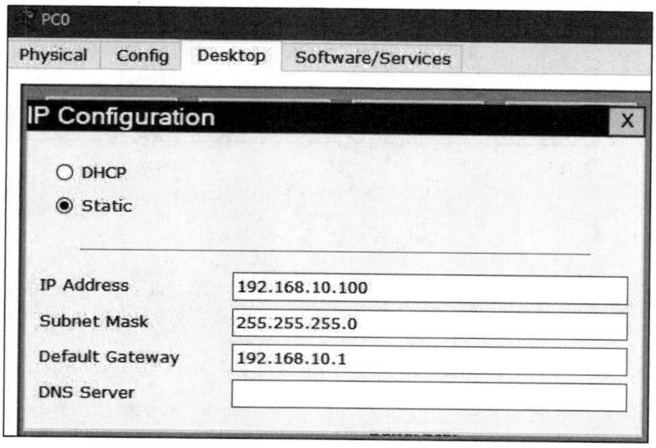

图 7.2　计算机 PC0 的网络参数配置

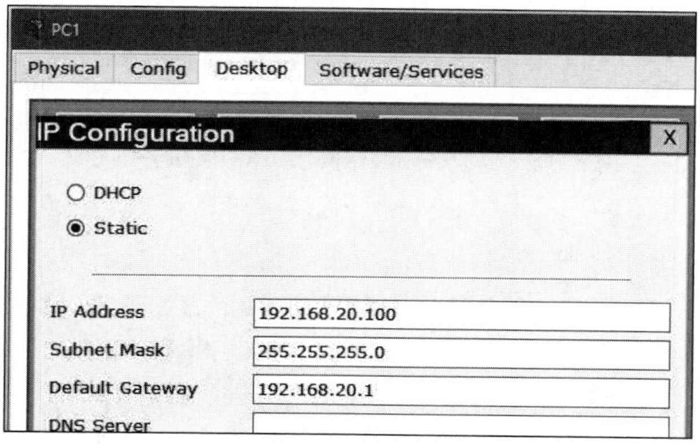

图 7.3　计算机 PC1 的网络参数配置

其次对交换机进行配置,具体配置过程如下。

```
Switch(config)#hostname S1                           //为交换机命名
S1(config)#vlan 10                                   //创建 VLAN10
S1(config-vlan)#vlan 20                              //创建 VLAN20
S1(config-vlan)#exit                                 //退出
S1(config)#interface range fastEthernet 0/1-12       //进入端口 fa0/1~fa0/12
S1(config-if-range)#switchport access vlan 10         //将端口 fa0/1~fa0/12 划入 VLAN10 中
S1(config-if-range)#exit                             //退出
S1(config)#interface range fastEthernet 0/13-24      //进入端口 fa0/13~fa0/24
S1(config-if-range)#switchport access vlan 20
                                                     //将端口 fa0/13~fa0/24 划入 VLAN20 中
S1(config-if-range)#exit                             //退出
```

接下来配置路由器的端口参数。

```
Router(config)#hostname R1                            //为路由器命名
R1(config)#interface fastEthernet 0/0                //进入路由器的端口 fa0/0
R1(config-if)#ip address 192.168.10.1 255.255.255.0 //配置 IP 地址
R1(config-if)#no shu                                 //激活
R1(config-if)#exit                                   //退出
R1(config)#interface fastEthernet 0/1               //进入路由器的端口 fa0/1
R1(config-if)#ip address 192.168.20.1 255.255.255.0 //配置 IP 地址
R1(config-if)#no shu                                 //激活
```

查看路由器的路由表。

```
R1#show ip route                                     //查看路由器的路由表
Codes: C-connected, S-static, I-IGRP, R-RIP, M-mobile, B-BGP
       D-EIGRP, EX-EIGRP external, O-OSPF, IA-OSPF inter area
       N1-OSPF NSSA external type 1, N2-OSPF NSSA external type 2
       E1-OSPF external type 1, E2-OSPF external type 2, E-EGP
       i-IS-IS, L1-IS-IS level-1, L2-IS-IS level-2, ia-IS-IS inter area
       *-candidate default, U-per-user static route, o-ODR
       P-periodic downloaded static route
Gateway of last resort is not set
C    192.168.10.0/24 is directly connected, FastEthernet0/0
C    192.168.20.0/24 is directly connected, FastEthernet0/1
R1#
```

最后测试网络连通性。

在计算机 PC0 上通过 ping 命令测试与计算机 PC1 的连通性,测试结果如图 7.4 所示。图 7.4 中的 TTL 值为 127(128−1),表明经过了一个路由器,要减 1。另外,从图 7.4 中可以看出,处于不同 VLAN 的两台计算机之间通过路由器可以互相访问。

第二种办法是"不论 VLAN 有多少个,路由器与交换机都只用一条网线连接",在这种情况下,要实现不同 VLAN 间通信,需要用到单臂路由。

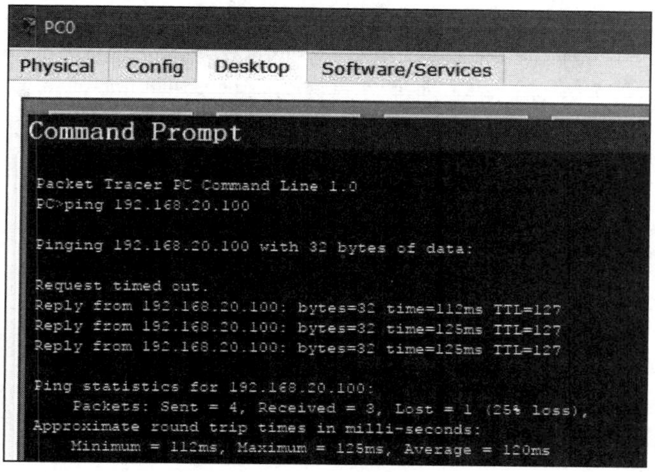

图 7.4　测试网络连通性

7.5　单臂路由

　　单臂路由(router-on-a-stick)是指在路由器上的一个端口上通过配置子端口(或"逻辑端口"。并不存在真正的物理端口)的方式,实现原来相互隔离的不同 VLAN 之间的互联互通。

　　路由器的物理端口可以被划分成多个逻辑端口,这些被划分后的逻辑端口被形象地称为子端口。这些逻辑子端口不能被单独开启或关闭,即当物理端口被开启或关闭时,所有的该端口的子端口也随之被开启或关闭。

　　通常认为,路由选择就是流量来到一个物理端口而离开另一个物理端口的过程。中继可用于支持多个 VLAN 通过。单臂路由器是具有到交换机的单个中继连接的路由器。单臂路由器在该中继连接上的 VLAN 之间路由。如果不需中继,则需要每个 VLAN 连接单独的物理端口。随着 VLAN 数量的增加,对路由器的 LAN 端口的数量要求也相应增加。

　　通过中继连接,可以在一个端口上进行多个 VLAN 间的路由,也就是通过单臂路由的方法解决交换式网络中的路由选择问题。

　　要设置单臂路由,需要将路由器的物理端口划分为多个逻辑端口,称为子端口。创建子端口是在输入物理端口类型和端口标志符后,接着输入一个点(.)和子端口号。很多人喜欢用要处理的 VLAN 编号作为子端口号。实际上并非必须这样做。

　　如果端口类型是 serial,则必须指定连接类型。常见的连接类型有 point-to-point(用于点对点串行连接)和 multipoint(用于多点连接)。对于 LAN 端口,默认 multipoint,单臂路由配置时忽略连接类型。

　　如果创建的子端口需要在 VLAN 间进行路由选择,则需要支持中继端口。为单臂路由器设立子端口时,必须配置的一项是中继类型(ISL 或 802.1Q)以及与子端口相关联的

VLAN。

  使用 Encapsulation 命令指定中继类型和与子端口相关联的 VLAN。一旦完成这些操作,交换机将向路由器发送标记帧。而通过封装,路由器将明白如何读取标签。路由器能够知道该帧来自哪个 VLAN,并且用与之匹配的子端口来处理它。所有(Cisco)交换机都支持使用 dot1q 参数标注的 IEEE 802.1q。只有少数 Cisco 交换机支持 ISL。路由器和交换机必须使用相同的 VLAN 封装类型: IEEE 802.1q 或 ISL。

  单臂路由网络拓扑图如图 7.5 所示,具体配置过程如下。

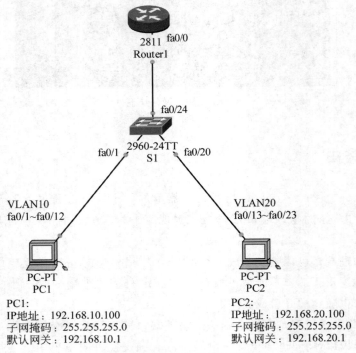

图 7.5 单臂路由网络拓扑图

  首先对交换机进行配置,在交换机上划分 VLAN,将交换机端口 fa0/1~fa0/12 划分到 VLAN10,将交换机端口 fa0/13~fa0/23 划分到 VLAN20。

```
Switch(config)#hostname S1                          //为交换机命名
S1(config)#vlan 10                                  //为交换机创建 VLAN10
S1(config-vlan)#vlan 20                             //为交换机创建 VLAN20
S1(config-vlan)#exit                                //退出
S1(config)#interface range fastEthernet 0/1-12      //进入交换机的端口 fa0/1~fa0/12
S1(config-if-range)#switchport access vlan 10       //将端口 fa0/1~fa0/12 划分到 VLAN10
S1(config-if-range)#exit                            //退出
S1(config)#interface range fastEthernet 0/13-23     //进入交换机的端口 fa0/13~fa0/23
S1(config-if-range)#switchport access vlan 20
                                                    //将端口 fa0/13~fa0/23 划分到 VLAN20
S1(config-if-range)#exit                            //退出
```

接着对路由器进行配置。

```
Router(config)#hostname Router1                    //为路由器命名
Router1(config)#interface fastEthernet 0/0         //进入路由器的端口 fa0/0
Router1(config-if)#no shu                           //激活
Router1(config-if)#exit                             //退出
Router1(config)#interface fastEthernet 0/0.10      //进入路由器的子端口 fa0/0
Router1(config-subif)#encapsulation dot1Q 10
                //为这个端口配置 IEEE 802.1q 协议,后面的 10 是子端口连接的 VLAN 号
Router1(config-subif)#ip address 192.168.10.1 255.255.255.0    //配置 IP 地址
Router1(config-subif)#exit                         //退出
Router1(config)#interface fastEthernet 0/0.20      //进入路由器 fa0/0 的另一子端口
Router1(config-subif)#encapsulation dot1Q 20
                //为这个端口配置 IEEE 802.1q 协议,后面的 20 是子端口连接的 VLAN 号
Router1(config-subif)#ip address 192.168.20.1 255.255.255.0    //配置 IP 地址
```

将交换机连接路由器的端口 fa0/24 配置为 trunk 模式,具体配置命令如下。

```
S1(config-if)#switchport mode trunk
%LINEPROTO-5-UPDOWN: Line protocol on Interface FastEthernet0/24, changed state
to down
%LINEPROTO-5-UPDOWN: Line protocol on Interface FastEthernet0/24, changed state
to up
```

按照图 7.5 所示配置终端计算机 PC1 和计算机 PC2 的网络参数。
最后进行网络连通性测试,通过计算机 PC1 ping 计算机 PC2 的结果如下。

```
PC>ping 192.168.20.100
Pinging 192.168.20.100 with 32 bytes of data:
Request timed out.
Reply from 192.168.20.100: bytes=32 time=125ms TTL=127
Reply from 192.168.20.100: bytes=32 time=54ms TTL=127
Reply from 192.168.20.100: bytes=32 time=10ms TTL=127
Ping statistics for 192.168.20.100:
    Packets: Sent =4, Received =3, Lost =1 (25%loss),
Approximate round trip times in milli-seconds:
    Minimum =10ms, Maximum =125ms, Average =63ms
PC>
```

结果表明,网络是连通的。

7.6　利用三层交换机实现 VLAN 间通信

1. SVI 介绍

交换机虚拟端口(Switch Virtual Interface,SVI)是联系 VLAN 的 IP 端口,一个 SVI 只能和一个 VLAN 相联系。SVI 有两种类型:①主机管理端口,管理员可以利用该端口管理

交换机;②网关端口,用于三层交换机跨 VLAN 间路由。具体可以用 interface vlan 端口配置命令创建 SVI,然后为其配置 IP 地址即可实现路由功能。一个交换机虚拟端口代表一个由交换端口构成的 VLAN(就是通常所说的 VLAN 端口),以便于实现系统中路由和桥接的功能。一个交换机虚拟端口对应一个 VLAN,当需要路由虚拟局域网之间的流量或桥接VLAN 之间不可路由的协议,以及提供 IP 主机到交换机的连接时,就需要为相应的虚拟局域网配置相应的交换机虚拟端口。其实,SVI 就是通常所说的 VLAN 端口,只不过它是虚拟的,用于连接整个 VLAN,所以通常也把这种端口称为逻辑三层端口。SVI 端口是当在interface vlan 全局配置命令后面键入具体的 VLAN ID 时创建的。可以用 no interface vlan vlan_id 全局配置命令删除对应的 SVI 端口,只是不能删除 VLAN 1 的 SVI 端口(VLAN 1),因为 VLAN 1 端口是默认已创建的,用于远程交换机管理。

应当为所有 VLAN 配置 SVI 端口,以便在 VLAN 间路由通信,也就是 SVI 端口的用途是为 VLAN 间提供通信路由。

一个 VLAN 仅可以有一个 SVI。默认情况下,SVI 是为默认 VLAN(通常是 VLAN 1)而创建的,以允许进行远程交换机管理。其他的 SVI 必须明确配置。所以,SVI 端口可以同时是该交换机的管理端口和下层设备的网关端口(路由连端口)。在三层模式中,可以配置通过 SVI 的路由。

SVI 是在第一次键入 VLAN 端口配置命令时创建的。VLAN 与 ISL 或 IEEE 802.1q协议中封装的中继,或者访问端口配置的 VLAN ID 的数据帧相关联的 VLAN 标记对应。如果需要路由 VLAN 间的通信,则需要为每个 VLAN 配置一个 VLAN 端口(也就是这里所说的 SVI),并为每个 SVI 端口分配一个 IP 地址。

SVI 具有自动状态排除(autostate exclude)特征。带有多个端口的 VLAN 上的 SVI 线路状态在 SVI 端口满足以下条件时呈开启状态。

(1) VLAN 存在,并且在交换机的 VLAN 数据库中呈激活状态。

(2) VLAN 端口存在,并且是可管理的。

(3) 在 VLAN 中至少存在一个二层端口(访问端口或中继端口)的链路呈开启状态,并且这个链路在 VLAN 中是在生成树转发状态(spanning-tree forwarding state)中。

默认情况下,在一个 VLAN 有多个端口时,VLAN 中的所有端口关闭后,SVI 端口也将关闭。

2. 利用三层交换机实现 VLAN 间通信

图 7.6 所示为一台三层交换机和两台计算机组成的网络,计算机 PC0 属于 VLAN10,IP 地址为 192.168.1.100,默认网关为 192.168.1.1,计算机 PC1 属于 VLAN20,IP 地址为192.168.2.100,默认网关为 192.168.2.1。计算机 PC0 连接交换机的端口 fa0/1,计算机 PC1连接交换机的端口 fa0/20。计算机 PC0 和计算机 PC1 属于两个不同的 VLAN,所以通过二层交换是不可能互相通信的,因此需要借助三层设备——路由器或三层交换机。前面已经分析了通过路由器解决不同 VLAN 间的通信问题,现在探讨利用三层交换机解决不同VLAN 间的通信问题。

首先配置两台计算机的网络参数,图 7.7 所示为计算机 PC0 网络的参数配置,用同样的方法配置 PC1。

其次配置交换机。划分两个 VLAN,分别为 VLAN10 和 VLAN20,并且将相应的端口

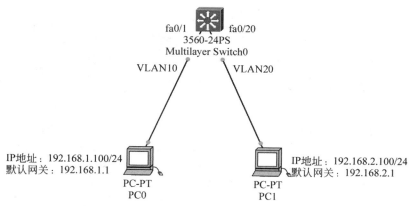

图 7.6　利用三层交换机实现 VLAN 间通信拓扑图

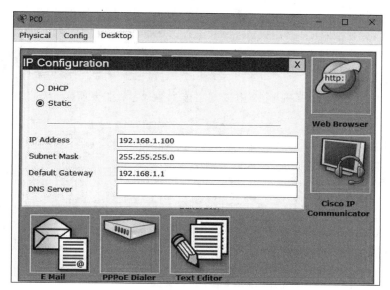

图 7.7　PC0 网络的参数配置

分配到相应的 VLAN 中。具体配置如下。

```
Switch(config)#vlan 10                              //创建 VLAN10
Switch(config-vlan)#vlan 20                         //创建 VLAN20
Switch(config-vlan)#exit                            //退出
Switch(config)#interface fastEthernet 0/1          //进入路由器的端口 fa0/1
Switch(config-if)#switchport access vlan 10         //将端口 fa0/1 划入 VLAN10
Switch(config-if)#exit                              //退出
Switch(config)#interface fastEthernet 0/20         //进入路由器的端口 fa0/20
Switch(config-if)#switchport access vlan 20         //将端口 fa0/20 划入 VLAN20
Switch(config)#interface vlan 10                    //进入 VLAN 端口模式
Switch(config-if)#ip address 192.168.1.1 255.255.255.0//配置 IP 地址
Switch(config-if)#no sh                             //激活
```

```
Switch(config-if)#exit                              //退出
Switch(config)#interface vlan 20                    //进入 VLAN 端口模式
Switch(config-if)#ip address 192.168.2.1 255.255.255.0 //配置 IP 地址
Switch(config-if)#no shu                            //激活
```

查看交换机的路由表。

```
Switch#show ip route
Codes: C -connected, S -static, I -IGRP, R -RIP, M -mobile, B -BGP
       D -EIGRP, EX -EIGRP external, O -OSPF, IA -OSPF inter area
       N1 -OSPF NSSA external type 1, N2 -OSPF NSSA external type 2
       E1 -OSPF external type 1, E2 -OSPF external type 2, E -EGP
       i -IS-IS, L1 -IS-IS level-1, L2 -IS-IS level-2, ia -IS-IS inter area
       * -candidate default, U -per-user static route, o -ODR
       P -periodic downloaded static route
Gateway of last resort is not set
C    192.168.1.0/24 is directly connected, Vlan10
C    192.168.2.0/24 is directly connected, Vlan20
```

看到两条直连路由。

从计算机 PC0 ping 计算机 PC1 测试网络连通性,结果如下所示。

```
PC>ping 192.168.2.100
Pinging 192.168.2.100 with 32 bytes of data:
Reply from 192.168.2.100: bytes=32 time=7ms TTL=127
Reply from 192.168.2.100: bytes=32 time=8ms TTL=127
Reply from 192.168.2.100: bytes=32 time=11ms TTL=127
Reply from 192.168.2.100: bytes=32 time=11ms TTL=127
Ping statistics for 192.168.2.100:
    Packets: Sent =4, Received =4, Lost =0 (0%loss),
Approximate round trip times in milli-seconds:
    Minimum =7ms, Maximum =11ms, Average =9ms
PC>
```

结果表明网络是连通的。

图 7.8 所示为利用三层交换机实现 VLAN 间通信的综合实验拓扑结构图,该拓扑结构由 4 台二层交换机和 2 台三层交换机组成,其中每台二层交换机划分为 2 个 VLAN,交换机 SW1 划分为 VLAN10 和 VLAN20,VLAN10 的网络地址为 192.168.1.0/24,VLAN20 的网络地址为 192.168.2.0/24;交换机 SW2 划分为 VLAN30 和 VLAN40,VLAN30 的网络地址为 192.168.3.0/24,VLAN40 的网络地址为 192.168.4.0/24;交换机 SW3 划分为 VLAN50 和 VLAN60,VLAN50 的网络地址为 192.168.5.0/24,VLAN60 的网络地址为 192.168.6.0/24;交换机 SW4 划分为 VLAN70 和 VLAN80,VLAN70 的网络地址为 192.168.7.0/24,VLAN80 的网络地址为 192.168.8.0/24。

首先对 4 台二层交换机进行 VLAN 配置,对交换机 SW1 的配置过程如下。

```
Switch>en                                           //进入特权模式
```

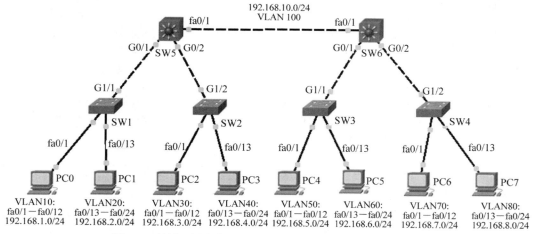

图 7.8　利用三层交换机实现 VLAN 间通信综合实验拓扑图

```
Switch#config t                                    //进入全局配置模式
Enter configuration commands, one per line.   End with CNTL/Z.
Switch(config)#hostname SW1                        //交换机命名
SW1(config)#vlan 10                                //创建虚拟局域网 VLAN10
SW1(config-vlan)#vlan 20                           //创建虚拟局域网 VLAN20
SW1(config-vlan)#exit                              //退出
SW1(config)#interface range fastEthernet 0/1-12   //进入连续端口 fa0/1~fa0/12
SW1(config-if-range)#switchport access vlan 10     //将端口划入 VLAN10
SW1(config-if-range)#exit                          //退出
W1(config)#interface range fastEthernet 0/13-24    //进入连续端口 fa0/13~fa0/24
SW1(config-if-range)#switchport access vlan 20     //将端口划入 VLAN20
SW1(config-if-range)#
```

对交换机 SW2 的配置过程如下。

```
Switch>en                                          //进入特权模式
Switch#config t                                    //进入全局配置模式
Enter configuration commands, one per line.   End with CNTL/Z.
Switch(config)#hostname SW2                        //交换机命名
SW2(config)#vlan 30                                //创建 VLAN30
SW2(config-vlan)#vlan 40                           //创建 VLAN40
SW2(config-vlan)#exit                              //退出
SW2(config)#interface range fastEthernet 0/1-12   //进入连续端口 fa0/1~fa0/12
SW2(config-if-range)#switchport access vlan 30     //将端口划入 VLAN30
SW2(config-if-range)#exit                          //退出
SW2(config)#interface range fastEthernet 0/13-24   //进入连续端口 fa0/13~fa0/24
SW2(config-if-range)#switchport access vlan 40     //将端口划入 VLAN40
SW2(config-if-range)#
```

对交换机 SW3 的配置过程如下。

```
Switch>en                                          //进入特权模式
```

```
Switch#config t                                        //进入全局配置模式
Enter configuration commands, one per line.  End with CNTL/Z.
Switch(config)#hostname SW3                            //交换机命名
SW3(config)#vlan 50                                    //创建虚拟局域网 VLAN50
SW3(config-vlan)#vlan 60                               //创建虚拟局域网 VLAN60
SW3(config-vlan)#exit                                  //退出
SW3(config)#interface range fastEthernet 0/1-12        //进入连续端口 fa0/1~fa0/12
SW3(config-if-range)#switchport access vlan 50         //将端口划入 VLAN50
SW3(config-if-range)#exit                              //退出
SW3(config)#interface range fastEthernet 0/13-24       //进入连续端口 fa0/13~fa0/24
SW3(config-if-range)#switchport access vlan 60         //将端口划入 VLAN60
SW3(config-if-range)#
```

对交换机 SW4 的配置过程如下。

```
Switch>en                                              //进入特权模式
Switch#config t                                        //进入全局配置模式
Enter configuration commands, one per line.  End with CNTL/Z.
Switch(config)#hostname SW4                            //交换机命名
SW4(config)#vlan 70                                    //创建虚拟局域网 VLAN70
SW4(config-vlan)#vlan 80                               //创建虚拟局域网 VLAN80
SW4(config-vlan)#exit                                  //退出
SW4(config)#interface range fastEthernet 0/1-12        //进入连续端口 fa0/1~fa0/12
SW4(config-if-range)#switchport access vlan 70         //将端口划入 VLAN70
SW4(config-if-range)#exit                              //退出
SW4(config)#interface range fastEthernet 0/13-24       //进入连续端口 fa0/13~fa0/24
SW4(config-if-range)#switchport access vlan 80         //将端口划入 VLAN80
SW4(config-if-range)#exit                              //退出
SW4(config)#
```

其次对 2 台三层交换机进行配置,三层交换机 SW5 的配置过程如下。

```
Switch>en                                              //进入特权模式
Switch#config t                                        //进入全局配置模式
Enter configuration commands, one per line.  End with CNTL/Z.
Switch(config)#hostname SW5                            //交换机命名
SW5(config)#vlan 10                                    //创建虚拟局域网 VLAN10
SW5(config-vlan)#vlan 20                               //创建虚拟局域网 VLAN20
SW5(config-vlan)#vlan 30                               //创建虚拟局域网 VLAN30
SW5(config-vlan)#vlan 40                               //创建虚拟局域网 VLAN40
SW5(config-vlan)#exit                                  //退出
SW5(config)#interface vlan 10                          //进入虚拟端口 VLAN10
SW5(config-if)#ip address 192.168.1.1 255.255.255.0    //配置网络地址参数
SW5(config-if)#no shu
SW5(config-if)#exit
SW5(config)#interface vlan 20                          //进入虚拟端口 VLAN20
SW5(config-if)#ip address 192.168.2.1 255.255.255.0    //配置网络地址参数
SW5(config-if)#no shu
```

```
SW5(config-if)#exit
SW5(config)#interface vlan 30                    //进入虚拟端口 VLAN30
SW5(config-if)#ip address 192.168.3.1 255.255.255.0 //配置网络地址参数
SW5(config-if)#no shu
SW5(config-if)#exit
SW5(config)#interface vlan 40                    //进入虚拟端口 VLAN40
SW5(config-if)#ip address 192.168.4.1 255.255.255.0 //配置网络地址参数
SW5(config-if)#no shu
SW5(config-if)#
```

三层交换机 SW6 的配置过程如下。

```
Switch>en                                        //进入特权模式
Switch#config t                                  //进入全局配置模式
Enter configuration commands, one per line.  End with CNTL/Z.
Switch(config)#hostname SW6                      //交换机命名
SW6(config)#vlan 50                              //创建虚拟局域网 VLAN50
SW6(config-vlan)#vlan 60                         //创建虚拟局域网 VLAN60
SW6(config-vlan)#vlan 70                         //创建虚拟局域网 VLAN70
SW6(config-vlan)#vlan 80                         //创建虚拟局域网 VLAN80
SW6(config-vlan)#exit
SW6(config)#interface vlan 50                    //进入虚拟端口 VLAN50
SW6(config-if)#ip address 192.168.5.1 255.255.255.0 //配置网络地址参数
SW6(config-if)#no shu
SW6(config-if)#exit
SW6(config)#interface vlan 60                    //进入虚拟端口 VLAN60
SW6(config-if)#ip address 192.168.6.1 255.255.255.0 //配置网络地址参数
SW6(config-if)#no shu
SW6(config-if)#exit
SW6(config)#interface vlan 70                    //进入虚拟端口 VLAN70
SW6(config-if)#ip address 192.168.7.1 255.255.255.0 //配置网络地址参数
SW6(config-if)#no shu
SW6(config-if)#exit
SW6(config)#interface vlan 80                    //进入虚拟端口 VLAN80
SW6(config-if)#ip address 192.168.8.1 255.255.255.0 //配置网络地址参数
SW6(config-if)#no shu
SW6(config-if)#
```

将三层交换机和二层交换机之间的级联端口配置成 Trunk 模式。三层交换机 SW5 与二层交换机 SW1 以及二层交换机 SW2 之间级联端口配置成 Trunk 模式的配置过程如下。

```
SW5>en                                           //进入特权模式
SW5#config t                                     //进入全局配置模式
Enter configuration commands, one per line.  End with CNTL/Z.
SW5(config)#interface range gigabitEthernet 0/1-2  //进入连续端口 g0/1-2
SW5(config-if-range)#switchport trunk encapsulation dot1q  //将端口封装成 dot1q
SW5(config-if-range)#switchport mode trunk       //将端口配置成 Trunk 模式
SW5(config-if-range)#
```

二层交换机 SW1 的级联端口 G1/1 与二层交换机 SW2 的级联端口 G1/2 自适应成 Trunk 模式,可以不用另外配置。

三层交换机 SW6 与二层交换机 SW3 以及 SW4 之间级联端口配置成 Trunk 模式的配置过程如下。

```
SW6(config)#interface range gigabitEthernet 0/1-2    //进入连续端口 g0/1-2
SW6(config-if-range)#switchport trunk encapsulation dot1q   //将端口封装成 dot1q
SW6(config-if-range)#switchport mode trunk            //将端口配置成 Trunk 模式
SW6(config-if-range)#
```

二层交换机 SW3 的级联端口 G1/1 与二层交换机 SW4 的级联端口 G1/2 自适应成 Trunk 模式,可以不用另外配置。

经过以上的配置过程,可以利用三层交换机 SW5 实现 VLAN10、VLAN20、VLAN30 以及 VLAN40 这 4 个 VLAN 间的通信问题以及利用三层交换机 SW6 实现 VLAN50、VLAN60、VLAN70 以及 VLAN80 这 4 个 VLAN 间的通信问题。

配置 8 台主机的网络参数如表 7.2 所示。

表 7.2　图 7.8 中 8 台主机的网络参数配置

设　　　备	端　　口	IP 地址	子 网 掩 码	默 认 网 关
PC0	网卡	192.168.1.10	255.255.255.0	192.168.1.1
PC1	网卡	192.168.2.10	255.255.255.0	192.168.2.1
PC2	网卡	192.168.3.10	255.255.255.0	192.168.3.1
PC3	网卡	192.168.4.10	255.255.255.0	192.168.4.1
PC4	网卡	192.168.5.10	255.255.255.0	192.168.5.1
PC5	网卡	192.168.6.10	255.255.255.0	192.168.6.1
PC6	网卡	192.168.7.10	255.255.255.0	192.168.7.1
PC7	网卡	192.168.8.10	255.255.255.0	192.168.8.1

计算机 PC0 和计算机 PC3 的连通性测试结构如图 7.9 所示。

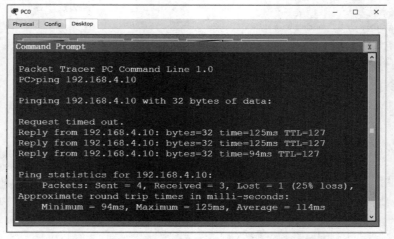

图 7.9　计算机 PC0 和计算机 PC3 连通性测试结果

同样进行计算机 PC4 与计算机 PC7 之间的连通性测试,结果是连通的。

以上只是解决同一台三层交换机相连的不同 VLAN 之间的通信问题,但两台三层交换机之间不同 VLAN 间的通信问题没有解决,接下来解决三层交换机之间不同 VLAN 之间的通信问题。

对三层交换机 SW5 进行配置,创建 SVI 端口,代码如下。

```
SW5>en                                          //进入特权模式
SW5#config t                                    //进入全局配置模式
Enter configuration commands, one per line.  End with CNTL/Z.
SW5(config)#vlan 100                            //创建虚拟局域网 VLAN100
SW5(config-vlan)#exit                           //退出
SW5(config)#interface vlan 100                  //进入虚拟端口 VLAN100
SW5(config-if)#ip address 192.168.10.1 255.255.255.0  //配置网络地址参数
SW5(config-if)#no shu
```

对三层交换机 SW6 进行配置,创建 SVI 端口,代码如下。

```
SW6>en                                          //进入特权模式
SW6#config t                                    //进入全局配置模式
Enter configuration commands, one per line.  End with CNTL/Z.
SW6(config)#vlan 100                            //创建虚拟局域网 VLAN100
SW6(config-vlan)#exit                           //退出
SW6(config)#interface vlan 100                  //进入虚拟端口 VLAN100
SW6(config-if)#ip address 192.168.10.2 255.255.255.0  //配置网络地址参数
SW6(config-if)#no shu
```

在三层交换机上配置动态路由协议,使网络互联互通。

在三层交换机 SW5 上配置动态路由协议 OSPF。

```
SW5(config)#router ospf 1                       //路由器启动 OSPF,其进程号为 1
SW5(config-router)#network 192.168.1.0 0.0.0.255 area 0
//OSPF 把当前路由器上位于网络 192.168.1.0/255.255.255.0 的端口加入区域 0
SW5(config-router)#network 192.168.2.0 0.0.0.255 area 0
//OSPF 把当前路由器上位于网络 192.168.2.0/255.255.255.0 的端口加入区域 0
SW5(config-router)#network 192.168.3.0 0.0.0.255 area 0
//OSPF 把当前路由器上位于网络 192.168.3.0/255.255.255.0 的端口加入区域 0
SW5(config-router)#network 192.168.4.0 0.0.0.255 area 0
//OSPF 把当前路由器上位于网络 192.168.4.0/255.255.255.0 的端口加入区域 0
SW5(config-router)#network 192.168.10.0 0.0.0.255 area 0
//OSPF 把当前路由器上位于网络 192.168.10.0/255.255.255.0 的端口加入区域 0
SW5(config-router)#
```

在三层交换机 SW6 上配置动态路由协议 OSPF。

```
SW6(config)#router ospf 1                       //路由器启动 OSPF,其进程号为 1
SW6(config-router)#network 192.168.5.0 0.0.0.255 area 0
//OSPF 把当前路由器上位于网络 192.168.5.0/255.255.255.0 的端口加入区域 0
SW6(config-router)#network 192.168.6.0 0.0.0.255 area 0
```

```
//OSPF 把当前路由器上位于网络 192.168.6.0/255.255.255.0 的端口加入区域 0
SW6(config-router)#network 192.168.7.0 0.0.0.255 area 0
//OSPF 把当前路由器上位于网络 192.168.7.0/255.255.255.0 的端口加入区域 0
SW6(config-router)#network 192.168.8.0 0.0.0.255 area 0
//OSPF 把当前路由器上位于网络 192.168.8.0/255.255.255.0 的端口加入区域 0
SW6(config-router)#network 192.168.10.0 0.0.0.255 area 0
//OSPF 把当前路由器上位于网络 192.168.10.0/255.255.255.0 的端口加入区域 0
SW6(config-router)#
```

将 2 台三层交换机之间的级联端口配置成 Trunk 模式,将三层交换机 SW5 的级联端口 fa0/1 配置成 Trunk 模式,三层交换机 SW6 的级联端口 fa0/1 的端口自适应成 Trunk 模式。

```
SW5(config)#interface fastEthernet 0/1              //进入端口 fa0/1
SW5(config-if)#switchport trunk encapsulation dot1q  //将端口封装成 dot1q
SW5(config-if)#switchport mode trunk                 //将端口配置成 Trunk 模式
SW5(config-if)#
```

查看三层交换机 SW5 的路由表如图 7.10 所示。

```
SW5#show ip route
Codes: C - connected, S - static, I - IGRP, R - RIP, M - mobile, B - BGP
       D - EIGRP, EX - EIGRP external, O - OSPF, IA - OSPF inter area
       N1 - OSPF NSSA external type 1, N2 - OSPF NSSA external type 2
       E1 - OSPF external type 1, E2 - OSPF external type 2, E - EGP
       i - IS-IS, L1 - IS-IS level-1, L2 - IS-IS level-2, ia - IS-IS inter area
       * - candidate default, U - per-user static route, o - ODR
       P - periodic downloaded static route

Gateway of last resort is not set

C    192.168.1.0/24 is directly connected, Vlan10
C    192.168.2.0/24 is directly connected, Vlan20
C    192.168.3.0/24 is directly connected, Vlan30
C    192.168.4.0/24 is directly connected, Vlan40
O    192.168.5.0/24 [110/2] via 192.168.10.2, 00:01:44, Vlan100
O    192.168.6.0/24 [110/2] via 192.168.10.2, 00:01:44, Vlan100
O    192.168.7.0/24 [110/2] via 192.168.10.2, 00:01:44, Vlan100
O    192.168.8.0/24 [110/2] via 192.168.10.2, 00:01:44, Vlan100
C    192.168.10.0/24 is directly connected, Vlan100
SW5#
```

图 7.10   三层交换机 SW5 的路由表

最终网络连通性测试结果如图 7.11 所示。

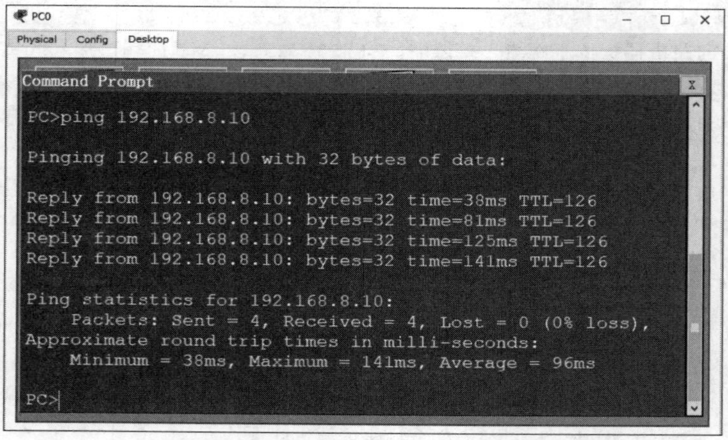

```
PC>ping 192.168.8.10

Pinging 192.168.8.10 with 32 bytes of data:

Reply from 192.168.8.10: bytes=32 time=38ms TTL=126
Reply from 192.168.8.10: bytes=32 time=81ms TTL=126
Reply from 192.168.8.10: bytes=32 time=125ms TTL=126
Reply from 192.168.8.10: bytes=32 time=141ms TTL=126

Ping statistics for 192.168.8.10:
    Packets: Sent = 4, Received = 4, Lost = 0 (0% loss),
Approximate round trip times in milli-seconds:
    Minimum = 38ms, Maximum = 141ms, Average = 96ms

PC>
```

图 7.11   主机 PC0 ping 测试主机 PC7 的结果

7.7　DHCP 技术

动态主机配置协议（Dynamic Host Configuration Protocol，DHCP），通常应用在大型局域网络环境中，主要作用是集中管理、分配 IP 地址，使网络环境中的主机动态地获得 IP 地址、子网掩码、网关地址、DNS 服务器地址等信息。DHCP 的客户机无须手动输入任何数据，避免了手动输入值而引起的配置错误。同时 DHCP 可以防止出现新计算机重用以前指派的 IP 地址所引起的冲突问题。

DHCP 是计算机网络技术专业重要的知识点之一，该知识点不仅出现在网络操作系统课程中，同时还出现在网络设备配置与管理课程中。无论是在 Windows 网络操作系统中，还是在 Linux 网络操作系统中，对 DHCP 的讲解一般都比较透彻。其实，DHCP 在网络设备中的应用还是比较广泛的，特别是大型园区网的组建。本节探讨在网络设备中是如何实现 DHCP 服务的，涉及在同一台路由器上实现不同部门不同网段的 IP 地址分配问题。

为了充分掌握 DHCP 技术的使用过程，下面以实际项目进行探讨。

1. 设置网络拓扑环境

设两个不同的部门为信息工程系和工商管理系，这两个部门的终端计算机均通过路由器 R1 自动获得相关网络参数。需要的网络设备为：Cisco 2811 路由器两台、Cisco 2960 交换机两台、终端测试计算机 6 台。其中两台路由器之间通过串口 S0/0/0 相连，路由器 R1 的端口 f0/0 通过交换机连接信息工程系的计算机，路由器 R2 的端口 f0/0 通过交换机连接工商管理系的计算机。整个实验拓扑结构图如图 7.12 所示。

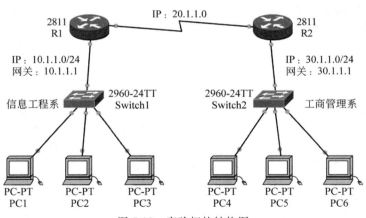

图 7.12　实验拓扑结构图

两台路由器之间利用串口相连时需要在两台路由器上均添加广域网模块。具体操作如下：①单击需要添加模块的路由器 R1，弹出图 7.13 所示的窗口，之后关闭路由器 R1 的电源。②在窗口的 Physical 区选择 WIC-2T 模块，将它拖动到空的模块槽中，然后释放鼠标。③重新打开电源。使用同样的方法将路由器 R2 添加到 WIC-2T 模块。

2. IP 地址规划

规划信息工程系的 IP 网段地址为 10.1.1.0，网关地址为 10.1.1.1，该网关地址也就是路由器 R1 的端口 f0/0 的地址。工商管理系的 IP 网段地址为 30.1.1.0，网关地址为30.1.1.1，

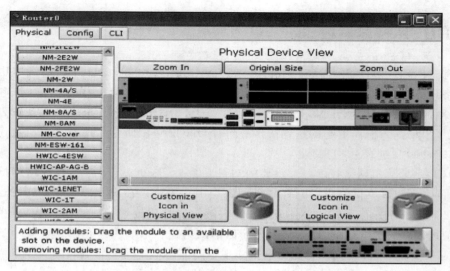

图 7.13　开关电源以及添加、删除模块窗口

该网关地址就是路由器 R2 的端口 f0/0 的地址。两个路由器之间的网络地址为 20.1.1.0，该地址通过手工设置。信息工程系和工商管理系的终端计算机的网络地址信息通过 DHCP 服务器自动获得。

3. 命令配置及解释

（1）配置路由器 R1 的 DHCP 服务器，使得与 R1 的端口 f0/0 直接相连的信息工程系网络自动获得 IP 配置信息。

首先配置路由器 R1。

```
Router>en                                        //进入特权模式
Router#config t                                  //进入全局配置模式
Router(config)#hostname R1                       //为路由器命名
R1(config)#interface fastEthernet 0/0            //进入路由器的端口 f0/0
R1(config-if)#ip address 10.1.1.1 255.255.255.0  //配置 IP 地址
R1(config-if)#no shu                             //激活
R1(config-if)#exit                              //退出
R1(config)#ip dhcp excluded-address 10.1.1.1
//设置排除地址 10.1.1.1,因为该地址已经被分配给路由器端口 f0/0
R1(config)#ip dhcp pool xinxi                    //定义 DHCP 地址池名称为 xinxi
R1(dhcp-config)#default-router 10.1.1.1          //设置默认网关地址
R1(dhcp-config)#dns-server 10.1.1.254            //设置 DNS 服务器地址
R1(dhcp-config)#network 10.1.1.0 255.255.255.0   //设置可分配的网络地址范围
```

通过以上配置，路由器 R1 就具有了 DHCP 服务器的功能，可以分配 IP 地址。

其次测试实验结果。

① 单击需要获得 IP 地址的终端计算机，在弹出的窗口中选择 Desktop。

② 在 Desktop 窗口中有两个选项，分别为 DHCP 和 Static，选择 DHCP。当出现"DHCP request successful"信息时，说明已成功获得 IP 地址。结果如图 7.14 所示。

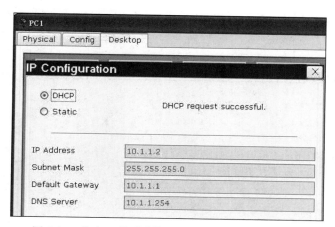

图 7.14　信息工程系计算机成功获得 IP 地址的窗口

（2）配置路由器动态路由协议，使整个网络互联互通。

① 对路由器 R1 进行配置。

```
R1>en                                              //进入特权模式
R1#config t                                        //进入全局配置模式
R1(config)#interface serial 0/0/0                  //进入路由器的端口 S0/0/0
R1(config-if)#ip address 20.1.1.1 255.255.255.0    //配置 IP 地址
R1(config-if)#no shu                               //激活
R1(config-if)#clock rate 64000                     //配置时钟频率
R1(config-if)#exit                                 //退出
```

② 对路由器 R2 进行配置。

```
Router>en                                          //进入特权模式
Router#config t                                    //进入全局配置模式
Router(config)#hostname R2                         //为路由器命名
R2(config)#interface serial 0/0/0                  //进入路由器 R2 的端口 S0/0/0
R2(config-if)#ip address 20.1.1.2 255.255.255.0    //配置 IP 地址
R2(config-if)#no shu                               //激活
R2(config-if)#exit                                 //退出
R2(config)#interface fastEthernet 0/0             //进入路由器的端口 f0/0
R2(config-if)#ip address 30.1.1.1 255.255.255.0    //配置 IP 地址
R2(config-if)#no shu                               //激活
```

③ 运行动态路由协议，使网络互联互通。

```
R1(config)#router rip                              //运行动态路由协议 RIP
R1(config-router)#version 2                        //运行动态路由协议 RIP 的版本 2
R1(config-router)#no auto-summary                  //取消自动汇总功能
R1(config-router)#network 10.0.0.0                 //宣告网络 10.0.0.0
R1(config-router)#network 20.0.0.0                 //宣告网络 20.0.0.0
R2(config)#router rip                              //运行动态路由协议 RIP
R2(config-router)#version 2                        //运行动态路由协议 RIP 的版本 2
```

```
R2(config-router)#no auto-summary        //取消自动汇总功能
R2(config-router)#network 20.0.0.0       //宣告网络 20.0.0.0
R2(config-router)#network 30.0.0.0       //宣告网络 30.0.0.0
```

④ 通过查看路由表,确保整个网络互联互通。

```
R1#show ip route
     10.0.0.0/24 is subnetted, 1 subnets
C       10.1.1.0 is directly connected, FastEthernet0/0
     20.0.0.0/24 is subnetted, 1 subnets
C       20.1.1.0 is directly connected, Serial0/0/0
     30.0.0.0/24 is subnetted, 1 subnets
R       30.1.1.0 [120/1] via 20.1.1.2, 00:00:01, Serial0/0/0
R2#show ip route
     10.0.0.0/24 is subnetted, 1 subnets
R    10.1.1.0 [120/1] via 20.1.1.1, 00:00:03, Serial0/0/0
     20.0.0.0/24 is subnetted, 1 subnets
C       20.1.1.0 is directly connected, Serial0/0/0
     30.0.0.0/24 is subnetted, 1 subnets
C       30.1.1.0 is directly connected, FastEthernet0/0
```

可以看出,路由器 R1 和路由器 R2 均通过动态路由协议 RIP 获得了动态路由条目,可以确定整个网络是互联互通的。

(3) 配置路由器 R1 的 DHCP 服务器,使工商管理系网络的终端计算机能够自动获得网络配置信息。

```
R1#config t                                   //进入全局配置模式
R1(config)#ip dhcp pool gongshang             //设置 DHCP 地址池的名称为 gongshang
R1(config)#ip dhcp excluded-address 30.1.1.1
//设置排除地址 30.1.1.1,因为该地址已经被分配给路由器端口 f0/0
R1(dhcp-config)#default-router 30.1.1.1       //设置默认网关地址
R1(dhcp-config)#dns-server 10.1.1.254         //设置 DNS 服务器的地址
R1(dhcp-config)#network 30.1.1.0 255.255.255.0 //设置可分配的网络的网络地址
R2#config t                                   //进入特权模式
R2(config)#interface fastEthernet 0/0         //进入路由器 R2 的端口 f0/0
R2(config-if)#ip helper-address 20.1.1.1      //设置帮助地址
```

通过以上过程的设置,路由器 R1 同时具有为工商管理系的计算机分配 IP 地址的功能。具体验证过程如下:①单击需要获得 IP 地址的工商管理系的一台终端计算机,在弹出的窗口中选择 Desktop。②在 Desktop 窗口中有两个选项,分别为 DHCP 和 Static,选择 DHCP。当出现 DHCP request successful 信息时,说明已成功获得 IP 地址。结果如图 7.15 所示。

4. 网络连通性测试

以上结果表明,路由器 R1 已经成功成为 DHCP 服务器,可以同时为信息管理系和工商管理系两个不同部门不同网段的计算机分配 IP 地址信息。

接下来验证整个网络的连通性,以信息管理系的一台计算机 ping 工商管理系的计算机为例进行测试。

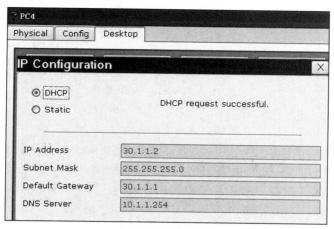

图 7.15 工商管理系计算机成功获得 IP 地址的窗口

```
PC>ping 30.1.1.2
Pinging 30.1.1.2 with 32 bytes of data:
Request timed out.
Reply from 30.1.1.2: bytes=32 time=156ms TTL=126
Reply from 30.1.1.2: bytes=32 time=112ms TTL=126
Reply from 30.1.1.2: bytes=32 time=157ms TTL=126
Ping statistics for 30.1.1.2:
    Packets: Sent =4, Received =3, Lost =1 (25% loss),
Approximate round trip times in milli-seconds:
Minimum =112ms, Maximum =157ms, Average =141ms
```

结果表明,通过路由器 R1 分配的网络地址信息在整个网络的连通性测试中起到了作用,分配的地址有效。

7.8　本章小结

首先介绍了二层交换技术和三层交换技术,详细分析了三层交换的工作原理,作为同时具有三层功能的网络设备——三层交换机和路由器,本章深入探讨了它们的区别。

解释了不同 VLAN 间不能互相通信的原理,通过分别利用路由器和三层交换机两种类型的三层网络设备探讨不同 VLAN 间通信过程。

通过案例详细讲解了利用路由器实现 VLAN 间通信的配置过程,以及利用路由器的单臂路由功能实现不同 VLAN 间通信的配置过程。

还详细讲解了利用三层交换机实现不同 VLAN 间通信的配置过程。通过本章的学习,能够掌握不同 VLAN 间通信的多种实现方式。

最后讲解了 DHCP 服务及配置过程。

7.9 习题

一、单选题

1. 数据包从一个 VLAN 向另一个 VLAN 传送需要的设备类型是(　　)。
   A. 网桥　　　　　　　B. 路由器　　　　　　　C. 交换机　　　　　　　D. 集线器

2. 三层交换机中的"三层"表示的含义,不正确的是(　　)。
   A. 和路由器的功能类似　　　　　　　　B. 是指 OSI 模型的网络层
   C. 是指交换机具备 IP 路由、转发的功能　　D. 是指网络结构层次的第三层

3. 二层交换技术工作在 OSI 七层网络模型中的(　　)。
   A. 第一层　　　　　　　B. 第二层　　　　　　　C. 第三层　　　　　　　D. 第四层及以上

4. 三层交换技术工作在 OSI 七层网络模型中的(　　)。
   A. 第二层　　　　　　　B. 第一层　　　　　　　C. 第三层　　　　　　　D. 第四层及以上

5. 二层交换技术按照所接收到数据帧的(　　)。
   A. MAC 地址进行转发　　　　　　　　B. IP 地址进行转发
   C. 端口号进行转发　　　　　　　　　　D. IP+端口进行转发

6. 传统路由器可以处理大量的跨越 IP 子网的数据包,它的转发效率与二层交换机相比较(　　)。
   A. 两者相同　　　　　　　　　　　　B. 路由器比交换机高
   C. 交换机比路由器高　　　　　　　　D. 两者无可比性

7. 下列可以正确地分配给主机使用的 IP 地址是(　　)。
   A. 10.8.5.1　　　　B. 192.168.1.256　　　　C. 224.0.0.1　　　　D. 172.16.0.0

8. 在实施 VLAN 间路由的过程中,在配置路由器的子接口时必须考虑的是(　　)。
   A. 子接口编号必须与 VLAN ID 号匹配
   B. 该物理接口必须配置有 IP 地址
   C. 各个子接口的 IP 地址必须是各个 VLAN 子网的默认网关地址
   D. 必须在每个子接口上运行 no shutdown 命令

9. 当要配置三层交换机的接口地址时,应采用的命令是(　　)。
   A. no switch;ip address 1.1.1.1/24
   B. no switch;ip address 1.1.1.1 netmask 255.0.0.0
   C. no switch;ip address 1.1.1.1 255.255.255.248
   D. no switch;set ip address 1.1.1.1 subnetmask 24

10. 关于不同 VLAN 之间的通信的说法,正确的是(　　)。
    A. 一个二层交换机被划分为两个 VLAN,这两个 VLAN 之间是可以通信的
    B. 一个三层交换机被划分为两个 VLAN,两个 VLAN 之间要通信,必须给这两个 VLAN 配置 IP 地址
    C. 对于三层交换机,分别连接两个不同 VLAN 的主机的 ARP 表中有对方 IP 地址与 MAC 地址的映射项,这样这两台主机才能够通信
    D. 不同 VLAN 之间通过路由器通信,路由器在这里所起的作用只是转发数据报

11. DHCP 协议的作用是(　　　)。

    A. 它自动将 IP 地址分配给客户计算机

    B. 它将 NetBIOS 名称解析成 IP 地址

    C. 它将专用 IP 地址转换成公共地址

    D. 它将 IP 地址解析成 MAC 地址

12. 在 Windows 系统中需要重新从 DHCP 服务器获取 IP 地址时,使用的命令是(　　　)。

    A. ipconfig   B. ifconfig-a   C. ipconfig/renew   D. ipconfig/all

13. 在三层交换机上的配置命令 Switch(config-if) ♯ no switchport,其作用是(　　　)。

    A. 将该端口关闭   B. 将该端口配置为 Trunk 端口

    C. 将该端口配置为二层交换端口   D. 将该端口配置为三层路由端口

14. DHCP 服务器的主要作用是(　　　)。

    A. IP 地址解析   B. 域名解析

    C. 动态 IP 地址分配   D. 分配 MAC 地址

二、多选题

1. 下列属于二层交换优点的有(　　　)。

    A. 具有路由功能   B. 速度快

    C. 能实现 VLAN 间通信   D. 数据交换靠硬件实现

2. 下列关于三层交换技术的特点,正确的有(　　　)。

    A. 它利用二层交换转发效率高这一优点

    B. 由于是交换机,因此不具有路由功能

    C. 能够处理三层 IP 数据包跨子网通信

    D. 由于是三层交换机,因此它的端口和路由器一样能够直接配置 IP 地址

3. 下列属于路由器特点的有(　　　)。

    A. 端口类型多   B. 支持的三层协议多

    C. 路由能力强   D. 适合于大型网络之间的互联

4. 关于 SVI 接口的描述,正确的有(　　　)。

    A. SVI 接口是虚拟的逻辑接口

    B. SVI 接口的数量是由管理员设置的

    C. 只有三层交换机具有 SVI 接口

    D. SVI 接口可以配置 IP 地址作为 VLAN 的网关

5. 下列关于 interface fa0/0.10 命令的说法,正确的有(　　　)。

    A. 该命令用于将 fa0/0 接口配置为中继链路

    B. 该命令用于配置子接口

    C. 该命令将 VLAN10 分配给路由器的 fa0/0 接口。

    D. 该命令在单臂路由器的 VLAN 间路由配置中使用

6. 有关 DHCP 客户端的描述,正确的有(　　　)。

    A. DHCP 客户端可以自行释放已获得的 IP 地址

    B. DHCP 客户端在每次启动时所获得的 IP 地址都将不一样

    C. DHCP 客户端在未获得 IP 地址前只能发送广播信息

D. DHCP 客户端获得的 IP 地址可以被 DHCP 服务器收回

三、判断题

1. 三层交换机具有部分路由功能,它与路由器在本质上没有区别。（   ）

2. 一个具有三层交换功能的设备,是一个带有三层路由功能的第二层交换机,是两者的有机结合,但是并不是简单地将路由器设备的硬件及软件叠加在局域网交换机上。
（   ）

3. 两台计算机由于连接在同一台交换机上,尽管它们所属的 VLAN 不同,但还是能够直接进行通信。（   ）

4. 三层交换机和路由器一样需要每次将接收到的数据包进行拆包来判断路由,从而对数据包进行转发。（   ）

5. 所谓单臂路由,是指在路由器上的一个接口上通过配置子接口(或"逻辑接口")的方式,从而实现相互隔离的不同 VLAN 之间的通信问题。（   ）

四、填空题

1. 路由器的物理接口可以被划分成多个逻辑接口,这些被划分后的逻辑接口被形象地称为_____。

2. 交换机虚拟接口简称为_____。

3. 由于在同一 VLAN 内的通信,必须在数据帧头中指定通信的目标_____地址。而为了获取该地址,在 TCP/IP 协议下使用的是 ARP 协议。

4. 在 VLAN 间通信时,将路由器不同接口分别与交换机上的每个 VLAN 连接。如果交换机上有 2 个 VLAN,就需要在交换机上预留两个端口,用于与路由器进行互联,并且路由器上需要有_____个端口,最终两者之间用 2 条连接线分别连接。

5. 不论 VLAN 有多少个,路由器与交换机都只用一根连接线相连,从而实现不同的VLAN 间通信的问题的路由称为_____。

五、简答题

1. 简述二层交换工作原理。

2. 简述三层交换工作原理。

3. 简述不同 VLAN 间不能通信的原理。

4. 简述路由器和三层交换机的区别。

六、操作题

1. 配置路由器,实现不同 VLAN 间的通信。

2. 配置路由器,利用单臂路由实现不同 VLAN 间的通信。

3. 配置三层交换机,实现不同 VLAN 间的通信。

4. 试述路由器 DHCP 的配置过程。

第8章 访问控制列表及端口安全技术

本章学习目标

- 掌握访问控制列表(ACL)的基本概念
- 掌握访问控制列表的分类
- 掌握访问控制列表的工作原理
- 掌握标准编号访问控制列表的配置过程
- 掌握扩展编号访问控制列表的配置过程
- 掌握命名访问控制列表的配置过程
- 掌握交换机端口的安全配置过程

本章首先介绍访问控制列表的基本概念,讲解访问控制列表的分类及其工作原理,接着详细探讨标准编号访问控制列表的配置过程,以及扩展编号访问控制列表的配置过程,详细讲解命名访问控制列表的配置过程,最后讲解交换机端口的安全配置过程。

8.1 ACL 概述

前面讲解了路由选择协议及其基本配置。一般情况下,一旦设置好路由选择协议,路由器将允许任何分组从一个端口传送到另一个端口。在实际的工程项目中,出于安全考虑,需要实施一些策略限制流量的传送。访问控制列表(Access Control Lists,ACL)可以控制流量从一个端口传送到另一个端口。通过指令列表告诉网络设备哪些数据包可以接收,哪些数据包需要拒绝。

访问控制是网络安全防范和保护的主要策略,它的主要任务是保证网络资源不被非法使用和访问,是保证网络安全最重要的核心策略之一。访问控制列表是应用在路由器端口的指令列表。这些指令列表告诉路由器哪些数据包可以收,哪些数据包需要拒绝。至于数据包是被接收,还是被拒绝,可以由类似于源地址、目的地址、端口号等的特定指示条件决定。

访问控制列表不但可以起到控制网络流量、流向的作用,而且在很大程度上起到保护网络设备、服务器的关键作用。作为外网进入企业内网的第一道关卡,路由器上的访问控制列表成为保护内网安全的有效手段。此外,在路由器的许多其他配置任务中都需要使用访问控制列表,如网络地址转换(NAT)、路由重分布等。

ACL 基本上是一个命令集,通过编号或名称组织在一起,用来过滤进入或离开端口的流量。ACL 命令明确定义了允许哪些流量以及拒绝哪些流量。ACL 在全局配置模式下创建。

一旦创建了 ACL 语句组,还需要对它们进行应用。要在端口之间过滤流量,必须在端口配置模式中应用该 ACL。在端口中应用 ACL 时,还需要指明是在入站方向,还是出站方向过滤流量,分别为 In 和 Out。其中 In 表示入站,流量从外进入端口。Out 表示出站,在流量流出端口之前。

8.2 ACL 分类

ACL 从两个不同的角度分为两种类型：编号 ACL 和命名 ACL 或者标准 ACL 和扩展 ACL。

编号 ACL 和命名 ACL 定义了路由器将如何应用 ACL，可以将其当作索引值看待。编号 ACL 是在所有 ACL 中分配一个唯一的号码，而命名 ACL 是在所有 ACL 中分配一个唯一的名称。然后路由器使用它们过滤流量。

标准 IP 访问控制列表匹配 IP 包中的源地址或源地址中的一部分，可对匹配的包采取拒绝或允许两个操作。编号范围为 1~99 的访问控制列表是标准 IP 访问控制列表。

扩展 IP 访问控制列表比标准 IP 访问控制列表具有更多的匹配项，包括协议类型、源地址、目的地址、源端口、目的端口等。编号范围为 100~199 的访问控制列表是扩展 IP 访问控制列表。标准 ACL 和扩展 ACL 的比较见表 8.1。

表 8.1 标准 ACL 和扩展 ACL 的比较

可过滤的信息	标准 IP ACL	扩展 IP ACL
源地址	是	是
目的地址	否	是
IP(TCP 或 UDP)	否	是
协议信息(如端口号)	否	是

8.3 ACL 处理过程

ACL 本质上是定义的一组规则，分组在具体端口进行规则匹配时自上而下进行，分组首先和 ACL 中的第一条规则进行匹配，如果匹配成功，路由器将执行语句中包含的两个动作中的一个：允许或拒绝。

如果第一条语句不匹配，路由器将匹配列表中的下一条语句，再次重复相同的匹配过程。如果第二条语句匹配，路由器将执行其中的一个动作。如果此语句还不匹配，将继续查询其余的列表，直到找到匹配项。如果整个访问控制列表都没有在 ACL 语句中找到匹配项，路由器将丢失该分组。ACL 自上而下处理过程有以下几个要点。

(1) 一旦找到匹配项，列表中的后续语句就不再处理。

(2) 语句之间的排列顺序很重要，因为第一次匹配后，剩下的语句就不再处理。

(3) 如果列表中没有匹配项，将丢弃分组。

充分认识 ACL 还需要清楚以下 3 个知识点。

1. 语句排序

一旦某条语句匹配，后续语句就不再处理。因此，ACL 中语句的顺序非常重要。假设有两条语句，一条拒绝一台主机，而另一条允许同一台主机，不管哪一条，只要先在列表中出现，就先被执行，而另外一条被忽略。因此，通常总是把最详尽的 ACL 语句放在列表顶部，把最不详尽的 ACL 语句放在列表底部。

下面举例说明访问控制列表匹配规则的过程。有如下两条规则。

（1）允许来自子网 172.16.0.0/16 的流量。

（2）拒绝来自主机 172.16.1.1/32 的流量。

路由器是通过自上而下的顺序匹配的，假设路由器收到一个源 IP 地址是 172.16.1.1 的分组。根据匹配规则，首先和第一条规则进行匹配，由于 172.16.1.1 属于网络 172.16.0.0，所以匹配成功。最终允许分组通过。由于分组和第一条语句已经匹配成功，所以第二条语句不会被处理。

如果将 ACL 中的两条语句颠倒顺序，具体如下。

（1）拒绝来自主机 172.16.1.1 的流量。

（2）允许来自子网 172.16.0.0/16 的流量。

同样，如果主机 172.16.1.1 向路由器发送分组，分析分组匹配情况如下：首先将分组和第一条 ACL 语句进行匹配。由于源地址 172.16.1.1 和第一条规则匹配，所以路由器将丢弃此分组，并停止处理 ACL 中的语句。如果另外一台 IP 地址为 172.16.1.2 的主机发送流量到路由器，则路由器匹配过程如下：首先和第一条 ACL 语句进行匹配，由于第一条 ACL 语句是对主机 IP 地址 172.16.1.1 进行匹配，而发送流量主机的 IP 地址为 192.168.1.2，两者不相符，所以匹配不成功。接下来匹配 ACL 访问控制列表中的第二条语句，由于主机 172.16.1.2 属于子网 172.16.0.0，所以匹配成功。结果是路由器允许来自主机 172.16.1.2 的分组通过。

由此可见，ACL 中规则语句的顺序很重要，不同的顺序将影响匹配的结果，从而影响允许或拒绝流量的情况。

2. 隐含拒绝

每个访问控制列表中，在定义的规则列表的最后都有一条隐含的 deny 语句。该语句隐含阻止所有流量，以防不受欢迎的流量意外进入网络。在 ACL 中看不到这条语句，它是默认存在的。

ACL 执行的操作是允许或拒绝，语句自上而下执行，若对于已有的语句都不能匹配成功，则按照末尾隐含拒绝进行处理。因此，一个 ACL 语句列表至少应该有一条 permit 语句，否则所有流量都将丢弃，该列表也就显得毫无意义了。

3. 规则必须应用才能生效

在创建访问控制列表之后，必须将其应用到某个端口才开始生效。ACL 控制的对象是进出端口的流量。

8.4　ACL 基本配置

ACL 基本配置包括定义规则和应用规则两个步骤。另外，ACL 配置分为编号 ACL 和命名 ACL，或标准 ACL 和扩展 ACL。

8.4.1　定义规则

要创建 ACL，首先要定义规则。编号 ACL 的定义规则命令如下。

```
Router(config)#access-list ACL_#  permit|deny conditions
```

ACL_♯ 为 ACL 编号,编号的选择不是随意的。ACL 的类型及编号见表 8.2。

表 8.2　ACL 的类型及编号

ACL 类型	ACL 编号
标准	1～99,1300～1999
扩展	100～199,2000～2699

(1)地址匹配:通配符掩码。

在 ACL 语句中处理 IP 地址时,可以使用通配符掩码匹配地址范围,而不必手动输入每一个想要匹配的地址。

通配符掩码不是子网掩码,更像一个翻转的子网掩码,俗称反掩码。如想匹配一个子网或网络中的任意地址,需要提取子网掩码。在子网掩码中,把比特的值进行翻转("1"变为"0","0"变为"1"),就可以得到对应的通配符掩码,子网掩码 255.255.0.0 的通配符掩码为 0.0.255.255。子网掩码 255.255.240.0 对应的通配符掩码的计算过程如下:首先子网掩码 255.255.240.0 的二进制形式为 11111111.11111111.11110000.00000000,将比特值进行翻转,结果为 00000000.00000000.00001111.11111111,用十进制数表示为 0.0.15.255。得到的规律是:子网掩码中用点分开的每一位数,都用 255 去减它,每一部分得到的数组合在一起就是通配符掩码。如子网掩码为 255.255.240.0,对应的通配符掩码计算过程如下:255－255＝0,255－255＝0,255－240＝15,255－0＝255,所以子网掩码 255.255.240.0 的通配符掩码为 0.0.15.255。

(2)特殊通配符掩码。

有两个特殊通配符掩码,分别为 0.0.0.0 以及 255.255.255.255。通配符掩码 0.0.0.0 表示 ACL 语句中 IP 地址的所有 32 位比特必须和 IP 分组中的地址匹配才能执行该语句的动作。0.0.0.0 通配符掩码称为主机掩码。

通配符掩码 255.255.255.255 告诉路由器和子网掩码 0.0.0.0 完全相反。这个掩码中所有比特位的值都是 1,它与任何地址都匹配。通常将这种用法写为 IP 地址 0.0.0.0,通配符掩码 255.255.255.255。如果这样,就可以把此地址和通配符掩码转换为关键字 any。实际上,对于此通配符掩码,输入什么样的 IP 地址已经不重要了。如输入 192.168.1.1 255.255.255.255,仍然可以匹配任何 IP 地址。注意,是通配符掩码来确定 IP 地址中的哪些比特是感兴趣的,并且应该匹配的。

(3)通配符掩码实例见表 8.3。

表 8.3　通配符掩码实例

IP 地址	通配符掩码	匹 配 内 容
0.0.0.0	255.255.255.255	匹配任何地址(ACL 关键字中的 any)
172.16.1.1	0.0.0.0	仅匹配地址 172.16.1.1(前置关键字 host)
172.16.1.0	0.0.0.255	匹配网络 172.16.1.0/24 中的分组(172.16.1.0～172.16.1.255)
172.16.2.0	0.0.1.255	匹配网络 172.16.2.0/23 中的分组(172.16.2.0～172.16.3.255)
172.16.0.0	0.0.255.255	匹配网络 172.16.0.0/16 中的分组(172.16.0.0～172.16.255.255)

8.4.2　应用规则

规则创建好之后,如果不把规则应用到某个端口,则该规则将不起任何作用。在端口中启动 ACL 的命令如下。

```
Router(config)#interface type [slot_#] port_#
Router(config-if)#ip access-group ACL_#in | out
```

在 IP access-group 命令的末尾,必须指定应用规则的方向。

8.5　各类 ACL 配置过程

具体 ACL 配置时通常将其分为 3 种配置类型,分别为标准编号 ACL、扩展编号 ACL以及命名 ACL(命名 ACL 见 8.7 节)。

8.5.1　标准编号 ACL

标准编号 ACL 简单而且易于配置。标准编号 ACL 仅针对 IP 分组中的源 IP 地址部分进行过滤。具体命令如下。

```
Router(config)#access-list 1-99(1300-1999) permit|deny source_IP_address
[wildcard_mask] [log]
```

对于标准编号 ACL,可以使用 1～99 和 1300～1999 作为列表的编号,紧随其后的是条件匹配时路由器采取的操作。此条件只是基于源 IP 地址。然后输入的是一个可选的通配符掩码。如果省略通配符掩码,则默认为 0.0.0.0——这样需要完全匹配,才能执行相应的操作。

(1) 第一个实例。

```
Router(config)#access-list 1 permit 192.168.1.1
Router(config)#access-list 1 deny 192.168.1.2
Router(config)#access-list 1 permit 192.168.1.0 0.0.0.255
Router(config)#access-list 1 deny any
Router(config)#interface serial 0
Router(config-if)#ip access-group 1 in
```

在该例中,第一条语句为执行 permit 操作,源地址必须是 192.168.1.1,如果不匹配这一条,则继续处理第二条语句。注意,如果忽略标准访问控制列表中的通配符掩码,则默认为 0.0.0.0——表示完全匹配访问控制列表中的相应地址。第二条语句为执行 deny 操作,源地址必须是 192.168.1.2,如果这一条也不匹配,则继续处理第三条语句。第三条语句为执行 permit 操作。源网段为 192.168.1.0 255.255.255.0,即源地址必须介于 192.168.1.0～192.168.1.255,否则继续处理第四条语句。第四条语句实际上是不需要的,它丢弃所有分组。这条语句不需要,是因为在每个 ACL 的末尾总有一条不可见的隐含拒绝所有分组的语句。最后两条命令是应用规则,是在流量流入端口 Serial 0 时对规则进行匹配。

可以将上述规则写成如下语句。

```
Router(config)#access-list 1 deny 192.168.1.2
Router(config)#access-list 1 permit 192.168.1.0 0.0.0.255
Router(config)#interface serial 0
Router(config-if)#ip access-group 1 in
```

由于原规则列表中的第三条已经包含了第一条中的内容,原规则列表中的第四条默认就存在了,因此不需要另外再写这条规则。

下面是另一个标准 ACL 的实例。

```
Router(config)#access-list 2 deny 192.168.1.0
Router(config)#access-list 2 deny 172.6.0.0
Router(config)#access-list 2 permit 192.168.1.1
Router(config)#access-list 2 permit 0.0.0.0 255.255.255.255
Router(config)#interface fastEthernet 0/0
Router(config-if)#ip access-group 2 out
Router(config-if)#
```

仔细分析该访问控制列表实例是有问题的,第一条语句看上去是拒绝来自 192.168.1.0/24 的流量。实际上它什么都实现不了,原因是它省略了通配符掩码,则默认为 0.0.0.0——完全匹配的掩码。因为 192.168.1.0 是网络号,不是主机地址。任何分组的原地址都不会是这个网络号。第二条语句出现相同的问题。

修改后如下。

```
Router(config)#access-list 2 deny 192.168.1.0 0.0.0.255
Router(config)#access-list 2 deny 172.16.0.0 0.0.255.255
Router(config)#access-list 2 permit 192.168.1.1
Router(config)#access-list 2 permit 0.0.0.0 255.255.255.255
Router(config)#interface fastEthernet 0/0
Router(config-if)#ip access-group 1 out
```

该例中,第一条语句指明来自网络 192.168.1.0/24 源地址的任何分组应该丢弃。第二条语句将丢弃所有来自 B 类网络 172.16.0.0/16 的流量。第三条语句允许来自 192.168.1.1 的流量。第四条语句允许来自任何地方的流量。这个配置仍然有问题。第三条语句不可能被执行,较为明确的条目需要放置在不明确的条目之前。另外,第四条地址可以写成 any。修改后的配置如下。

```
Router(config)#access-list 2 permit 192.168.1.1
Router(config)#access-list 2 permit 192.168.1.0 0.0.0.255
Router(config)#access-list 2 deny 172.16.0.0 0.0.255.255
Router(config)#access-list 2 permit any
Router(config)#interface fastEthernet 0/0
Router(config-if)#ip access-group 2 out
```

(2) 限制对路由器的 VTY 访问。

标准编号 ACL 除了对流出端口的流量进行控制外,还可以利用它限制对路由器的 VTY 访问(Telnet 和 SSH),可以达到仅允许网络管理员远程访问网络设备的 CLI。

首先定义规则：建立一个有 permit 语句列表的标准 ACL，permit 语句允许相应网络管理员进行远程访问。其次应用规则。结果是允许任何来自管理员的流量，但却丢弃所有其他流量。将标准 ACL 应用到 VTY 上，命令如下。

```
Router(config)#line vty 0 4
Router(config-line)# access-class  standard_ACL_#  in|out
```

注意，一定要对所有 VTY 应用限制，不然将留下后门，导致安全问题。

把 ACL 应用到线路的命令是 access-class。和在路由器端口启动 ACL 命令不同。如果使用 in 参数，将限制对路由器本身的 Telnet 和 ssh 访问。

使用标准 ACL 过滤到路由器的 Telnet 流量举例如下。

```
Router(config)#access-list 10 permit 192.168.1.0 0.0.0.255
Router(config)#line vty 0 4
Router(config-line)#access-class 10 in
```

在该例中，仅允许来自 192.168.1.0/24 的流量 telnet 或 SSH 到此路由器。由于规则列表的末尾具有隐含拒绝，因此所有其他与路由器的 VTY 连接将被拒绝。

（3）配置标准编号 ACL。

本练习的主要内容是定义过滤标准、配置标准编号 ACL、将 ACL 应用于路由器端口并检验和测试 ACL 实施。标准编号 ACL 配置网络拓扑图如图 8.1 所示，相关 IP 地址配置情况见表 8.4。

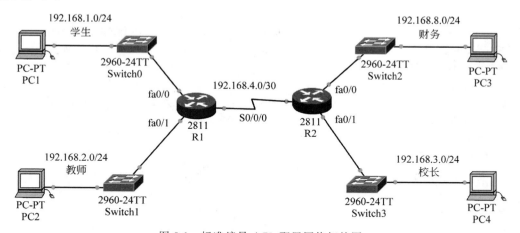

图 8.1   标准编号 ACL 配置网络拓扑图

表 8.4   IP 地址配置情况

设　　备	端　　口	IP 地址	子网掩码
	S0/0/0	192.168.4.1	255.255.255.252
R1	fa0/0	192.168.1.1	255.255.255.0
	fa0/1	192.168.2.1	255.255.255.0

设　备	端　　口	IP 地址	子 网 掩 码
R2	S0/0/0	192.168.4.2	255.255.255.252
	fa0/0	192.168.8.1	255.255.255.0
	fa0/1	192.168.3.1	255.255.255.0
PC1	网卡	192.168.1.100	255.255.255.0
PC2	网卡	192.168.2.100	255.255.255.0
PC3	网卡	192.168.8.100	255.255.255.0
PC4	网卡	192.168.3.100	255.255.255.0

如图 8.1 所示,利用访问控制列表可实现如下要求:①不允许学生机访问财务计算机。②允许其他部门的计算机都可以访问财务。具体实现过程如下。

首先配置网络设备,保证网络互联互通。

路由器 R1 的基本配置如下。

```
Router(config)#hostname R1                                //为路由器命名
R1(config)#interface fastEthernet 0/0                     //进入路由器的端口 fa0/0
R1(config-if)#ip address 192.168.1.1 255.255.255.0        //配置 IP 地址
R1(config-if)#no shu                                       //激活
R1(config-if)#exit                                         //退出
R1(config)#interface fastEthernet 0/1                     //进入路由器的端口 fa0/1
R1(config-if)#ip address 192.168.2.1 255.255.255.0        //配置 IP 地址
R1(config-if)#no shu                                       //激活
R1(config-if)#exit                                         //退出
R1(config)#interface serial 0/0/0                         //进入路由器的端口 S0/0/0
R1(config-if)#ip address 192.168.4.1 255.255.255.252      //配置 IP 地址
R1(config-if)#no shu                                       //激活
R1(config-if)#clock rate 64000                            //配置时钟频率
```

路由器 R2 的基本配置如下。

```
Router(config)#hostname R2                                //为路由器命名
R2(config)#interface fastEthernet 0/0                     //进入路由器的端口 fa0/0
R2(config-if)#ip address 192.168.8.1 255.255.255.0        //配置 IP 地址
R2(config-if)#no shu                                       //激活
R2(config-if)#exit                                         //退出
R2(config)#interface fastEthernet 0/1                     //进入路由器的端口 fa0/1
R2(config-if)#ip address 192.168.3.1 255.255.255.0        //配置 IP 地址
R2(config-if)#no shu                                       //激活
R2(config-if)#exit                                         //退出
R2(config)#interface serial 0/0/0                         //进入路由器的端口 S0/0/0
R2(config-if)#ip address 192.168.4.2 255.255.255.252      //配置 IP 地址
R2(config-if)#no shu                                       //激活
```

利用静态路由或者动态路由协议使网络互联互通。

路由器 R1 配置静态路由如下。

```
R1(config)#ip route 192.168.8.0 255.255.255.0 192.168.4.2    //配置静态路由
R1(config)#ip route 192.168.3.0 255.255.255.0 192.168.4.2    //配置静态路由
R1(config)#
```

路由器 R2 配置静态路由如下。

```
R2(config)#ip route 192.168.1.0 255.255.255.0 192.168.4.1    //配置静态路由
R2(config)#ip route 192.168.2.0 255.255.255.0 192.168.4.1    //配置静态路由
R2(config)#
```

为终端计算机配置网络参数,具体参数见表 8.4。计算机 PC1 参数配置如图 8.2 所示,同样配置计算机 PC2、计算机 PC3 以及计算机 PC4。

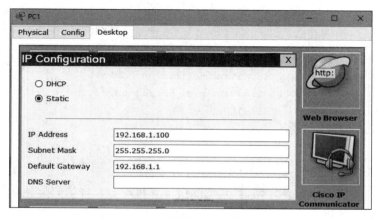

图 8.2　计算机 PC1 参数配置

进行网络连通性测试,用学生机 ping 测试财务计算机,结果如下。

```
PC>ping 192.168.8.100
Pinging 192.168.8.100 with 32 bytes of data:
Reply from 192.168.8.100: bytes=32 time=111ms TTL=126
Reply from 192.168.8.100: bytes=32 time=140ms TTL=126
Reply from 192.168.8.100: bytes=32 time=156ms TTL=126
Reply from 192.168.8.100: bytes=32 time=141ms TTL=126
Ping statistics for 192.168.8.100:
    Packets: Sent =4, Received =4, Lost =0 (0%loss),
Approximate round trip times in milli-seconds:
    Minimum =111ms, Maximum =156ms, Average =137ms
```

结果表明网络是互联互通的。

其次,分析标准编号 ACL 实现情况。实验要求不允许学生计算机访问财务计算机,其他网络访问情况正常。第一步要确定在哪台路由器上实现访问控制列表。图中共有两台路由器 R1 和路由器 R2,目标主机财务计算机连接路由器 R2。访问控制列表作用于靠近目标主机的路由器 R2 较好,如果访问控制列表作用于路由器 R1,则该访问控制列表将影响学生机对其他非财务部门的访问,因此得出结论。本实例将访问控制列表作用于路由器 R2。

在路由器 R2 上定义访问控制列表,具体规则定义如下。

```
R2(config)#access-list 1 deny 192.168.1.0 0.0.0.255        //定义标准编号 ACL
R2(config)#access-list 1 permit any                        //定义标准编号 ACL
```

接下来应用规则,将规则应用于路由器 R2 连接财务计算机的端口 fa0/0,对出该端口的流量作规则匹配。

```
R2(config)#interface fastEthernet 0/0                      //进入路由器的端口 fa0/0
R2(config-if)#ip access-group 1 out                        //应用规则
```

最后测试访问控制列表实现的效果,利用学生机 ping 测试财务计算机,结果如下。

```
PC>ping 192.168.8.100
Pinging 192.168.8.100 with 32 bytes of data:
Reply from 192.168.4.2: Destination host unreachable.
Reply from 192.168.4.2: Destination host unreachable.
Reply from 192.168.4.2: Destination host unreachable.
Reply from 192.168.4.2: Destination host unreachable.
Ping statistics for 192.168.8.100:
    Packets: Sent =4, Received =0, Lost =4 (100%loss),
PC>
```

结果表明学生机不能 ping 通财务计算机,访问拒绝。

如果仅允许校长访问财务计算机,其他部门计算机均不允许访问财务计算机,那么具体访问控制列表的实现过程如下。

首先确定访问控制列表规则应用的网络设备,由于路由器 R2 和财务计算机以及校长室计算机直接相连,所以访问控制列表在路由器 R2 上实现比较好。

其次定义规则。

删除刚才定义的访问控制列表。

```
R2(config)#no ip access-list standard 1                    //清除已有的访问控制规则
R2(config-if)#no ip access-group 1 out                     //清除已有的访问控制规则
```

定义规则,只允许校长室计算机访问财务,规则定义如下。

```
R2(config)#access-list 2 permit 192.168.3.0 0.0.0.255      //定义规则
```

由于有一条默认规则拒绝所有,所以不需要添加拒绝语句,接下来应用规则,将该规则应用到路由器 R2 端口 fa0/0。具体应用如下。

```
R2(config)#interface fastEthernet 0/0                      //进入路由器的端口 fa0/0
R2(config-if)#ip access-group 2 out                        //应用规则
```

最后测试最终效果,测试校长室计算机与财务计算机连通性情况,结果如下。

```
PC>ping 192.168.8.100
```

```
Pinging 192.168.8.100 with 32 bytes of data:
Reply from 192.168.8.100: bytes=32 time=125ms TTL=127
Reply from 192.168.8.100: bytes=32 time=96ms TTL=127
Reply from 192.168.8.100: bytes=32 time=125ms TTL=127
Reply from 192.168.8.100: bytes=32 time=110ms TTL=127
Ping statistics for 192.168.8.100:
    Packets: Sent =4, Received =4, Lost =0 (0%loss),
Approximate round trip times in milli-seconds:
    Minimum =96ms, Maximum =125ms, Average =114ms
PC>
```

结果表明网络是连通的。下面测试教师机访问财务计算机的情况。

```
PC>ping 192.168.8.100
Pinging 192.168.8.100 with 32 bytes of data:
Reply from 192.168.4.2: Destination host unreachable.
Reply from 192.168.4.2: Destination host unreachable.
Reply from 192.168.4.2: Destination host unreachable.
Reply from 192.168.4.2: Destination host unreachable.
Ping statistics for 192.168.8.100:
    Packets: Sent =4, Received =0, Lost =4 (100%loss),
PC>
```

结果表明访问是拒绝的,这和实际要求相符。

限制对路由器的 VTY 访问举例。

如图 8.3 所示,路由器 R1 连接计算机 PC1 和计算机 PC2,计算机 PC1、计算机 PC2 以及路由器 R1 两个端口的 IP 地址配置如图 8.3 所示,要求只允许计算机 PC1 通过 Telnet 或 SSH 登录路由器 R1,不允许其他计算机登录。具体配置如下。

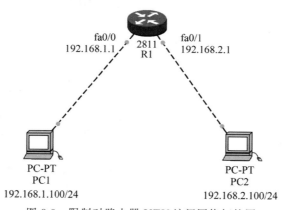

图 8.3　限制对路由器 VTY 访问网络拓扑图

首先为网络配置相关参数。

```
Router(config)#hostname R1                          //为路由器命名
R1 (config)#interface fastEthernet 0/0              //进入路由器的端口 fa0/0
R1 (config-if)#ip address 192.168.1.1 255.255.255.0 //配置 IP 地址
```

```
R1 (config-if)#no shu                                    //激活
R1 (config-if)#exit                                      //退出
R1 (config)#interface fastEthernet 0/1                   //进入路由器的端口 fa0/1
R1 (config-if)#ip address 192.168.2.1 255.255.255.0      //配置 IP 地址
R1 (config-if)#no shu                                    //激活
```

定义访问控制列表,只允许主机 192.168.1.100 远程访问 Telnet 或者 SSH 访问路由器 R1。

```
R1(config)#access-list 1 permit 192.168.1.100 0.0.0.0    //定义访问控制规则
```

其次应用规则。

```
R1(config)#line vty 0 4
R1(config-line)#access-class 1 in                        //应用规则
```

由于需要对路由器进行远程访问,所以需要为路由器设置远程访问密码。

```
R1 (config)#line vty 0 4
R1(config-line)#password 123
```

最后验证效果。

通过主机 192.168.1.100 远程登录路由器情况如下。

```
PC>telnet 192.168.1.1
Trying 192.168.1.1 ...Open
[Connection to 192.168.1.1 closed by foreign host]
PC>telnet 192.168.1.1
Trying 192.168.1.1 ...Open
User Access Verification
Password:
Router>
```

结果表明登录成功。

利用主机 192.168.2.100 远程登录路由器情况如下。

```
Packet Tracer PC Command Line 1.0
PC>telnet 192.168.1.1
Trying 192.168.1.1 ...
%Connection refused by remote host
PC>telnet 192.168.2.1
Trying 192.168.2.1 ...
%Connection refused by remote host
```

结果表明不允许登录,与实际结果相符。

8.5.2 扩展编号 ACL

扩展编号 ACL 提供更广泛的控制范围,可以匹配的信息如下。

- 源 IP 地址和目的 IP 地址。

- TCP/IP(IP、TCP、UDP、ICMP 等)。
- 协议信息,如 TCP 和 UDP 的端口号,或者 ICMP 的消息类型。

命令语法如下。

```
Router(config)#access-list 100~ 199|2000~ 2699 permit|deny IP_protocol source_
address source _ wildcard _ mask [protocol _ information] destination _ address
destination_wildcard_mask [protocol_information] [log]
```

可以看出,扩展编号 ACL 比标准编号 ACL 配置复杂。扩展编号 ACL 使用 100～199 和 2000～2699 范围内的数字。紧随 permit 或 deny 后面的是所希望匹配的协议种类。常见的协议种类有 ip、icmp、tcp、udp、igrp、eigrp、igmp、ospf 等。若要匹配任意 IP(TCP、UDP、ICMP 等),可以为协议使用 IP 关键字。接下来指定源地址及其通配符掩码以及根据协议类型添加协议相关信息。接着指定目的地址及其通配符掩码,以及根据协议类型添加协议相关信息。Log 参数把日志信息记录到控制台或系统日志服务器。

创建好规则后,必须将规则应用到相关端口才能发挥作用,才能对路由器端口上的流量进行过滤。

TCP 和 UDP 扩展 ACL 配置。

对于 TCP 和 UDP,可以指定源、目的或同时指定源、目的端口号或端口名称。要指定如何执行匹配,必须配置一个操作符。TCP 和 UDP 操作符见表 8.5,操作符告诉路由器如何在端口号或端口名称上进行匹配。

表 8.5　TCP 和 UDP 操作符

操 作 符	说 明	操 作 符	说 明
it	小于	eq	等于
gt	大于	range	端口号范围
neq	不等于		

这些操作符仅应用于 TCP 和 UDP 连接。其他 IP 不使用它们。如果省略了端口号或端口名称,ACL 会在所有 TCP 或 UDP 连接上进行匹配。

对于 TCP 和 UDP 连接,可以使用端口号或端口名称进行匹配。如要匹配 Telnet 流量,可以使用关键字 Telnet,也可以使用端口号 23。常见的 TCP 端口名称和端口号的对应关系见表 8.6。

表 8.6　常见的 TCP 端口名称和端口号的对应关系

端 口 名 称	命 令 参 数	端 口 号	端 口 名 称	命 令 参 数	端 口 号
FTP 数据端口	ftp-data	20	SMTP	smtp	25
FTP 控制端口	ftp	21	WWW	www	80
Telnet	telnet	23	POP3	pop3	110

常见的 UDP 端口名称和端口号的对应关系见表 8.7。

表 8.7　常见的 UDP 端口名称和端口号的对应关系

端口名称	命令参数	端口号	端口名称	命令参数	端口号
DNS 请求	dns	53	SNMP	snmp	161
TFTP	tftp	69	RIP	rip	520

1. 过滤 ICMP 流量

过滤 ICMP 流量的语法如下。

```
Router(config)#access-list 100-199(2000-2699) permit|deny icmp source_address
source_wildcard_mask destination_address destination_wildcard_mask [icmp_
message] [log]
```

与 TCP 和 UDP 不同,ICMP 不使用端口,而是使用消息类型。表 8.8 给出了常用的 ICMP 消息类型。如果省略 ICMP 消息类型,就会包括所有的消息类型。

表 8.8　常用的 ICMP 消息类型

消息类型	消息描述
Administratively-prohibited	表明分组被过滤的消息
echo	ping 命令用于检查接收站
echo-reply	对 ping 所生成的发送消息的回应
Host-unreachable	子网可达,但主机无回应
Net-unreachable	网络/子网不可达
Traceroute	使用 ICMP 时,过滤 Traceroute 信息

删除整个访问控制列表用 no access-list 命令加 ACL 编号,如执行 no access-list 100 permit tcp any any 命令,该命令会导致路由器忽略参数 100 后面的所有命令,使路由器执行的命令好像是 no access-list 100。

2. 扩展 ACL 实例

下面是一些扩展 ACL 实例。

```
Router(config)#access-list 100 permit tcp any 172.16.0.0 0.0.255.255
```

这一条语句指明源地址为任何地址,目的地址为 172.16.0.0/16 时允许任何 TCP 会话。any 等同于 0.0.0.0 255.255.255.255。

```
Router(config)#access-list 100 permit udp any host 172.16.1.1 eq domain
```

这一条语句允许将来自源设备的 DNS 请求送往内部 DNS 服务器(172.16.1.1)。这里移除了 0.0.0.0 通配符掩码,在 IP 地址前面插入了 host 关键字。

```
Router(config)#access-list 100 permit tcp 172.17.0.0 0.0.255.255 host 172.16.1.2
eq telnet
```

这一条语句允许来自网络 172.17.0.0/16 设备的所有 Telnet 连接,目的设备是 172.16.

1.2。Telnet 使用的是 TCP。

```
Router(config)#access-list 100 permit icmp any 172.16.0.0 0.0.255.255 echo-reply
```

这一条语句允许对 ping 的回复回到网络地址为 172.16.0.0/16 的设备。仅允许回送应答——不允许回送(echo),可防止别人在该端口执行 ping 命令。

```
Router(config)#access-list 100 deny ip any any
```

这一行可以不用,默认最后有一条拒绝所有规则,因为不匹配前面 permit 语句的所有流量将被丢弃。

```
Router(config)#interface fastEthernet 0/0
Router(config-if)#ip access-group 100 in
```

这两条语句是应用规则,将规则应用到路由器的端口 fa0/0 的入口方向。

3. 案例

如图 8.4 所示,两个路由器连接 4 个不同部门,分别为学生、教师、校长和网络中心。为了加强网络的安全性,要求:

(1) 不允许学生机访问网络中心的 Web 服务以及 FTP 服务。

(2) 不允许学生机 ping 测试校长计算机。

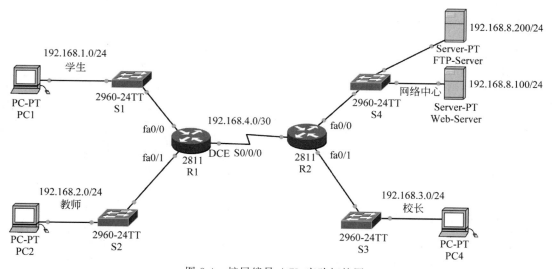

图 8.4 扩展编号 ACL 实验拓扑图

整个网络的 IP 地址规划见表 8.9。

表 8.9 整个网络的 IP 地址规划

设 备	端 口	IP 地 址	子 网 掩 码
	S0/0/0	192.168.4.1	255.255.255.252
R1	fa0/0	192.168.1.1	255.255.255.0
	fa0/1	192.168.2.1	255.255.255.0

设　备	端　口	IP 地址	子 网 掩 码
	S0/0/0	192.168.4.2	255.255.255.252
R2	fa0/0	192.168.8.1	255.255.255.0
	fa0/1	192.168.3.1	255.255.255.0
PC1	网卡	192.168.1.100	255.255.255.0
PC2	网卡	192.168.2.100	255.255.255.0
PC3	网卡	192.168.3.100	255.255.255.0
Web-Server	网卡	192.168.8.100	255.255.255.0
FTP-Server	网卡	192.168.8.200	255.255.255.0

具体配置过程如下。

(1) 配置网络,使网络互联互通。

① 路由器 R1 的配置如下。

```
Router(config)#hostname R1                          //为路由器命名
R1(config)#interface fastEthernet 0/0               //进入路由器的端口 fa0/0
R1(config-if)#ip address 192.168.1.1 255.255.255.0  //配置 IP 地址
R1(config-if)#no shu                                 //激活
R1(config-if)#exit                                   //退出
R1(config)#interface fastEthernet 0/1               //进入路由器的端口 fa0/1
R1(config-if)#ip address 192.168.2.1 255.255.255.0  //配置 IP 地址
R1(config-if)#no shu                                 //激活
R1(config-if)#exit                                   //退出
1(config)#interface serial 0/0/0                    //进入路由器的端口 S0/0/0
R1(config-if)#ip address 192.168.4.1 255.255.255.252 //配置 IP 地址
R1(config-if)#no shu                                 //激活
R1(config-if)#clock rate 64000                       //配置时钟频率
```

② 路由器 R2 的配置如下。

```
Router(config)#hostname R2                          //为路由器命名
R2(config)#interface fastEthernet 0/0               //进入路由器的端口 fa0/0
R2(config-if)#ip address 192.168.8.1 255.255.255.0  //配置 IP 地址
R2(config-if)#exit                                   //退出
R2(config)#interface fastEthernet 0/1               //进入路由器的端口 fa0/1
R2(config-if)#ip address 192.168.3.1 255.255.255.0  //配置 IP 地址
R2(config-if)#no shu                                 //激活
R2(config-if)#exit                                   //退出
R2(config)#interface serial 0/0/0                   //进入路由器的端口 S0/0/0
R2(config-if)#ip address 192.168.4.2 255.255.255.252 //配置 IP 地址
```

③ 配置动态路由协议 OSPF，使网络互联互通。

路由器 R1 的配置如下。

```
R1(config)#router ospf 1                                   //开启路由器动态路由协议 OSPF
R1(config-router)#network 192.168.1.0 0.0.0.255 area 0
//OSPF 把当前路由器上位于网络 192.168.1.0/255.255.255.0 的端口加入区域 0
R1(config-router)#network 192.168.2.0 0.0.0.255 area 0
//OSPF 把当前路由器上位于网络 192.168.2.0/255.255.255.0 的端口加入区域 0
R1(config-router)#network 192.168.4.0 0.0.0.3 area 0
//OSPF 把当前路由器上位于网络 192.168.4.0/255.255.255.0 的端口加入区域 0
```

路由器 R2 的配置如下。

```
R2(config-router)#router ospf 1                            //开启路由器动态路由协议 OSPF
R2(config-router)#network 192.168.3.0 0.0.0.255 area 0
//OSPF 把当前路由器上位于网络 192.168.3.0/255.255.255.0 的端口加入区域 0
R2(config-router)#network 192.168.8.0 0.0.0.255 area 0
//OSPF 把当前路由器上位于网络 192.168.8.0/255.255.255.0 的端口加入区域 0
R2(config-router)#network 192.168.4.0 0.0.0.3 area 0
//OSPF 把当前路由器上位于网络 192.168.4.0/255.255.255.0 的端口加入区域 0
```

④ 查看路由器 R1 的路由表如下。

```
R1#show ip route
Codes: C -connected, S -static, I -IGRP, R -RIP, M -mobile, B -BGP
       D -EIGRP, EX -EIGRP external, O -OSPF, IA -OSPF inter area
       N1 -OSPF NSSA external type 1, N2 -OSPF NSSA external type 2
       E1 -OSPF external type 1, E2 -OSPF external type 2, E -EGP
       i -IS-IS, L1 -IS-IS level-1, L2 -IS-IS level-2, ia -IS-IS inter area
       * -candidate default, U -per-user static route, o -ODR
       P -periodic downloaded static route
Gateway of last resort is not set
C    192.168.1.0/24 is directly connected, FastEthernet0/0
C    192.168.2.0/24 is directly connected, FastEthernet0/1
O    192.168.3.0/24 [110/65] via 192.168.4.2, 00:00:25, Serial0/0/0
     192.168.4.0/30 is subnetted, 1 subnets
C       192.168.4.0 is directly connected, Serial0/0/0
O    192.168.8.0/24 [110/65] via 192.168.4.2, 00:00:25, Serial0/0/0
R1#
```

查看路由器 R2 的路由表如下。

```
R2#show ip route
Codes: C -connected, S -static, I -IGRP, R -RIP, M -mobile, B -BGP
       D -EIGRP, EX -EIGRP external, O -OSPF, IA -OSPF inter area
       N1 -OSPF NSSA external type 1, N2 -OSPF NSSA external type 2
       E1 -OSPF external type 1, E2 -OSPF external type 2, E -EGP
       i -IS-IS, L1 -IS-IS level-1, L2 -IS-IS level-2, ia -IS-IS inter area
```

```
      *  -candidate default, U -per-user static route, o -ODR
      P -periodic downloaded static route
Gateway of last resort is not set
O    192.168.1.0/24 [110/65] via 192.168.4.1, 00:00:43, Serial0/0/0
O    192.168.2.0/24 [110/65] via 192.168.4.1, 00:00:43, Serial0/0/0
C    192.168.3.0/24 is directly connected, FastEthernet0/1
     192.168.4.0/30 is subnetted, 1 subnets
C       192.168.4.0 is directly connected, Serial0/0/0
C    192.168.8.0/24 is directly connected, FastEthernet0/0
R2#
```

查看路由表的结果表明,两台路由器的路由表是全的,整个网络可以实现互联互通。接着为终端计算机以及服务器按照表 8.9 所示配置相关网络参数,至此整个网络实现互联互通。

(2) 查看 Web-Server 以及 FTP-Server 服务器情况。

图 8.5 为 Web-Server 运行状态图。从图 8.5 中可以看出,Web-Server 已经开启,并且可以显示网站内容的 HTML 代码。当然,可以通过修改 HTML 代码改变网页的内容。

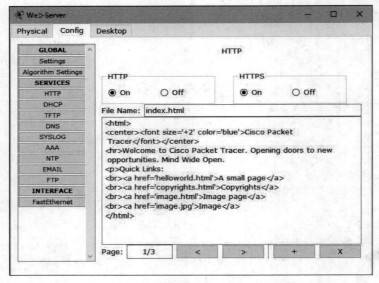

图 8.5　Web-Server 运行状态图

接下来查看 FTP-Server 的情况。从图 8.6 可以看出,FTP-Server 已经开启,默认登录用户名和密码都为 cisco。

(3) 测试学生机访问网络中心 FTP-Server 和 Web-Server 服务器的情况。

在学生机上利用 FTP 登录命令远程登录到 IP 地址为 192.168.8.200 的 FTP-Server。登录结果如图 8.7 所示,结果表明能够登录成功,并且能够通过 dir 命令显示当前文件列表。

通过学生机浏览器访问 Web-Server,访问结果如图 8.8 所示。结果表明网站访问正常。显示的网页内容可以在 IP 地址为 192.168.8.100 的 Web-Server 上通过 html 语句进行修改。

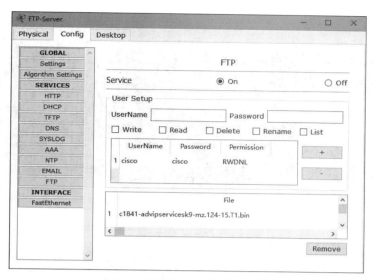

图 8.6　FTP-Server 运行状态图

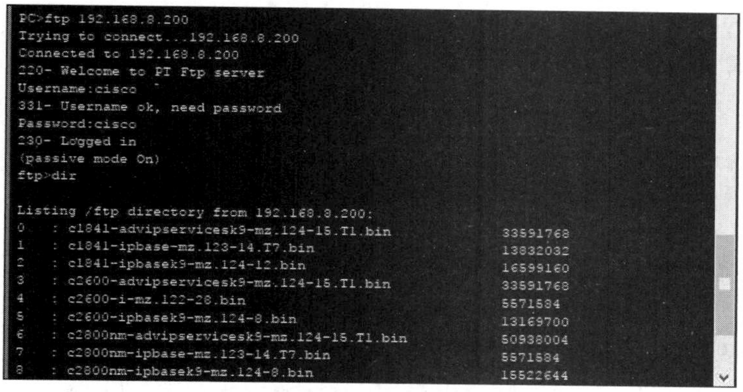

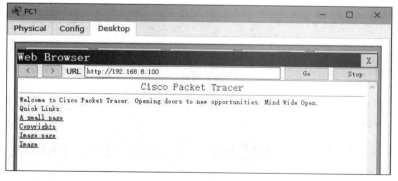

图 8.7　访问 FTP-Server

图 8.8　访问 Web-Server

接下来测试学生机 ping 校长机的情况,校长机的 IP 地址为 192.168.3.100,用学生机 ping 该 IP 地址,结果如图 8.9 所示。结果表明可以 ping 通,并且返回值为 126,说明经过了两个路由。

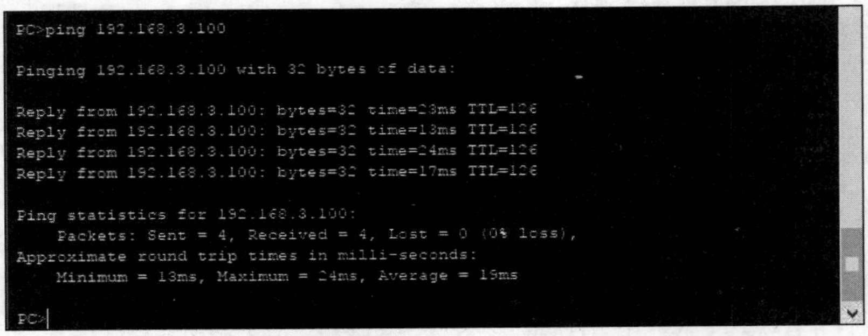

```
PC>ping 192.168.3.100

Pinging 192.168.3.100 with 32 bytes of data:

Reply from 192.168.3.100: bytes=32 time=23ms TTL=126
Reply from 192.168.3.100: bytes=32 time=13ms TTL=126
Reply from 192.168.3.100: bytes=32 time=24ms TTL=126
Reply from 192.168.3.100: bytes=32 time=17ms TTL=126

Ping statistics for 192.168.3.100:
    Packets: Sent = 4, Received = 4, Lost = 0 (0% loss),
Approximate round trip times in milli-seconds:
    Minimum = 13ms, Maximum = 24ms, Average = 19ms

PC>
```

图 8.9　学生机访问校长机连通性测试

（4）配置扩展访问控制列表须满足以下两个条件。

- 不允许学生机访问网络中心的 Web-Server 以及 FTP-Server。
- 不允许学生机 ping 校长计算机。

① 选择配置访问控制列表的路由器，该拓扑中有两个路由器，分别为路由器 R1 和路由器 R2，Web-Server 和 FTP-Server 通过交换机 S4 和路由器 R2 相连，在路由器 R1 上实施扩展访问控制列表较为合理。

为了实现第一个条件，规则 100 定义如下。

```
R1(config)#access-list 100 deny tcp 192.168.1.0 0.0.0.255 host 192.168.8.100 eq www
R1(config)#access-list 100 deny tcp 192.168.1.0 0.0.0.255 host 192.168.8.200 eq ftp
R1(config)#access-list 100 deny icmp 192.168.1.0 0.0.0.255 host 192.168.3.100
R1(config)#access-list 100 permit ip any any
R1(config)#
```

② 定义好规则之后，接下来在相关端口应用该规则。

为了实现不允许学生机访问网络中心的 Web-Server 以及 FTP-Server，不允许学生机 ping 校长计算机。在路由器 R1 的端口 fa0/0 应用规则 100，具体配置如下。

```
R1(config)#interface fastEthernet 0/0
R1(config-if)#ip access-group 100 in
```

③ 测试最终效果。

学生机不能访问 Web-Server，如图 8.10 所示。

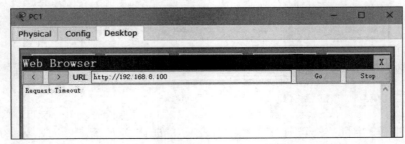

图 8.10　访问 Web-Server 情况

学生机不能访问 FTP-Server，如图 8.11 所示。

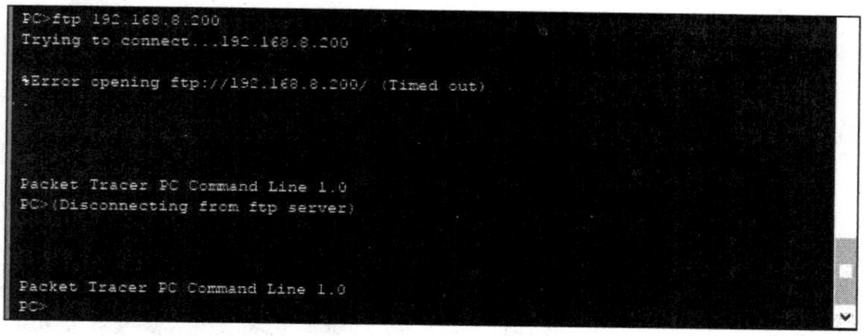

图 8.11　访问 FTP-Server 情况

学生机可以 ping 通 Web-Server，不能 ping 通校长机，如图 8.12 和图 8.13 所示。

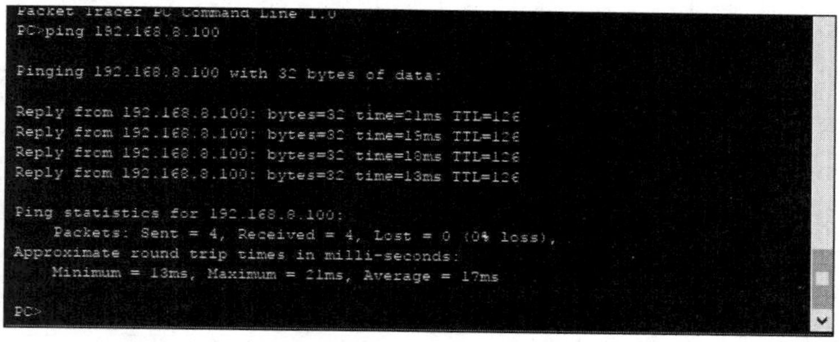

图 8.12　学生机可以 ping 通 Web-Server

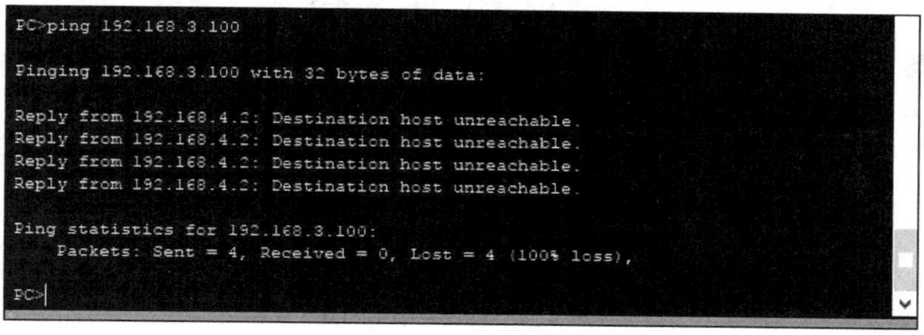

图 8.13　学生机不能 ping 通校长机

结果符合要求，实验成功。

8.6　三层交换机实现扩展编号访问控制列表

访问控制列表技术主要应用在路由器上，但现在三层交换技术在大中型企业中应用越来越广泛，访问控制列表是构建安全规范网络不可缺少的，掌握三层交换机中 ACL 配置方法显得比较重要。

下面通过实验演示扩展编号访问控制列表过程。如图 8.14 所示，两台三层交换机连接 4 个部门，分别为学生、教师、校长和网络中心，这 4 个部门处于不同的 VLAN。要求：

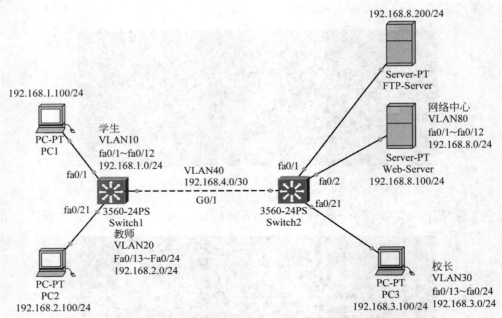

图 8.14　三层交换机实现扩展编号访问控制列表拓扑图

① 不允许学生机访问网络中心的 Web-Server 以及 FTP-Server。

② 不允许学生机 ping 校长计算机。

具体 VLAN 划分见表 8.10。

表 8.10　具体 VLAN 划分

部 门 名 称	VLAN 号	网 络 地 址	端 口 划 分
学生	VLAN10	192.168.1.0/24	fa0/1～fa0/12
教师	VLAN20	192.168.2.0/24	fa0/13～fa0/24
校长	VLAN30	192.168.3.0/24	fa0/1～fa0/12
网络中心	VLAN80	192.168.8.0/24	fa0/13～fa0/24

终端计算机及服务器地址配置见表 8.11。

表 8.11　终端计算机及服务器地址配置

设 备 名 称	IP 地 址	默 认 网 关
PC1	192.168.1.100/24	192.168.1.1
PC2	192.168.2.100/24	192.168.2.1
PC3	192.168.3.0/24	192.168.3.1
Web-Server	192.168.8.100/24	192.168.8.1
FTP-Server	192.168.8.200/24	192.168.8.1

（1）配置网络使网络互联互通。

① 首先配置三层交换机 Switch1。

```
Switch(config)#hostname Switch1                        //为交换机命名
Switch1(config)#vlan 10                                //创建 VLAN10
Switch1(config-vlan)#vlan 20                           //创建 VLAN20
Switch1(config-vlan)#exit                              //退出
Switch1(config)#interface range fastEthernet 0/1-12    //进入交换机的端口 fa0/1~fa0/12
Switch1(config-if-range)#switchport access vlan 10     //端口 fa0/1~fa0/12 划入 VLAN10
Switch1(config-if-range)#exit                          //退出
Switch1(config)#interface range fastEthernet 0/13-24   //进入交换机的端口 fa0/13~fa0/24
Switch1(config-if-range)#switchport access vlan 20     //端口 fa0/13~fa0/24 划入 VLAN20
```

② 配置 VLAN10 和 VLAN20 网关地址。

```
Switch1(config)#interface vlan 10                      //进入 VLAN 端口模式
Switch1(config-if)#ip address 192.168.1.1 255.255.255.0  //配置 IP 地址
Switch1(config-if)#no shu                              //激活
Switch1(config-if)#exit                               //退出
Switch1(config)#interface vlan 20                      //进入 VLAN 端口模式
Switch1(config-if)#ip address 192.168.2.1 255.255.255.0  //配置 IP 地址
Switch1(config-if)#no shu                              //激活
```

③ 配置交换机 Switch2。

```
Switch(config)#hostname Switch2                        //为交换机命名
Switch2(config)#vlan 80                                //创建 VLAN80
Switch2(config-vlan)#vlan 30                           //创建 VLAN30
Switch2(config-vlan)#exit                              //退出
Switch2(config)#interface range fastEthernet 0/1-12    //进入交换机的端口 fa0/1~fa0/12
Switch2(config-if-range)#switchport access vlan 80     //端口 fa0/1~fa0/12 划入 VLAN80
Switch2(config-if-range)#exit                          //退出
Switch2(config)#interface range fastEthernet 0/13-24   //进入交换机的端口 fa0/13~fa0/24
Switch2(config-if-range)#switchport access vlan 30     //端口 fa0/13~fa0/24 划入 VLAN30
```

④ 配置 VLAN80 和 VLAN30 网关地址。

```
Switch2(config)#interface vlan 30                      //进入 VLAN 端口模式
Switch2(config-if)#ip address 192.168.3.1 255.255.255.0  //配置 IP 地址
Switch2(config-if)#no shu                              //激活
Switch2(config-if)#exit                               //退出
Switch2(config)#interface vlan 80                      //进入 VLAN 端口模式
Switch2(config-if)#ip address 192.168.8.1 255.255.255.0  //配置 IP 地址
Switch2(config-if)#no shu                              //激活
```

⑤ 两台三层交换机之间通过 VLAN40 相连。

首先配置 Switch1。

```
Switch1(config)#vlan 40                                //创建 VLAN40
```

```
Switch1(config-vlan)#exit                                    //退出
Switch1(config)#interface vlan 40                            //进入 VLAN 端口模式
Switch1(config-if)#ip address 192.168.4.1 255.255.255.252    //配置 IP 地址
Switch1(config-if)#no shu                                     //激活
Switch1(config-if)#exit                                       //退出
```

将连接两台交换机的端口 G0/1 配置成 Trunk 模式。

```
Switch1(config)#interface gigabitEthernet 0/1                //进入交换机的端口 G0/1
Switch1(config-if)#switchport trunk encapsulation dot1q      //将端口封装成 dot1q
Switch1(config-if)#switchport mode trunk                     //将端口配置成 Trunk 模式
%LINEPROTO-5-UPDOWN: Line protocol on interface gigabitEthernet0/1, changed
state to down
LINEPROTO-5-UPDOWN: Line protocol on interface gigabitEthernet0/1, changed state
to up
%LINEPROTO-5-UPDOWN: Line protocol on Interface Vlan40, changed state to up
```

接下来配置 Switch2。

```
Switch2(config)#vlan 40                                       //创建 VLAN40
Switch2(config-vlan)#exit                                     //退出
Switch2(config)#interface vlan 40                             //进入 VLAN 端口模式
Switch2(config-if)#ip address 192.168.4.2 255.255.255.252     //创建 VLAN 端口 IP 地址
Switch2(config-if)#no shu                                      //激活
Switch2(config-if)#exit                                        //退出
```

将连接两台交换机的端口 G0/1 配置成 Trunk 模式。

```
Switch2(config)#interface gigabitEthernet 0/1                 //进入交换机的端口 G0/1
Switch2(config-if)#switchport trunk encapsulation dot1q       //将端口配置成 Trunk 模式
Switch2(config-if)#switchport mode trunk                      //将端口配置成 Trunk 模式
```

一般情况下,将交换机 Switch1 连接交换机 Switch2 的端口设置为 Trunk 模式后,交换机 Switch2 连接两台交换机的端口自适应成 Trunk 模式。

⑥ 配置动态路由协议 OSPF,使网络互联互通。

首先配置交换机 Switch1。

```
Switch1(config)#router ospf 1                                 //开启 OSPF
Switch1(config-router)#network 192.168.1.0 0.0.0.255 area 0
//OSPF 把当前路由器上位于网络 192.168.1.0/255.255.255.0 的端口加入区域 0
Switch1(config-router)#network 192.168.2.0 0.0.0.255 area 0
//OSPF 把当前路由器上位于网络 192.168.2.0/255.255.255.0 的端口加入区域 0
Switch1(config-router)#network 192.168.4.0 0.0.0.3 area 0
//OSPF 把当前路由器上位于网络 192.168.4.0/255.255.255.0 的端口加入区域 0
```

接下来配置交换机 Switch2。

```
Switch2(config)#router ospf 1                                 //开启 OSPF
Switch2(config-router)#network 192.168.3.0 0.0.0.255 area 0
```

//OSPF 把当前路由器上位于网络 192.168.3.0/255.255.255.0 的端口加入区域 0
Switch2(config-router)#network 192.168.8.0 0.0.0.255 area 0
//OSPF 把当前路由器上位于网络 192.168.8.0/255.255.255.0 的端口加入区域 0
Switch2(config-router)#network 192.168.4.0 0.0.0.3 area 0
//OSPF 把当前路由器上位于网络 192.168.4.0/255.255.255.0 的端口加入区域 0
Switch2(config-router)#

查看路由表。

```
Switch1#show ip route
Codes: C -connected, S -static, I -IGRP, R -RIP, M -mobile, B -BGP
       D -EIGRP, EX -EIGRP external, O -OSPF, IA -OSPF inter area
       N1 -OSPF NSSA external type 1, N2 -OSPF NSSA external type 2
       E1 -OSPF external type 1, E2 -OSPF external type 2, E -EGP
       i -IS-IS, L1 -IS-IS level-1, L2 -IS-IS level-2, ia -IS-IS inter area
       * -candidate default, U -per-user static route, o -ODR
       P -periodic downloaded static route
Gateway of last resort is not set
C    192.168.1.0/24 is directly connected, Vlan10
C    192.168.2.0/24 is directly connected, Vlan20
O    192.168.3.0/24 [110/2] via 192.168.4.2, 00:00:37, Vlan40
     192.168.4.0/30 is subnetted, 1 subnets
C     192.168.4.0 is directly connected, Vlan40
O    192.168.8.0/24 [110/2] via 192.168.4.2, 00:00:37, Vlan40
Switch1#
```

交换机 Switch2 的路由表如下。

```
Switch2#show ip route
Codes: C -connected, S -static, I -IGRP, R -RIP, M -mobile, B -BGP
       D -EIGRP, EX -EIGRP external, O -OSPF, IA -OSPF inter area
       N1 -OSPF NSSA external type 1, N2 -OSPF NSSA external type 2
       E1 -OSPF external type 1, E2 -OSPF external type 2, E -EGP
       i -IS-IS, L1 -IS-IS level-1, L2 -IS-IS level-2, ia -IS-IS inter area
       * -candidate default, U -per-user static route, o -ODR
       P -periodic downloaded static route
Gateway of last resort is not set
O    192.168.1.0/24 [110/2] via 192.168.4.1, 00:01:06, Vlan40
O    192.168.2.0/24 [110/2] via 192.168.4.1, 00:01:06, Vlan40
C    192.168.3.0/24 is directly connected, Vlan30
     192.168.4.0/30 is subnetted, 1 subnets
C     192.168.4.0 is directly connected, Vlan40
C    192.168.8.0/24 is directly connected, Vlan80
Switch2#
```

⑦ 查看两台三层交换机的路由表,结果显示路由表完整。

⑧ 配置终端计算机以及服务器网络参数,验证学生机访问 Web-Server 的结果,如

图 8.15 所示,结果表明能够成功访问。

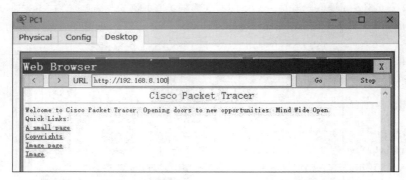

图 8.15 学生机访问 Web-Server 情况

验证学生机访问 FTP-Server,结果如图 8.16 所示,表明访问成功。

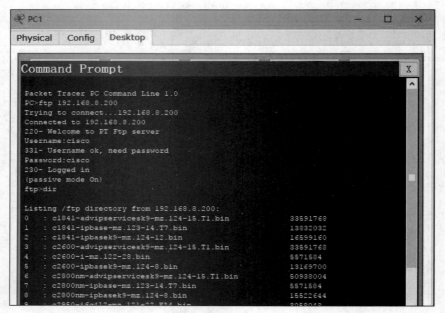

图 8.16 学生机访问 FTP-Server 情况

验证学生机 ping 校长机,结果如图 8.17 所示,表明能够成功 ping 通。

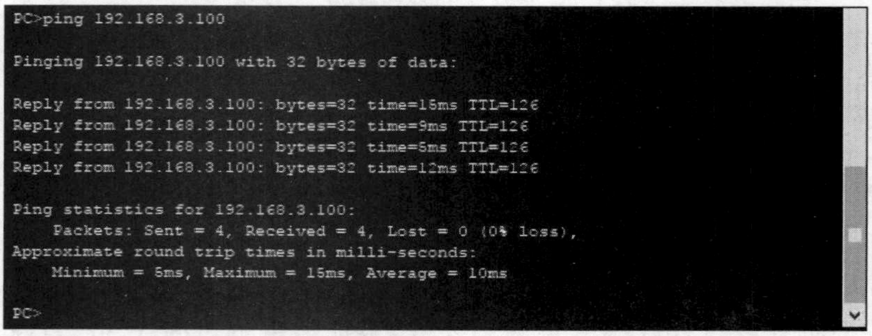

图 8.17 学生机 ping 校长机情况

（2）配置访问控制列表，要求：

• 不允许学生机访问网络中心的 Web-Server 以及 FTP-Server。

• 不允许学生机 ping 校长机。

① 定义规则：配置不允许学生机访问网络中心的 Web-Server 以及 FTP-Server，访问控制列表规则定义如下。

```
Switch1(config)#access-list 100 deny tcp 192.168.1.0 0.0.0.255 host 192.168.8.100
eq www
Switch1(config)#access-list 100 deny tcp 192.168.1.0 0.0.0.255 host 192.168.8.200
eq ftp
Switch1(config)#access-list 100 deny icmp 192.168.1.0 0.0.0.255 host 192.168.3.100
Switch1(config)#access-list 100 permit ip any any
Switch1(config)#
```

② 应用规则，将规则应用到 VLAN10，具体配置如下。

```
Switch1(config)#interface vlan 10
Switch1(config-if)#ip access-group 100 in
Switch1(config-if)#
```

③ 测试实验效果。

学生机访问 Web-Server 的结果如图 8.18 所示，表明学生机不能访问 Web-Server。

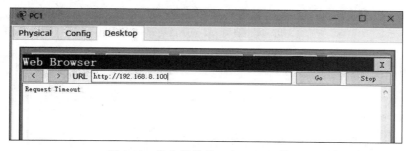

图 8.18　学生机访问 Web-Server 情况

学生机访问 FTP-Server 的结果如图 8.19 所示，表明学生机不能访问 FTP-Server。

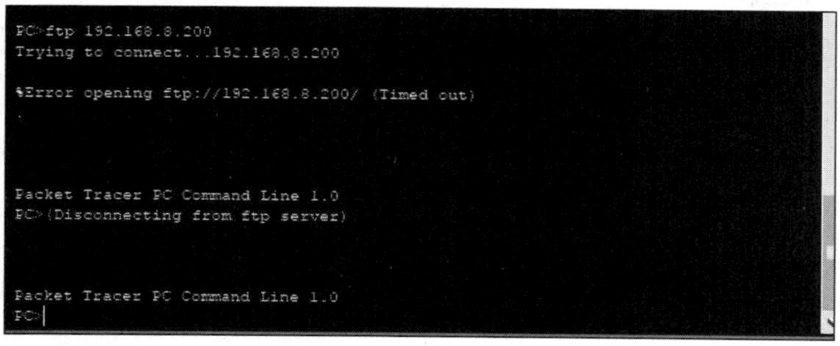

图 8.19　学生机访问 FTP-Server 情况

用学生机 ping 校长机，结果如图 8.20 所示，表明不能 ping 通。

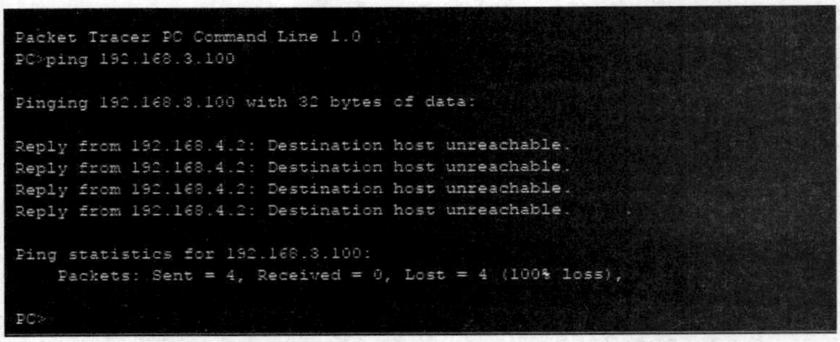

Packet Tracer PC Command Line 1.0
PC>ping 192.168.3.100
Pinging 192.168.3.100 with 32 bytes of data:
Reply from 192.168.4.2: Destination host unreachable.
Reply from 192.168.4.2: Destination host unreachable.
Reply from 192.168.4.2: Destination host unreachable.
Reply from 192.168.4.2: Destination host unreachable.
Ping statistics for 192.168.3.100:
Packets: Sent = 4, Received = 0, Lost = 4 (100% loss),
PC>

图 8.20　学生机 ping 校长机情况

同样,用教师机 ping 校长机,是可以 ping 通的,结果如图 8.21 所示。

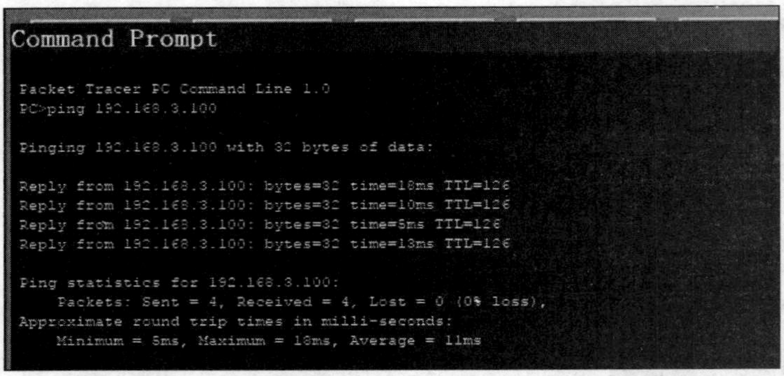

Command Prompt
Packet Tracer PC Command Line 1.0
PC>ping 192.168.3.100
Pinging 192.168.3.100 with 32 bytes of data:
Reply from 192.168.3.100: bytes=32 time=18ms TTL=126
Reply from 192.168.3.100: bytes=32 time=10ms TTL=126
Reply from 192.168.3.100: bytes=32 time=5ms TTL=126
Reply from 192.168.3.100: bytes=32 time=13ms TTL=126
Ping statistics for 192.168.3.100:
Packets: Sent = 4, Received = 4, Lost = 0 (0% loss),
Approximate round trip times in milli-seconds:
Minimum = 5ms, Maximum = 18ms, Average = 11ms

图 8.21　教师机 ping 校长机情况

用教师机访问 Web-Server 的结果如图 8.22 所示,表明能够成功访问。

PC2
Physical
Config
Desktop
Web Browser
URL
http://192.168.8.100
Go
Stop
Cisco Packet Tracer
Welcome to Cisco Packet Tracer. Opening doors to new opportunities. Mind Wide Open.
Quick Links:
A small page
Copyrights
Image page
Image

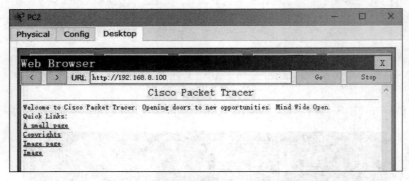

图 8.22　教师机访问 Web-Server 情况

8.7　命名 ACL

8.7.1　简介

从 IOS 11.2 版本开始,Cisco 路由器同时支持编号 ACL 和命名 ACL,与编号 ACL 不同,在命名 ACL 中,可以删除单个条目,而不是删除整个 ACL。

创建命名 ACL 的命令格式如下。

```
Router(config)#ip access-list standed | extended ACL_name
```

首先指定 ACL 的类型：标准（standed）或者扩展（extended）。接着给出 ACL 的名称。名称在所有命名 ACL 中必须具有唯一性。一旦执行上述命令，将进入相应的 ACL 子配置模式，如下所示。

```
Router(config-std-nacl)#            标准访问控制列表
```

或者

```
Router(config-ext-nacl)#            扩展访问控制列表
```

一旦进入子配置模式，就可以输入 ACL 命令。对于标准命名 ACL，配置命令如下。

```
Router(config)#ip access-list standed ACL_name
Router(config-std-nacl)#permit|deny source_IP_address [wildcard_mask]
```

对于扩展命名 ACL，配置命令如下。

```
Router(config)#ip access-list extended ACL_name
Router(config-ext-nacl)#permit|deny IP_protocol source_IP_address wildcard_
mask [protocol_information] destination_IP_address wildcard_mask [protocol_
information] [log]
```

创建标准命名或者扩展命名 ACL 和创建编号 ACL 相似。同样，一旦创建了标准命名或者扩展命名 ACL，就必须在相应的端口上应用该规则，此时应用的是规则名称，而不是号码。

8.7.2 命名访问控制列表配置实例

（1）定义规则。

```
Router(config)#ip access-list extended tdp
Router(config-ext-nacl)#permit tcp any 172.16.0.0 0.0.255.255
Router(config-ext-nacl)#permit udp any host 172.16.1.1 eq domain
Router(config-ext-nacl)#permit tcp 172.17.0.0 0.0.255.255 host 172.16.1.2
eq telnet
Router(config-ext-nacl)#permit icmp any 172.16.0.0 0.0.255.255 echo-reply
Router(config-ext-nacl)#deny ip any any
```

（2）应用规则。

```
Router(config-ext-nacl)#exit
Router(config)#interface fastEthernet 0/0
Router(config-if)#ip access-group tdp in
Router(config-if)#
```

选择使用命名 ACL，还是使用编号 ACL，只是个人喜好，它们都能实现相同的功能。

8.7.3 命名访问控制列表配置案例

现有 3 台路由器连接 4 个部门的网络，网络拓扑如图 8.23 所示。

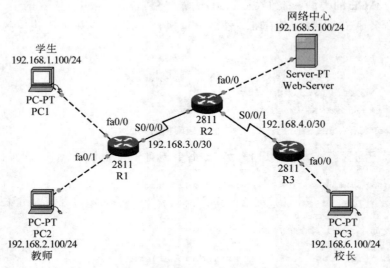

图 8.23 命名访问控制列表配置网络拓扑结构

具体 IP 配置见表 8.12。

表 8.12 具体 IP 配置

设　备	端　口	IP 地址	子 网 掩 码
R1	S0/0/0	192.168.3.1	255.255.255.252
	fa0/0	192.168.1.1	255.255.255.0
	fa0/1	192.168.2.1	255.255.255.0
R2	S0/0/0	192.168.3.2	255.255.255.252
	S0/0/1	192.168.4.1	255.255.255.252
	fa0/0	192.168.5.1	255.255.255.0
	fa0/1	192.168.3.1	255.255.255.0
R3	S0/0/1	192.168.4.2	255.255.255.252
	fa0/0	192.168.6.1	255.255.255.0
PC1	网卡	192.168.1.100	255.255.255.0
PC2	网卡	192.168.2.100	255.255.255.0
PC3	网卡	192.168.6.100	255.255.255.0
Web-Server	网卡	192.168.5.100	255.255.255.0

要求配置标准命名访问控制列表，实现：

- 禁止学生对教师计算机的一切访问。

要求配置扩展命名访问控制列表,实现:

- 不允许学生访问网络中心 Web-Server 的 Web 站点。
- 不允许学生机 ping 校长机。

具体配置过程如下。

(1) 配置网络环境,使网络互联互通。

① 路由器 R1 的基本配置如下。

```
Router(config)#hostname R1                              //为路由器命名
R1(config)#interface fastEthernet 0/0                   //进入路由器的端口 fa0/0
R1(config-if)#ip address 192.168.1.1 255.255.255.0      //配置 IP 地址
R1(config-if)#no shu                                    //激活
R1(config-if)#exit                                      //退出
R1(config)#interface fastEthernet 0/1                   //进入路由器的端口 fa0/1
R1(config-if)#ip address 192.168.2.1 255.255.255.0      //配置 IP 地址
R1(config-if)#no shu                                    //激活
R1(config-if)#exit                                      //退出
R1(config)#interface serial 0/0/0                       //进入路由器的端口 S0/0/0
R1(config-if)#ip address 192.168.3.1 255.255.255.252    //配置 IP 地址
R1(config-if)#no shu                                    //激活
R1(config-if)#clock rate 64000                          //配置时钟频率
```

② 路由器 R2 的基本配置如下。

```
Router(config)#hostname R2                              //为路由器命名
R2(config)#interface fastEthernet 0/0                   //进入路由器的端口 fa0/0
R2(config-if)#ip address 192.168.5.1 255.255.255.0      //配置 IP 地址
R2(config-if)#no shu                                    //激活
R2(config-if)#exit                                      //退出
R2(config)#interface serial 0/0/1                       //进入路由器的端口 S0/0/1
R2(config-if)#ip address 192.168.4.1 255.255.255.252    //配置 IP 地址
R2(config-if)#clock rate 64000                          //配置时钟频率
R2(config-if)#no shu                                    //激活
R2(config-if)#exit                                      //退出
R2(config)#interface serial 0/0/0                       //进入路由器的端口 S0/0/0
R2(config-if)#ip address 192.168.3.2 255.255.255.252    //配置 IP 地址
R2(config-if)#no shu                                    //激活
```

③ 路由器 R3 的基本配置如下。

```
Router(config)#hostname R3                              //为路由器命名
R3(config)#interface serial 0/0/1                       //进入路由器的端口 S0/0/1
R3(config-if)#ip address 192.168.4.2 255.255.255.252    //配置 IP 地址
R3(config-if)#no shu                                    //激活
R3(config-if)#exit                                      //退出
R3(config)#interface fastEthernet 0/0                   //进入路由器的端口 fa0/0
R3(config-if)#ip address 192.168.6.1 255.255.255.0      //配置 IP 地址
R3(config-if)#no shu                                    //激活
```

④ 配置动态路由协议 EIGRP,使网络互联互通。

首先配置路由器 R1。

```
R1(config)#router eigrp 1                        //启用 EIGRP 路由协议
R1(config-router)#network 192.168.1.0 0.0.0.255  //将 192.168.1.0/24 网络端口加入 EIGRP
R1(config-router)#network 192.168.2.0 0.0.0.255  //将 192.168.2.0/24 网络端口加入 EIGRP
R1(config-router)#network 192.168.3.0 0.0.0.3    //将 192.168.3.0/30 网络端口加入 EIGRP
```

其次配置路由器 R2 动态路由协议 EIGRP。

```
R2(config)#router eigrp 1                         //启用 EIGRP 路由协议
R2(config-router)#network 192.168.3.0 0.0.0.3     //将 192.168.3.0/30 网络端口加入 EIGRP
R2(config-router)#network 192.168.4.0 0.0.0.3     //将 192.168.4.0/30 网络端口加入 EIGRP
R2(config-router)#network 192.168.5.0 0.0.0.255   //将 192.168.5.0/24 网络端口加入 EIGRP
```

最后配置路由器 R3 动态路由协议 EIGRP。

```
R3(config)#router eigrp 1                         //启用 EIGRP 路由协议
R3(config-router)#network 192.168.4.0 0.0.0.3     //将 192.168.4.0/30 网络端口加入 EIGRP
R3(config-router)#network 192.168.6.0 0.0.0.255   //将 192.168.6.0/24 网络端口加入 EIGRP
```

⑤ 配置终端计算机以及服务器的网络参数。图 8.24 为 Web-Server 的网络参数配置情况。

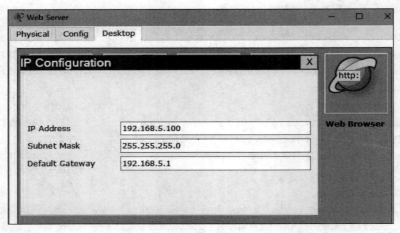

图 8.24　Web-Server 的网络参数配置情况

计算机 PC1 的默认网关为 192.168.1.1,计算机 PC2 的默认网关为 192.168.2.1,计算机 PC3 的默认网关为 192.168.6.1。

⑥ 测试连通性。

学生机访问网络中心 Web-Server,结果如图 8.25 所示。

学生机 ping 校长机的情况如图 8.26 所示,结果表明能够 ping 通。

学生机 ping 教师机的情况如图 8.27 所示,结果表明能够 ping 通。

(2) 要求配置标准命名访问控制列表,实现:

• 禁止学生对教师机的一切访问。

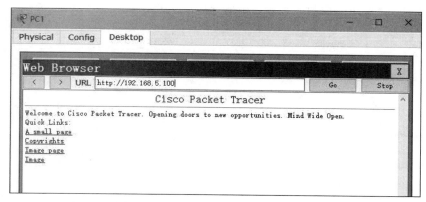

图 8.25　学生机访问 Web-Server 情况

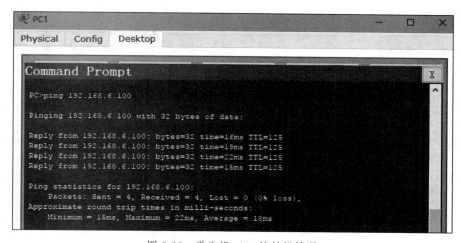

图 8.26　学生机 ping 校长机情况

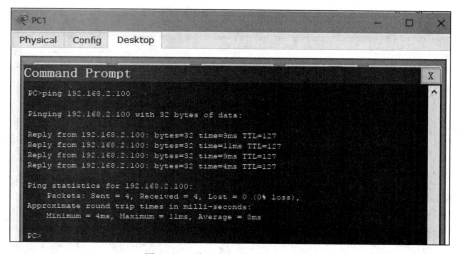

图 8.27　学生机 ping 教师机情况

确定该标准命名访问控制列表在路由器 R1 上实施。

① 定义规则。

```
R1(config)#ip access-list standard tdp
R1(config-std-nacl)#deny 192.168.1.0 0.0.0.255
R1(config-std-nacl)#permit any
R1(config-std-nacl)#
```

② 应用规则。

```
R1(config)#interface fastEthernet 0/1
R1(config-if)#ip access-group tdp out
R1(config-if)#
```

③ 验证实验效果：通过学生机 ping 测试教师机,实验结果如图 8.28 所示,表明学生机不能 ping 通教师机。

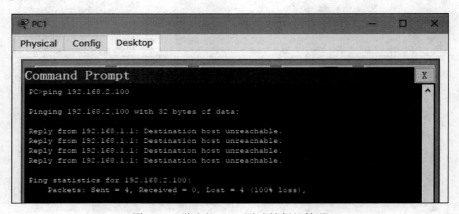

图 8.28　学生机 ping 测试教师机情况

校长机仍然能够 ping 通教师机,如图 8.29 所示。

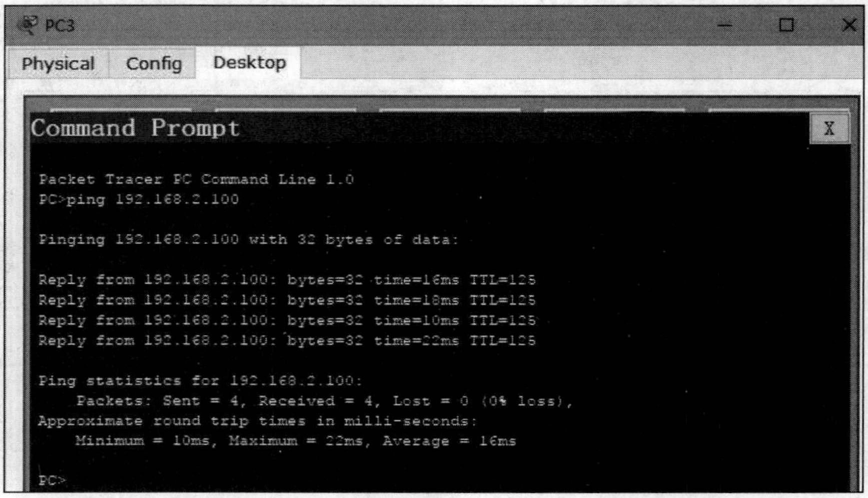

图 8.29　校长机 ping 教师机情况

（3）要求配置扩展命名访问控制列表，实现：

- 不允许学生访问网络中心 Web-Server 的 Web 站点。
- 不允许学生 ping 测试校长机。

访问控制列表规则在路由器 R1 上进行定义。

① 首先在路由器 R1 上定义扩展命名访问控制列表规则。

```
R1(config)#ip access-list extended tdp2
R1(config-ext-nacl)#deny tcp 192.168.1.0 0.0.0.255 host 192.168.5.100 eq www
R1(config-ext-nacl)#deny icmp 192.168.1.0 0.0.0.255 host 192.168.6.100
R1(config-ext-nacl)#permit ip any any
R1(config-ext-nacl)#
```

② 应用规则。

```
R1(config)#interface fastEthernet 0/0
R1(config-if)#ip access-group tdp2 in
R1(config-if)#
```

③ 最后验证效果：首先验证学生机访问 Web-Server 情况，结果如图 8.30 所示，表明学生机不能访问 Web 站点。

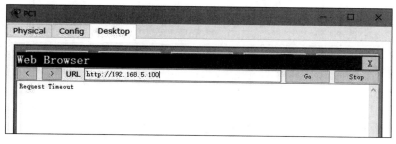

图 8.30　学生机访问 Web-Server 情况

其次验证学生机 ping 测试校长机的情况，结果如图 8.31 所示，表明学生机不能 ping 通校长机。

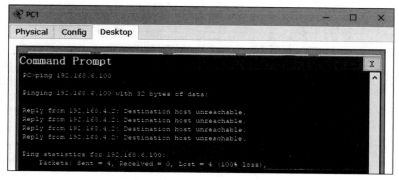

图 8.31　学生机 ping 测试校长机情况

在三层交换机上实现命名访问控制列表方法类似，可自行练习。

8.7.4 定义访问控制列表注释功能

由于有些 ACL 会涉及很多语句,如果不加注释,很难一下看出该 ACL 的主要功能,所以适当添加注释有利于看清 ACL 的功能。添加 ACL 注释的语法如下。

编号访问控制列表注释语法格式:

```
Router(config)#access-list ACL_                    #remark 注释内容
```

命名访问控制列表注释语法格式:

```
Router(config)#ip access-list standard |extended ACL_name
Router(config-{std|ext}-nacl)                      #remark 注释内容
```

8.7.5 查看及验证访问控制列表

通过 show 命令可以查看及验证已经配置的访问控制列表。常用的命令为 show running-config,它将显示 ACL 以及在哪些端口上启动了它。还可以使用其他命令。

show ip interface 查看路由器端口上启动 ACL 的情况,具体如图 8.32 所示。

```
R1#show ip interface
FastEthernet0/0 is up, line protocol is up (connected)
  Internet address is 192.168.1.1/24
  Broadcast address is 255.255.255.255
  Address determined by setup command
  MTU is 1500
  Helper address is not set
  Directed broadcast forwarding is disabled
  Outgoing access list is not set
  Inbound  access list is 100
  Proxy ARP is enabled
  Security level is default
  Split horizon is enabled
  ICMP redirects are always sent
  ICMP unreachables are always sent
  ICMP mask replies are never sent
  IP fast switching is disabled
  IP fast switching on the same interface is disabled
  IP Flow switching is disabled
  IP Fast switching turbo vector
  IP multicast fast switching is disabled
  IP multicast distributed fast switching is disabled
  Router Discovery is disabled
  --More-- |
```

图 8.32 show ip interface 显示结果

显示结果表明,扩展编号 ACL 100 被应用到 fastEthernet 0/0 入站方向上。

```
show access-lists [acl_#or_name]
```

显示 ACL 中特定 ACL 的语句,如图 8.33 所示。

```
show ip access-lists [acl_#or_name]
```

显示 ACL 中只想查看用于 IP 的特定 ACL 的语句,如图 8.34 所示。

show access-lists 显示该路由器上所有访问控制列表信息,结果如图 8.35 所示。

```
R1#show access-lists 100
Extended IP access list 100
    deny tcp 192.168.1.0 0.0.0.255 host 192.168.8.100 eq www (12 match(es))
    deny tcp 192.168.1.0 0.0.0.255 host 192.168.8.200 eq ftp
    deny icmp 192.168.1.0 0.0.0.255 host 192.168.3.100 (2 match(es))
    permit ip any any (4 match(es))
R1#
```

图 8.33　显示 ACL 语句

```
R1#show ip access-lists 100
Extended IP access list 100
    deny tcp 192.168.1.0 0.0.0.255 host 192.168.8.100 eq www (12 match(es))
    deny tcp 192.168.1.0 0.0.0.255 host 192.168.8.200 eq ftp
    deny icmp 192.168.1.0 0.0.0.255 host 192.168.3.100 (2 match(es))
    permit ip any any (4 match(es))
R1#
```

图 8.34　显示特定 ACL 的语句

```
R1#show access-lists
Extended IP access list 100
    deny tcp 192.168.1.0 0.0.0.255 host 192.168.8.100 eq www (12 match(es))
    deny tcp 192.168.1.0 0.0.0.255 host 192.168.8.200 eq ftp
    deny icmp 192.168.1.0 0.0.0.255 host 192.168.3.100 (2 match(es))
    permit ip any any (4 match(es))
R1#
```

图 8.35　显示路由器上所有访问控制列表信息

show access-lists 命令显示路由器上所有协议的所有 ACL。如果只想查看用于 IP 的 ACL,可以使用下面命令,具体如图 8.36 所示。

```
show ip access-lists
```

```
R1#show ip access-lists
Extended IP access list 100
    deny tcp 192.168.1.0 0.0.0.255 host 192.168.8.100 eq www (12 match(es))
    deny tcp 192.168.1.0 0.0.0.255 host 192.168.8.200 eq ftp
    deny icmp 192.168.1.0 0.0.0.255 host 192.168.3.100 (2 match(es))
    permit ip any any (4 match(es))
R1#
```

图 8.36　查看用于 IP 的 ACL

路由器跟踪每一条语句的匹配信息。ACL100 中的第一条语句已经有 12 次匹配。建议将 deny ip any any 放在扩展 ACL 的末尾,即使隐含拒绝语句。通过把这个语句放在 ACL 的末尾,可以看到所有拒绝流量的访问量。因为隐含语句是不可见的,所以无法看到其访问量。

通过下面的语句,可将计数器清零。

```
R1#clear access-list counters 100
```

清零后的显示结果如图 8.37 所示。

8.7.6　ACL 放置位置讨论

主要有两个方面的问题:①决定放置在哪台网络设备上;②应用在哪个端口上。

```
R1#show ip access-lists 100
Extended IP access list 100
    deny tcp 192.168.1.0 0.0.0.255 host 192.168.8.100 eq www
    deny tcp 192.168.1.0 0.0.0.255 host 192.168.8.200 eq ftp
    deny icmp 192.168.1.0 0.0.0.255 host 192.168.3.100
    permit ip any any
R1#
```

图 8.37 清零后的显示结果

首先，不能滥用 ACL，过多使用 ACL 会导致故障排除难以实现。

其次，限制 ACL 中的语句数量。拥有上百条规则的访问控制列表很难进行测试和故障排除。

关于 ACL 放置的位置情况，有以下两条规则。

① 标准 ACL 应尽可能靠近接收站设备位置。

② 扩展 ACL 应尽可能靠近发送站设备放置。

标准 ACL 应该尽量靠近想要阻止发送站到达的接收站位置放置。因为标准 ACL 仅能对分组报头中的源 IP 地址进行过滤。如果标准 ACL 太靠近发送站，有可能同时阻止发送站对网络中其他有效服务的访问。把标准 ACL 尽量靠近接收站放置，在限制了发送站访问远程接收站设备的同时，允许发送站访问其他资源。

如果不想让分组穿越几乎整个网络之后才被丢弃，更好的办法是把扩展 ACL 尽量靠近发送站放置。但是，对于标准 ACL，这又会阻止用户访问网络上的大多数资源。

推荐把扩展 ACL 放置到尽可能靠近发送站的位置，这样可以防止不想要的流量穿越网络。由于扩展 ACL 具有基于源和目的地址进行过滤能力，使用它可以阻止发送站访问特定的接收站，同时又允许对其他资源进行访问。

8.8 交换机端口安全技术

网络安全涉及方方面面。从交换机来说，首先要保证交换机端口的安全。在企事业单位网络中，员工随意使用集线器等工具将一个上网端口增至多个，或者使用外来计算机（如自己的笔记本计算机）连接到单位网络中，会给单位的网络安全带来不利的影响。

在 Cisco 交换机端口配置中通常采用设置端口连接数的最大值，以及对计算机端口连接主机的 MAC 地址进行绑定，加强交换机安全性。下面分别探讨这两种加强交换机安全的方法。

1. 设置端口最大连接数

交换机端口安全中往往涉及对计算机端口可连接的主机数进行限制，以防止计算机端口连接过多的主机导致网络性能下降。如图 8.38 所示，两台交换机和一台集线器连接 4 台计算机，要求：交换机 Switch0 端口 fa0/1 至多连接两台计算机，当连接的计算机数量超过两台时，计算机端口 fa0/1 自动关闭。

```
switch0(config)#hostname Switch0              //为交换机命名
Switch0(config)#interface fastEthernet 0/1    //进入交换机的端口 fa0/1
Switch0(config-if)#switchport mode access     //配置交换机端口模式 access
```

```
Switch0(config-if)#switchport port-security //开启交换机端口安全
Switch0(config-if)#switchport port-security violation ?
protect    Security violation protect mode
restrict Security violation restrict mode
shutdown Security violation shutdown mode                //定义端口违规模式
```

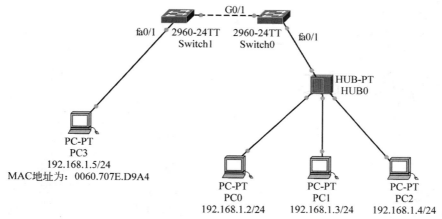

图 8.38　设置端口最大连接数网络拓扑图

3 种违规模式的说明分别如下。

protect 模式：当违规时，只丢弃违规的数据流量，不违规的正常转发，而且不会通知有流量违规，也就是不会发送 SNMP trap。

restrict 模式：当违规时，只丢弃违规的流量，不违规的正常转发，但它会产生流量违规通知，发送 SNMP trap，并且会记录日志。

shutdown 模式：默认模式，当违规时，将端口变成 error-disabled 且将端口关掉，并且端口 LED 灯会关闭，也会发 SNMP trap，并会记录 syslog。

不做具体配置时，默认采用 shutdown 模式。

```
Switch0(config-if)#switchport port-security maximum 2    //将端口的最大连接数设置为 2
Switch0(config-if)#
```

当终端计算机配置上如图 8.38 所示的网络参数时，可以发现交换机 Switch0 的端口 fa0/1 自动变为 shutdown 状态，具体如图 8.39 所示。

可以看出，交换机 Switch0 的端口 fa0/1 连接的主机数大于两台时，交换机端口自动关掉。

2. 交换机端口地址绑定

在设置交换机端口安全时，往往需要对交换机端口连接的终端计算机进行限制，即只允许某台计算机通过该端口联入网络，不允许其他计算机通过该端口联入网络。

Cisco 交换机端口安全地址绑定配置方式通常有两种：一种是静态手动一对一绑定；另一种是通过 sticky(黏性)绑定。黏性可靠的 MAC 地址会自动学习第一次接入的 MAC 地址，然后将这个 MAC 地址绑定为静态可靠的地址。

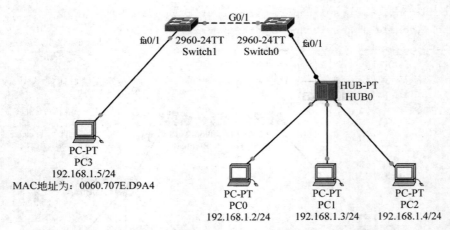

图 8.39　超过网络最大连接数时交换机 Switch0 端口 fa0/1 的变化情况

首先探讨静态手动一对一绑定方式，如图 8.38 所示，要求交换机 Switch1 的端口 fa0/1 只能连接计算机 PC3，不能连接其他计算机，如果连接其他计算机，则交换机的端口自动关掉。要完成该实验，首先将刚配置的设置端口最大连接数去掉，将整个网络恢复到正常状态。具体配置如下。

```
Switch0(config-if)#no switchport port-security maximum 2
Switch0(config-if)#shutdown
%LINK-5-CHANGED: Interface FastEthernet0/1, changed state to administratively down
Switch0(config-if)#no shu
Switch0(config-if)#
%LINK-5-CHANGED: Interface FastEthernet0/1, changed state to up
%LINEPROTO-5-UPDOWN: Line protocol on Interface FastEthernet0/1, changed state
to up
```

将终端计算机 PC3 的 MAC 地址 0060.707E.D9A4 与交换机 Switch1 的端口 fa0/1 进行绑定，即交换机的这个端口只能连接该计算机，不能连接其他计算机。

具体配置过程如下。

```
Switch(config)#interface fastEthernet 0/1              //进入交换机的端口 fa0/1
Switch(config-if)#switchport mode access              //设置端口模式为 access
Switch(config-if)#switchport port-security            //开启交换机端口安全性
Switch(config-if)#switchport port-security mac-address 0060.707E.D9A4
                                                      //静态地址绑定
```

配置的结果是交换机 Switch1 的端口 fa0/1 与计算机 PC3 绑定，意味着该端口只能连接计算机 PC3，不能连接其他终端计算机，为了验证效果，将计算机 PC3 换一台计算机连接，结果如图 8.40 所示。

实验结果表明，当连接其他计算机时，交换机 Switch1 的端口 fa0/1 立即处于 shutdown 状态。

其次探讨通过 sticky(黏性)绑定功能实现端口地址绑定，具体网络拓扑图如图 8.41 所示。

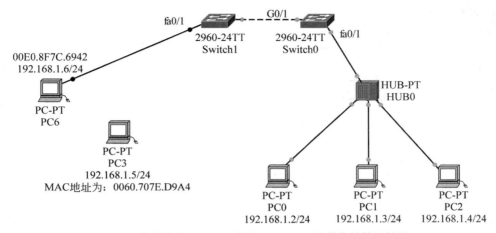

图 8.40　将交换机 Switch1 的端口 fa0/1 连接其他计算机情况

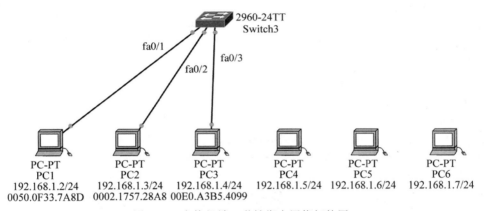

图 8.41　交换机端口黏性绑定网络拓扑图

　　将交换机 Switch3 的端口地址绑定配置为 sticky,初始状态下,交换机的端口 fa0/1、fa0/2 以及 fa0/3 分别连接计算机 PC1、PC2 以及 PC3。交换机的这 3 个端口分别与这 3 台计算机的 MAC 地址进行绑定。验证将 PC4、PC5 以及 PC6 这 3 台计算机连接交换机的端口 fa0/1、fa0/2 以及 fa0/3。查看实验效果。先按照图 8.41,为每台终端计算机配置网络地址。交换机的具体配置过程如下。

```
Switch(config)#hostname Switch3
Switch3(config)#interface range fastEthernet 0/1 - 3
Switch3(config-if-range)#switchport mode access
Switch3(config-if-range)#switchport port-security
Switch3(config-if-range)#switchport port-security maximum 1
Switch3(config-if-range)#switchport port-security mac-address sticky
Switch3(config-if-range)#
```

通过 show run 命令可以查看端口绑定情况。

```
Switch3# show run
Building configuration...

Current configuration : 1514 bytes
!
version 12.2
no service timestamps log datetime msec
no service timestamps debug datetime msec
no service password-encryption
!
hostname Switch3
!
!
!
!
!
spanning-tree mode pvst
!
interface FastEthernet0/1
switchport mode access
switchport port-security
switchport port-security mac-address sticky
switchport port-security mac-address sticky 0050.0F33.7A8D
!
interface FastEthernet0/2
switchport mode access
switchport port-security
switchport port-security mac-address sticky
switchport port-security mac-address sticky 0002.1757.28A8
!
interface FastEthernet0/3
switchport mode access
switchport port-security
switchport port-security mac-address sticky
switchport port-security mac-address sticky 00E0.A3B5.4099
!
interface FastEthernet0/4
...
```

可以看出,交换机的端口 fa0/1、fa0/2 以及 fa0/3 分别绑定了计算机 PC1、PC2 以及 PC3。将交换机的端口 fa0/1、fa0/2 以及 fa0/3 分别连接计算机 PC4、PC5 以及 PC6,当这 3 台计算机有访问需求时,交换机的端口状态变为 shutdown,如图 8.42 所示。

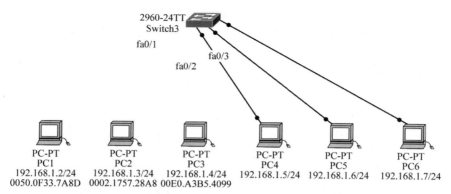

图 8.42 计算机 PC4、PC5 以及 PC6 连接交换机的端口 fa0/1、fa0/2 以及 fa0/3 的情况

8.9 本章小结

本章首先介绍了访问控制列表的基本概念,分析了访问控制列表的具体分类,分为编号访问控制列表和命名访问控制列表或者标准访问控制列表和扩展访问控制列表。接着分析了访问控制列表的工作原理。

详细探讨了基于路由器的标准编号访问控制列表配置过程,以及扩展编号访问控制列表配置过程,并详细讲解了命名访问控制列表配置过程,同时讲解了基于三层交换机的扩展编号访问控制列表配置全过程。

探讨了访问控制列表注释功能、多种查看及验证访问控制列表命令并对 ACL 放置位置进行了讨论。

最后探讨了交换机端口安全,分别探讨了端口最大连接数安全以及端口地址绑定安全,并通过实验进行了验证。

8.10 习题

一、单选题

1. 扩展 IP 访问控制列表的号码范围是(　　)。
　　A. 1~99　　　　　　　　B. 100~199　　　　　　C. 900~999　　　　　D. 800~899

2. 作为标准访问控制列表判别条件的是(　　)。
　　A. 数据包的源地址　　　　　　　　　　B. 数据包的大小
　　C. 数据包的端口号　　　　　　　　　　D. 数据包的目的地址

3. 标准访问控制列表应被放置的最佳位置是在(　　)。
　　A. 无论放在什么位置都行　　　　　　　B. 越靠近数据包的源越好
　　C. 越靠近数据包的目的地越好　　　　　D. 入接口方向的任何位置

4. 标准访问控制列表的数字标识范围是(　　)。
　　A. 1~99　　　　　　　　B. 1~50　　　　　　　　C. 1~100　　　　　　D. 1~199

5. 将访问列表应用到接口上的命令是(　　)。
　　A. access-list　　　　　　　　　　　　B. access-group

C. ip access-group　　　　　　　　　　D. ip access-list

6. 在配置访问控制列表的规则时,关键字"any"代表的通配符掩码是(　　　)。

　　A. 无此命令关键字　　　　　　　　　B. 0.0.0.0

　　C. 所有使用的子网掩码的反码　　　　D. 255.255.255.255

7. 通配符掩码和子网掩码的关系是(　　　)。

　　A. 两者都是自动生成的

　　B. 两者没有什么区别

　　C. 一个是十进制的,另一个是十六进制的

　　D. 通配符掩码和子网掩码恰好相反

8. 下列通配符掩码与子网 172.16.64.0/27 的所有主机匹配的是(　　　)。

　　A. 0.0.0.255　　　　　　　　　　　B. 255.255.255.0

　　C. 255.255.224.0　　　　　　　　　D. 0.0.31.255

9. 下列关于访问控制列表的配置命令,正确的是(　　　)。

　　A. access-list 1 permitany

　　B. access-list 100 deny 1.1.1.1

　　C. access-list 1 permit 1.1.1.10 2.2.2.2 0.0.0.255

　　D. access-list 99 deny tcp any 2.2.2.2 0.0.0.55

10. 在访问控制列表配置中,操作符"gt portnumber"表示控制的是(　　　)。

　　A. 端口号等于此数字的服务　　　　　B. 端口号小于此数字的服务

　　C. 端口号大于此数字的服务　　　　　D. 端口号不等于此数字的服务

11. 以下为标准访问列表选项的是(　　　)。

　　A. access-list standard 1.1.1.1

　　B. access-list 116 permit host 2.2.1.1

　　C. access-list 1 permit 172.168.10.198 255.255.0.0

　　D. access-list 1 deny 172.168.10.198

12. 路由器显示访问列表 1 的内容的命令是(　　　)。

　　A. show list 1　　　　　　　　　　　B. show acl 1

　　C. show access-list sc 1　　　　　　D. show access-list 1

13. 在下列 ACL 语句中,含义为"允许 172.168.0.0/24 网段所有 PC 访问 10.1.0.10 中的 FTP 服务"的是(　　　)。

　　A. access-list 101 permit tcp 172.168.0.0 0.0.0.255 host 10.1.0.10 eq ftp

　　B. access-list 101 deny tcp 172.168.0.0 0.0.0.255 host 10.1.0.10 eq ftp

　　C. access-list 101 deny tcp host 10.1.0.10 172.168.0.0 0.0.0.255 eq ftp

　　D. access-list 101 permit tcp host 10.1.0.10 172.168.0.0 0.0.0.255 eq ftp

14. 在路由器上已经配置了一个访问控制列表 1,并且使用了防火墙。现在需要对所有通过 serial0 接口进入的数据包使用规则 1 进行过滤。以下可以达到要求的是(　　　)。

　　A. 在 serial0 的接口模式配置:ip access-group 1 in

　　B. 在 serial0 的接口模式配置:access-group 1 in

　　C. 在 serial0 的接口模式配置:access-group 1 out

　　D. 在 serial0 的接口模式配置:ip access-group 1 out

15. 为了防止冲击波病毒,在三层交换机上采用的技术是(　　)。

　　A. 标准访问列表

　　B. 网络地址转换

　　C. 扩展访问列表

　　D. 采用私有地址来配置局域网用户地址以使外网无法访问

16. 访问控制列表 access-list 100 deny icmp 10.1.10.10 0.0.255.255 anyhost-unreachable 的含义是(　　)。

　　　A. 规则序列号是100,禁止到 10.1.0.0/16 网段的所有主机不可达报文

　　　B. 规则序列号是100,禁止到 10.1.10.10 主机的所有主机不可达报文

　　　C. 规则序列号是100,禁止从 10.1.0.0/16 网络来的所有主机不可达报文

　　　D. 规则序列号是100,禁止从 10.1.10.10 主机的所有主机不可达报文

17. 下列 MAC 地址,正确的是(　　)。

　　A. 65-10-96-58-16　　　　　　　　B. 192.168.1.55

　　C. 00-06-5B-4F-45-BA　　　　　　D. 00-16-5B-4A-34-2H

18. MAC 地址表是交换机转发网络中数据依据,在交换机中,查看交换机 MAC 地址表的命令是(　　)。

　　A. show L2-table　　　　　　　　B. show mac-port-table

　　C. show address-table　　　　　　D. show mac-address-table

19. 以下对交换机安全端口的描述,正确的是(　　)。

　　A. 交换机安全端口必须是 access 模式

　　B. 交换机安全端口的模式可以是 trunk

　　C. 交换机安全端口违例处理方式有两种

　　D. 交换机安全端口模式是默认打开的

二、多选题

1. 在扩展的访问控制列表中,允许或者拒绝报文可以采用的是(　　)。

　　A. 源地址　　　　　　B. 协议　　　　　　C. 端口　　　　　　D. 目标地址

2. 在扩展访问列表中,定义数据包过滤规则可以使用的字段有(　　)。

　　A. 源 IP 地址　　　B. 目的 IP 地址　　　C. 端口号　　　　　D. 协议类型

3. 下列访问列表范围,符合要求的有(　　)。

　　A. 1～99　　　　　　B. 900～999　　　　C. 800～899　　　　D. 100～199

4. 访问列表的类型有(　　)。

　　A. 标准访问列表　　B. 低级访问列表　　C. 高级访问列表　　D. 扩展访问列表

5. 配置访问控制列表必须做的配置有(　　)。

　　A. 定义访问控制列表　　　　　　　　B. 指定日志主机

　　C. 设定时间段　　　　　　　　　　　D. 在接口上应用访问控制列表

6. 下面可以通过 ACL 做到的有(　　)。

　　A. 允许 125.36.0.0/16 网段的主机使用 FTP 协议访问主机 129.1.1.1

　　B. 不让任何主机使用 Telnet 登录

　　C. 拒绝一切数据包通过

　　D. 以上说法都不正确

7. 下列关于访问控制列表以及访问控制列表配置命令的说法中,正确的有(　　　)。

A. 访问列表有两类:IP 标准列表,IP 扩展列表

B. 标准访问列表根据数据包的源地址来判断是允许或者拒绝数据包

C. 每个访问列表均有一条缺省拒绝命令

D. 扩展访问列表使用包含源地址以外的更多的信息描述数据包匹配规则

8. 在路由器上配置如下命令,并将此规则应用在接口上,下列说法正确的有(　　　)。

```
Access-list 100 deny icmp 10.1.0.0 0.0.255.255 any
Access-list 100 deny tcp any 10.2.1.2 0.0.0.0 eq 23
Access-list 100 permit ip any any
```

A. 允许所有的数据包通过

B. 禁止所有用户远程登录到 10.2.1.2 主机

C. 禁止从 10.1.0.0 网段发来的 ICMP 的主机报文通过

D. 以上说法均不正确

9. 在交换机安全配置中,对违规后交换机如何对违规进行处理,下列属于交换机处理模式的有(　　　)。

A. protect 　　　　　B. restrict 　　　　　C. up 　　　　　D. shutdown

10. 通过地址绑定配置交换机端口安全的方式有(　　　)。

A. 通过静态手动一对一进行绑定

B. 通过动态 DHCP 进行绑定

C. 通过 sticky(黏性)进行绑定

D. 通过 show address-table 进行绑定

三、判断题

1. 访问控制是网络安全防范和保护的主要策略,它的主要任务是保证网络资源不被非法使用和访问,是保证网络安全最重要的核心策略之一。　　　　　　　　(　　　)

2. 访问控制列表中语句的排列顺序并不重要。　　　　　　　　　　　　(　　　)

3. 在每个访问控制列表中,在定义的规则列表的最后面都有一条隐含的 deny any,也就是拒绝所有的语句。　　　　　　　　　　　　　　　　　　　　　(　　　)

4. 在一个访问控制列表 ACL 语句列表中,可以没有 permit 语句。　　　　(　　　)

5. 在 ACL 中定义的规则必须应用才能生效。　　　　　　　　　　　　(　　　)

6. 访问控制列表 ACL 的基本配置主要包括定义规则和应用规则两个步骤。(　　　)

四、填空题

1. _____是用于控制和过滤通过路由器的不同接口去往不同方向的信息流的一种机制。

2. 访问控制列表主要分为_____和扩展访问控制列表。

3. 访问控制列表最基本的功能是_____。

4. 标准访问控制列表的列表号范围是_____。

5. _____是应用在路由器接口的指令列表,这些指令列表告诉路由器哪些数据包可以接收,哪些数据包需要拒绝。至于数据包是被接收还是被拒绝,可以由类似于源地址、目的地址、端口号等这样的特定指示条件来决定。

6. 将 66 号列表应用到 fastethernet0/0 接口的 in 方向上去,其命令是_____。

7. 定义 77 号列表,只禁止 192.168.5.0 网络的访问,其命令是_____。

五、简答题

1. 什么是访问控制列表?

2. 简述访问控制列表的具体分类。

3. 简述访问控制列表的工作原理。

六、操作题

1. 通过实验实现基于路由器的标准编号访问控制列表配置过程。

2. 通过实验实现基于路由器的扩展编号访问控制列表配置过程。

3. 通过实验实现基于路由器的命名访问控制列表配置过程。

4. 通过实验实现基于三层交换机的扩展访问控制列表配置过程。

5. 通过实验实现交换机最大端口数安全的配置过程。

6. 通过实验实现交换机端口地址绑定实验配置过程。

第9章　网络地址转换技术

本章学习目标

- 掌握网络地址转换（NAT）的概念
- 了解网络地址转换产生的背景
- 熟悉网络地址转换分类
- 掌握各种类型网络地址转换的配置过程

本章首先介绍网络地址转换的基本概念，分析网络地址转换产生的原因，讲解网络地址转换的具体分类，接着详细讲解各种网络地址转换的配置过程。

9.1　网络地址转换概述

9.1.1　概念

网络地址转换（Network Address Translation，NAT）是使用私有地址的内部网络连接到 Internet 或其他 IP 网络的方式。NAT 路由在将内部网络的数据包发送到公用网络时，在 IP 包的报头把私有地址转换成合法的公网 IP 地址。

9.1.2　IP 地址耗尽情况介绍

目前广泛使用的 IP 地址为 IPv4，它由 32 位二进制数组成。从理论上讲，IPv4 可分配的 IP 地址数达到 2^{32}，即 4 294 967 296 个，从当时的网络规模看，这么庞大的地址数量在短时间内不可能分配完。20 世纪 90 年代以来，Internet 呈现爆炸式增长，人们对 IP 地址的需求越来越多。加上 IP 地址分配自身的特点，即分配网络号，而不是分配具体的 IP 地址。这样导致的结果是：如果不采取措施，IP 地址数量将很快耗尽。

为了解决 IPv4 地址耗尽带来的问题，提出了一个长期的解决方案，该解决方案是采用新的寻址格式，即 IPv6。IPv6 由 128 位二进制组成，IPv6 地址数量理论上讲是目前使用的 IPv4 地址数量的 2^{96} 倍。将全球的 IP 地址由 IPv4 升级为 IPv6 不是一朝一夕就能完成的，需要长期的过渡过程。

为了缓解 IPv4 地址缺乏问题，目前采用了一些措施，如可变长子网掩码（VLSM）、无类域间路由选择（CIDR）以及网络地址转换（NAT）技术等。

9.1.3　私有地址

随着 Internet 规模的不断扩大，对 IP 地址的需求也极速增长，导致 IP 地址短缺问题越来越严重。由 Internet 工程任务组（IETF）创建的 RFC 1918 是一份用来解决 IP 地址短缺问题的文档。该文档明确，为了满足不同规模网络的需求，在 A、B、C 类地址中分别拿出一部分地址作为私有地址。私有地址的特点是：① 不需要申请，不同的单位内部可以重复使用,大大方便了单位内部计算机联网问题。②私有地址不可以在 Internet 上路由,不可以直接访问 Internet。为了解决配置私有地址联网的内部计算机访问 Internet 的问题,需要使用 NAT 技术,将内部不能访问 Internet 的私有地址转换成可以访问 Internet 的公网地址。公网地址可以在 Internet 上路由,可以访问 Internet 网络。

RFC 1918 定义的私有地址范围见表 9.1。

表 9.1　RFC 1918 定义的私有地址范围

类	地 址 范 围
A	10.0.0.0～10.255.255.255
B	172.16.0.0～172.31.255.255
C	192.168.0.0～192.168.255.255

从表 9.1 中可以看出,私有地址范围共有 1 个 A 类、16 个 B 类和 256 个 C 类。其中,A 类网络适合超大规模公司内部使用,B 类网络适合大规模公司内部使用,C 类网络适合小规模单位内部使用。当然,这只是习惯而已,并不是硬行规定。也就是说,在内部私有地址的配置过程中,即使是小规模的网络,也可以使用 A 类地址。由于不同的单位可以重复使用这些地址,所以不存在地址浪费的问题。

大家平时接触到的校园网、企业网以及网吧等局域网中,看到的地址往往是表 9.1 列出的地址范围,也就是私有地址。在不同单位看到相同的私有地址配置也不足为怪了。

9.2　地址转换

9.2.1　概述

由于私有地址不可以在 Internet 上路由,所以拥有私有地址的计算机向 ISP 发送访问 Internet 网络请求时,ISP 将会过滤它们。为了解决拥有私有地址计算机访问 Internet 网络的问题,采用 NAT 技术。标准 RFC 1631 就是为了解决该问题而提出的,它定义了一个称为网络地址转换的过程,允许将分组中的 IP 地址转换成一个不同的地址。由于公网 IP 地址才可以在 Internet 上路由,才可以访问 Internet 网络,因此计算机访问 Internet 网络需要使用公网地址。网络地址转换能够实现将内部的私有地址转换成公网地址,在 Internet 上路由,从而达到访问 Internet 的目的。

可以执行网络地址转换的设备有路由器、防火墙、服务器等。这些设备往往存在于网络的边缘,如内部网与 Internet 网络的连接处。

注意,RFC 1631 并没有指定用来转换的地址必须是私有地址,它可以是任何地址。

9.2.2　网络地址转换类型

常见的网络地址转换类型有 NAT 和 PAT。NAT 转换后,将一个内部本地 IP 地址对应一个内部全局 IP 地址。PAT 转换后,将多个内部本地地址转换到内部全局地址的一对多转换,通过端口号确定其多个内部主机的唯一性。

NAT 和 PAT 常见的术语见表 9.2。

表 9.2　NAT 和 PAT 常见的术语

术 语 类 型	术 语 含 义
Inside	需要转换成公网地址的内部网络
Outside	使用公网地址进行通信的外部网络
Inside Local Address	内部本地地址,内部网络使用的地址,一般为私有地址
Inside Global Address	内部全局地址,用来代表内部本地地址,一般为 ISP 提供的合法地址
Outside Local Address	外部本地地址
Outside Global Address	外部全局地址,数据在外部网络使用的地址,是一个合法地址

常见的 NAT 和 PAT 配置各有两种类型:静态 NAT 和动态 NAT 以及静态 PAT 和动态 PAT。

静态 NAT 和静态 PAT 的适用场合如下。

① 存在内部需要向外网络提供信息服务的主机。

② 内部主机需要永久的一对一 IP 地址映射关系。

动态 NAT 和动态 PAT 的适用场合如下。

① 内网计算机只需要访问外网服务,不需要对外提供信息服务。

② 内部主机数大于全局 IP 地址数。

9.3　静态 NAT

9.3.1　概述

静态转换是指将内部网络的私有 IP 地址转换为公有 IP 地址,IP 地址对是一对一的,是一成不变的,某个私有 IP 地址只转换为某个公网 IP 地址。借助静态转换,可以实现外部网络对内部网络中某些特定设备(如服务器)的访问。

9.3.2　静态 NAT 配置过程

(1) 定义内网端口和外网端口。

```
Router(config)#interface fastethernet 0
Router(config-if)#ip nat outside
Router(config)#interface fastethernet 1
Router(config-if)#ip nat inside
```

(2) 建立静态的映射关系。

```
Router(config)#ip nat inside source static 192.168.1.7 200.8.7.3
```

其中,192.168.1.7 为内部本地地址,200.8.7.3 为内部全局地址。

9.3.3　静态 NAT 配置案例

如图 9.1 所示,模拟校园网访问 Internet 网络的情况,为了测试网络连通性,在 Internet

上有一台提供 Web 服务的机器。各设备的地址配置情况见表 9.3。

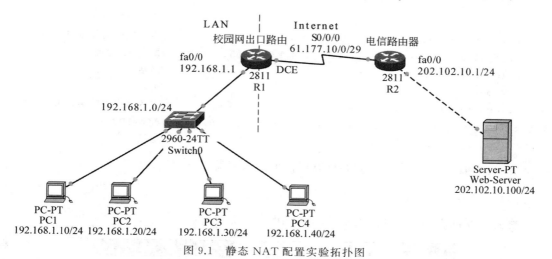

图 9.1　静态 NAT 配置实验拓扑图

表 9.3　各设备的地址配置情况

设　　备	端　　口	IP 地址	子 网 掩 码
R1	S0/0/0	61.177.10.1	255.255.255.248
	fa0/0	192.168.1.1	255.255.255.0
R2	S0/0/0	61.177.10.2	255.255.255.248
	fa0/0	202.102.10.1	255.255.255.0
PC1	网卡	192.168.1.10	255.255.255.0
PC2	网卡	192.168.1.20	255.255.255.0
PC3	网卡	192.168.1.30	255.255.255.0
PC4	网卡	192.168.1.40	255.255.255.0
Web-Server	网卡	202.102.10.100	255.255.255.0

　　配置静态 NAT,使得内部计算机能够访问因特网。在配置具体 NAT 前,首先完成基本配置,要求内部计算机能够 ping 通网关,外部服务器能够 ping 通校园网出口路由器连接外网端口。这部分配置具体如下。

　　配置校园网出口路由器 R1,基本配置如下。

```
Router(config)#hostname R1                              //为路由器命名
R1(config)#interface fastEthernet 0/0                   //进入路由器的端口 fa0/0
R1(config-if)#ip address 192.168.1.1 255.255.255.0     //配置 IP 地址
R1(config-if)#no shu                                    //激活
R1(config-if)#exit                                      //退出
R1(config)#interface serial 0/0/0                       //进入路由器的端口 S0/0/0
R1(config-if)#ip address 61.177.10.1 255.255.255.248   //配置 IP 地址
R1(config-if)#clock rate 64000                          //配置时钟频率
```

配置电信路由器 R2,基本配置如下。

```
Router(config)#hostname R2                              //为路由器命名
R2(config)#interface fastEthernet 0/0                   //进入路由器的端口 fa0/0
R2(config-if)#ip address 202.102.10.1 255.255.255.0     //配置 IP 地址
R2(config-if)#no shu                                     //激活
R2(config-if)#exit                                       //退出
R2(config)#interface serial 0/0/0                        //进入路由器的端口 S0/0/0
R2(config-if)#ip address 61.177.10.2 255.255.255.248     //配置 IP 地址
R2(config-if)#no shu                                     //激活
```

在校园网出口路由器上配置指向互联网的默认网关,具体配置如下。

```
R1(config)#ip route 0.0.0.0 0.0.0.0 61.177.10.2
```

配置互联网 Web-Server 的网络参数,如图 9.2 所示。

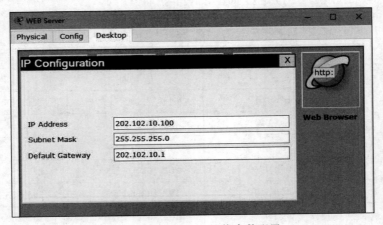

图 9.2　Web-Server 网络参数配置

测试 Web-Server 与校园网出口路由器的端口 S0/0/0 的连通性情况,如图 9.3 所示。

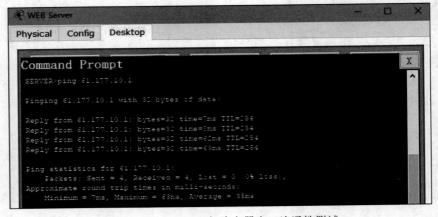

图 9.3　Web-Server 与路由器出口连通性测试

测试校园网出口路由器与 Internet Web-Server 的连通性情况,结果如图 9.4 所示,表明是连通的。

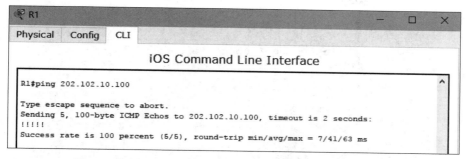

图 9.4　校园网出口路由器与 Internet Web-Server 连通性测试

配置校园网内部 4 台计算机的网络参数。图 9.5 所示为计算机 PC1 的配置情况,其他 3 台计算机的配置类似。

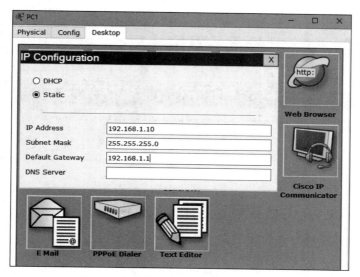

图 9.5　计算机 PC1 网络参数配置情况

测试终端计算机与网关的连通性,结果是连通的,如图 9.6 所示。

校园网的出口路由器上若没有配置 NAT,则校园网内部计算机是不可以访问 Internet 上的 Web-Server 的 Web 站点的。访问结果如图 9.7 所示。

在校园网的出口路由器上配置 NAT,实现校园网内部计算机访问 Internet 的目的。静态 NAT 的配置过程如下。

（1）定义内网端口和外网端口。

```
R1(config)#interface fastEthernet 0/0        //进入路由器的端口 fa0/0
R1(config-if)#ip nat inside                  //宣告连接内部网络
R1(config-if)#exit                           //退出
R1(config)#interface serial 0/0/0            //进入路由器的端口 S0/0/0
```

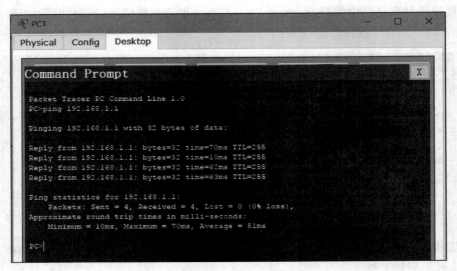

图 9.6 计算机与网关连通性测试情况

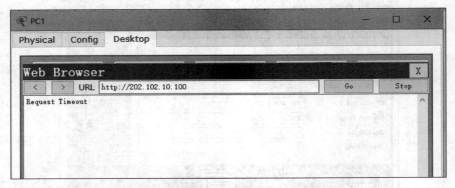

图 9.7 内部计算机访问 Web-Server 的情况

```
R1(config-if)#ip nat outside                      //宣告连接外部网络
R1(config-if)#exit                                //退出
```

(2) 建立映射关系。

```
R1(config)#ip nat inside source static 192.168.1.10 61.177.10.1   //建立映射关系
```

(3) 测试网络连通性。

在内部 IP 地址为 192.168.1.10 的计算机上测试访问 Internet 的情况,具体如图 9.8 所示。结果表明,内部 IP 地址为 192.168.1.10 的计算机是可以访问 Internet 网络的,说明静态访问控制列表发挥了作用。

(4) 通过 show ip nat translations 命令查看具体转换情况,如图 9.9 所示。

从图 9.9 中可以看出,内部本地地址为 192.168.1.10,属于不能在 Internet 网络上路由的私有地址,内部全局地址为 61.177.10.1,属于可以在 Internet 网络上路由的公网地址。

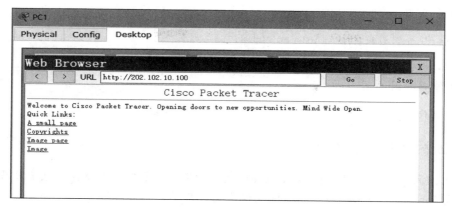

图 9.8　内部计算机访问 Web-Server 的情况

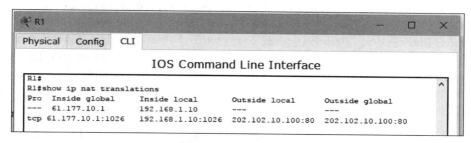

图 9.9　地址转换情况

9.4　动态 NAT

9.4.1　概述

动态 NAT 是指将内部网络的私有 IP 地址转换为公网 IP 地址时,IP 地址对是随机的,是不确定的,所有被授权访问 Internet 的私有 IP 地址都可随机转换为任何指定的合法 IP 地址。也就是说,只要指定哪些内部地址可以进行转换,以及用哪些合法地址作为外部地址时,就可以进行动态转换。

9.4.2　动态 NAT 配置过程

动态 NAT 配置的过程如下。

(1) 定义内网端口和外网端口。

```
Router(config-if)#ip nat outside              //宣告连接外网端口
Router(config-if)#ip nat inside               //宣告连接内网端口
```

(2) 定义内部本地地址范围。

```
Router(config)#access-list 10 permit 192.168.1.0 0.0.0.255
```

其中,192.168.1.0/24 为内部地址范围。

（3）定义内部全局地址池。

```
Router(config)#ip nat pool abc 200.8.7.3 200.8.7.10  netmask 255.255.255.0
```

其中,200.8.7.3～200.8.7.10 为内部全局地址范围。

（4）建立映射关系。

```
Router(config)#ip nat inside source list 10 pool abc
```

9.4.3　动态 NAT 配置案例

图 9.1 所示为模拟校园网访问 Internet 网络的情况。配置动态 NAT,从而实现内部计算机访问 Internet 网络,各设备的地址配置情况见表 9.3。

（1）清除已经配置的静态 NAT 配置。

```
R1(config)#no ip nat inside source static 192.168.1.10 61.177.10.1
                                                      //清除静态 NAT 配置
R1(config)#interface fastEthernet 0/0                 //进入路由器的端口 fa0/0
R1(config-if)#no ip nat inside                        //清除宣告内网端口
R1(config-if)#exit                                    //退出
R1(config)#interface serial 0/0/0                     //进入路由器的端口 S0/0/0
R1(config-if)#no ip nat outside                       //清除宣告外网端口
```

（2）默认基本配置已经完成,包括①基本 IP 地址配置;②内部计算机 ping 通网关,外部 Web-Server ping 通校园网出口路由器连接外网的端口。

（3）配置路由器 R1,宣告连接内网端口以及连接外网端口。

```
R1(config)#interface fastEthernet 0/0                 //进入路由器的端口 fa0/0
R1(config-if)#ip nat inside                           //宣告内网端口
R1(config-if)#exit                                    //退出
R1(config)#interface serial 0/0/0                     //进入路由器的端口 S0/0/0
R1(config-if)#ip nat outside                          //宣告外网端口
R1(config-if)#exit                                    //退出
```

定义内部本地地址范围。

```
R1(config)#access-list 1 permit any
```

定义内部全局地址池。

```
R1(config)#ip nat pool tdp 61.177.10.3 61.177.10.5 netmask 255.255.255.248
```

建立映射关系。

```
R1(config)#ip nat inside source list 1 pool tdp
```

（4）测试校园网内部计算机访问 Internet 上 Web-Server 的情况。

按照 4 台计算机顺序访问 Web-Server 情况,结果前 3 台计算机能够顺利访问 Web-Server,第 4 台计算机不能访问。原因是前 3 台计算机分别获得了地址池中的公网地址,由于地址池中仅有 3 个公网地址,所以第 4 台计算机没有获得地址池里的公网地址而不能访问外部网络。除非前 3 台计算机有计算机不再访问,退出获得的公网 IP 地址。在这种情况下,第 4 台计算机才可能访问外网。

（5）通过 show ip nat translations 命令查看地址转换情况,结果如图 9.10 所示。

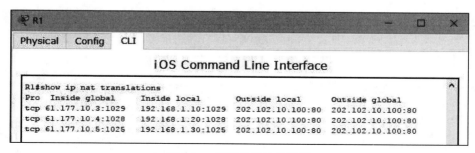

图 9.10　网络地址转换情况

从图 9.10 中可以看出,内部本地地址 192.168.1.10 转换成内部全局地址 61.177.10.3 在 Internet 网络中转发分组。内部本地地址 192.168.1.20 转换成内部全局地址 61.177.10.4 在 Internet 网络中转发分组,内部本地地址 192.168.1.30 转换成内部全局地址 61.177.10.5 在 Internet 网络中转发分组。

9.5　PAT

9.5.1　概述

可以将端口地址转换（Port Address Translation,PAT）看作 NAT 的一部分。

9.5.2　PAT 配置过程

1. 静态 PAT

（1）定义内网端口和外网端口。

```
Router(config)#interface fastethernet 0/0
Router(config-if)#ip nat outside
Router(config)#interface fastethernet 0/1
Router(config-if)#ip nat inside
```

（2）建立静态的映射关系。

```
Router(config)#ip nat inside source static tcp 192.168.1.7  1024  200.8.7.3  1024
Router(config)#ip nat inside source static udp 192.168.1.7  1024  200.8.7.3  1024
```

2. 动态 PAT

（1）定义内网端口和外网端口。

```
Router(config-if)#ip nat outside
Router(config-if)#ip nat inside
```

（2）定义内部本地地址范围。

```
Router(config)#access-list 10 permit 192.168.1.0  0.0.0.255
```

（3）定义内部全局地址池。

```
Router(config)#ip nat pool abc 200.8.7.3 200.8.7.3 netmask 255.255.255.0
```

（4）建立映射关系。

```
Router(config)#ip nat inside source list 10 pool abc overload
```

9.5.3 PAT 配置案例

PAT 的使用场合如下。

（1）缺乏全局 IP 地址，甚至只有一个连接 ISP 的全局 IP 地址。

（2）内部网要求上网的主机数很多。

（3）提高内网的安全性。

如图 9.11 所示，模拟仿真校园网访问 Internet 网络情况，具体 IP 地址配置见表 9.4，要求在校园网出口路由器 R1 上配置 PAT，使得校园网计算机能够访问 Internet 网络。

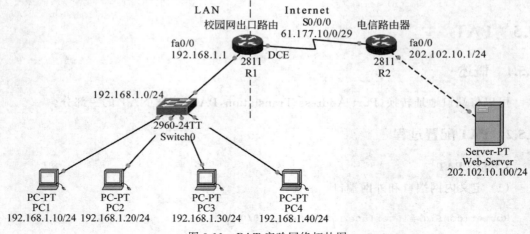

图 9.11 PAT 实验网络拓扑图

表 9.4 IP 地址配置

设 备	端 口	IP 地址	子 网 掩 码
R1	S0/0/0	61.177.10.1	255.255.255.248
	fa0/0	192.168.1.1	255.255.255.0
R2	S0/0/0	61.177.10.2	255.255.255.248
	fa0/0	202.102.10.1	255.255.255.0
PC1	网卡	192.168.1.10	255.255.255.0
PC2	网卡	192.168.1.20	255.255.255.0

设　　备	端　　口	IP 地址	子 网 掩 码
PC3	网卡	192.168.1.30	255.255.255.0
PC4	网卡	192.168.1.40	255.255.255.0
Web-Server	网卡	202.102.10.100	255.255.255.0

首先对网络进行基本配置,满足以下两方面要求：①校园网内部计算机能够 ping 通网关(地址为 192.168.1.1)；②Internet 网络 Web-Server 计算机 ping 通校园网出口路由器 R1 连接外网端口 S0/0/0。前面已经有这部分的完整配置。

接下来具体配置 PAT。

方案一：内部全局地址为校园网出口路由器端口 S0/0/0 定义内网端口和外网端口。

```
R1(config)#interface fastEthernet 0/0          //进入路由器的端口 fa0/0
R1(config-if)#ip nat inside                     //宣告内部网络
R1(config-if)#exit                              //退出
R1(config)#interface serial 0/0/0               //进入路由器的端口 S0/0/0
R1(config-if)#ip nat outside                    //宣告外部网络
R1(config-if)#exit                              //退出
```

定义内部本地地址范围。

```
R1(config)#access-list 1 permit any
```

建立映射关系。

```
R1(config)#ip nat inside source list 1 interface serial 0/0/0 overload
```

测试校园网内部计算机访问 Internet 上 Web-Server 的情况。测试结果表明,内部计算机都可以访问 Internet 网络。

通过 show ip nat translations 命令可以看出,内部私有地址通过 PAT 转换后都转换为同一个内部全局地址 61.177.10.1,唯一不同的是,对应的是同一内部全局地址不同的端口号,如图 9.12 所示。

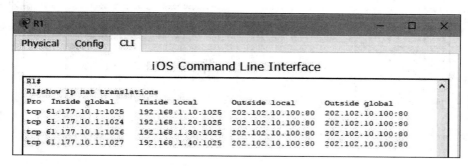

图 9.12　查看映射关系

方案二：使用内部全局地址池转换，同样使用图 9.11，要求利用 PAT 满足内部计算机访问 Internet 网络。

首先对网络进行基本配置，满足以下两方面要求：①校园网内部计算机能够 ping 通网关(地址为 192.168.1.1)；②Internet 网络 Web-Server 计算机能够 ping 通校园网出口路由器 R1 连接外网端口 S0/0/0。前面已经有这部分的完整配置。

具体 PAT 配置如下。

定义内网端口和外网端口：

```
R1(config)#interface fastEthernet 0/0              //进入路由器的端口 fa0/0
R1(config-if)#ip nat inside                        //宣告内部端口
R1(config-if)#exit                                 //退出
R1(config)#interface serial 0/0/0                  //进入路由器的端口 S0/0/0
R1(config-if)#ip nat outside                       //宣告外部端口
R1(config-if)#exit                                 //退出
```

定义内部本地地址范围：

```
R1(config)#access-list 1 permit any
```

定义内部全局地址池：

```
R1(config)#ip nat pool tdp 61.177.10.3 61.177.10.5 netmask 255.255.255.248
```

建立映射关系：

```
R1(config)#ip nat inside source list 1 pool tdp overload
```

测试校园网内部计算机访问 Internet 上 Web-Server 的情况。测试结果表明，内部计算机都可以访问 Internet 网络。通过 show ip nat translations 命令查看结果，如图 9.13 所示。

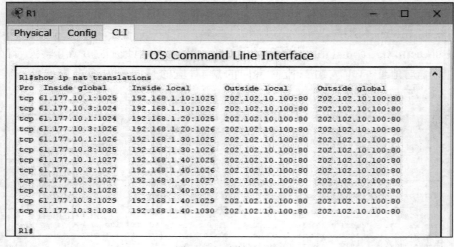

图 9.13　映射关系图

9.6　本章小结

详细介绍了网络地址转换的基本概念,分析了网络地址转换产生的原因,讲解了网络地址转换的具体分类,接着详细讲解了各种网络地址转换的配置过程。

9.7　习题

一、单选题

1. 某公司维护自己的公共 Web 服务器,并打算实现 NAT。应该为该 Web 服务器使用的 NAT 类型是(　　)。

　　A. 静态　　　　　　　　　　　　　B. 动态

　　C. PAT　　　　　　　　　　　　　　D. 不需要使用 NAT

2. 常以私有地址出现在 NAT 技术当中的地址概念为(　　)。

　　A. 转换地址　　　B. 内部全局　　　　C. 外部本地　　　D. 内部本地

3. 查看静态 NAT 映射条目的命令为(　　)。

　　A. show ip interface　　　　　　　B. show nat ip statistics

　　C. show ip nat statistics　　　　　D. show ip nat route

4. 下列关于网络地址转换技术的说法,错误的是(　　)。

　　A. 网络地址只能一对一地进行转换　　B. 解决 IP 地址空间不足的问题

　　C. 向外界隐藏内部网络结构　　　　　D. 有多种地址转换模式

5. NAT 的功能是(　　)。

　　A. 实现拨号用户的接入功能

　　B. 将 IP 协议改为其他网络协议

　　C. 实现 ISP 之间的通信

　　D. 实现私有 IP 地址与公共 IP 地址的相互转换

6. NAT 是(　　)。

　　A. 内部网　　　　　　　　　　　　B. 一种特殊的网络

　　C. 网络地址转换技术　　　　　　　D. 一种加密技术

7. 下列能够节约公网 IP 地址的技术的是(　　)。

　　A. ARP　　　　　B. 静态 NAT　　　C. 动态 NAT　　　D. PAT

8. 下列关于动态 NAT 中建立映射关系,正确的是(　　)。

　　A. R1(config)♯ip nat inside source list1 pool tdp

　　B. R1♯ip nat inside source list1 pool tdp

　　C. R1(config)♯ip nat source list1 pool tdp

　　D. R1♯ip nat source list1 pool tdp

9. 在动态 NAT 中通过输入 ip nat pool tdp 61.177.10.3 61.177.10.5 netmask 255.255.255.248 命令定义地址池。可以满足内部同时上网的计算机数量为(　　)。

　　A. 1　　　　　　　　B. 2　　　　　　　　C. 3　　　　　　　　D. 4

10. 将内部地址映射到外部网络的一个 IP 地址的不同接口上的技术是(　　)。

    A. PAT　　　　　　　B. 静态 NAT　　　　　　C. 动态 NAT　　　　　D. 一对一映射

11. 下列配置中,属于 PAT 地址转换的是(　　)。

    A. Ra(config)#ip nat inside source list 10 pool abc

    B. Ra(config)#ip nat inside source list 10 pool abc overload

    C. Ra(config)#ip nat inside source 1.1.1.1 2.2.2.2

    D. Ra(config)#ip nat inside source tcp 1.1.1.110 242.2.2.2 1024

12. 网络地址转换(NAT)的三种类型是(　　)。

    A. 动态 NAT、网络地址端口 PAT 和混合 NAT

    B. 静态 NAT、动态 NAT 和混合 NAT

    C. 静态 NAT、网络地址端口转换 PAT 和混合 NAT

    D. 静态 NAT、动态 NAT 和网络地址端口转换 PAT

13. 在配置 PAT 的过程中,定义内部本地地址范围正确的是(　　)。

    A. Router(config)#access-list 10 permit 192.168.1.0 0.0.0.255

    B. Router#access-list 10 permit 192.168.1.0 0.0.0.255

    C. Router(config)#access-list 10 permit 192.168.1.0 255.255.255.0

    D. Router#access-list 10 permit 192.168.1.0 255.255.255.0

二、多选题

1. 下列关于 NAT 的叙述,正确的有(　　)。

    A. NAT 是英文"网络地址转换"的缩写,又称地址翻译

    B. NAT 用来实现私有地址与公有地址之间的转换

    C. 当内部网络的主机访问外部网络的时候,一定不需要 NAT

    D. 地址转换的提出为解决 IP 地址紧张的问题提供了一个有效途径

2. 下列属于私有地址的有(　　)。

    A. 1.2.3.4　　　　　　B. 10.0.2.3　　　　　　C. 202.118.56.21　　　D. 172.16.33.78

3. 为了缓解 IPv4 地址缺乏问题,采用的措施有(　　)。

    A. 可变长子网掩码(VLSM)　　　　　　　B. 动态主机配置协议(DHCP)

    C. 网络地址转换技术(NAT)　　　　　　　D. 无类域间路由选择(CIDR)

4. 下列属于私有地址范围的有(　　)。

    A. 10.0.0.0～10.255.255.255

    B. 172.16.0.0～172.31.255.255

    C. 224.0.0.0～224.255.255.255

    D. 192.168.0.0～192.168.255.255

5. 下列属于常见的 NAT 类型的有(　　)。

    A. SAT　　　　　　　B. 动态 NAT　　　　　　C. PAT　　　　　　　D. 静态 NAT

6. 在配置静态 NAT 时,不是必须在路由器上配置的项目有(　　)。

    A. 静态路由　　　　　B. 地址转换　　　　　C. 访问控制列表　　　D. 默认路由

7. 下列属于静态 NAT 配置过程的有(　　)。

    A. 定义内网接口　　　　　　　　　　　　B. 定义外网接口

C. 将 NAT 应用到接口　　　　　　　D. 建立静态的映射关系

8. 下列属于 PAT 配置过程的有（　　）。

A. 指定内网接口和外网接口　　　　B. 定义内部本地地址范围

C. 定义内部全局地址池　　　　　　D. 建立映射关系

三、判断题

1. 借助于静态转换，可以实现内部计算机对外部网络的访问，又可以实现外部网络对内部网络中某些特定设备（如服务器）的访问。　　　　　　　　　　　　　（　　）

2. PAT 是端口地址转换，指改变外出数据包的源端口，并进行端口转换，它使内部网络的所有主机均可共享一个合法外部 IP 地址，实现对互联网的访问，从而可以最大限度地节约 IP 地址资源。同时，又可隐藏网络内部的所有主机，有效避免来自互联网的攻击。因此，当前网络中应用最多的就是 PAT 技术。　　　　　　　　　　　　　　　　　　（　　）

3. 网络地址转换是让那些使用私有地址的内部网络连接到互联网或其他 IP 网络的方式。　　　　　　　　　　　　　　　　　　　　　　　　　　　　　　　（　　）

4. 具有 NAT 功能的路由器在将内部网络的数据包发送到公用网络时，在 IP 包的报头把公有地址转换成合法的私有 IP 地址。　　　　　　　　　　　　　　　　　（　　）

四、填空题

1. _____是用于将一个地址域映射到另一个地址域的标准方法。

2. IPv6 由_____位二进制组成，IPv6 地址数量理论上讲是目前使用的 IPv4 地址数量的_____倍。

3. 目前广泛使用的 IP 地址为 IPv4，它由_____位二进制数组成。从理论上讲，IPv4 可分配的 IP 地址数达到 2^{32}，即 4294967296 个。

4. 私有地址范围共有 1 个 A 类、_____个 B 类和 256 个 C 类。

5. _____是指将内部网络的私有 IP 地址转换为公有 IP 地址；IP 地址的转换是一对一的、一成不变的，某个私有 IP 地址只转换为某个公网 IP 地址。

五、简答题

1. 什么是网络地址转换？

2. 网络地址转换产生的原因是什么？

3. 网络地址转换分为哪几种类型？

六、操作题

1. 配置静态 NAT。

2. 配置动态 NAT。

3. 配置 PAT。

第 10 章　广域网技术

本章学习目标

- 掌握广域网的基本概念
- 掌握广域网常见的线路类型
- 了解广域网常见的接入技术
- 掌握 HDLC 及 PPP 相关技术
- 掌握帧中继技术及配置方法
- 掌握 VPN 技术及配置方法

本章首先介绍广域网的基本概念,接着介绍广域网各种线路类型以及广域网各种接入技术,广域网点到点协议 HDLC 及 PPP,并探讨 PPP 两种认证协议 PAP 及 CHAP 以及它们的配置过程。

本章介绍的常见的广域网技术包括帧中继和 VPN,详细介绍帧中继的工作原理及配置过程,以及 VPN 技术,特别介绍 IPSec VPN 技术、GRE over IPSec VPN 技术,并分别介绍它们的工作原理及详细配置过程。

10.1　广域网技术概述

10.1.1　广域网

广域网(Wide Area Network,WAN)指分布距离远,通过各种类型的串行连接,以便在更大的地理区域内实现接入的网络。它一般在不同城市之间的 LAN 或者 MAN 之间实现网络互联,地理范围可从几百千米到几千千米。一般情况下,广域网的连接通常比局域网连接慢。

广域网由电信运营商负责建立和维护,用来解决远距离高质量数据通信的问题,属于广域网核心技术部分,同时也为用户提供接入广域网的方法和技术,属于广域网的接入技术部分。

从网络分层的角度考虑,广域网技术对应物理层以及数据链路层。

广域网中通常有两种设备类型,分别为 DCE(数据通信设备)和 DTE(数据终端设备)。

DCE:该设备和与其通信网络的连接构成了网络终端的用户网络端口。它提供了到网络的一条物理连接、转发业务量,并且提供了一个用于同步 DCE 和 DTE 之间数据传输的时钟信号。调制解调器都是 DCE。

DTE:指的是位于用户网络端口用户端的设备,它能够作为信源、信宿或同时为二者。数据终端设备通过数据通信设备(如调制解调器)连接到一个数据网络上,并且通常使用数据通信设备产生的时钟信号。数据终端设备包括计算机等设备。

10.1.2 线路类型

有很多广域网解决方案可以选择,包括用于拨号连接的模拟调制解调器和综合服务数字网络(ISDN);异步传输模式(Asynchronous Transfer Mode,ATM);专用的点对点租用线路(专线);数字用户线路(DSL);帧中继;无线;X.25 等。广域网连接通常有以下 3 种类型。

- 租用线路:如专用线路或连接。
- 电路交换连接:如模拟调制解调器与数字 ISDN 拨号连接。
- 分组交换连接:如帧中继、X.25 以及 ATM 等。

1. 租用线路

通过电信运营商提供专线,在通信双方之间建立永久链路,租用线路用于数据量比较大、对服务质量(QoS)要求比较高的环境。

租用线路能为连接提供较好的带宽和较小的延迟,缺点是成本相对较高。另外,到站点的每个连接要求在路由器上有单独的端口。例如,一个需要访问 4 个远程站点的中心路由器,将需要 4 个 WAN 端口连接 4 个专用线路。帧中继和 ATM 可以使用一个 WAN 端口提供相同的连通性。

可用于租用线路连接的公共数据链路层协议包括 PPP 和 HDLC。

2. 电路交换连接

电路交换连接是拨号连接,具有调制解调器的 PC 在拨号到 ISP 时使用。电话和 ISDN 就属于电路交换。电路交换与租用线路比较,电路交换的电路利用率有很大提高。租用线路的使用者独占线路,电路交换通过使用时分复用(TDM)技术,可以把每一条物理电路分配给多个广域网服务订购者,提高了电路利用率,降低了运营商的成本,也降低了广域网服务使用者的费用。

电路交换比较适合数据流量不大,又不一直在线的用户,如家庭和小型公司连接Internet,以及远程用户或移动用户临时连接单位网络时使用。

3. 分组交换连接

在电路交换技术中,多个广域网服务定购者共享一条物理电路,每一个定购者获得一个固定的时隙,固定地传输特定用户的数据,如果相应的用户没有数据可传输,则特定的时隙被浪费。分组交换虽然也在同一条电路上传送多个用户的数据,但分组交换技术没有为不同的用户分配固定的时隙,而是把用户数据以分组的形式转发,每个分组都包含有完整的地址信息和传输控制信息(如 IP 数据包)。分组在网络上独立地寻址和传输,直至到达目的地。

在分组交换的链路上,数据传输之前要进行分组,分组经由的每个转发结点都要对分组进行存储,而后选择合适的路由转发。分组交换技术可以动态地分配传输带宽,实际上是只要存在可用带宽,就都可以分配给用户使用,这样大大提高了用户数据的传输效率,有利于降低传输延迟。

传统的广域网技术中,帧中继和 ATM 都是分组交换。

10.1.3 广域网接入技术

常见的广域网接入技术有以下几种。

- 虚拟拨号接入技术。
- ISDN 技术。
- xDSL 技术。
- DDN 技术。
- 光纤/同轴电缆混合技术(HFC)。
- 光纤接入技术。
- 无线接入技术。
- 帧中继接入技术。
- ATM 接入技术。
- 以太网接入技术。
- VPN 接入技术。

10.2 点到点链路

10.2.1 HDLC

高级数据链路控制(High-Level Data Link Control,HDLC)是一个在同步网上传输数据、面向比特的数据链路层协议,它是由国际标准化组织根据 IBM 公司的 SDLC(Synchronous Data Link Control)协议扩展开发而成的。

HDLC 是位于数据链路层的协议之一,其工作方式可以支持半双工、全双工传送,支持点到点、多点结构,支持交换型、非交换型信道,它的主要特点包括以下 3 个方面。

(1) 透明性:为实现透明传输,HDLC 定义了一个特殊标志,这个标志是一个 8 位的比特序列,即 01111110,用它指明帧的开始和结束。同时,为保证标志的唯一性,在数据传送时,除标志位外,还采取了 0 比特插入法,以区别标志符,即发送端监视比特流,每当发送了连续 5 个 1 时,就插入一个附加的 0,接收站同样按此方法监视接收的比特流,当发现连续 5 个 1 而第六位为 0 时,即删除第六位的 0。

(2) 帧格式:HDLC 帧格式包括地址域、控制域、信息域和帧校验序列。

(3) 规程种类:HDLC 支持的规程种类包括异步响应方式下的不平衡操作、正常响应方式下的不平衡操作、异步响应方式下的平衡操作。

10.2.2 PPP

点对点协议(PPP)为在点对点连接上传输多协议数据包提供了一个标准方法。PPP 的最初设计是为两个对等结点之间的 IP 流量传输提供一种封装协议。在 TCP/IP 集中,它是一种用来同步调制连接的数据链路层协议(OSI 模式中的第二层),替代了原来非标准的第二层协议,即 SLIP。除 IP 以外,PPP 还可以携带其他协议,包括 DECnet 和 Novell 的 Internet 网包交换(IPX)。

(1) PPP 具有动态分配 IP 地址的能力,允许在连接时协商 IP 地址。

(2) PPP 支持多种网络协议,如 TCP/IP、NetBEUI、NWLINK 等。

(3) PPP 具有错误检测以及纠错能力,支持数据压缩。

（4）PPP 具有身份验证功能。

（5）PPP 可用于多种类型的物理介质上，包括串口线、电话线、移动电话和光纤（如 SDH）。PPP 也用于 Internet 接入。PPP 帧格式见表 10.1。

表 10.1 PPP 帧格式

域	Flag	Address	Control	Protocol	Data	FCS	Flag
字段	7E	FF	03	协议	信息	FCS	7E
字节	1	1	1	2	≤1500	2	1

PPP 采用 7EH 作为一帧的开始和结束标志（F）；其中地址域（A）和控制域（C）取固定值（A＝FFH，C＝03H）；协议域（2 字节）取 0021H 表示 IP 分组，取 8021H 表示网络控制数据，取 C021H 表示链路控制数据；帧校验域（FCS）也为 2 字节，它用于对信息域的校验。若信息域中出现 7EH，则转换为（7DH，5EH）。当信息域出现 7DH 时，则转换为（7DH，5DH）。当信息流中出现 ASCII 码的控制字符（即小于 20H），即在该字符前加入一个 7DH 字符。

和 HDLC 最主要的区别是，PPP 是面向字符的，HDLC 是面向位的。

有两种认证方式，一种是 PAP，另一种是 CHAP。相对来说，PAP 的认证方式安全性没有 CHAP 高。PAP 传输的密码是明文的，而 CHAP 传输密码的 hash（哈希）值。PAP 认证是通过两次握手实现的，而 CHAP 则是通过 3 次握手实现的。PAP 认证是被叫提出连接请求，主叫响应。而 CHAP 则是主叫发出请求，被叫回复一个数据包，这个包里面有主叫发送的随机的哈希值，主叫在数据库中确认无误后发送一个连接成功的数据包连接。

PAP 和 CHAP 的配置过程如下。

1. PAP 单向认证

如图 10.1 所示，路由器 R1 为被认证端，路由器 R2 为认证端，将两台路由器的串口封装成 PPP，开启路由器 R2 的 PAP 认证方式，路由器 R2 对路由器 R1 进行单向认证。注意，作为单向认证，不开启路由器 R1 的 PAP 认证。

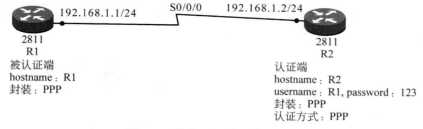

图 10.1 单向 PAP 认证实验拓扑

首先配置认证端路由器 R2，主要配置认证的用户名和密码，封装为 PPP，以及设置认证方式为 PAP。

```
Router>en
Router#config t
Router(config)#hostname R2
```

```
R2(config)#interface serial 0/0/0
R2(config-if)#ip address 192.168.1.2 255.255.255.0
R2(config-if)#no shu
R2(config-if)#exit
R2(config)#username R1 password 123
R2(config)#interface serial 0/0/0
R2(config-if)#encapsulation ppp
R2(config-if)#ppp authentication pap
```

其次配置被认证端路由器 R1,主要配置封装方式为 PPP,发送验证相关信息。具体配置如下。

```
Router>en
Router#config t
Router(config)#hostname R1
R1(config)#interface serial 0/0/0
R1(config-if)#ip address 192.168.1.1 255.255.255.0
R1(config-if)#no shu
R1(config-if)#clock rate 64000
R1(config-if)#encapsulation ppp
R1(config-if)#ppp pap sent-username R1 password 123
R1(config-if)#
```

最后测试网络连通性,测试结果如下,表明网络是连通的。

```
R1#ping 192.168.1.2
Type escape sequence to abort.
Sending 5, 100-byte ICMP Echos to 192.168.1.2, timeout is 2 seconds:
!!!!!
Success rate is 100 percent (5/5), round-trip min/avg/max =1/2/9 ms
R1#
```

2. PAP 双向认证

如图 10.2 所示,路由器 R1 和路由器 R2 既是认证端,又是被认证端,将两台路由器的串口封装成 PPP,开启两台路由器的 PAP 认证方式。

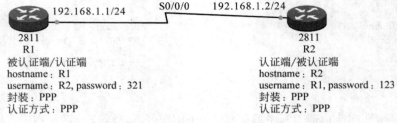

图 10.2　双向 PAP 认证实验拓扑

首先配置认证端路由器 R1,主要配置认证的用户名和密码,封装为 PPP,以及设置认证方式为 PAP。发送验证相关信息,具体配置如下。

```
Router>en
Router#config t
Router(config)#interface serial 0/0/0
Router(config)#username R2 password 321
Router(config-if)#ip address 192.168.1.1 255.255.255.0
Router(config-if)#no shu
Router(config-if)#clock rate 64000
Router(config-if)#encapsulation ppp
Router(config)#interface serial 0/0/0
Router(config-if)#ppp authentication pap
Router(config-if)#ppp pap sent-username R1 password 123
```

其次配置路由器 R2。

```
Router>en
Router#config t
Router(config)#interface serial 0/0/0
Router(config)#username R1 password 123
Router(config-if)#ip address 192.168.1.2 255.255.255.0
Router(config-if)#no shu
Router(config-if)#encapsulation ppp
Router(config-if)#ppp authentication pap
Router(config-if)#ppp pap sent-username R2 password 321
Router(config-if)#exit
Router(config)#
```

最后测试网络连通性。

```
Router#ping 192.168.1.2
Type escape sequence to abort.
Sending 5, 100-byte ICMP Echos to 192.168.1.2, timeout is 2 seconds:
!!!!!
Success rate is 100 percent (5/5), round-trip min/avg/max =1/3/15 ms
Router#
```

3. CHAP 单向认证

如图 10.3 所示,路由器 R1 为被认证端,路由器 R2 为认证端,将两台路由器的串口封装成 PPP,开启路由器 R2 的 CHAP 认证方式,路由器 R2 对路由器 R1 进行单向认证。注意,作为单向认证,不开启路由器 R1 的 CHAP 认证。

路由器 R1 的配置过程如下。

```
Router>en
Router#config t
Router(config)#hostname R1
R1(config)#interface serial 0/0/0
R1(config-if)#encapsulation ppp
R1(config-if)#exit
```

```
R1(config)#username R2 password 123
R1(config)#
```

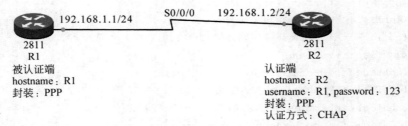

图 10.3　单向 CHAP 认证实验拓扑

路由器 R2 的配置过程如下。

```
Router>en
Router#config t
Router(config)#hostname R2
R2(config)#interface serial 0/0/0
R2(config-if)#ip address 192.168.1.2 255.255.255.0
R2(config-if)#no shu
R2(config-if)#encapsulation ppp
R2(config-if)#ppp authentication chap
R2(config)#username R1 password 123
R2(config)#
```

最后测试网络连通性,结果如下。

```
R1#ping 192.168.1.2
Type escape sequence to abort.
Sending 5, 100-byte ICMP Echos to 192.168.1.2, timeout is 2 seconds:
!!!!!
Success rate is 100 percent (5/5), round-trip min/avg/max =1/3/13 ms
R1#
```

4. CHAP 双向认证

如图 10.4 所示,路由器 R1 和路由器 R2 既是认证端,又是被认证端,将两台路由器的串口封装成 PPP,开启路由器 R1 和路由器 R2 的 CHAP 认证方式。具体配置如下。

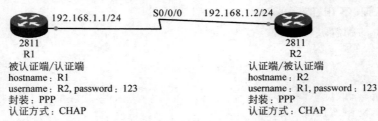

图 10.4　双向 CHAP 认证实验拓扑

首先配置路由器 R1,具体配置如下。

```
Router>en
Router#config t
Router(config)#hostname R1
R1(config)#interface serial 0/0/0
R1(config-if)#no shu
R1(config-if)#clock rate 64000
R1(config-if)#exit
R1(config)#username R1 password 123
R1(config)#no username R1 pas 123
R1(config)#username R2 password 123
R1(config)#interface serial 0/0/0
R1(config-if)#encapsulation ppp
R1(config-if)#ppp authentication chap
R1(config)#interface serial 0/0/0
R1(config-if)#ip address 192.168.1.1 255.255.255.0
R1(config-if)#no shu
R1(config-if)#end
```

其次配置路由器 R2,具体配置如下。

```
Router>en
Router#config t
Router(config)#hostname R2
R2(config)#interface serial 0/0/0
R2(config-if)#ip address 192.168.1.2 255.255.255.0
R2(config-if)#no shu
R2(config-if)#exit
R2(config)#username R1 password 123
R2(config)#interface serial 0/0/0
R2(config-if)#ppp authentication chap
R2(config-if)#end
```

最后测试网络连通性,结果如下。

```
R1#ping 192.168.1.2
Type escape sequence to abort.
Sending 5, 100-byte ICMP Echos to 192.168.1.2, timeout is 2 seconds:
!!!!!
Success rate is 100 percent (5/5), round-trip min/avg/max =1/2/9 ms
R1#
```

10.3　帧中继

10.3.1　帧中继的工作原理

帧中继是一种用于公共或专用网上的局域网互联以及广域网连接,是一种网络与数据终端设备(DTE)的端口标准。作为建立高性能的虚拟广域连接的一种途径,采用虚电路技术对分组交换技术进行简化,可以在一对一或者一对多的应用中快速而低廉地传输信息。学习帧中继技术应掌握如下术语。

(1) PVC:永久虚电路,是两个 DTE 之间通过帧中继网络实现的连接,这种连接是逻辑连接,是运营商预配置的电路。

(2) DLCI:数据链路连接标识符(Data Link Connection Identifier),在单一物理传输线路上能够提供多条虚电路。每条虚电路都用 DLCI 标识,有一个链路识别码。DLCI 的值一般由帧中继服务提供商指定。

(3) LMI:本地管理端口(Local Management Interface)是帧中继网络设备和用户端设备进行连通性确认的一种协议,是对基本的帧中继标准的扩展,提供帧中继管理机制。

当路由器通过帧中继网络把 IP 数据包发到下一跳路由器时,必须知道 IP 和 DLCI 的映射才能进行帧的封装。帧中继的映射类型有两种,分别如下。

(1) 动态映射,是路由器自动获得映射关系。

(2) 静态映射,是管理员手工配置映射关系。

10.3.2　帧中继配置

1. 网络拓扑构建

帧中继实验网络拓扑图如图 10.5 所示,将一所大学的 3 个不同的校区——北校区、西校区和东校区通过帧中继网络互联起来,以达到资源共享的目的。整个拓扑由 3 台 2811 路由器、3 台终端设备和帧中继云组成,3 台终端设备代表 3 个不同的网络,也就是 3 个不同的校区,它们分别和 3 台路由器的端口 f0/0 相连。3 台路由器均使用 S0/0/0 口与帧中继云相连。

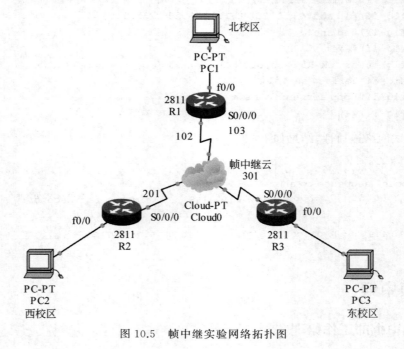

图 10.5　帧中继实验网络拓扑图

具体组建拓扑时,应注意以下两点。

（1）分别为 3 台 2811 路由器插入广域网模块，具体操作为：①单击需要添加模块的路由器，关闭机器的电源；②在窗口的 Physical 区选择 WIC-2T 模块，将它拖放到空的模块槽中，然后释放鼠标；③重新打开电源。

（2）路由器和帧中继云相连时，将帧中继云设置为 DCE 端，将 3 台路由器的 S0/0/0 均设置为 DTE 端。具体连接为：帧中继云的端口 S0 连接路由器 R1 的端口 S0/0/0，端口 S1 连接路由器 R2 的端口 S0/0/0，端口 S2 连接路由器 R3 的端口 S0/0/0。

2. 实验环境配置

1）IP 地址规划

将计算机 PC1 所在的北校区的网络地址设置为 1.1.1.0/24，将计算机 PC2 所在的西校区的网络地址设置为 2.2.2.0/24，将计算机 PC3 所在的东校区的网络地址设置为 3.3.3.0/24，帧中继云所在的网络地址为 10.0.0.0/24 和 12.0.0.0/24。

2）在帧中继云中配置 DLCI 映射关系建立 PVC 通道

具体通过以下两个步骤实现。

① 创建 DLCI 号：在帧中继的端口 S0 创建两个 DLCI，分别为 102 和 103，在端口 S1 创建 DLCI 为 201，在端口 S2 创建 DLCI 为 301。具体操作为：

- 单击帧中继云，从弹出的窗口中选择 Config 菜单。
- 单击 Interface 下的 S0，在右边窗口的 DLCI 中输入 102，在 Name 中也输入 102，单击 Add 按钮。采用同样的方法添加 103。再用同样的方法在 S1 中添加 201，在 S2 中添加 301。

② 建立 PVC 通道：选择 Connections 菜单中的 Frame Relay，在右边的窗口中将 S0 的 102 和 S1 的 201 相连，也就是将 S0 的 102 和 S1 的 201 建立映射关系，将 S0 的 103 和 S2 的 301 相连，也就是将 S0 的 103 和 S2 的 301 建立映射关系，也就是建立了两条 PVC 通道。可以看出，将路由器 R1 的 S0/0/0 物理端口分成了两个不同的逻辑通道。

3. 实验设计与实验

1）IP 和 DLCI 的动态反转 ARP 映射实验

IP 和 DLCI 的映射关系是动态自动获得的。

首先配置路由器 R1。

```
Router#config t                               //进全局配置模式
Router(config)#hostname R1                    //为路由器命名
R1(config)#interface fastEthernet 0/0         //进入路由器的端口 f0/0
R1(config-if)#ip address 1.1.1.1 255.255.255.0  //配置 IP 地址
R1(config-if)#exit                            //退出
R1(config)#interface serial 0/0/0             //进入路由器的端口 S0/0/0
R1(config-if)#no shu                          //激活
R1(config-if)#ip address 10.0.0.1 255.255.255.0  //配置 IP 地址
R1(config-if)#encapsulation frame-relay       //配置帧中继封装格式
```

这里可以指定 LMI 的类型。如果是 Cisco 的设备，也可以不指定，默认类型为 Cisco。由于路由器 R1 作为 DTE 设备，故在此不用配时钟。

同样对路由器 R2 和路由器 R3 进行配置。

配置完成后,可以查看动态映射表。

```
R1#show frame-relay map                          //查看路由器 R1 中的帧中继动态映射表
Serial0/0/0 (up): ip 10.0.0.2 dlci 102, dynamic, broadcast, CISCO, status
defined, active
Serial0/0/0 (up): ip 10.0.0.3 dlci 103, dynamic, broadcast, CISCO, status
defined, active
```

可以看出是对端的 IP 地址和本端的 DLCI 号形成的动态映射关系,使用 LMI 为 Cisco 协议。

```
R2#show frame-relay map                          //查看路由器 R2 中的帧中继动态映射表
Serial0/0/0 (up): ip 10.0.0.1 dlci 201, dynamic, broadcast, CISCO, status
defined, active
R3#show frame-relay map                          //查看路由器 R3 中的帧中继动态映射表
Serial0/0/0 (up): ip 10.0.0.1 dlci 301, dynamic, broadcast, CISCO, status
defined, active
```

均为对端的 IP 地址和本端的 DLCI 号形成的动态映射关系,使用的 LMI 均为 Cisco 协议,建立好动态映射后就可以进行网络连通性测试了。分别从路由器 R1 ping 路由器 R2 和路由器 R3,结果是通的。

2) IP 和 DLCI 的静态映射实验

IP 和 DLCI 的映射关系是手动指定的。

```
R1#clear frame-relay inarp                        //清除路由器 R1 中的帧中继动态映射表
R1#config t                                       //进入路由器 R1 的全局配置模式
R1(config)#interface serial 0/0/0                 //进入路由器 R1 的端口 S0/0/0
R1(config-if)#frame-relay map ip 10.0.0.1 102 broadcast
//手动指定帧中继静态映射,遵循对端的 IP 地址 10.0.0.1 和本端的 DLCI 号 102 形成映射关系
R1(config-if)#frame-relay map ip 10.0.0.2 102 broadcast
//手动指定帧中继静态映射,遵循对端的 IP 地址 10.0.0.2 和本端的 DLCI 号 102 形成映射关系
R1(config-if)#frame-relay map ip 10.0.0.3 103 broadcast
//手动指定帧中继静态映射,遵循对端的 IP 地址 10.0.0.3 和本端的 DLCI 号 103 形成映射关系
R1#show frame-relay map                           //查看路由器 R1 中的帧中继静态映射表
Serial0/0/0 (up): ip 10.0.0.1 dlci 102, static, CISCO, status defined, active
Serial0/0/0 (up): ip 10.0.0.2 dlci 102, static, CISCO, status defined, active
Serial0/0/0 (up): ip 10.0.0.3 dlci 103, static, CISCO, status defined, active
```

采用同样的方法设置路由器 R2 和路由器 R3。

```
R2#show frame-relay map                           //查看路由器 R2 中的帧中继静态映射表
Serial0/0/0 (up): ip 10.0.0.1 dlci 201, static, CISCO, status defined, active
Serial0/0/0 (up): ip 10.0.0.2 dlci 201, static, CISCO, status defined, active
Serial0/0/0 (up): ip 10.0.0.3 dlci 201, static, CISCO, status defined, active
R3#show frame-relay map                           //查看路由器 R3 中的帧中继静态映射表
Serial0/0/0 (up): ip 10.0.0.1 dlci 301, static, CISCO, status defined, active
Serial0/0/0 (up): ip 10.0.0.2 dlci 301, static, CISCO, status defined, active
```

```
Serial0/0/0 (up)：ip 10.0.0.3 dlci 301, static, CISCO, status defined, active
//均为手动指定的对端的 IP 地址和本端的 DLCI 号形成映射关系
```

建立好静态映射后就可以进行网络连通性测试了。3 台路由器互相 ping，结果是通的。

3）帧中继子端口

水平分割是一种避免路由环出现的技术，也就是从一个端口收到的路由更新不会把这条路由更新从这个端口再发送出去。水平分割在 Hub-and-Spoke 结构帧中继网络中会带来问题。Spoke 路由器中的路由更新不能很好地被 Hub 路由器进行转发，导致网络路由信息不能得到更新。解决的方法有 3 种：①当把一个端口用 Cisco 类型封装的时候，Cisco 默认是关闭水平分割的。②手动关闭某个端口的水平分割功能，命令是 no ip split。③使用子端口。子端口有两种类型，point-to-point 和 point-to-multipoint。这里介绍 point-to-point，在路由器 R1 上创建两个点到点子端口，分别与路由器 R2 和路由器 R3 上创建的点到点子端口形成点到点连接，拓扑结构采用 Hub-and-Spoke 结构，整个网络运行 RIP 路由协议。

具体为：在路由器 R1 的 S0/0/0 上创建两个子端口，分别为 S0/0/0.102 和 S0/0/0.103。在路由器 R2 的 S0/0/0 上创建子端口 S0/0/0.201，在路由器 R3 的 S0/0/0 上创建子端口 S0/0/0.301，最终使不同的 PVC 逻辑上属于不同的子网。将路由器 R1 的 S0/0/0.102 和路由器 R2 的 S0/0/0 上子端口 S0/0/0.201 连接的 PVC 的网络地址设置为 10.0.0.0/24，将路由器 R1 的 S0/0/0.103 和路由器 R3 的 S0/0/0 上子端口 S0/0/0.301 连接的 PVC 的网络地址设置为 12.0.0.0/24。

```
R1(config)#interface serial 0/0/0                     //进入路由器 R1 的端口 S0/0/0
R1(config-if)#no ip add                               //去掉端口的 IP 地址
R1(config-if)#no shu                                   //激活
R1(config-if)#encapsulation frame-relay               //配置帧中继封装格式
R2(config)#interface serial 0/0/0                     //进入路由器 R2 的端口 S0/0/0
R2(config-if)#no ip add                               //去掉端口的 IP 地址
R2(config-if)#no shu                                   //激活
R2(config-if)#encapsulation frame-relay               //配置帧中继封装格式
R3(config)#interface serial 0/0/0                     //进入路由器 R3 的端口 S0/0/0
R3(config-if)#no ip add                               //去掉端口的 IP 地址
R3(config-if)#no shu                                   //激活
R3(config-if)#encapsulation frame-relay               //配置帧中继封装格式
R1(config)#interface serial 0/0/0.102 point-to-point  //进入 S0/0/0.102 点到点子端口
R1(config-subif)#ip address 10.0.0.1 255.255.255.0    //配置 IP 地址
R1(config-subif)#frame-relay interface-dlci 102       //点到点的子端口，只要指定从
                                                      //DLCI 号为 102 的通道出去就可以直
                                                      //接到达对方
R1(config-subif)#exit                                 //退出
R1(config)#interface serial 0/0/0.103 point-to-point  //进入 S0/0/0.103 点到点子端口
R1(config-subif)#ip address 12.0.0.1 255.255.255.0    //配置 IP 地址
R1(config-subif)#frame-relay interface-dlci 103       //点到点的子端口，只要指定从
                                                      //DLCI 号为 103 的通道出去就可以直
                                                      //接到达对方
R2(config)#interface serial 0/0/0.201 point-to-point  //进入 S0/0/0.201 点到点子端口
```

```
R2(config-subif)#ip address 10.0.0.2 255.255.255.0        //为子端口配置 IP 地址
R2(config-subif)#frame-relay interface-dlci 201  //点到点的子端口,只要指定从 DLCI
                                                 //号为 201 的通道出去就可以直接到
                                                 //达对方
R3(config)#interface serial 0/0/0.301 point-to-point  //进入 S0/0/0.301 点到点子端口
R3(config-subif)#ip address 12.0.0.2 255.255.255.0        //配置 IP 地址
R3(config-subif)#frame-relay interface-dlci 301  //点到点的子端口,只要指定从
                                                 //DLCI 号为 301 的通道出去就可以直
                                                 //接到达对方
R1#show frame-relay map                          //查看路由器 R1 中的帧中继映射表
Serial0/0/0.102 (up): point - to - point dlci, dlci 102, broadcast, status
defined, active
Serial0/0/0.103 (up): point - to - point dlci, dlci 103, broadcast, status
defined, active
R2#show frame-relay map                          //查看路由器 R2 中的帧中继映射表
Serial0/0/0.201 (up): point - to - point dlci, dlci 201, broadcast, status
defined, active
R3#show frame-relay map                          //查看路由器 R3 中的帧中继映射表
Serial0/0/0.301 (up): point - to - point dlci, dlci 301, broadcast, status
defined, active
```

以上输出表明路由器使用了点对点子端口,在每条映射条目中,只看到该子端口下的 DLCI,没有对端的 IP 地址。

4)帧中继上的路由协议的配置,使整个网络互联起来

通过帧中继云将 3 个不同网段连接起来,需要在帧中继上配置路由协议。下面以配置 RIP 路由协议为例,实现不同网段的互联。

```
R1(config)#router rip                            //启用动态路由协议 RIP
R1(config-router)#version 2                      //启用版本 2
R1(config-router)#no au                          //取消自动汇总功能
R1(config-router)#network 10.0.0.0
R1(config-router)#network 12.0.0.0
R1(config-router)#network 1.0.0.0
R2#config t
R2(config)#router rip                            //启用动态路由协议 RIP
R2(config-router)#version 2                      //启用版本 2
R2(config-router)#no auto-summary                //取消自动汇总功能
R2(config-router)#network 10.0.0.0
R2(config-router)#network 2.0.0.0
R3#config t
R3(config)#router rip                            //启用动态路由协议 RIP
R3(config-router)#version 2                      //启用版本 2
R3(config-router)#no auto-summary                //取消自动汇总功能
R3(config-router)#network 12.0.0.0
R3(config-router)#network 3.0.0.0
```

4. 实验效果验证

通过 R1♯show ip route 命令查看路由表，获得了动态路由信息，可以确定整个网络互联，通过计算机 PC1 ping 计算机 PC2 对结果进行验证。

```
PC>ping 2.2.2.2
Pinging 2.2.2.2 with 32 bytes of data:
Request timed out.
Reply from 2.2.2.2: bytes=32 time=125ms TTL=126
Reply from 2.2.2.2: bytes=32 time=94ms TTL=126
Reply from 2.2.2.2: bytes=32 time=125ms TTL=126
```

结果是连通的。

计算机 PC1 和计算机 PC3 连通性测试结果如下。

```
PC>ping 3.3.3.3
Pinging 3.3.3.3 with 32 bytes of data:
Request timed out.
Reply from 3.3.3.3: bytes=32 time=188ms TTL=125
Reply from 3.3.3.3: bytes=32 time=172ms TTL=125
Reply from 3.3.3.3: bytes=32 time=187ms TTL=125
```

结果表明，该所大学的 3 个不同校区通过帧中继网络将其互联起来，实现资源共享。

帧中继已经成为应用广泛的 WAN 协议之一，通过 Packet Tracer 仿真软件，可以模拟真实的帧中继网络，使每个学生能够独立完成帧中继网络的组建、配置、验收等整个网络工程的过程。

10.4　VPN 技术

10.4.1　VPN 类型

VPN 即 Virtual Private Network，是"虚拟专用网络"的意思。通过特殊的加密通信协议，将连接在 Internet 上位于不同地理位置的两个或多个企业内部网之间建立一条专有的通信线路。实现 VPN 通信的方式有多种，常见的有 IPSec VPN 等。

10.4.2　IPSec VPN

IPSec VPN 即采用 IPSec 协议实现远程接入的一种 VPN 技术。IPSec 即 Internet Protocol Security，是由 Internet Engineering Task Force（IETF）定义的安全标准框架，用以提供公用和专用网络的端对端加密和验证服务。

IPSec 协议不是一个单独的协议，给出了应用于 IP 层上网络数据安全的一整套体系结构，包括网络认证协议认证头（Authentication Header，AH）；封装安全载荷（Encapsulating Security Payload，ESP）；因特网密钥交换（Internet Key Exchange，IKE）用于网络认证及加密的一些算法等。其中，AH 协议和 ESP 协议用于提供安全服务，IKE 协议用于密钥交换。

IPSec VPN 的配置过程如下。

（1）网络拓扑结构设计。

IPSec VPN 的配置仿真环境为：苏州大学文正学院远离苏州大学本部实行两地办学，两地都有规模庞大的校园网络。由于两地相距很远，导致校园网联网困难，这给日常的工作带来了麻烦。现在要求使用 IPSec VPN 技术将两地校园网安全地连接起来，使两地的校园网络构成一个大的网络。IPSec VPN 配置实验拓扑结构图如图 10.6 所示。

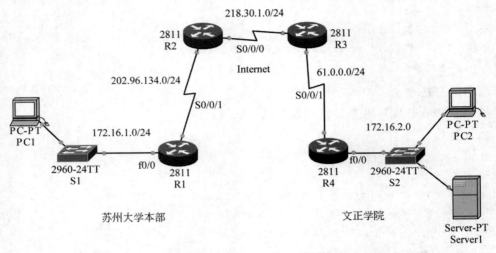

图 10.6　IPSec VPN 配置实验拓扑结构图

整个网络工程，结构上总体分为 3 大块，分别为苏州大学本部校园网、文正学院校园网以及 Internet 网络。两部分校园网均连入 Internet 网络。为了完成该实验，设计了如图 10.2 所示的网络拓扑图，图 10.6 中，路由器 R1 为苏州大学本部的出口路由器，路由器 R4 为文正学院的出口路由器，路由器 R2 和路由器 R3 属于电信部门的路由器，用它们模拟 Internet 网络。苏州大学本部和文正学院的内部网络中均连接了终端设备，用于测试网络的连通性。在文正学院内部网络中还放置了服务器。

在 Cisco Packet Tracer 模拟软件中构建如图 10.6 所示的网络拓扑图，包括 4 台 2811 路由器、两台 2960 交换机、两台 PC 和一台服务器。默认的 2811 路由器是没有广域网模块的，需要添加。步骤为：①单击路由器，弹出如图 10.7 所示的窗口，关闭电源。②在 Physical 区拖动 WIC-2T 模块放入模块槽后释放鼠标。③重新打开电源。采用同样的方法添加 WIC-2T 模块到其他路由器。

接下来根据图 10.6 进行网络连线。

（2）IP 地址规划。

规划 IP 地址时，将校园网内部设置为私有 IP 地址，苏州大学本部设置为 172.16.1.0/24，文正学院设置为 172.16.2.0/24。苏州大学本部和 Internet 之间的 IP 网段设置为 202.96.134.0/24，文正学院和 Internet 网之间的 IP 网段设置为 61.0.0.0/24。两个外网路由器之间的 IP 网络设置为 218.30.1.0/24，具体如图 10.6 所示。

接下来为终端机器设置 IP 地址，具体为：苏州大学本部 PC1 的 IP 地址设置为 172.168.1.2，子网掩码为 255.255.255.0，网关地址设置为 172.16.1.1。文正学院 PC2 的 IP 地址设置为 172.16.2.2，子网掩码为 255.255.255.0，网关地址设置为 172.16.2.1。Server1 的 IP

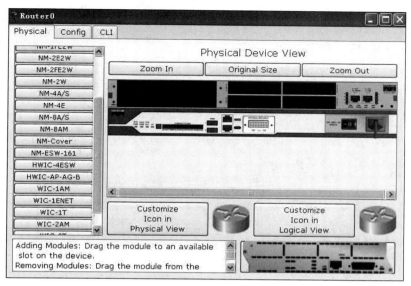

图 10.7　添加/删除模块窗口

地址设置为 172.16.2.3,子网掩码为 255.255.255.0,网关地址设置为 172.16.2.1。

（3）具体实验配置。

① 模拟 Internet。

Router#config t	//进入全局配置模式
Router(config)#hostname R2	//为路由器命名
R2(config)#interface serial 0/0/0	//进入路由器的端口 S0/0/0
R2(config-if)#no shu	//激活路由器的端口 S0/0/0
R2(config-if)#clock rate 64000	//设置端口的时钟频率为 64000
R2(config-if)#ip address 218.30.1.1 255.255.255.0	//配置 IP 地址
R2(config-if)#exit	//退出
R2(config)#interface serial 0/0/1	//进入路由器的端口 S0/0/1
R2(config-if)#ip address 202.96.134.2 255.255.255.0	//配置 IP 地址
R2(config-if)#no shu	//激活
R2(config-if)#clock rate 64000	//配置时钟频率
R2(config-if)#exit	//退出
R2(config)#ip route 61.0.0.0 255.255.255.0 218.30.1.2	//为路由器 R2 配置静态路由
Router#config t	//进入第三台路由器的全局配置模式
Router(config)#hostname R3	//为路由器命名
R3(config)#interface serial 0/0/0	//进入路由器的端口 S0/0/0
R3(config-if)#no shu	//激活
R3(config-if)#ip address 218.30.1.2 255.255.255.0	//配置 IP 地址
R3(config-if)#clock rate 64000	//配置时钟频率
R3(config-if)#exit	//退出
R3(config)#interface serial 0/0/1	//进入路由器的端口 S0/0/1
R3(config-if)#ip address 61.0.0.1 255.255.255.0	//配置 IP 地址
R3(config-if)#no shu	//激活

```
R3(config-if)#clock rate 64000                    //配置时钟频率
R3(config-if)#exit                                //退出
R3(config)#ip route 202.96.134.0 255.255.255.0 218.30.1.1    //为路由器 R3 设置静态路由
```

经过以上设置,模拟的 Internet 就组建起来了。

② 对路由器 R1 和路由器 R4 进行 IPSec VPN 设置。

首先设置路由器 R1。

```
Router#config t                    //进入苏州大学本部连入 Internet 路由器的全局配置模式
Router(config)#hostname R1                    //将路由器命名为 R1
R1(config)#interface serial 0/0/1             //进入路由器的端口 S0/0/1
R1(config-if)#no shu                          //激活
R1(config-if)#ip address 202.96.134.1 255.255.255.0    //配置 IP 地址
R1(config-if)#exit                            //退出
R1(config)#interface fastEthernet 0/0         //进入路由器的端口 f0/0
R1(config-if)#ip address 172.16.1.1 255.255.255.0    //配置 IP 地址
R1(config-if)#no shu                          //激活
R1(config-if)#exit                            //退出
R1(config)#ip route 0.0.0.0 0.0.0.0 202.96.134.2    //为路由器 R1 设置默认路由
R1(config)#crypto isakmp policy 10
//创建一个 isakmp 策略,编号为 10。可以有多个策略
R1(config-isakmp)#hash md5
//配置 isakmp 采用什么哈希算法,可以选择 SHA 和 MD5,这里选择 MD5
R1(config-isakmp)#authentication pre-share
//配置 isakmp 采用什么身份认证算法,这里采用预共享密码。如果有 CA 服务器,也可以
//采用 CA(电子证书)进行身份认证
R1(config-isakmp)#group 5
//配置 isakmp 采用什么密钥交换算法,这里采用 DH group5,可以选择 1、2 和 5
R1(config-isakmp)#exit                        //退出
R1(config)#crypto isakmp key cisco address 61.0.0.2
//配置对等体 61.0.0.2 的预共享密码为 cisco,双方配置的密码须一致
R1(config)#access-list 110 permit ip 172.16.1.0 0.0.0.255 172.16.2.0 0.0.0.255
//定义一个 ACL,用来指明什么样的流量要通过 VPN 加密发送,这里限定从苏州大学
//本部发出到达文正学院的流量才进行加密,其他流量(如,到 Internet)不加密
R1(config)#crypto ipsec transform-set TRAN esp-des esp-md5-hmac
//创建一个 IPSec 转换集,名称为 TRAN,该名称本地有效,这里的转换集采用 ESP 封装
//加密算法为 AES,哈希算法为 SHA。双方路由器要有一个参数一致的转换集
  R1(config)#crypto map MAP 10 ipsec-isakmp
//创建加密图,名为 MAP,10 为该加密图其中之一的编号,名称和编号都本地有效
//如果有多个编号,路由器将从小到大逐一匹配
R1(config-crypto-map)#set peer 61.0.0.2       //指明路由器对等体为路由器 R4
R1(config-crypto-map)#set transform-set TRAN  //指明采用之前已经定义的转换集 TRAN
R1(config-crypto-map)#match address 110
//指明匹配 ACL 为 110 的定义流量就是 VPN 流量
R1(config-crypto-map)#exit                     //退出
R1(config)#interface serial 0/0/1             //进入路由器的端口 S0/0/1
R1(config-if)#crypto map MAP                   //在端口上应用之前创建的加密图 MAP
```

配置路由器 R4。

```
Router#config t
//进入文正学院连入 Internet 的路由器的全局配置模式
Router(config)#hostname R4                              //为该路由器命名为 R4
R4(config)#interface serial 0/0/1                       //进入路由器的端口 S0/0/1
R4(config-if)#ip address 61.0.0.2 255.255.255.0         //配置 IP 地址
R4(config-if)#no shu                                    //激活
R4(config-if)#exit                                      //退出
R4(config)#interface fastEthernet 0/0                   //进入路由器 R4 的以太网端口 f0/0
R4(config-if)#no shu                                    //激活
R4(config-if)#ip address 172.16.2.1 255.255.255.0       //配置 IP 地址
R4(config-if)#no shu                                    //激活
R4(config-if)#exit                                      //退出
R4(config)#ip route 0.0.0.0 0.0.0.0 61.0.0.1            //为路由器 R1 设置默认路由
R4(config)#crypto isakmp policy 10   //创建一个 isakmp 策略,编号为 10。可以有多个策略
R4(config-isakmp)#hash md5
//配置 isakmp 采用什么哈希算法,可以选择 SHA 和 MD5,这里选择 MD5
R4(config-isakmp)#authentication pre-share
//配置 isakmp 采用什么身份认证算法,这里采用预共享密码。如果有 CA 服务器,也可以
//采用 CA(电子证书)进行身份认证
R4(config-isakmp)#group 5
//配置 isakmp 采用什么密钥交换算法,这里采用 DH group5,可以选择 1、2 和 5
R4(config-isakmp)#exit                                  //退出
R4(config)#crypto isakmp key cisco address 202.96.134.1
//配置对等体 61.0.0.2 的预共享密码为 cisco,双方配置的密码须一致
R4(config)#access-list 110 permit ip 172.16.2.0 0.0.0.255 172.16.1.0 0.0.0.255
//定义一个 ACL,用来指明什么样的流量要通过 VPN 加密发送,这里限定的是从文正
//学院发出到达苏州大学本部的流量才进行加密,其他流量(如,到 Internet)不加密
R4(config)#crypto ipsec transform-set TRAN esp-des esp-md5-hmac
//创建一个 IPSec 转换集,名称为 TRAN,该名称本地有效,这里的转换集采用 ESP 封装,
//加密算法为 AES,哈希算法为 SHA。双方路由器要有一个参数一致的转换集
R4(config)#crypto map MAP 10 ipsec-isakmp
//创建加密图,名为 MAP,10 为该加密图的其中之一的编号,名称和编号都本地有效,
//如果有多个编号,路由器将从小到大逐一匹配
R4(config-crypto-map)#set peer 202.96.134.1            //指明路由器对等体为路由器 R1
R4(config-crypto-map)#set transform-set TRAN          //指明采用之前已经定义的转换集 TRAN
R4(config-crypto-map)#match address 110
//指明匹配 ACL 为 110 的定义流量就是 VPN 流量
R4(config-crypto-map)#exit                             //退出
R4(config)#interface serial 0/0/1                      //进入路由器的端口 S0/0/1
R4(config-if)#crypto map MAP                           //在端口上应用之前创建的加密图 MAP
```

(4)实验的运行与测试、实验效果验证。

经过以上的配置过程,对实验结果进行测试。

从苏州大学本部的 PC ping 文正学院的服务器 S1,结果如下。

```
Packet Tracer PC Command Line 1.0
PC>ping 172.16.2.3
Pinging 172.16.2.3 with 32 bytes of data:
Request timed out.
Request timed out.
Reply from 172.16.2.3: bytes=32 time=157ms TTL=126
Reply from 172.16.2.3: bytes=32 time=203ms TTL=126
```

从苏州大学本部的 PC ping 文正学院的 PC2,结果如下。

```
PC>ping 172.16.2.2
Pinging 172.16.2.2 with 32 bytes of data:
Request timed out.
Reply from 172.16.2.2: bytes=32 time=203ms TTL=126
Reply from 172.16.2.2: bytes=32 time=219ms TTL=126
Reply from 172.16.2.2: bytes=32 time=203ms TTL=126
```

以上结果表明,苏州大学本部已经和文正学院能够实现互联互通。

Packet Tracer 软件可以帮助我们仿真现实中的网络工程项目,完成真实网络工程项目从分析、设计、配置、测试以及运行维护等一系列过程,在资金有限以及真实实训环境难以组建的情况下,能够达到很好的教学效果。

10.4.3　GRE over IPSec VPN

在信息化带动工业化、工业化促进信息化的大潮下,各企事业单位越来越重视信息化水平的建设。随着公司规模不断扩大,以及自身发展的需要,越来越多的单位在异地组建了分公司。为了将总公司和分公司的网络统一起来,以达到资源共享的目的,需要将异地的局域网络进行互联,在互联时需要共享路由信息,GRE 隧道技术可以实现。在进行异地网络互联时,同样需要考虑数据传输的安全问题,为了更安全地传输公司内部的保密数据,可以通过 IPSec VPN 技术实现。

基于 GRE over IPSec VPN 技术实现异地网络互联,能够实现分公司和总公司之间的路由信息共享和信息安全传输双重功能,被广大企事业单位所接受。

GRE(Generic Routing Encapsulation)即通用路由封装协议,是对某些网络层协议的数据报进行封装,使这些被封装的数据报能够在另一个网络层协议中传输,它采用了一种被称为 Tunnel(隧道)的技术。GRE 通常用来构建站点到站点的 VPN 隧道。

GRE 技术的最大优点是可以对多种协议、多种类型的报文进行封装,并且能够在隧道中进行传输。缺点是对传输的数据不进行加密,也就是数据在传输的过程中是不安全的。

IPSec(IP Security)协议族为 IP 数据包提供了高质量的、可互相操作的、基于密码学的安全保护。它能够保证 IP 数据包传输时的安全性。IPSec 协议不是一个单独的协议,它包括 AH、ESP 和 IKE 3 个协议,其中 AH 协议和 ESP 协议为安全协议、IKE 协议为密钥管理协议。IPSec VPN 适用于 LAN to LAN 的局域网互联。

IPSec 技术的优点是能够提供安全的数据传输,缺点是不能对网络中的组播报文进行封装。也就是说,不能在 IPSec 协议封装隧道中传输常见的动态路由协议报文。

综合这两种技术,利用 GRE 技术对用户数据和动态路由协议报文进行隧道封装,并且能很好地提供一个真正意义上的点对点的隧道,然后使用 IPSec 技术保护 GRE 隧道的安全,这样就构成了 GRE over IPSec VPN 技术。

接下来通过仿真一个实验环境具体实现 GRE over IPSec VPN 过程。

1) 网络拓扑结构分析、设计

首先介绍一下仿真网络环境的基本状况:一家公司在上海成立了总公司,随着公司业务的发展,北京成立了分公司,两地均有各自独立的局域网络。由于分公司要远程访问总公司的各种内部网络资源,如 FTP 服务器、考勤系统、人事系统、财务系统以及内部 Web 网站等,需要将两地独立的局域网络互联起来。将相距较远的局域网进行互联,需要借助 Internet。

该网络的拓扑结构总体分为 3 个部分:上海总公司、北京分公司以及连接两地的 Internet。利用 4 台路由器和两台计算机简单描述该网络拓扑。其中,PC0 表示上海总公司的一台普通的计算机,路由器 R1 为上海总公司的出口路由器,路由器 R3 为上海总公司连接的 Internet 服务提供商的路由器。PC1 表示北京分公司的一台普通的计算机,路由器 R2 为北京分公司的出口路由器,路由器 R4 为北京分公司连接的 Internet 服务提供商的路由器。上海总公司的 Internet 服务提供商和北京分公司的 Internet 服务提供商通过 Internet 互联起来。具体的网络拓扑图如图 10.8 所示。

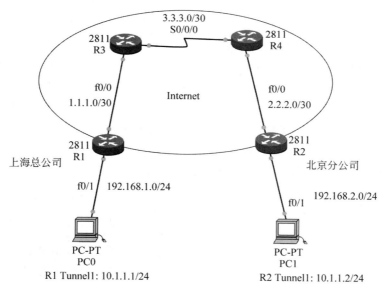

图 10.8　GRE over IPSec VPN 实现异地网络互联网络拓扑图

2) 网络地址规划

由于上海总公司和北京分公司的内部局域网规模均不大,故将它们规划为 C 类私有地址,上海总公司的网络地址规划为 192.168.1.0/24,北京分公司的网络地址规划为 192.168.2.0/24。上海总公司出口路由器连接 Internet 服务提供商的网络地址为 1.1.1.0/30,北京分公司为 2.2.2.0/30,上海和北京之间的网络地址为 3.3.3.0/30。

由于两地之间要借助 GRE 隧道进行互联,所以路由器 R1 连接路由器 R2 的隧道的地址为 10.1.1.1/24,路由器 R2 连接路由器 R1 的隧道的地址为 10.1.1.2/24。

3）具体实现过程

（1）配置路由器 R1 与路由器 R2 的 Internet 连通性。

对路由器 R1、路由器 R2、路由器 R3 以及路由器 R4 进行基本配置，包括端口地址的配置、端口的激活以及广域网 DCE 端口的时钟配置。具体端口地址配置见表 10.2。

表 10.2　具体端口地址分配

端口	路　由　器				PC	
	R1	R2	R3	R4	PC0	PC1
f0/0	1.1.1.1/30	2.2.2.2/30	1.1.1.2/30	2.2.2.1/30	IP 地址：192.168.1.2/24 默认网关：192.168.1.1	IP 地址：192.168.2.2/24 默认网关：192.168.2.1
f0/1	192.168.1.1/24	192.168.2.1/24				
S0/0/0			3.3.3.1/30	3.3.3.2/30		

（2）配置路由，使得 Internet 连通。

首先在路由器 R1 和路由器 R2 上配置默认路由，使非内网数据包指向 Internet。

```
R1(config)#ip route 0.0.0.0 0.0.0.0 1.1.1.2    //配置路由器 R1 指向 Internet 的默认路由
R2(config)#ip route 0.0.0.0 0.0.0.0 2.2.2.1    //配置路由器 R2 指向 Internet 的默认路由
```

其次在路由器 R3 和路由器 R4 上配置静态路由，使其互相连通。

```
R3(config)#ip route 2.2.2.0 255.255.255.252 3.3.3.2
                                               //配置路由器 R3 指向路由器 R4 的静态路由
R4(config)#ip route 1.1.1.0 255.255.255.252 3.3.3.1
                                               //配置路由器 R4 指向路由器 R3 的静态路由
```

最后测试连通性：在路由器 R1 上 ping 路由器 R2 的端口 f0/0 的 IP 地址 2.2.2.2。结果是通的。

（3）对路由器 R1 和路由器 R2 进行 GRE 隧道配置。

首先配置路由器 R1。

```
R1(config)#interface tunnel 1                       //在路由器 R1 上创建隧道 1
R1(config-if)#ip address 10.1.1.1 255.255.255.0     //为路由器 R1 的隧道 1 设置 IP 地址
R1(config-if)#tunnel source fastEthernet 0/0        //指定隧道的源端口为 f0/0
R1(config-if)#tunnel destination 2.2.2.2            //指定隧道的目的端口地址为 2.2.2.2
```

其次配置路由器 R2。

```
R2(config)#interface tunnel 1                       //在路由器 R2 上创建隧道 1
R2(config-if)#ip address 10.1.1.1 255.255.255.0     //为路由器 R2 的隧道 1 设置 IP 地址
R2(config-if)#tunnel source fastEthernet 0/0        //指定隧道的源端口为 f0/0
R2(config-if)#tunnel destination 1.1.1.1            //指定隧道的目的端口地址为 1.1.1.1
```

（4）在路由器 R1 和路由器 R2 上配置动态路由协议。

首先配置路由器 R1。

```
R1(config)#router rip                               //在路由器 R1 上启用动态路由协议 RIP
```

```
R1(config-router)#version 2                          //启用动态路由协议 RIP 的版本 2
R1(config-router)#no auto-summary                    //取消自动汇总功能
R1(config-router)#network 192.168.1.0                //宣告网络地址 192.168.1.0
R1(config-router)#network 10.0.0.0                   //宣告网络地址 10.0.0.0
```

其次配置路由器 R2。

```
R2(config)#router rip                                //在路由器 R2 上启用动态路由协议 RIP
R2(config-router)#version 2                          //启用动态路由协议 RIP 的版本 2
R2(config-router)#no auto-summary                    //取消自动汇总功能
R2(config-router)#network 192.168.2.0                //宣告网络地址 192.168.2.0
R2(config-router)#network 10.0.0.0                   //宣告网络地址 10.0.0.0
```

最后测试网络的连通性。

计算机 PC0 ping 计算机 PC1 的结果是通的。

```
PC>ping 192.168.2.2
Reply from 192.168.2.2: bytes=32 time=156ms TTL=126
Reply from 192.168.2.2: bytes=32 time=139ms TTL=126
```

（5）配置路由器 R1 的 IKE 参数和 IPSec 参数。

首先配置路由器 R1 的 IKE 参数。

```
R1(config)#crypto isakmp policy 1                    //创建 IKE 策略
R1(config-isakmp)#encryption 3des                    //使用 3DES 加密算法
R1(config-isakmp)#authentication pre-share           //使用预共享密钥验证方式
R1(config-isakmp)#hash sha                           //使用 SHA-1 算法
R1(config-isakmp)#group 2                            //使用 DH 组 2
R1(config-isakmp)#exit
R1(config)#crypto isakmp key 123456 address 2.2.2.2  //配置预共享密钥
```

其次配置路由器 R1 的 IPSec 参数。

```
R1(config)#crypto ipsec transform-set 3des_sha esp-sha-hmac
                                                     //配置 IPSec 转换集,使用 ESP
                                                     //协议、3DES 算法和 SHA-1 哈希算法
R1(cfg-crypto-trans)#mode transport                  //指定 IPSec 工作模式为传输模式
R1(config)#access-list 100 permit gre host 1.1.1.1 host 2.2.2.2
                                                     //针对 GRE 隧道的流量进行保护
R1(config)#crypto map to_R2 1 ipsec-isakmp           //配置 IPSec 加密映射
R1(config-crypto-map)#match address 100              //应用加密访问控制列表
R1(config-crypto-map)#set transform-set 3des_sha     //应用 IPSec 转换集
R1(config-crypto-map)#set peer 2.2.2.2               //配置 IPSec 对等体地址
R1(config-crypto-map)#exit
R1(config)#interface fastEthernet 0/0
R1(config-if)#crypto map to_R2                       //将 IPSec 加密映射应用到端口
```

（6）配置路由器 R2 的 IKE 参数和 IPSec 参数。

首先配置路由器 R2 的 IKE 参数。

```
R2(config)#crypto isakmp policy 1                              //创建 IKE 策略
R2(config-isakmp)#encryption 3des                             //使用 3DES 加密算法
R2(config-isakmp)#authentication pre-share                   //使用预共享密钥验证方式
R2(config-isakmp)#hash sha                                    //使用 SHA-1 算法
R2(config-isakmp)#group 2                                     //使用 DH 组 2
R2(config-isakmp)#exit
R2(config)#crypto isakmp key 123456 address 1.1.1.1          //配置预共享密钥
```

其次配置路由器 R2 的 IPSec 参数。

```
R2(config)#crypto ipsec transform-set 3des_sha esp-sha-hmac
                                                              //配置 IPSec 转换集,使用
                                                              //ESP 协议,3DES 算法和 SHA-1 哈希
                                                              //算法
R2(cfg-crypto-trans)#mode transport                          //配置 IPSec 工作模式为传输模式
R2(config)#access-list 100 permit gre host 2.2.2.2 host 1.1.1.1
                                                              //针对 GRE 隧道的流量进行保护
R2(config)#crypto map to_R1 1 ipsec-isakmp                   //配置 IPSec 加密映射
R2(config-crypto-map)#match address 100                      //应用加密访问控制列表
R2(config-crypto-map)#set transform-set 3des_sha            //应用 IPSec 转换集
R2(config-crypto-map)#set peer 1.1.1.1                       //配置 IPSec 对等体地址
R2(config-crypto-map)#exit
R2(config)#interface fastEthernet 0/0
R2(config-if)#crypto map to_R1                               //将 IPSec 加密映射应用到端口
```

4)实验的运行与测试、实验效果验证

计算机 PC0 ping 计算机 PC1 的结果是通的,表示构建 GRE over IPSec VPN 隧道建立成功。

```
PC>ping 192.168.2.2
Reply from 192.168.2.2: bytes=32 time=156ms TTL=126
Reply from 192.168.2.2: bytes=32 time=139ms TTL=126
```

10.5　本章小结

首先介绍广域网的基本概念,介绍了广域网中常见的两种设备类型 DCE 和 DTE,详细介绍了广域网的各种线路类型,包括租用线路、电路交换连接、分组交换连接以及信元交换连接,同时介绍了广域网的各种接入技术,特别介绍了广域网高级数据链路控制协议(HDLC)以及点对点协议(PPP),探讨了 PPP 的两种认证协议 PAP 及 CHAP 以及它们的配置过程。

介绍了常见的广域网技术,包括帧中继及 VPN,详细介绍了帧中继的工作原理及配置过程,介绍了 VPN 技术,特别介绍了 IPSec VPN 技术、GRE over IPSec VPN 技术,并分别介绍了它们的工作原理及详细的配置过程。

10.6　习题

一、单选题

1. 在计算机网络中，一般局域网的数据传输速率要比广域网的数据传输速率（　　　）。

　　A. 高　　　　　　　B. 低　　　　　　　C. 相同　　　　　　D. 不确定

2. 下列属于广域网拓扑结构的是（　　　）。

　　A. 树状结构　　　　B. 网状结构　　　　C. 总线型结构　　　D. 环状结构

3. T1 载波的数据传输率为（　　　）。

　　A. 1Mb/s　　　　　B. 10Mb/s　　　　　C. 2.048Mb/s　　　D. 1.544Mb/s

4. 公共电话网在数据传输期间，在源结点与目的结点之间有一条利用中间结点构成的物理连接线路。公共电话网采用的技术是（　　　）。

　　A. 报文交换　　　　B. 电路交换　　　　C. 分组交换　　　　D. 数据交换

5. 下列属于广域网技术的是（　　　）。

　　A. 以太网　　　　　B. 令牌环网　　　　C. 帧中继　　　　　D. FDDI

6. 下列不属于存储转发交换方式的是（　　　）。

　　A. 数据报方式　　　B. 虚电路方式　　　C. 电路交换方式　　D. 分组交换方式

7. E1 系统的速率为（　　　）。

　　A. 1.544Mb/s　　　B. 155Mb/s　　　　C. 2.048Mb/s　　　D. 64kb/s

8. 计算机接入 Internet 时，可以通过公共电话网进行连接。以这种方式连接并在连接时分配到一个临时性 IP 地址的用户，通常使用的是（　　　）。

　　A. 拨号连接仿真终端方式　　　　　　B. 经过局域网连接的方式

　　C. SLIP/PPP 协议连接方式　　　　　D. 经分组网连接的方式

9. 帧中继网是一种（　　　）。

　　A. 广域网　　　　　B. 局域网　　　　　C. ATM 网　　　　　D. 以太网

10. 世界上很多国家都相继组建了自己国家的公用数据网，现有的公用数据网大多采用（　　　）。

　　A. 分组交换方式　　　　　　　　　　B. 报文交换方式

　　C. 电路交换方式　　　　　　　　　　D. 端口交换方式

11. ATM 采用的线路复用方式为（　　　）。

　　A. 频分多路复用　　　　　　　　　　B. 同步时分多路复用

　　C. 异步时分多路复用　　　　　　　　D. 独占信道

12. X.25 数据交换网使用的是（　　　）。

　　A. 分组交换技术　　B. 报文交换技术　　C. 帧交换技术　　　D. 电路交换技术

二、多选题

1. 从分层的角度考虑，广域网技术对应的层次有（　　　）。

　　A. 物理层　　　　　B. 数据链路层　　　C. 网络层　　　　　D. 运输层

2. 广域网的连接类型有（　　　）。

　　A. 租用线路　　　　B. 报文交换　　　　C. 分组交换连接　　D. 电路交换连接

3. 属于分组交换连接的有（　　　）。

    A. ISDN   B. ATM   C. X.25   D. 帧中继

4. 广域网接入技术有（　　　）。

    A. DDN   B. ISDN   C. HFC   D. xDSL

5. 下列属于点到点协议的有（　　　）。

    A. HDLC   B. PPP   C. CSMA/CD   D. SDLC

6. 下列属于 PPP 验证协议的有（　　　）。

    A. PAP   B. CHAP   C. LCP   D. CHAP

三、判断题

1. DCE 是数据终端设备，该设备和与其通信网络的连接构成了网络终端的用户网络端口；DTE 是数据控制设备，是位于用户网络端口用户端的设备，它能够作为信源、信宿或同时为二者。（　　　）

2. 帧中继是一种用于公共或专用网上的局域网互联以及广域网连接，是一种网络与数据通信设备（DCE）的端口标准。（　　　）

3. VPN 是虚拟专用网，通过特殊的加密通信协议，将连接在互联网上位于不同地理位置的两个或多个企业内部网之间建立一条专有的通信线路。（　　　）

四、简答题

1. 什么是广域网？

2. 说明什么是 DCE 和 DTE。

3. 常见的广域网线路类型有哪些？

4. 常见的广域网接入技术有哪些？

5. 什么是 HDLC 和 PPP？

6. 什么是 PAP 和 CHAP？

7. 什么是帧中继技术？简述帧中继的工作原理。

8. 什么是 VPN 技术？简述 IPSec VPN 技术工作原理。

五、操作题

1. 设置网络环境，配置点对点协议的 PAP 和 CHAP 认证。

2. 设置网络环境，配置帧中继网络。

3. 设置网络环境，配置 IPSec VPN。

4. 设置网络环境，配置 GRE over IPSec VPN。

第 11 章　大型校园网组建

本章学习目标

- 了解校园网建设的目标
- 了解校园网建设的应用需求
- 掌握校园网设计的方案
- 掌握单核心校园网的组建过程
- 了解 IPv6 校园网的组建过程

本章详细介绍校园网组建的整个过程,让学生从整体上把握整个网络工程的实施过程,探讨了校园网建设的目标、校园网建设的应用需求,详细分析计算机网络的设计方案、单核心校园网的组建过程,包括单核心网络的规划与设计、网络互联设备的选型、接入层交换机配置,以实现局域网安全隔离,实现隔离网络间互联互通,实现局域网与 Internet 互联配置等。

本章最后探讨 IPv6 校园网的组建过程,包括就网络拓扑构建及网络设备选型、接入层配置、汇集层交换机配置、核心层网络配置、查看 IPv6 路由表以及最终网络连通性测试。

11.1　校园网组建概述

随着网络应用的普及深入,校园网在教学、科研和管理中发挥着越来越重要的作用。网络应用遍及行政管理、财务管理、教学管理、信息服务等各个方面,成为学校办公、教学、科研、交流必不可少的手段和服务平台。在推动学校信息化建设,将学院建设成为一个借助信息化教育和管理手段的高水平的智能化、数字化的教学园区网络,实现统一网络管理、统一软件资源系统,为用户提供高速接入网络,并实现网络远程教学、在线服务、教育资源共享等各种应用;利用现代信息技术从事管理、教学和科学研究等工作。

11.1.1　校园网络建设的目标

网络建设的设计目标是高性能、高可靠性、高稳定性、高安全性、易管理的万兆骨干网络平台。

1) 可靠性和稳定性

在考虑技术先进性和开放性的同时,还应从系统结构、技术措施、设备性能、系统管理、厂商技术支持及保修能力等方面着手,确保系统运行的可靠性和稳定性,达到最大的平均无故障时间。

2) 实用性和经济性

网络建设应始终贯彻面向应用、注重实效的方针,坚持实用、经济的原则,建设学校万兆骨干网络平台。

3）安全性和保密性

在网络设计中，既要考虑信息资源的充分共享，更要注意信息的保护和隔离，因此系统应分别针对不同的应用和不同的网络通信环境采取不同的措施，包括端口隔离、路由过滤、防 DDoS 拒绝服务攻击、防 IP 扫描、系统安全机制、多种数据访问权限控制等，网络设计方案应充分考虑安全性，针对校园网的各种应用，有多种保护机制，如划分 VLAN、IP/MAC 地址绑定(过滤)、ACL、路由过滤、防 DDoS 拒绝服务攻击、防 IP 扫描、IEEE 802.1x 认证机制、SSH 加密连接等具体技术，提升整个网络的安全性。

4）先进性和成熟性

网络建设设计既要采用先进的概念、技术和方法，又要注意结构、设备、工具的相对成熟，不但能反映当今的先进水平，而且具有发展潜力，能保证在未来若干年内占主导地位，保证校园网络建设的领先地位，规划采用万兆以太网技术构建网络主干线路，所有网络设备硬件都支持 IPv6，支持未来平滑升级到 IPv6 网络。

5）灵活性和可扩展性

万兆校园网设计方案应按照模块化、层次化的网络设计原则，所设计的网络具有很好的伸缩性，可以根据网络建设的不同阶段灵活配置和扩展，具有能不断吸收新技术、新方案的功能。

6）易管理

全线采用基于 SNMP 标准的可网管产品，达到全程网管，降低了人力资源的费用，提高了网络的易用性、可管理性，同时又具有很好的可扩充性。

7）骨干链路健壮(冗余)性

为了保证万兆骨干网络平台的健壮性和链路冗余性，在网络设计时将校园各个区域设备通过万兆模块连接到学校双核心交换机，并且同时启用千兆链路作为备份线路。在各个区域间启用路由冗余机制，任何一条线路出现故障后，依然保证骨干网络平台的可用性，为校区网络提供负载平衡、快速收敛和扩展性。

11.1.2　校园网络建设的应用需求

（1）在骨干网络中，视频、音频、数据集于一身，要更有效地保证应用服务的运营，需要通过端到端的 QoS、智能到边缘的方式来保证。

（2）在校园网络中，存在多样的网络设备及系统应用环境，要考虑到网络设备的可扩展性，保证在多样的网络设备中网络仍能畅通。同时预留空间，符合以后的信息建设需要和足够的升级空间。

（3）在骨干网络建设中存在多用户、多服务的现状，需要网络系统具有高效率，并且保证大数据量访问下有效的处理能力，使数据在独立的板卡上就能识别数据。

（4）网络环境稳定、可靠是十分重要的，网络中运行的众多应用及服务需要保证 7×24 小时不间断的服务。即使在设备出现问题时切换到备用设备的过程中，也要保证较小的延迟，以满足网络应用中的有效畅通的需要。

（5）在骨干网络中，对校园网的安全保障十分重要：校园网的信息点分布很广，与一般企业网比较，校园网用户的流动性大，信息点存在随意接入使用的问题。学生及外来不明身份的用户在校园网中找到任何一个信息点，就可以进入到校园网，可以肆意干扰和破坏校园网网络平台及应用系统的正常运行。另外,校园网的网络安全还需要考虑与外网及内网不同应用系统之间的安全访问控制。

11.1.3　校园网络的设计方案

1. 核心设计

网络核心结点作为校园网络系统的心脏,必须提供全线速的数据交换。在保证高性能、无阻塞交换的同时,还必须保证稳定可靠的运行。具体来说,核心结点的交换机有 3 个基本要求:①高密度端口情况下,能够保持各端口的线速转发;②具备高密度的万兆端口;③关键模块必须冗余,如管理引擎、电源、风扇等;④必须硬件支持 IPv6。校园网核心配备两台万兆核心交换机,建设成一个双核心的网络结构。实现整个校园的两个骨干结点采用万兆以太网环路保护技术,形成环形网络,这样整个网络的核心就具备了冗余、负载均衡、热交换性能等特性。在保证学校部分数据高速交换的同时,达到更好的经济性。

2. 汇聚设计

校园网各区域的汇聚层设计必须能保证校园网内部大量数据的高速转发,同时也要具备高可靠性和稳定性。校园网汇聚层交换机采用万兆交换机。全模块化、高密度端口的万兆核心路由交换机,可以根据用户的需求灵活配置,灵活构建弹性可扩展的网络。汇聚层交换机配备一个万兆端口和一个千兆端口,通过万兆链路上联校园主核心交换机;而备份线路则通过千兆光纤链路上联校园网核心交换机。

3. 接入设计

采用的接入交换机是全线速可堆叠的安全智能交换机,可以根据网络实际使用环境实施灵活多样的安全控制策略,可有效防止和控制病毒传播和网络攻击,控制非法用户使用网络,保证合法用户合理使用网络资源,充分保障网络安全和网络合理化使用和运营。可通过 SNMP、Telnet、Web 和 Console 口等多种方式提供丰富的管理。

4. 校园网外联出口模块设计

目前校园网的外联出口可能会有多条链路,出口设备采用 1 台高端防火墙,保证全校用户的 NAT 和出口安全实施的高效性。对外服务器易遭受来自互联网的黑客恶意攻击和病毒攻击,并且一旦被外界攻击影响后,无疑将会为互联网的黑客和网络病毒攻击学校内部网络提供便捷的通道,因此此类服务器的安全保护至关重要,规划将这类服务器放置在千兆防火墙之后,利用防火墙的安全过滤和安全防护功能,更好地降低服务器的安全风险。同时,通过在出口以旁路方式放置 IDS,对网络进行动态实时监控,一旦发现异常网络行为,通过与相应的网络安全策略平台和交换机联动,自动隔离发起异常网络行为的主机,实现自动防御异常网络行为。

5. 网络 VLAN 的设计

在骨干网络的整个网络规划中,VLAN 的划分是非常重要的部分,VLAN 的广播只在子网中进行,消除了广播风暴产生的条件。VLAN 的划分可以增加网络的安全性,在不同的 VLAN 之间不能随意通信,只限于在本子网间通信,不会对其他子网产生干扰。要进行访问,需要通过三层交换,也可以在汇聚设备上实行。根据校园网骨干网络建设的实际情况,在骨干网络,VLAN 划分规划以"灵活划分、方便管理"为基本原则,以不同的使用群体为 VLAN 范围划分。这样划分 VLAN 的好处有:①方便管理。在校园网骨干网络中如果以用户群体划分 VLAN,可避免由于前期配置设备时的烦琐复杂,而且由于相同的用户群体可能在不同的物理位置,导致造成整个校园网络中 VLAN 划分复杂,减少管理和后期的维护。②易于实施。按群体划分 VLAN 在工程实施中就十分方便,不会造成 VLAN 划分复杂失误,而使得网络出现不通的现象,便于工程快速实施和网络中心整体规划。

6. 网络路由设计

网络互联互通的关键是路由的畅通。选择一个合适的路由协议和合理的路由策略至关重要,广域网与局域网的 IP 层通信中必须使用路由协议,其中包含静态路由与动态路由,而动态路由又可以分为 OSPF、RIP、IGRP、EIGRP、BGP 等。在实际工作中,对于一个较小的网络系统,静态路由是一个很好的选择。对于一个较大的网络系统,往往采用浮动静态实现备份链路。动态路由有很多,但真正广泛使用在企业网中的是 EIGRP 与 OSPF。OSPF 是一个内部网关协议,该协议特别适合层次化的网络结构,更容易进行路由的控制。从长远的战略眼光看,在选择路由协议时应首先满足可用性,同时也要考虑可扩展性和标准性。EIGRP 是 Cisco 的私有协议,与其他厂商的路由器提供的路由协议存在兼容性问题。通过以上分析,建议采用 OSPF 路由协议网络地址规划。

7. 网络 IP 地址规划

根据互联网络技术发展的趋势,结合校园网骨干网络目前的现实情况,建议出口路由器互联采用公网 IP 地址;公共服务器(如 WWW/FTP/DNS/ 资源服务器等)均采用公网 IP 地址;接入用户采用私有保留 IP 地址相连。智能网络校园网的管理至关重要。校园网的管理分行政手段的管理和技术手段的管理:行政手段的管理主要是制定切实可行的用户、设备、系统管理制度,采取一定的奖惩手段,保障管理顺利开展;技术手段的管理主要是指利用相关的技术措施,管理和维护学院内部网络和各项系统顺利运行。采用网络管理平台能提供整个网络的拓扑结构,能对以太网络中的任何通用 IP 设备、SNMP 管理型设备进行管理,通过对网络的全面监控,网络管理员可以重构网络结构,使网络达到最佳效果。

8. 网络安全设计

构建全程全网的访问控制体系是网络安全防范和保护的主要策略,它的主要任务是保证网络资源不被非法使用和访问。它是保证网络安全最重要的核心策略之一。①接入交换机采用支持 IEEE 802.1x 用户入网认证,核心技术采用 IEEE 802.1x+Radius 协议构成;整个认证计费系统由安全交换机为最终用户提供认证、计费和管理等功能,通过与接入设备配合使用,在交换机上开启 IEEE 802.1x 功能,实现对所有用户进行认证和计费。②访问安全多业务万兆核心路由交换机支持 IEEE 802.1q VLAN,可使用 VLAN 划分隔离用户访问,同时还支持 VLAN 隧道技术,并且万兆核心路由交换机支持完善的 ACL,可以基于 MAC、IP、TCP/UDP 端口号进行流量控制,以有效防范和控制网络蠕虫病毒(如冲击波)的传播和危害。

9. 网络防病毒设计

网络防病毒设计的设计思想为:①以网为本防治病毒应该从网络整体考虑,从方便减少管理人员的工作上着手,透过网络管理 PC,提供在线报警功能,网络上的每一台机器出现故障、有病毒侵入,均应从管理中心处解决。②多层防御新的防毒手段应将病毒检测、多层数据保护和集中式管理功能集成起来,形成多层防御体系。任何一种反病毒的解决方案都应该既具有稳健的病毒检测功能,又具有客户机、服务器数据保护功能,也就是覆盖全网的多层次防御。③重视服务器上防毒大量的病毒存在于信息共享的网络介质上,因而要在网络前端实时杀毒。防范手段应集中在网络整体上。在个人计算机的硬件和软件、LAN 服务器、服务器上的网关、Internet 及 Intranet 的 WebSite 上,层层设防,对每种病毒都实行隔离、过滤。在后台实时进行监控,一旦发现病毒,随时清除,而前端用户根本没有感应,甚至根本不知道杀毒的过程,这才是比较科学的、全面的解决方案。④为安全管理规范和应急人员配备的防病毒系统需要很好的维护,坚固的防护系统也需要用户协助。在网络安全问题上,应制定严格的安全规范。这些规范是网络安全运行必不可少的规范制度。网络安全管理应专门配备防病毒应急处理技术人员,长期维护防病毒系统和跟踪病毒信息等。

校园网的建设对教学、科研和管理,特别是行政管理、财务管理、教学管理、信息服务等各个方面都具有特别重要的意义。同时,校园网的建设必须有基本的目标和原则。校园网的具体建设也要根据实际情况组建。

11.2 校园网的组建过程

大型单核心网络的组建过程有以下几个步骤:首先是单核心网络的规划与设计,主要内容是网络拓扑结构的设计以及 IP 地址规划。其次是对网络互联设备的选型,即根据需要选择合适的网络互联设备。第三步是对接入层交换机进行配置,以实现局域网安全隔离。第四步主要是实现隔离网络间互联互通。第五步是实现局域网与 Internet 互联配置。最后一个步骤是对整个工程项目进行调试及验收。

1. 单核心网络的规划与设计

各企事业单位在建设自己的网络时,往往是采用目前比较流行的三层网络架构,即核心层、汇聚层和接入层。通常将网络中直接面向用户连接或访问网络的部分称为接入层,将位于接入层和核心层之间的部分称为汇聚层,而将网络主干部分称为核心层,核心层的主要目的在于通过高速转发通信,核心层交换机应拥有更高的可靠性、性能和吞吐量。图 11.1 是一个单核心的三层网络结构。其中 Switch3 为核心层三层交换机,Switch1 和 Switch2 为汇聚层三层交换机,接入层为 4 台普通二层交换机。在规划中,将第一台和第二台接入层交换机的 1~8 号口分配给电子信息系(VLAN10),9~16 号口分配给工商管理系(VLAN20),17~23 号口分配给城市轨道系(VLAN30),它们的 24 号端口分别用于连接汇聚层交换机。第三台和第四台交换机的 1~8 号口分配给自动控制系(VLAN50),9~16 号口分配给行政(VLAN60),17~23 号口分配给后勤(VLAN70)。当然,也可以根据实际情况变化而变化,在进行 IP 地址规划时,我们将相同的部门分配同一个网段,不同的部门分配不同的网段。如电子信息系为 172.16.10.0/16,工商管理系为 172.16.20.0/16,城市为 172.16.30.0/16,自动控制系为 172.16.50.0/16,行政为 172.16.60.0/16,后勤为 172.16.70.0/16 等。

2. 网络互联设备的选型

Packet Tracer 模拟软件中提供了多种型号的网络设备,在组建大型单核心网络中接入层交换机,我们选择 Cisco 2950 或 Cisco 2960 普通二层交换机,汇聚层和核心层交换机选择 Cisco 3560 三层交换机,链接外网的路由器选择 Cisco Router 1814,电信局的路由器同样为 Cisco Router 1841。整个网络拓扑图如图 11.1 所示。

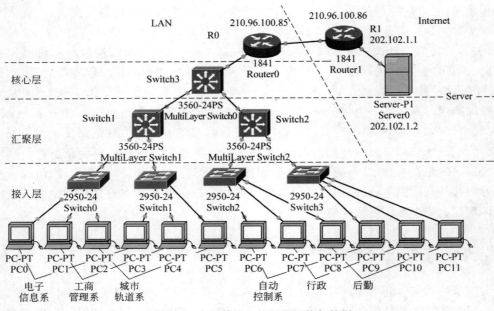

图 11.1　大型单核心校园网网络拓扑图

3. 对接入层交换机进行配置，以实现局域网安全隔离

为了实现局域网安全隔离，需要划分 VLAN（虚拟局域网）。划分 VLAN 主要出于三方面的考虑：一是基于网络性能的考虑。对于大型网络，现在常用的协议是广播协议，当网络规模很大时，网上的广播信息会很多，形成广播风暴，引起网络堵塞。而广播信息不会跨过 VLAN，这样就缩小了广播范围，提高了网络性能。第二是基于安全性的考虑。不同 VLAN 的计算机是不能互相通信的。第三是基于组织结构上的考虑。同一部门的人员分散在不同的物理地点，我们可以跨地域将其设在同一 VLAN 中，实现数据安全和共享。我们按照部门将交换机进行 VLAN 划分，首先对第一台接入层交换机进行如下配置。

```
Switch>en                                            //进入特权模式
Switch#config t                                      //进入全局配置模式
Switch (config)#vlan 10                              //创建电子信息系虚拟局域网,VLAN10
Switch (config-vlan)#exit
Switch (config)#vlan 20                              //创建工商管理系虚拟局域网,VLAN20
Switch (config-vlan)#exit
Switch (config)#vlan 30                              //创建城市轨道系虚拟局域网,VLAN30
Switch (config-vlan)#exit
Switch (config)#interface range fastEthernet 0/1-8   //进入 1～8 号端口
Switch (config-if-range)#switchport access vlan 10   //将第一台交换机的 1～8 号端口
                                                     //分配给电子信息系 VLAN10
Switch (config-if-range)#exit
Switch (config)#interface range fastEthernet 0/9-16  //进入 9～16 号端口
Switch (config-if-range)#switchport access vlan 20   //将第一台交换机的 9～16 号端口
                                                     //分配给工商管理系 VLAN20
Switch (config-if-range)#exit
```

```
Switch (config)#interface range fastEthernet 0/17-23    //进入 17～23 号端口
Switch (config-if-range)#switchport access vlan 30   //将第一台交换机的 17～23 号
                                                     //端口分配给城市轨道系 VLAN30
```

　　用同样的方法配置其他 3 台接入层交换机,其中第二台接入层交换机创建 3 个 VLAN,分别为 VLAN10、VLAN20 以及 VLAN30,将交换机的 1～8 号端口分配给电子信息系 VLAN10,将交换机的 9～16 号端口分配给工商管理系 VLAN20,将交换机的 17～23 号端口分配给城市轨道系 VLAN30,第三台和第四台接入层交换机各创建 3 个 VLAN,分别为 VLAN50、VLAN60 以及 VLAN70,将这两台交换机的 1～8 号端口分配给自动控制系 VLAN50,9～16 号端口分配给行政 VLAN60,17～23 号端口分配给后勤 VLAN70。这两台交换机的 24 号端口均为连接汇聚层端口。最终达到相同的部门在相同的 VLAN 中,通过测试,相同部门间的网络是可以互相通信的,不同部门的网络是不可以互相通信的。这样我们就可以实现对接入层交换机配置,以实现局域网安全隔离。

4. 实现隔离网络间互联互通

　　网络应该是互通的,接下来我们需要借助三层交换机实现不同 VLAN 间网络的互联互通,在实现网络的互联互通时,首先通过 Switch1(图 11.1)解决第一台和第二台接入层交换机的互联互通问题。我们对 Switch1 进行如下配置。

```
Switch(config)#vlan 10                               //创建 VLAN10
Switch(config-vlan)#exit
Switch(config)#vlan 20                               //创建 VLAN20
Switch(config-vlan)#exit
Switch(config)#vlan 30                               //创建 VLAN30
Switch(config-vlan)#exit
Switch(config)#interface vlan 10                     //进入 VLAN10 端口模式
Switch(config-if)#ip address 172.16.10.1 255.255.255.0  //配置 IP 地址
                                                     //作为 VLAN10 网关地址
Switch(config-if)#no shu
Switch(config-if)#exit
Switch(config)#interface vlan 20                     //进入 VLAN20 端口模式
Switch(config-if)#ip address 172.16.20.1 255.255.255.0  //配置 IP 地址
                                                     //作为 VLAN20 网关地址
Switch(config-if)#no shu
Switch(config-if)#exit
Switch(config)#interface vlan 30                     //进入 VLAN30 端口模式
Switch(config-if)#ip address 172.16.30.1 255.255.255.0  //配置 IP 地址
                                                     //作为 VLAN30 网关地址
Switch(config-if)#no shu
```

　　这里需要注意的是,要将连接三层交换机 Switch1 的 1 号端口和第一台接入层交换机的连接 Switch1 交换机的 24 号端口的模式均配置成 Trunk 模式。将连接三层交换机 Switch1 的 2 号端口和第二台接入层交换机的连接 Switch1 的交换机的 24 号端口的模式均配置成 Trunk 模式。首先配置第一台接入层交换机。

```
switch (config)#interface fastEthernet 0/24          //进入第一台接入层交换机 24 号端口
```

```
switch(config-if)#switchport mode trunk          //将第一台接入层交换机 24 号端口
//配置成 Trunk 模式。同样对第二台接入层交换机的 24 号端口配置成 Trunk 模式
```

采用同样的方法对三层交换机 Switch1 进行配置。

```
Switch(config)#interface fastEthernet 0/1        //进入 1 号端口
Switch(config-if)#switchport trunk encapsulation dot1q
                                                 //把交换机端口封装类型改成 dot1q
Switch(config-if)#switchport mode trunk          //将 1 号端口配置成 Trunk 模式
```

同样将 2 号端口配置成 Trunk 模式。

经过以上配置后,在第一台接入层交换机和第二台接入层交换机的不同 VLAN 间就可以互相通信了,我们用电子信息系一台 IP 地址为 172.16.10.2 的计算机可以成功 ping 通城市轨道系的一台 IP 地址为 172.16.30.2 的计算机,返回值为 127。

```
PC>ping 172.16.30.2
Pinging 172.16.30.2 with 32 bytes of data:
Reply from 172.16.30.2: bytes=32 time=174ms TTL=127
Reply from 172.16.30.2: bytes=32 time=49ms TTL=127
```

利用同样的方法可以将第三台和第四台接入层交换机所连接的自动控制系、行政、后勤互联起来,达到网络互通的作用。其中,在交换机 Switch2 上创建 3 个 VLAN,分别为 VLAN50、VLAN60 和 VLAN70,配置这 3 个 VLAN 的 IP 地址分别为 172.16.50.1/16、172.16.60.1/16 和 172.16.70.1/16。

接下来需要将第一、第二台交换机和第三、第四台交换机通过网络互联起来。这里需要利用核心层交换机 Switch3 完成任务。首先配置核心层交换机 Switch3。

```
Switch(config)#vlan 100                          //创建 VLAN100
Switch(config-vlan)#exit
Switch(config)#vlan 200                          //创建 VLAN200
Switch(config-vlan)#exit
Switch(config)#interface vlan 100                //进入 VLAN100 端口模式
Switch(config-if)#ip address 192.168.128.45 255.255.255.248    //配置 IP 地址
Switch(config-if)#exit
Switch(config)#interface vlan 200                //进入 VLAN200 端口模式
Switch(config-if)#ip address 192.168.129.45 255.255.255.248    //配置 IP 地址
Switch(config-if)#exit
Switch(config)#router ospf 100                   //配置动态路由协议 OSPF
Switch(config-router)#network 192.168.128.40 0.0.0.7 area 0
Switch(config-router)#network 192.168.129.40 0.0.0.7 area 0
Switch(config-router)#
```

注意,要将该交换机连接下面的汇聚层交换机的端口模式设置成 Trunk。

接下来对交换机 Switch1 进行配置。

```
Switch(config)#vlan 100                          //创建 VLAN100
Switch(config-vlan)#exit
```

```
Switch(config)#interface vlan 100                          //进入 VLAN100 端口模式
Switch(config-if)#ip address 192.168.128.44 255.255.255.248    //配置 IP 地址
Switch(config-if)#no shu
Switch(config-if)#exit
Switch(config)#router ospf 100                            //配置动态路由协议 OSPF
Switch(config-router)#network 192.168.128.40 0.0.0.7 area 0
Switch(config-router)#network 172.16.10.0 0.0.255.255 area 0
Switch(config-router)#network 172.16.20.0 0.0.255.255 area 0
Switch(config-router)#network 172.16.30.0 0.0.255.255 area 0
```

利用同样的方法对交换机 Switch2 进行配置。在交换机 Switch2 中创建 VLAN200,IP
地址为 192.168.129.44/29,在该交换机上运行 OSPF 动态路由协议,所链接的网络分别为
172.16.50.0/16、172.16.60.0/16、172.16.70.0/16 以及 192.168.129.40/16。

最后将这两台交换机连接核心层交换机的端口的模式设置成 Trunk。

经过以上配置,整个局域网就实现了互联互通,其中我们用电子信息系的一台 IP 地址
为 172.16.10.2 的计算机 ping 后勤的一台 IP 地址为 172.16.70.2 的计算机,结果是 ping 通
的,返回值是 125,因为经过了 3 台三层交换机。

```
PC>ping 172.16.70.2
Pinging 172.16.70.2 with 32 bytes of data:
Reply from 172.16.70.2: bytes=32 time=156ms TTL=125
Reply from 172.16.70.2: bytes=32 time=109ms TTL=125
```

5. 实现局域网与 Internet 互联配置

局域网最终要连入 Internet,我们借助一台 Cisco 1841 路由器和电信的 Cisco 1841 路
由器相连,其中电信局分配给单位使用的外部 IP 地址为 210.96.100.85,电信局连接单位
路由器的一端的 IP 地址为 210.96.100.86。因特网上有一台 Web 服务器,其 IP 地址为
202.102.1.2,网关地址为 202.102.1.1,具体情况如图 11.1 所示。以下是对单位路由器的
配置。

```
Router(config)#interface fastEthernet 0/0               //进入路由器的端口 0/0
Router(config-if)#ip address 192.168.86.30 255.255.255.240
                                                        //配置 IP 地址
Router(config-if)#no shu                                 //激活
Router(config-if)#exit
Router(config)#interface fastEthernet 0/1               //进入路由器的端口 0/1
Router(config-if)#ip address 210.96.100.85 255.255.255.0   //配置 IP 地址
Router(config-if)#exit
Router(config)#ip route 0.0.0.0 0.0.0.0 210.96.100.86   //配置默认路由指向外网的
                                                        //路由器
Router(config)#router ospf 100                           //运行动态路由协议 OSPF
Router(config-router)#network 192.168.86.16 0.0.0.15 area 0
Router(config-router)#network 210.96.100.84 0.0.0.15 area 0
Router(config-router)#default-information originate //通过 OSPF 动态路由协议
                                                        //向内网宣告默认路由信息
```

现在我们需要对连接该路由器的三层交换机 Switch3 进行配置。

```
Switch(config)#interface fastEthernet 0/3          //进入 3 号端口,该端口是
                                                   //该交换机和路由器相连的端口
Switch(config-if)#no switchport                    //将该端口配置成路由口
Switch(config-if)#ip address 192.168.86.17 255.255.255.240   //配置 IP 地址
Switch(config-if)#exit
Switch(config)#router ospf 100
Switch(config-router)#network 192.168.86.16 0.0.0.15 area 0
```

接下来配置路由器的网络地址转换,实现内网与 Internet 相连。具体配置如下。

```
Router(config)#interface fastEthernet 0/0          //进入路由器的端口 f0/0
Router(config-if)#ip nat inside                    //将端口 f0/0 设置成内网口
Router(config-if)#exit
Router(config)#interface fastEthernet 0/1          //进入路由器的端口 f0/1
Router(config-if)#ip nat outside                   //将端口 fa0/1 设置成外网口
Router(config-if)#exit
Router(config)#access-list 1 permit any            //设置访问列表允许所有内
                                                   //部计算机访问外网
Router(config)#ip nat inside source list 1 interface fastEthernet 0/1 overload
//配置网络地址转换
```

接下来将电信局的路由器配置端口的 IP 地址就可以了,分别为:f0/0 的 IP 地址为 210.96.100.86,f0/1 的 IP 地址为 202.102.1.1。Web 服务器的 IP 地址为 202.102.1.2,网关地址为 202.102.1.1。

经过上面的网络配置,利用 Packet Tracer 模拟组建大型单核心网络就完成了。用内网的一台计算机 ping 外网的 Web 服务器,结果如下。

```
PC>ping 202.102.1.2
Pinging 202.102.1.2 with 32 bytes of data:
Reply from 202.102.1.2: bytes=32 time=172ms TTL=124
Reply from 202.102.1.2: bytes=32 time=141ms TTL=124
```

访问 Web 网站结构如图 11.2 所示。

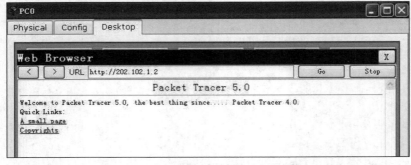

图 11.2　网络连通性测试结果图

11.3　IPv6 校园网的组建过程

随着 IPv4 地址的不断减少,以 IPv4 地址为主流的网络组建技术必将退出历史舞台,取而代之的是基于 IPv6 的网络组建技术。尽管 IPv6 技术的理论体系基本成熟,但在实际的应用中,基于 IPv6 组网技术在各行各业的网络组建中还没有得到普遍采用,需要不断积累经验。本文以苏州大学文正学院为例,利用仿真技术实现基于 IPv6 校园网的组建过程。

1. IPv6 校园网的组建

基于 IPv6 校园网的组建主要从网络拓扑结构的构建及网络设备选型、网络设备互联配置、网络连通性测试等方面进行。

2. 网络拓扑构建及网络设备选型

典型的校园网的网络拓扑构建是三层网络架构,即接入层、汇聚层和核心层。为了更好地实现基于 IPv6 的校园网组建,设计了 Packet Tracer 下的网络仿真拓扑图,该拓扑图的接入层交换机采用 Cisco 的 2950,汇聚层交换机采用 Cisco 的 3550,核心层交换机采用 Cisco 的 3550,出口路由器采用 Cisco 的 2811。模拟电信的路由器采用 Cisco 的 2811 路由器,整个网络拓扑的构建如图 11.1 所示。

在 Packet Tracer 模拟软件中,三层交换机对 IPv6 的支持并不是太好,为了能顺利地完成该项目,将三层交换机替换为路由器,通过路由器同样能够实现汇聚层和核心层的功能,达到很好的实验效果。

3. 接入层配置

首先根据网络地址规划设置每个部门的终端计算机 IPv6 地址,其次为接入层交换机进行 VLAN 划分配置:每台交换机共 24 口,划分为 3 个部门,每个部门 8 个端口,其中 1～8 号端口为一个部门,9～16 号端口为一个部门,17～24 号端口为一个部门,每个交换机的千兆口 Gigabit Ethernet 用于连接汇聚层交换机。具体 VLAN 划分如下。

```
SW1(config)#vlan 2                               //创建 VLAN2
SW1(config-vlan)#name dianzixinxi                //为该 VLAN 命名
SW1(config)#vlan 3                               //创建 VLAN3
SW1(config-vlan)#name gongshangguanlixi          //为 VLAN3 命名
SW1(config)#vlan 4                               //创建 VLAN4
SW1(config-vlan)#name jixiegongchengxi           //为 VLAN 命名
SW1(config)#interface range fastEthernet 0/1-8   //进入交换机的 1～8 号端口
SW1(config-if-range)#switchport access vlan 2    //将交换机的 1～8 号端口放入虚
                                                 //拟局域网 VLAN2
SW1(config)#interface range fastEthernet 0/9-16  //进入交换机 9～16 号端口
SW1(config-if-range)#switchport access vlan 3    //将交换机的 9～16 号端口放入
                                                 //虚拟局域网 VLAN3
SW1(config)#interface range fastEthernet 0/17-24 //进入交换机的 17～24 号端口
SW1(config-if-range)#switchport access vlan 4    //将交换机的 17～24 号端口放入
                                                 //虚拟局域网 VLAN4
SW1(config)#interface gigabitEthernet 1/1        //进入交换机千兆口
gigabitEthernet 1/1
```

```
SW1(config-if)#switchport mode trunk                      //将千兆口设置为 Trunk 模式
```

采用同样的方法设置其他 3 台交换机的 VLAN。

4. 汇聚层交换机配置

首先配置第一台汇聚路由器,该路由器为第一台和第二台接入交换机的汇聚路由器,同时连接电子信息系、工商管理系、城市轨道系。由于路由器的每一个端口都需要连接 3 个不同的部门,所以需要使用路由器的子端口,将每个路由器的端口划分为 3 个子端口。具体配置如下。

```
R1(config)#interface fastEthernet 0/0                     //进入路由器的端口 f0/0
R1(config-if)#no shu                                      //激活该端口
R1(config-if)#exit                                        //退出
R1(config)#interface fastEthernet 0/0.1                   //进入端口 f0/0 的第一个子端口模式
R1(config-subif)#encapsulation dot1Q 2                    //将该端口封装成 dot1q 模式,并
                                                          //将该端口归于 VLAN2
R1(config-subif)#ipv6 address 2001:1::1/64                //配置该子端口的 IPv6 地址,该地
                                                          //址即为电子信息系的网关地址
R1(config-subif)#exit                                     //退出
R1(config)#interface fastEthernet 0/0.2                   //进入端口 f0/0 的第二个子端口模式
R1(config-subif)#encapsulation dot1Q 3                    //将该端口封装成 dot1q 模式,并
                                                          //将该端口归于 VLAN3
R1(config-subif)#ipv6 address 2001:2::1/64                //配置该子端口的 IPv6 地址,该地
                                                          //址即为工商管理系的网关地址
R1(config-subif)#exit                                     //退出
R1(config)#interface fastEthernet 0/0.3                   //进入端口 f0/0 的第三个子端口模式
R1(config-subif)#
R1(config-subif)#encapsulation dot1Q 4                    //将该端口封装成 dot1q 模式,并
                                                          //将该端口归于 VLAN4
R1(config-subif)#ipv6 address 2001:3::1/64                //配置该子端口的 IPv6 地址,该地
                                                          //址即为城市轨道系的网关地址
R1(config-subif)#no shu                                   //激活该端口
```

通过以上配置,通过单臂路由,可以让电子信息系、工商管理系以及城市轨道系的计算机通过路由器 R1 进行通信。结果是连通的,如图 11.3 所示。

利用同样的方法,配置路由器 R1 的端口 f0/1,以及路由器 R2 的端口 f0/0 和 f0/1。

但是,连接在不同路由器上的不同部门计算机之间不能互相进行通信,它们的通信需要借助核心层路由器,并且需要借助动态路由协议实现。

5. 核心层网络配置

首先配置路由器 R1。

```
R1(config)#interface fastEthernet 1/0                     //进入路由器的端口 f1/0
R1(config-if)#no shu                                      //激活
R1(config-if)#ipv6 address 2001:13::1/64                  //配置 IPv6 地址
R1(config-if)#exit                                        //退出
```

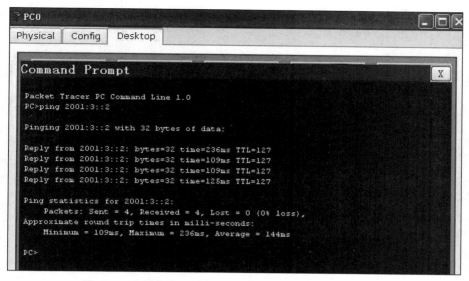

图 11.3　电子信息系计算机 ping 城市轨道系计算机的结果

R1(config)#ipv6 unicast-routing	//打开端口之间 IPv6 数据包转发过程
R1(config)#ipv6 router ospf 64	//设置动态路由协议 OSPF
R1(config-rtr)#router-id 2.2.2.2	//设置进程号
R1(config-rtr)#exit	//退出
R1(config)#interface fastEthernet 0/0.1	//进入路由器端口 f0/0 的子端口 1
R1(config-subif)#ipv6 ospf 64 area 0	//启动路由器的 IPv6 OSPF 路由功能
R1(config-subif)#exit	//退出
R1(config)#interface fastEthernet 0/0.2	//进入路由器端口 f0/0 的子端口 2
R1(config-subif)#ipv6 ospf 64 area 0	//启动路由器的 IPv6 OSPF 路由功能
R1(config-subif)#exit	//退出
R1(config)#interface fastEthernet 0/0.3	//进入路由器端口 f0/0 的子端口 3
R1(config-subif)#ipv6 ospf 64 area 0	//启动路由器的 IPv6 OSPF 路由功能
R1(config-subif)#exit	//退出
R1(config)#interface fastEthernet 0/1.1	//进入路由器端口 f0/0 的子端口 1
R1(config-subif)#ipv6 ospf 64 area 0	//启动路由器的 IPv6 OSPF 路由功能
R1(config-subif)#exit	//退出
R1(config)#interface fastEthernet 0/1.2	//进入路由器端口 f0/0 的子端口 2
R1(config-subif)#ipv6 ospf 64 area 0	//启动路由器的 IPv6 OSPF 路由功能
R1(config-subif)#exit	//退出
R1(config)#interface fastEthernet 0/1.3	//进入路由器端口 f0/0 的子端口 3
R1(config-subif)#ipv6 ospf 64 area 0	//启动路由器的 IPv6 OSPF 路由功能
R1(config-subif)#exit	//退出
R1(config)#interface fastEthernet 1/0	//进入路由器的端口 f1/0
R1(config-if)#	

接下来配置路由器 R2。

R2(config)#ipv6 unicast-routing　　　　　　//启动路由器的 IPv6 路由功能

```
R2(config)#ipv6 router ospf 64
R2(config-rtr)#router-id 3.3.3.3
R2(config-rtr)#exit                          //退出
R2(config)#interface fastEthernet 0/0.1      //进入路由器 R2 的端口 f0/0 的子端口 1
R2(config-subif)#ipv6 ospf 64 area 0         //启动路由器的 IPv6 OSPF 路由功能
R2(config-subif)#exit                        //退出
R2(config)#interface fastEthernet 0/0.2      //进入路由器 R2 的端口 f0/0 的子端口 2
R2(config-subif)#ipv6 ospf 64 area 0         //启动路由器的 IPv6 OSPF 路由功能
R2(config-subif)#exit
R2(config)#interface fastEthernet 0/0.3      //进入路由器 R2 的端口 f0/0 的子端口 1
R2(config-subif)#ipv6 ospf 64 area 0         //启动路由器的 IPv6 OSPF 路由功能
R2(config-subif)#exit
R2(config-if)#interface fastEthernet 0/1.1   //进入路由器 R2 的端口 f0/1 的子端口 1
R2(config-subif)#ipv6 ospf 64 area 0         //启动路由器的 IPv6 OSPF 路由功能
R2(config-subif)#exit
R2(config)#interface fastEthernet 0/1.2      //进入路由器 R2 的端口 f0/1 的子端口 2
R2(config-subif)#ipv6 ospf 64 area 0         //启动路由器的 IPv6 OSPF 路由功能
R2(config-subif)#exit
R2(config)#interface fastEthernet 0/1.3      //进入路由器 R2 的端口 f0/1 的子端口 3
R2(config-subif)#ipv6 ospf 64 area 0         //启动路由器的 IPv6 OSPF 路由功能
R2(config-subif)#exit
```

最后配置核心路由器 core。

首先对核心路由器进行基本的配置,主要配置端口的 IPv6 地址,具体配置如下。

```
Router(config)#interface fastEthernet 0/1   //进入核心路由器的端口 f0/1
Router(config-if)#ipv6 address 2001:13::2/64 //配置 IPv6 地址
Router(config-if)#no shu                     //激活
Router(config-if)#exit                       //退出
Router(config)#interface fastEthernet 0/0    //进入核心路由器的端口 f0/0
Router(config-if)#ipv6 address 2001:14::2/64 //配置 IPv6 地址
Router(config-if)#no shu                     //激活
Router(config-if)#
```

其次配置动态路由协议。

```
core(config)#ipv6 unicast-routing            //启动路由器的 IPv6 路由功能
core(config)#ipv6 router ospf 64             //设置动态路由协议 OSPF
core(config-rtr)#router-id 4.4.4.4           //设置进程号
core(config)#interface fastEthernet 0/1      //进入核心路由器的端口 f0/1
core(config-if)#ipv6 ospf 64 area 0          //启动路由器的 IPv6 OSPF 路由功能
core(config-if)#exit
core(config)#interface fastEthernet 0/0      //进入核心路由器的端口 f0/0
core(config-if)#ipv6 ospf 64 area 0          //启动路由器的 IPv6 OSPF 路由功能
```

6. 查看路由器的 IPv6 路由表

```
Router#show ipv6 route
```

通过 show ipv6 route 命令查看路由器 R1、路由器 R2 的路由表。结果显示路由器的路由表都是全的。

7. 测试网络的连通性

通过电子信息系计算机 ping 学生公寓计算机 2001:12::2，结果如图 11.4 所示。通过 ping 的结果可以看出，整个校园网络的 IPv6 网络是连通的。

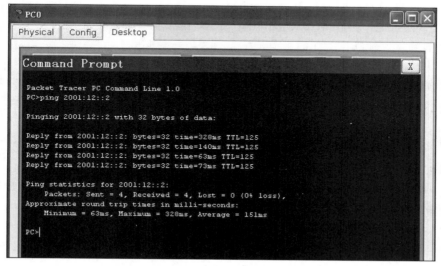

图 11.4　电子信息系计算机 ping 学生公寓计算机的结果图

11.4　本章小结

详细介绍了校园网组建的整个过程，让学生从整体上把握整个网络工程的实施过程，从高性能、高可靠性、高稳定性、高安全性、易管理的万兆骨干网络平台几个角度探讨了校园网建设的目标、校园网建设的应用需求，详细分析了计算机网络的设计方案、单核心校园网的组建过程，包括单核心网络的规划与设计、网络互联设备的选型、接入层交换机配置，以实现局域网安全隔离，实现隔离网络间互联互通，实现局域网与 Internet 互联配置等。

最后探讨了 IPv6 校园网的组建过程，包括网络拓扑构建及网络设备选型、接入层配置、汇集层交换机配置、核心层网络配置、查看 IPv6 路由表，以及最终的网络连通性测试。

11.5　习题

一、单选题

1. 用集线器连接的一组工作组网络（　　）。
    A. 不属一个冲突域，也不属一个广播域
    B. 同属于一个冲突域，但不属于一个广播域
    C. 不属一个冲突域，但同属一个广播域
    D. 同属于一个冲突域，也同属一个广播域

2. 以太网交换机的每一个端口可以看作一个(　　)。

    A. 冲突域　　　　　　B. 广播域　　　　　　C. 管理域　　　　　　D. 阻塞域

3. 对二层交换机的描述,错误的是(　　)。

    A. 通过辨别 IP 地址进行转发

    B. 通过辨别 MAC 地址进行数据转发

    C. 交换机能够通过硬件进行数据的转发

    D. 交换机能够建立 MAC 地址与端口的映射表

4. 制定局域网标准化工作的组织是(　　)。

    A. OSI　　　　　　　B. IEEE　　　　　　C. CCIT　　　　　　D. EIA

5. 在大型局域网中,为了提高网络的健壮性和稳定性,在提供正常的网络设备之间的连接外,往往还提供一些备份连接,这种技术称为(　　)。

    A. 链路聚合　　　　　　　　　　　　B. Set 生成树协议

    C. RSET 生成树协议　　　　　　　　D. 冗余链路

6. 下列不属于广域网的是(　　)。

    A. ISDN　　　　　　B. 电话网　　　　　　C. 以太网　　　　　　D. ATM 网络

7. 在交换机上显示全部的 VLAN 的命令是(　　)。

    A. show vlan　　　　　　　　　　　B. show vlan.data

    C. show mem vlan　　　　　　　　　D. show flash：vlan

8. 划分 VLAN 的方法有多种,这些方法中不包括(　　)。

    A. 根据端口划分　　　　　　　　　　B. 根据路由设备划分

    C. 根据 MAC 地址划分　　　　　　　D. 根据 IP 地址划分

9. 下列不属于核心层特征的是(　　)。

    A. 高速转发数据　　　　　　　　　　B. 提供高可靠性

    C. 提供冗余链路　　　　　　　　　　D. 部门或工作组级访问

10. 下列不属于汇聚层的特征的是(　　)。

    A. 安全　　　　　　　　　　　　　　B. 建立独立的冲突域

    C. 部门或工作组级访问　　　　　　　D. 虚拟 VLAN 之间的路由选择

11. 可减少广播域的交换机的技术是(　　)。

    A. STP　　　　　　B. ISL　　　　　　C. 802.1Q　　　　　　D. VLAN

12. 要使一个 VLAN 跨越两台交换机时(　　)。

    A. 用路由器连接两台交换机　　　　B. 用三层交换机连接两层交换机

    C. 用 Trunk 接口,连接两台交换机　　D. 两台交换机上 VLAN 的配置必须相同

13. 交换机转发数据帧的依据是(　　)。

    A. MAC 地址和路由表　　　　　　B. IP 地址和 MAC 地址表

    C. IP 地址和路由表　　　　　　　D. MAC 地址和 MAC 地址表

14. 拓扑设计完毕后,工程师需要配置 Trunk 模式的链路是(　　)。

    A. 路由器之间的链路　　　　　　　B. 交换机之间的链路

    C. 交换机连接 PC 的链路　　　　　D. 路由器连接 PC 的链路

15. 安装在园区网络中的三层交换机和路由器,它们的特点相同的是(　　)。

A. 端口数量大 B. 有丰富的广域网接口

C. 具有高速转发能力 D. 具有路由选址能力

16. 路由协议中的管理距离,是告诉这条路由的信息是( )。

A. 线路的好坏 B. 路由信息的等级

C. 传输距离的远近 D. 可信度的等级

17. 创建一个扩展访问控制列表 101,通过下列( )命令可以把它应用到接口上。

A. ip access-group 101 out B. permit access-list 101 out

C. access-list 101 out D. apply access-list 101 out

二、多选题

1. 下列属于校园网建设目标的有( )。

A. 高性能 B. 高可靠性 C. 高稳定性 D. 高安全性

2. 下列涉及校园网设计的有( )。

A. 核心层设计、汇聚层设计、接入层设计

B. 校园网外联出口模块设计

C. VLAN 设计

D. 网络路由设计、安全设计,网络防病毒设计

3. 下列属于校园网核心结点的交换机基本要求的有( )。

A. 高密度端口情况下,能够保持各端口的线速转发

B. 具备高密度的高速端口

C. 关键模块必须拥有冗余硬件

D. 必须支持 IPv6

4. 网络防病毒设计思想涉及的方面有( )。

A. 病毒防治应该从网络整体考虑,从方便减少管理人员的工作上着手,透过网络来
管理 PC 机

B. 多层防御新的病毒,应将病毒检测、多层数据保护和集中式管理功能集成起来,形
成多层防御体系

C. 防止大量的病毒存在于信息共享的网络介质上,因而要在网络前端实时杀毒

D. 以上说法都不正确

5. 在配置访问列表的规则时,下列描述正确的有( )。

A. 新加入的规则,都被加到访问列表的最后

B. 修改现有的访问列表,需要删除重新配置

C. 访问列表按照顺序检测,直到找到匹配的规则为止

D. 加入的规则,可以根据需要任意插入到需要的位置

6. 校园网设计中常采用的三层结构是( )。

A. 核心层 B. 汇聚层 C. 控制层 D. 接入层

7. 路由器命令行和交换机命令行有很多相似性,下列属于两者共同的命令模式有( )。

A. 用户模式 B. 特权模式 C. VLAN 配置模式 D. 全局配置模式

8. 下列会在 show ip route 命令输出中出现的有( )。

A. 下一条地址 B. 目标网络 C. MAC 地址 D. 度量值

9. 下列关于 SVI 接口的描述,正确的有(　　　)。

A. SVI 接口是虚拟的逻辑接口

B. SVI 接口的数量是由管理员设置的

C. SVI 接口可以配置 IP 地址作为 VLAN 的网关

D. 在路由器上也可以配置 SVI 接口地址

10. 层次化网络设计模型的优点包括(　　　)。

A. 可扩展性　　　　　　　　　B. 低时延

C. 高可用性　　　　　　　　　D. 模块化隔离故障

三、判断题

1. VLAN 的划分,可以增加网络的安全性,在不同的 VLAN 之间不能随意通信,只限于本子网间通信,不会对其他的子网产生干扰。　　　　　　　　　　　　　(　　)

2. 网络互联互通的关键是路由的畅通。选择一个合适的路由协议和合理的路由策略至关重要,广域网与局域网的 IP 层通信中必须使用路由协议,其中包含静态路由与动态路由,而动态路由又可以分为 OSPF、RIP、EIGRP、BGP 等。　　　　　　　(　　)

3. 关于校园网的管理,分为行政手段管理和技术手段管理:行政手段的管理主要是制定切实可行的用户、设备、系统管理制度,采取一定的奖惩手段,保障管理的顺利开展;技术手段管理主要是指利用相关的技术措施,管理和维护校园网内部网络和各项系统的顺利运行。

(　　)

4. 校园网各区域的汇聚层设计必须能保证校园网内部大量数据的高速转发,同时也要具备高可靠性和稳定性。校园网汇聚层交换机采用高速交换机。　　　　　　(　　)

四、填空题

1. 在骨干网络的整个网络规划当中,_____的划分是非常重要的部分,可以让广播只在子网中进行,消除了广播风暴产生的危害。

2. 校园网在规划设计时,往往采用目前比较流行的三层网络架构,它们分别为_____、汇聚层和接入层。

3. 局域网的标准化工作主要由_____制定。

4. 交换机默认管理 VLAN 号是_____。

5. 处理物理寻址和网络拓扑结构的 OSI 的层次是_____。

五、简答题

1. 校园网建设的目标有哪些?

2. 校园网设计方案包括哪些方面?

3. 简述校园网组建的过程。

六、操作题

设计一个中等规模的校园网,并在仿真软件上实现。

附　　录

附录 A　Packet Tracer 入门教程

Packet Tracer 是由 Cisco 公司发布的一款辅助学习软件,为学习 Cisco 网络课程的初学者提供设计、配置、排除网络故障的模拟环境。使用者可以在软件的图形界面上直接通过拖曳的方法建立网络拓扑结构,并且可以提供数据包在网络传输过程中详细的处理过程,观察网络实时运行情况。通过该软件,学习者可以学习 Cisco 网络设备 IOS 的配置,锻炼故障排查能力,还可以部分验证计算机网络的工作原理。下面简单介绍该软件的使用过程。

1. 软件的安装

下面以 Packet Tracer 5 为例,介绍其安装过程。Packet Tracer 5 安装非常方便,通过安装,提示单击 Next 按钮即可按照默认配置完成安装。具体安装过程如图 A.1~图 A.9 所示。

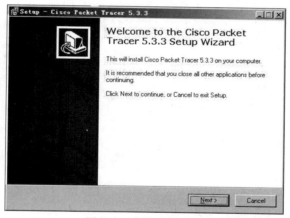

图 A.1　安装欢迎界面

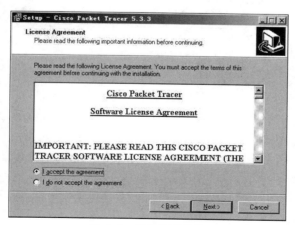

图 A.2　同意许可协议

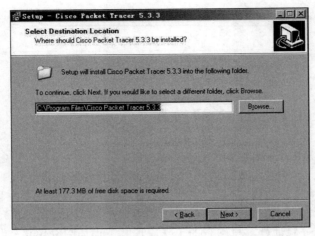

图 A.3　选择安装目录

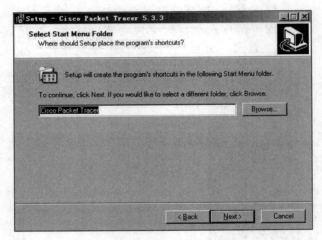

图 A.4　选择开始菜单文件夹

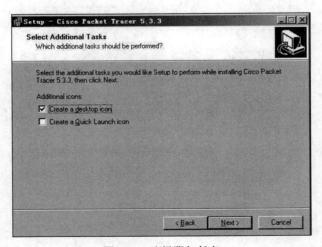

图 A.5　选择附加任务

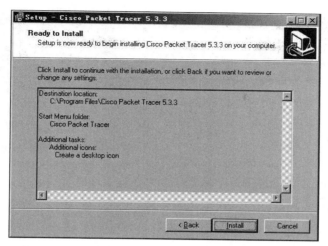

图 A.6 单击 Install 按钮开始安装

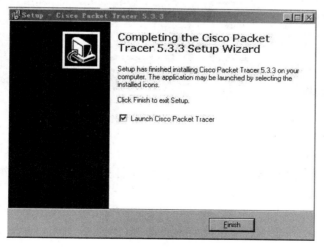

图 A.7 安装进行中

图 A.8 完成安装

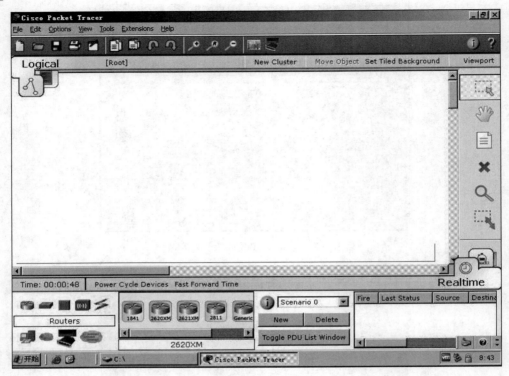

图 A.9　软件运行界面

通过"开始"菜单可以找到软件的安装位置,如图 A.10 所示。

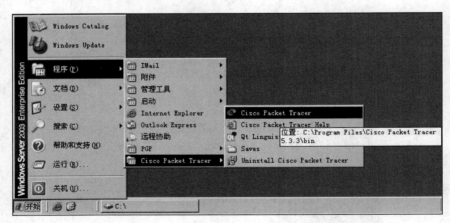

图 A.10　通过"开始"菜单找到软件的安装位置

2. 软件界面介绍

软件界面大致分为 4 个区域,分别为菜单栏、视图栏、设备区以及工作区,具体如图 A.11 所示。

1）菜单栏

菜单栏比较简单,功能类似于其他应用软件,包括新建、打开、保存、打印、活动向导、复

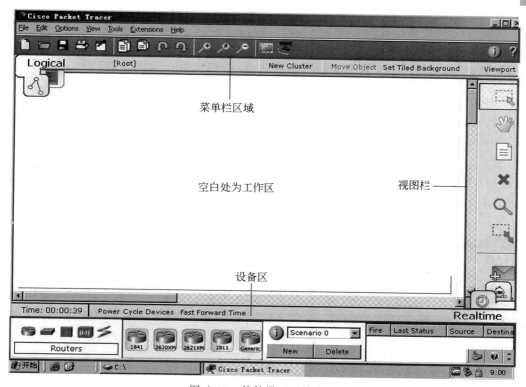

图 A.11　软件界面区域分布

制、粘贴、撤销、重做、放大、重置、缩小、绘图调色板以及定制设备对话框。

2）视图栏

视图栏各图标的含义如图 A.12 以及图 A.13 所示。

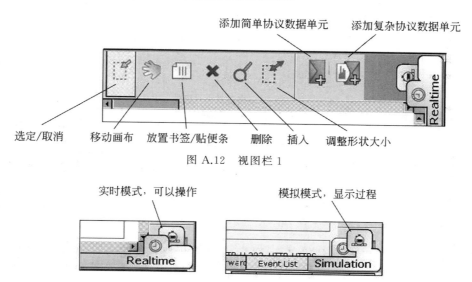

图 A.12　视图栏 1

图 A.13　视图栏 2

3）设备区

图 A.14 右边为路由器的不同型号情况。图 A.15～图 A.17 分别表示交换机不同型号、集线器不同型号以及无线设备不同型号情况。

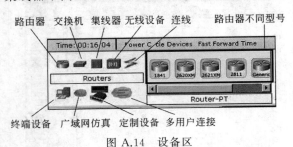

图 A.14　设备区

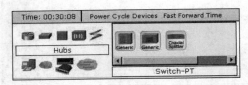

图 A.15　交换机不同型号

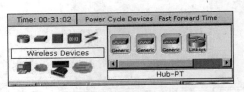

图 A.16　集线器不同型号　　　　图 A.17　无线设备不同型号

连线具体情况如图 A.18 所示。

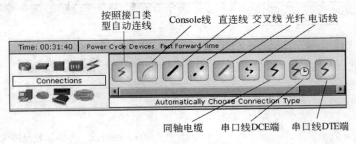

图 A.18　连线具体情况

终端设备具体情况如图 A.19 所示。

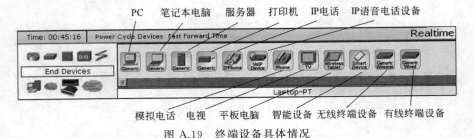

图 A.19　终端设备具体情况

3. 在工作区添加 Cisco 网络设备及终端设备构建计算机网络

1）在设备区选择组网需要的网络设备并将其拖曳到工作区

首先选择组网需要的路由器，具体操作为：在设备区中选择路由器，在右边窗口显示可以使用的路由器的种类。选择需要的型号，将其拖曳到工作区，根据网络需要进行选择，本网络需要3台路由器,因此拖曳3台2811到工作区,如图 A.20 所示。

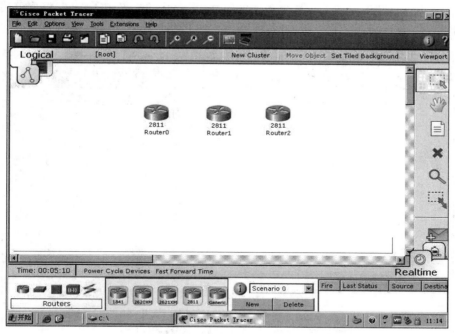

图 A.20　拖曳路由器到工作区

　　其次选择交换机,具体操作为:在设备区中选择交换机,在右边窗口显示可以使用的交换机的种类。选择需要的型号,将其拖曳到工作区,根据网络需要进行选择,本网络需要2台交换机,因此拖曳2台2960到工作区,如图 A.21 所示。

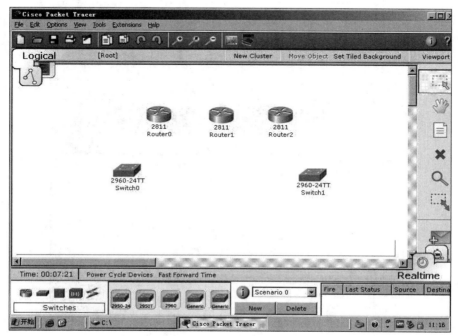

图 A.21　拖曳交换机到工作区

接下来选择终端设备到工作区,具体操作为:在设备区中选择终端设备,在右边窗口显示可以使用的终端设备的种类。选择需要的终端设备,将其拖曳到工作区,根据网络需要进行选择,本网络需要两台计算机,因此拖曳两台计算机到工作区,如图 A.22 所示。

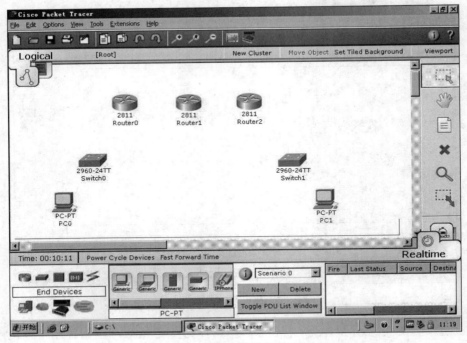

图 A.22　拖曳终端设备到工作区

2) 探讨设备可视化界面

首先探讨路由器可视化界面情况,单击设备图标,可以弹出设备可视化界面。图 A.23

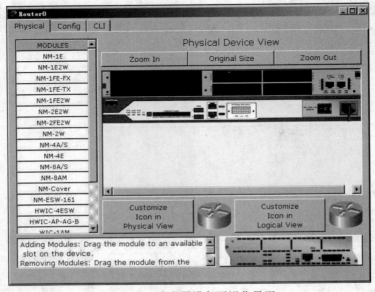

图 A.23　路由器设备可视化界面

为路由器设备可视化界面。图 A.24 所示为路由器物理界面结构图。图 A.25 为路由器可视化配置界面。图 A.26 为路由器命令行配置界面。

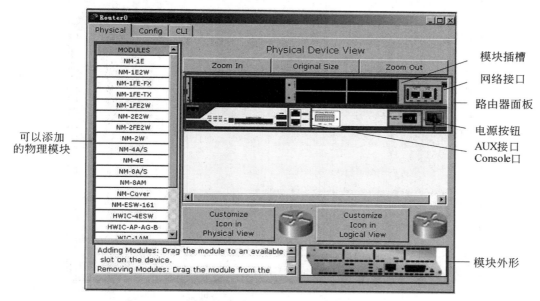

图 A.24　路由器物理界面结构图

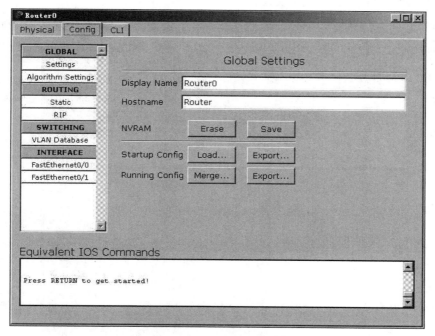

图 A.25　路由器可视化配置界面

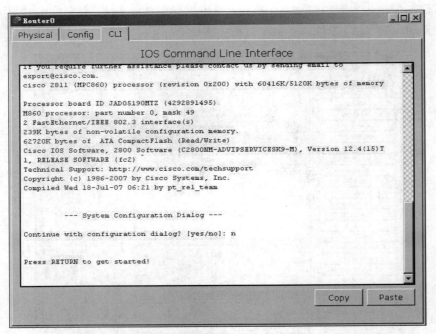

图 A.26　路由器命令行配置界面

其次探讨交换机可视化界面。图 A.27 为交换机可视化物理界面。图 A.28 为交换机可视化物理配置界面。图 A.29 为交换机可视化命令行配置界面。

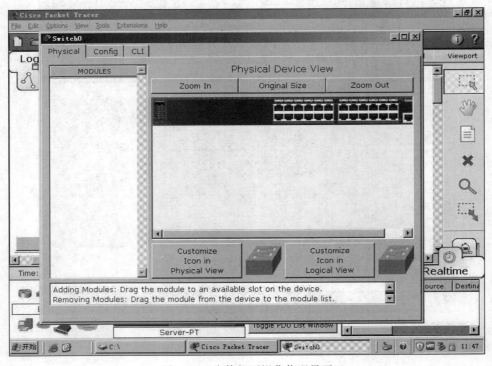

图 A.27　交换机可视化物理界面

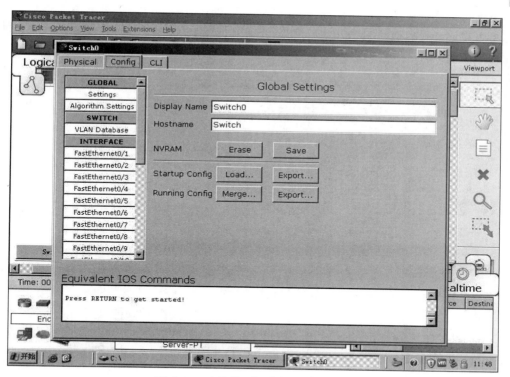

图 A.28　交换机可视化物理配置界面

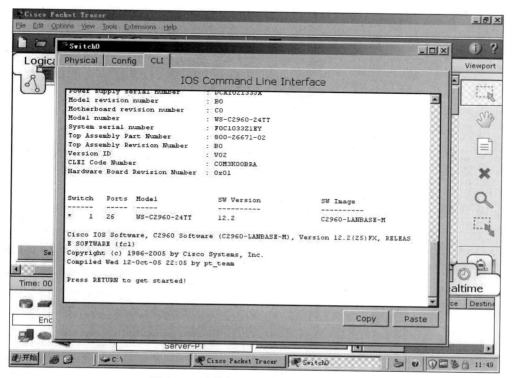

图 A.29　交换机可视化命令行配置界面

下面探讨终端设备可视化界面。图 A.30 为终端计算机可视化界面。图 A.31 为终端计算机可视化配置界面。图 A.32 为终端计算机桌面配置选项。图 A.33 为终端计算机可视化网络参数配置。

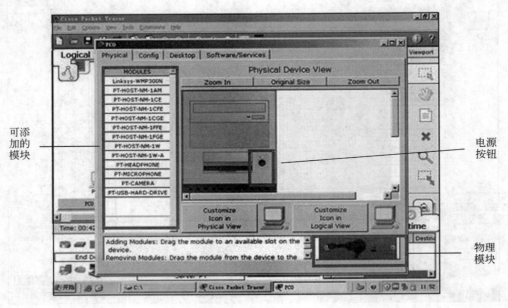

图 A.30　终端计算机可视化界面

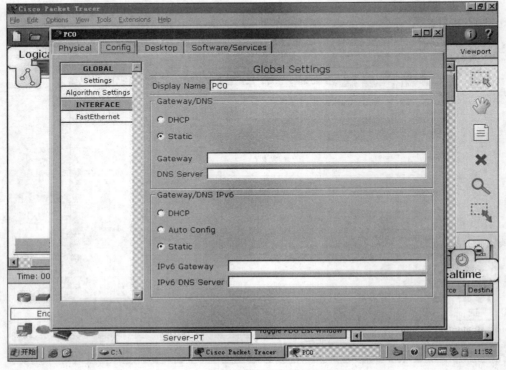

图 A.31　终端计算机可视化配置界面

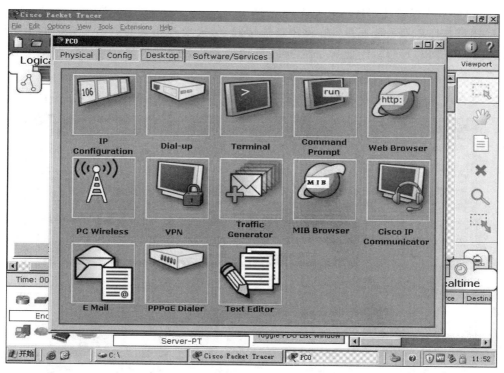

图 A.32　终端计算机桌面配置选项

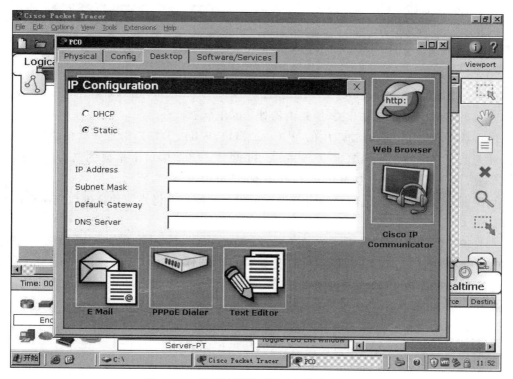

图 A.33　终端计算机可视化网络参数配置

3）将设备与设备使用传输介质连接起来

路由器与路由器若要通过广域网串口连接起来，需要有相应的网络端口。由于默认路由器 2811 没有串口模块，因此需要在 2811 路由器上添加串口模块。具体添加模块的过程如下。

首先单击 Cisco 路由器 2811，弹出路由器可视化配置界面，如图 A.34 所示。

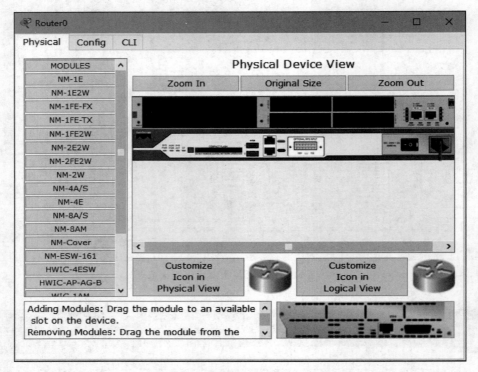

图 A.34　路由器可视化配置界面

其次关闭路由器的电源开关，使路由器处于断电状态。

最后选择左边 Physical 窗口中的 WIC-2T 模块，WIC-2T 端口卡是一款模块端口卡，产品概述为两端口串行广域网端口卡，支持 V.35 端口。将该端口卡拖放到路由器上插入相应的位置，松开鼠标。单击电源开关，打开电源，结果如图 A.35 所示。

采用同样的方法将其他两台路由器添加到相应的模块。将终端计算机与交换机相连的过程如下。

首先选择连接线缆类型，由于终端计算机与交换机之间相连使用直通线，因此选择直通线，单击线缆类型的直通线，然后将鼠标放置在终端计算机上，单击，选择 FastEthernet，如图 A.36 所示，接着将鼠标放置在交换机上，单击，弹出可以连接的交换机的端口，如图 A.37 所示。选择一个端口，单击，将终端计算机与交换机相连，如图 A.38 所示。

同样将交换机与路由器通过 FastEthernet 端口相连，如图 A.39 所示。

将路由器与路由器通过串口连接起来，具体操作如下。

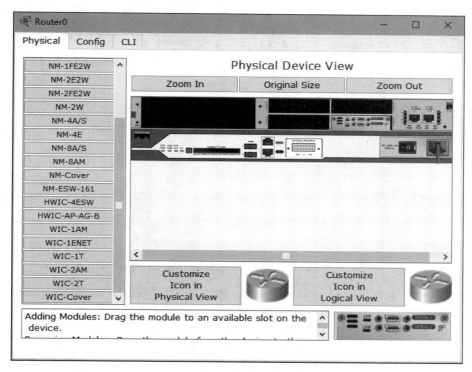

图 A.35 插入模块界面

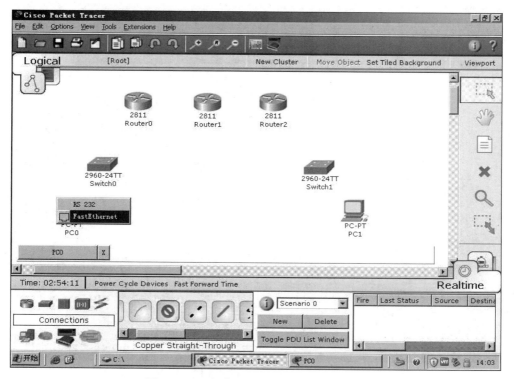

图 A.36 选择直通线连接计算机与交换机

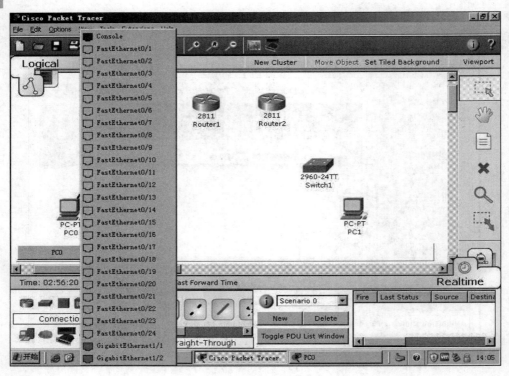

图 A.37　交换机可使用端口

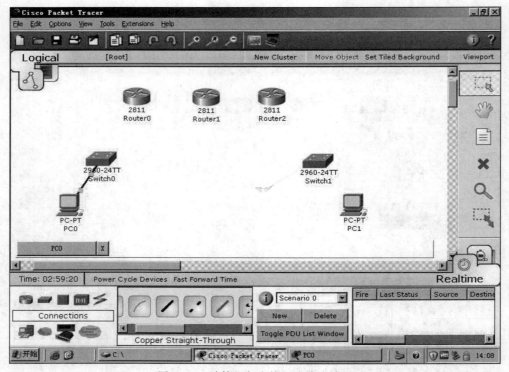

图 A.38　计算机与交换机连接成功图

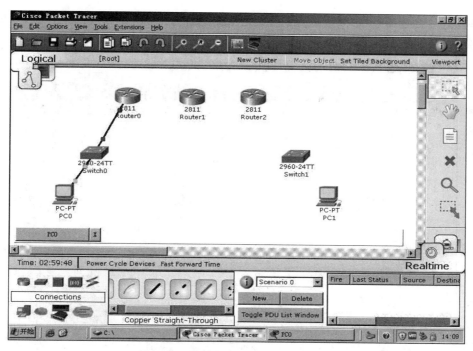

图 A.39　交换机与路由器连接成功图

　　首先选择线缆类型为路由器的串口 DCE 端或者 DTE 端,在路由器上单击,在弹出的窗口中选择串口类型,如图 A.40 所示。将鼠标放置在另一台路由器上单击,在弹出的窗口中

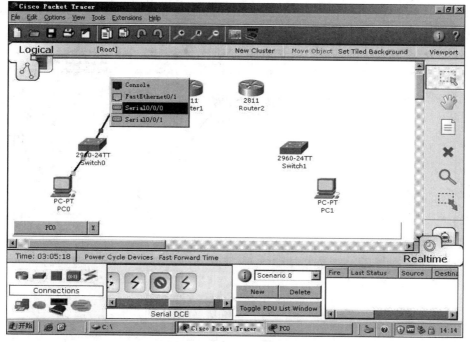

图 A.40　选择路由器串口

同样选择串口。这样,两台路由器通过串口就连接起来了。采用同样的方法连接其他路由器,具体如图 A.41 所示。

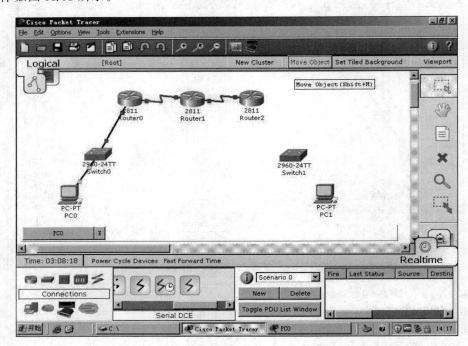

图 A.41　路由器与路由器连接成功图

利用同样的方法将其他设备连接起来,最终如图 A.42 所示。

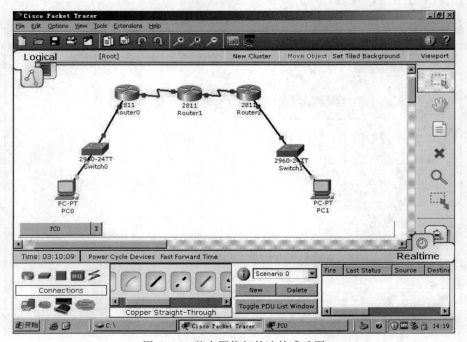

图 A.42　整个网络拓扑连接成功图

最终可以通过对网络设备进行配置,实现网络互联互通,整个配置过程和真实设备几乎一样。

附录 B　GNS3 入门教程

GNS3 软件是一款优秀的具有图形化界面,可以运行在多平台的网络仿真软件,它是 Dynagen 的图形化前端环境工具软件,而 Dynamips 是仿真 IOS 的核心程序。Dynagen 运行在 Dynamips 之上,目的是提供更友好的、基于文本的用户界面。

GNS3 允许在 Windows、Linux 系统上仿真 IOS,其支持的路由器平台以及防火墙平台 (PIX)的类型非常丰富。通过在路由器插槽中配置上 EtherSwitch 卡,也可以仿真该卡所支持的交换机平台。GNS3 运行的是实际的 IOS,能够使用 IOS 所支持的所有命令和参数,而 Packet Tracer 仿真软件不能支持很多命令。GNS3 安装程序中不包含 IOS 软件,需要另外获取。

1. GNS3 安装

从网上下载 GNS 安装程序包,本实验使用的是 GNS3-0.7.3-win32-all-in-one,双击程序进行安装。整个 GNS3 安装过程如图 B.1~图 B.9 所示。

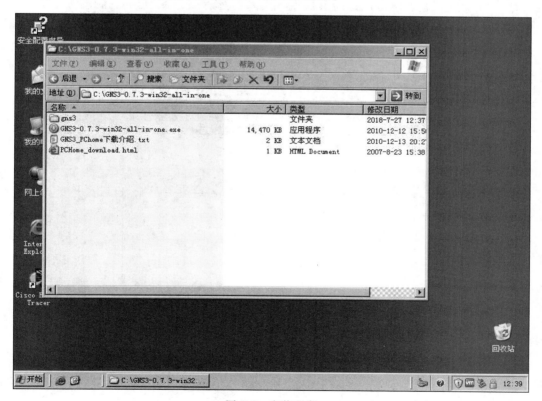

图 B.1　安装程序

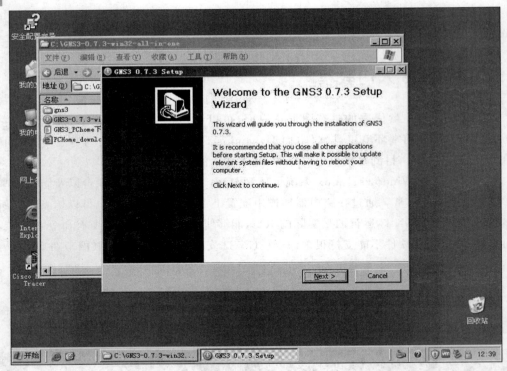

图 B.2　安装欢迎界面

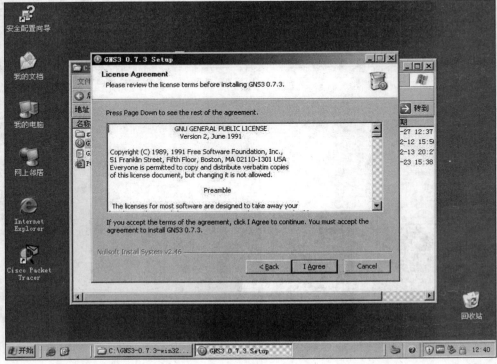

图 B.3　安装许可协议

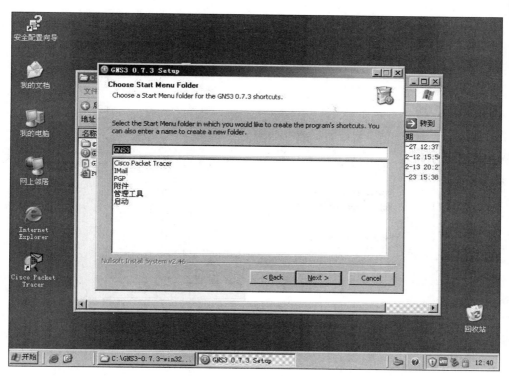

图 B.4　选择开始菜单文件夹

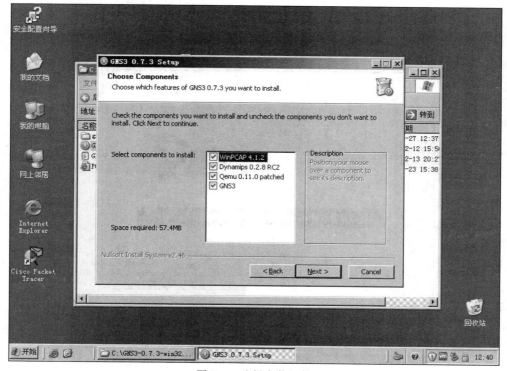

图 B.5　选择安装组件

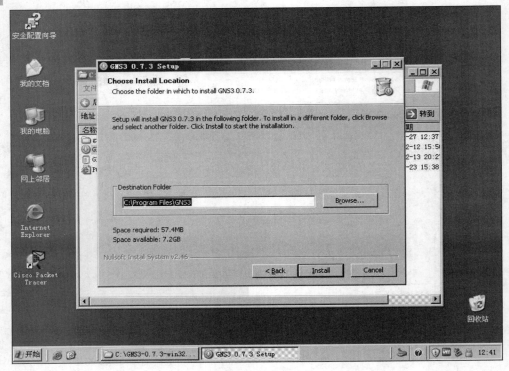

图 B.6　选择安装路径

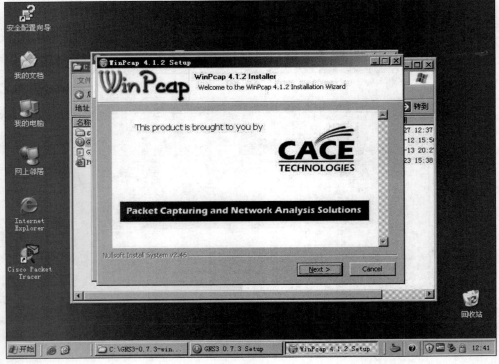

图 B.7　安装 WinPcap

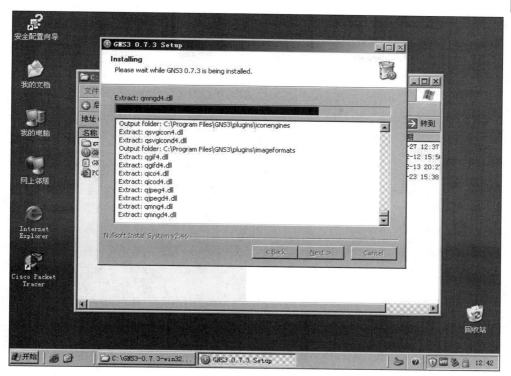

图 B.8 程序安装进行中

图 B.9 程序安装完成

安装成功,计算机桌面上会出现 GNS3 的运行快捷方式,如图 B.9 所示。

2. 为网络设备添加 IOS

GNS3 程序本身不带有 IOS,需要另外准备 Cisco IOS 文件。通过以下步骤在 Cisco Router c3660 路由器中添加 IOS。

(1) 将 IOS 文件放置在计算机中,路径中不含中文字符,如图 B.10 所示。

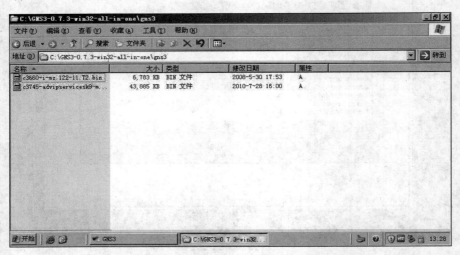

图 B.10　将 IOS 文件放置在计算机的 C 盘中

(2) 单击 GNS3 窗口中的 Edit 菜单,选择 IOS images and hypervisors,在 IOS 设置中选择 Image file 文件路径。其中平台选择 c3600,型号选择 3660,单击"保存"按钮,如图 B.11~图 B.13 所示。

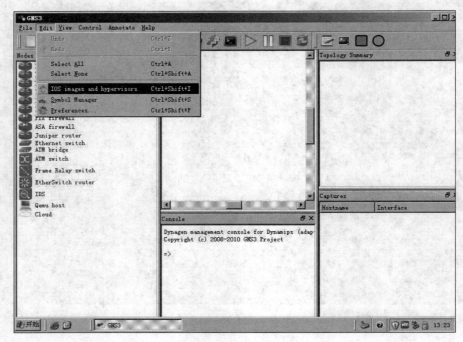

图 B.11　进入添加 IOS 界面

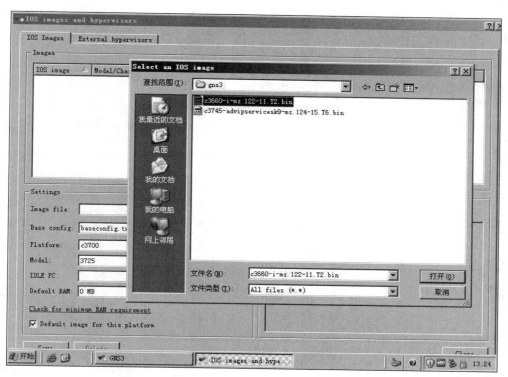

图 B.12　选择对应的 IOS 版本

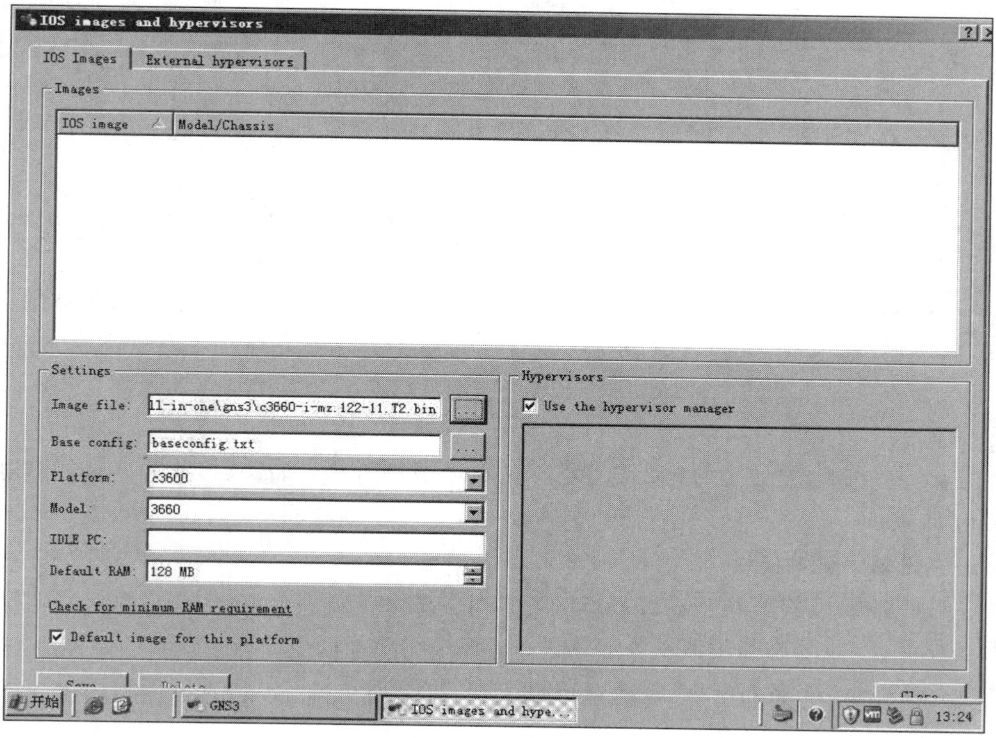

图 B.13　选择 Image file 及 Platform

（3）测试 Dynamips 运行路径。具体操作如下：选择"编辑"→"首选项"→Dynamips→"测试"，如果出现 Dynamips successfully started，则说明 Dynamips 运行环境正常，如图 B.14 所示。

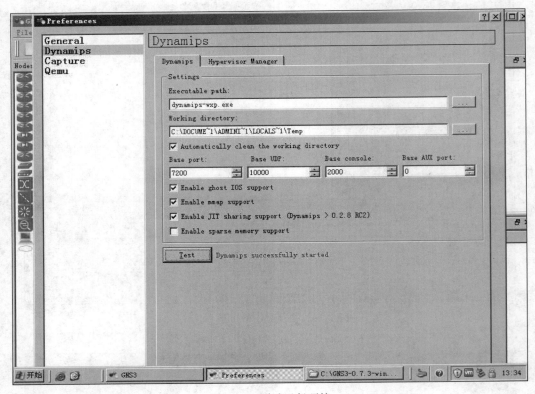

图 B.14　测试运行环境

3. 计算并设置 IDLE 值

IDLE 值的设置是为了减少 CPU 的利用率。不合理的设置将使 CPU 的使用率达到 100%。IDLE 值的设置过程如下。

（1）在 GNS3 中拖动一台 Router c3600 路由器到工作窗口，运行该路由器，如图 B.15 所示。单击 Start 按钮，开启该路由器。

（2）右击该路由器，在弹出的快捷菜单中选择 IDLE PC，系统将自动计算 IDLE 值，如图 B.16 所示。

（3）在弹出的 IDLE 窗口中选择带"＊"号的数值相对较大的选项，单击"确定"按钮，如图 B.17 所示。

4. 在设备中添加模块

组网时有时设备中没有需要的端口，这时需要在设备中添加模块，以扩充设备的端口，如图 B.18 所示，需要在路由器中添加模块。具体操作如下：

（1）首先双击设备，弹出设备配置界面，如图 B.19 所示。

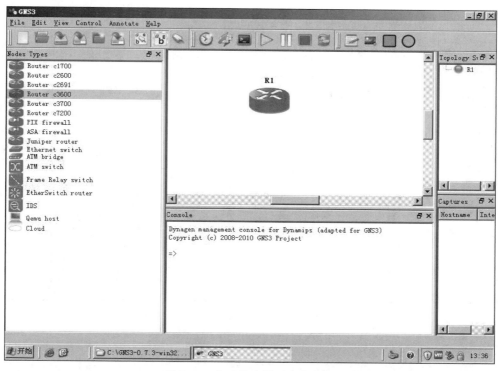

图 B.15　拖动路由器到工作窗口

图 B.16　计算 IDLE 值

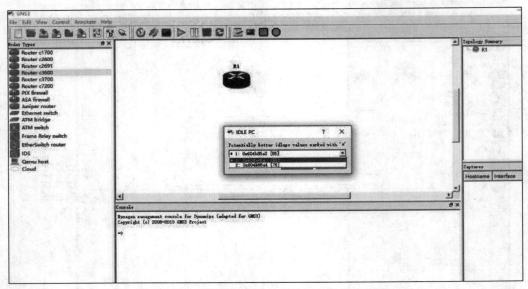

图 B.17　选择带"＊"号的数值相对较大的选项

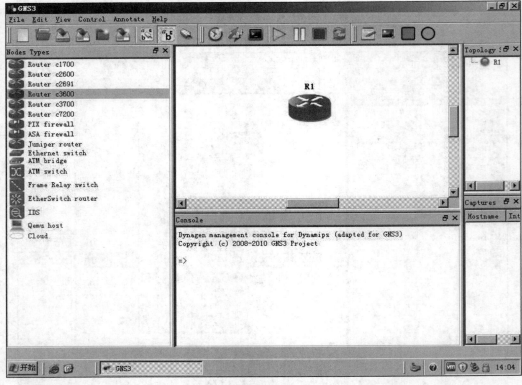

图 B.18　需要添加模块的设备

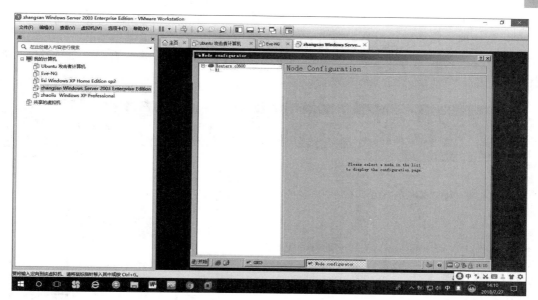

图 B.19　设备配置界面

（2）在窗口的左边选择需要添加模块的设备，这里选择 R1，在窗口的右边选择 Slots，如图 B.20 所示。

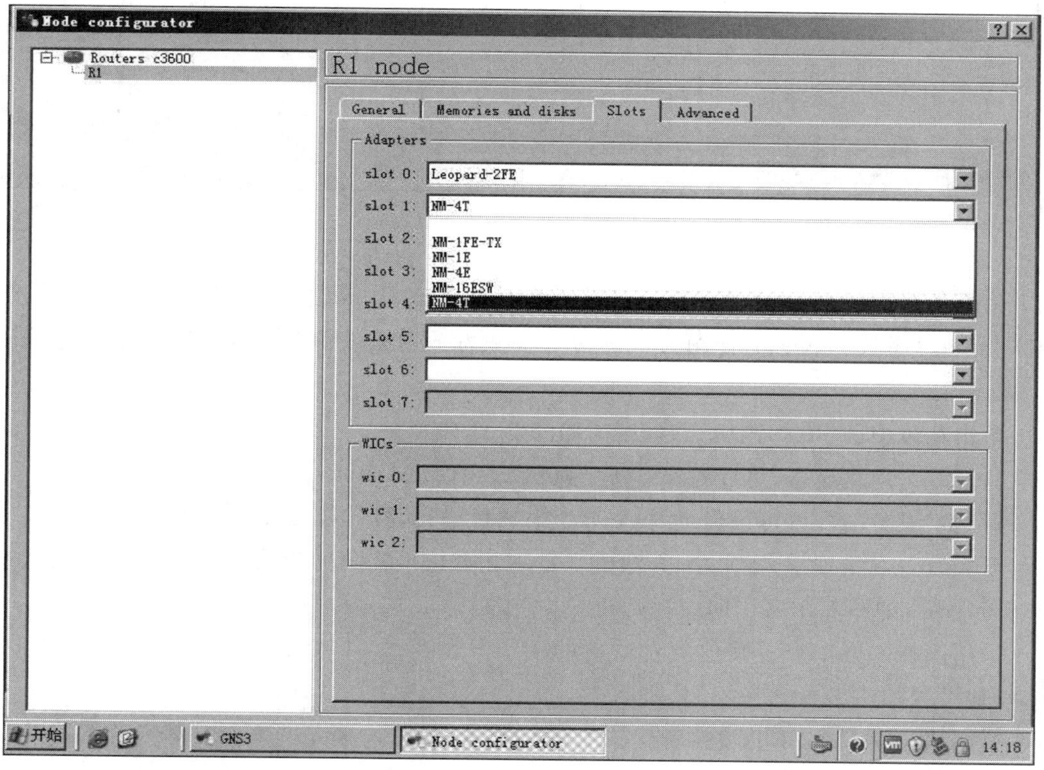

图 B.20　添加模块窗口

选择添加的模块,单击 OK 按钮,在相应的设备上添加相应的模块。

5. 构建网络拓扑完成网络实验

首先将网络设备拖曳到工作窗口中,如图 B.21 所示,拖曳 3 台路由器到工作窗口中。

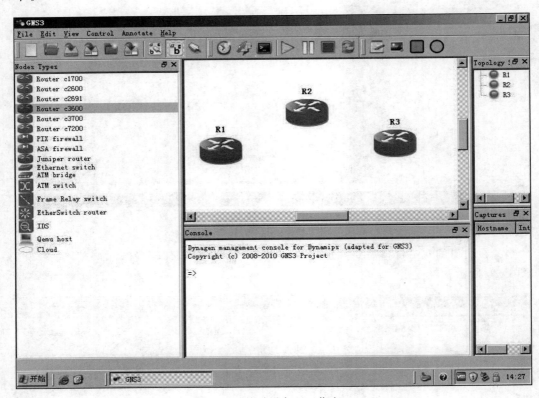

图 B.21　拖动设备至工作窗口

将设备连接起来,具体操作为:选择菜单中的 Add a link,在弹出的窗口中选择连接的链路类型,这里选择 Serial,如图 B.22 所示。将鼠标放置于设备上单击,将设备连接起来,如图 B.23 所示。

单击菜单中的 Start 按钮开启设备,如图 B.24 所示。

通过双击网络设备,可以对设备进行配置,如图 B.25 所示。

对网络设备的配置可以借助 SecureCRT 软件进行,具体操作过程如下。

首先查看网络设备端口号,方法如下:右击设备,在弹出的快捷菜单中选择 Change console port,如图 B.26 和图 B.27 所示。

采用同样的方法查看其他两台设备的端口分别为 2001 和 2002。运行 SecureCRT 软件,参数设置如图 B.28~图 B.30 所示。

最终通过 SecureCRT 软件对设备进行配置,如图 B.31 所示。

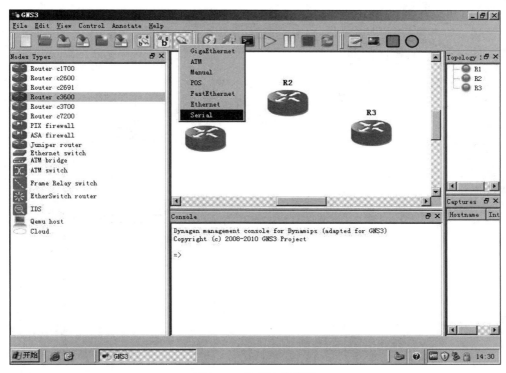

图 B.22　选择连线类型

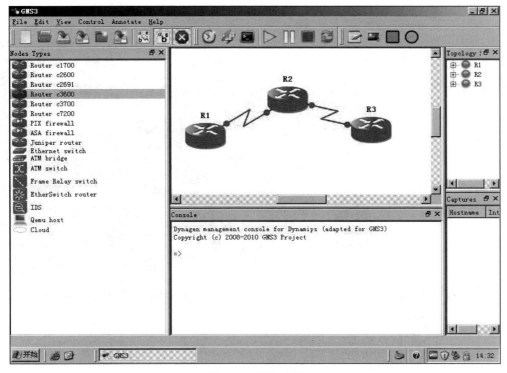

图 B.23　设备连线

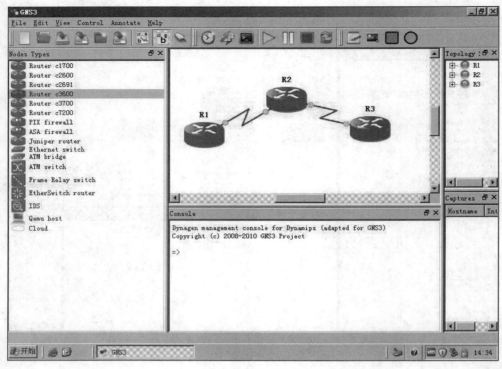

图 B.24　开启设备

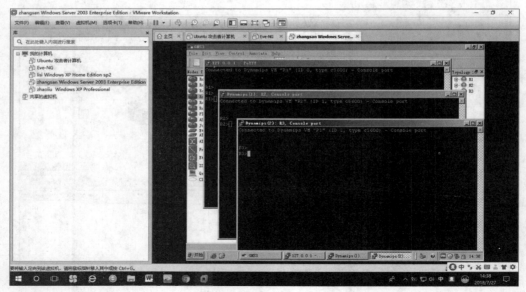

图 B.25　对设备进行配置

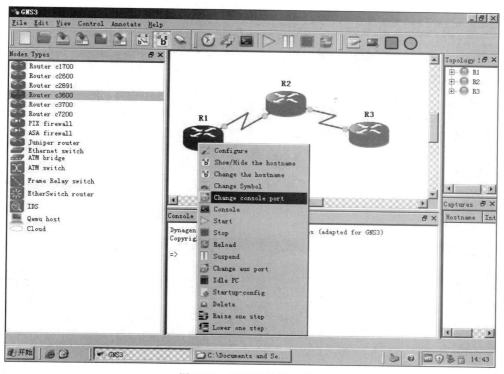

图 B.26　查看设备端口号 1

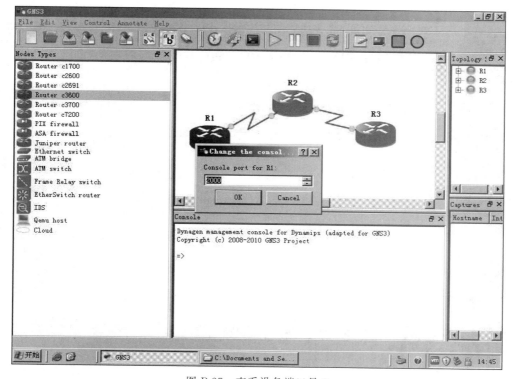

图 B.27　查看设备端口号 2

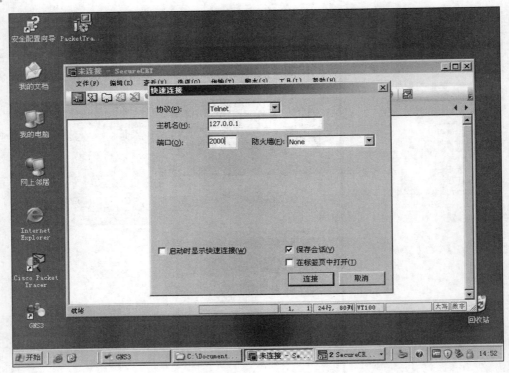

图 B.28　SecureCRT 参数设置

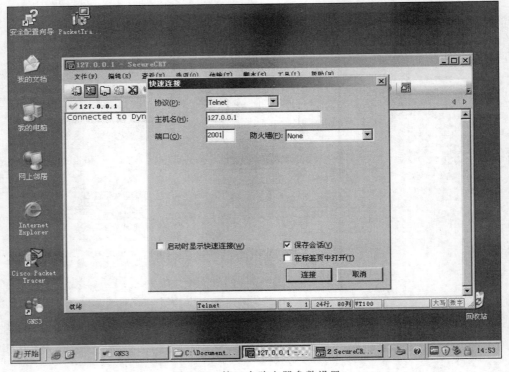

图 B.29　第二台路由器参数设置

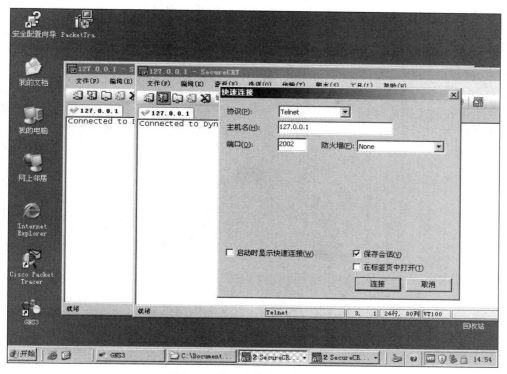

图 B.30　第三台路由器参数设置

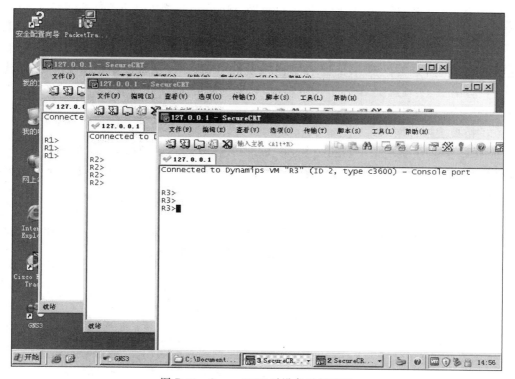

图 B.31　SecureCRT 对设备进行配置

6. 整合 GNS3 和 VMware 组建虚实结合的综合网络实训平台

1) 安装 VMware 虚拟机软件

下载安装 VMware 虚拟机软件,并在 VMware 中安装网络操作系统 Windows Server 2003。

2) 构建网络技术综合实训拓扑结构

实训拓扑的构建涉及 Cisco 路由器、本机操作系统和虚拟机操作系统,现构建一个简单的网络拓扑,包括 3 台 c3660 路由器、本机系统和虚拟机系统,具体如图 B.32 所示。

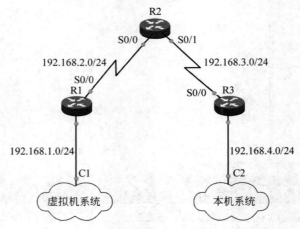

图 B.32　网络技术综合实训拓扑结构

路由器 R1 和路由器 R2 之间通过串行链路 S0/0 相连,路由器 R2 的串行端口 S0/1 和路由器 R3 的串行端口 S0/0 相连,路由器 R1 的端口 F0/0 和虚拟机 VMware 相连,也就是和 VMware 中安装的 Windows Server 2003 相连;路由器 R3 的端口 f0/0 和本机相连。通过相关网络配置,最终达到本机真实操作系统和 VMware 中的操作系统通过仿真软件 GNS3 进行通信,实现虚实结合的网络综合实训平台的搭建。

3) 桥接真实网卡和虚拟机网卡

(1) 桥接虚拟机网卡。

按照图 B.32 在 GNS3 中构建拓扑,将 Cloud C1 桥接到虚拟机系统,步骤如下:右击 Cloud C1,选择"配置",在弹出的快捷菜单中选择 C1,在以太网 NIO 中选择虚拟机网卡 VMnet8,单击"添加"按钮。

(2) 桥接本机网卡。

将 Cloud C2 桥接到本机系统,步骤如下:右击 Cloud C2,选择"配置",在弹出的快捷菜单中选择 C2,在以太网 NIO 中选择"本地连接",单击"添加"按钮。

4) 配置网络,以实现虚实结合网络互联互通

(1) 配置网络设备。

右击路由器 R1,选择 Console,进行如下配置。

```
R1#config t                                          //进入全局配置模式
R1(config)#interface fastEthernet 0/0                //进入路由器的端口 f0/0
R1(config-if)#ip address 192.168.1.1 255.255.255.0   //配置 IP 地址
```

```
R1(config-if)#no shu                                    //激活
R1(config-if)#exit                                      //退出
R1(config)#interface serial 0/0                         //进入串行端口 S0/0
R1(config-if)#ip address 192.168.2.1 255.255.255.0      //配置 IP 地址
R1(config-if)#no shu                                    //激活
```

同样设置路由器 R2,将路由器 R2 的端口 S0/0 的 IP 地址设置为 192.168.2.2;端口 S0/1 的 IP 地址设置为 192.168.3.1。将路由器 R3 的端口 S0/0 的 IP 地址设置为 192.168.3.2;端口 f0/0 的 IP 地址设置为 192.168.4.1。

（2）配置动态路由协议 RIP,使网络互联互通,具体设置如下。

```
R1(config)#router rip                                   //运行动态路由协议 RIP
R1(config-router)#network 192.168.1.0
R1(config-router)#network 192.168.2.0
R2(config)#router rip
R2(config-router)#network 192.168.2.0
R2(config-router)#network 192.168.3.0
R3(config)#router rip
R3(config-router)#network 192.168.3.0
R3(config-router)#network 192.168.4.0
```

（3）通过 show ip route 命令查看路由器的路由表。

```
R1# show ip route                                       //查看路由表
Gateway of last resort is not set
R    192.168.4.0/24 [120/1] via 192.168.2.2, 00:00:21, Serial0/0
C    192.168.1.0/24 is directly connected, FastEthernet0/0
C    192.168.2.0/24 is directly connected, Serial0/0
R    192.168.3.0/24 [120/1] via 192.168.2.2, 00:00:21, Serial0/0
```

同样查看路由器 R2 和路由器 R3,结果显示路由器的路由表正常。

（4）配置终端计算机。

设置虚拟机操作系统和本机操作系统的网络参数配置,见表 B.1。

表 B.1　网络参数配置表

操 作 系 统	IP 地 址	子 网 掩 码	默 认 网 关
虚拟机操作系统	192.168.1.2	255.255.255.0	192.168.1.1
本机操作系统	192.168.4.2	255.255.255.0	192.168.4.1

（5）虚实结合网络综合实训平台网络连通性测试,通过 ping 命令测试本机和虚拟主机的网络连通性。由于经过了两台路由器,所以返回的结果应该为 125。

下面是利用本机 ping 虚拟主机的测试结果。

```
C:\Documents and Settings\Administrator>ping 192.168.1.2
Pinging 192.168.1.2 with 32 bytes of data:
Reply from 192.168.1.2: bytes=32 time=41ms TTL=125
```

```
Reply from 192.168.1.2: bytes=32 time=39ms TTL=125
Reply from 192.168.1.2: bytes=32 time=41ms TTL=125
Reply from 192.168.1.2: bytes=32 time=40ms TTL=125
Ping statistics for 192.168.1.2:
    Packets: Sent =4, Received =4, Lost =0 (0%loss),
Approximate round trip times in milli-seconds:
Minimum =39ms, Maximum =41ms, Average =40ms
```

结果显示,网络是连通的。

附录 C   EVE-NG 入门教程

EVE-NG(Emulated Virtual Environment-Next Generation)的全称为下一代虚拟仿真环境,是深度定制的 Ubuntu 操作系统,融合了 dynamips、IOL、KVM,可以直接安装在 x86 架构的计算机上。另外,它也有 ova 版本,可以直接导入 VMware 等虚拟机中运行。

该仿真软件的优点为:①采用 B/S 模型,只在服务器上安装环境,网络中任何安装浏览器的设备在任何时间、任何地点均可访问服务器,完成实验练习。特别是在教师上课过程中,通过教室的教师机可以随时访问实验环境,演示实验效果。而真实环境只能在特定时间、特定场合进行实验。②对客户端操作系统没有要求,客户端只须运行浏览器软件,且占用系统资源较少,保证实验顺利进行。③多用户可同时使用,解决了真实环境多用户共用一组实验设备问题。④对学生配置的实验进行自动保存,包括网络拓扑及配置过程,方便老师课后批改。⑤对设备命令的支持程度几乎完美。⑥能够支持其他厂家的设备。

基于 EVE-NG 虚拟仿真实验平台的搭建过程如下。

1. 在服务器上安装 EVE-NG

目前,EVE-NG 提供了两种安装方式:①ISO 安装盘;②ova 虚拟机模板。采用 ova 虚拟机模板无论是安装,还是维护,均较为方便。首先在网络中下载 EVE-NG 虚拟机 ova 模板文件 Eve-NG Community Unofficial Edition 2.0.3-66;其次在服务器上安装虚拟机软件 VMware;最后在虚拟机软件 VMware 中通过"文件"→"打开"找到 ova 模板文件,导入 EVE-NG 虚拟机。

由于内存、CPU、硬盘资源对实验环境的作用影响较大,所以导入成功首先需要对虚拟机资源的内存、CPU 以及硬盘进行设置,以满足虚拟机运行环境的要求。另外,设置 CPU 虚拟化,类似于在 BIOS 中开启 CPU 虚拟化。具体操作为:"虚拟机设置"→"处理器"→"在虚拟化引擎中将虚拟化 Intel VT-x/EPT 或 AMD-V/RVI(V)"。

2. 初始化 EVE-NG

开启虚拟机,运行后的界面如图 C.1 所示,默认账户为底层 Ubuntu 系统登录账户,用户名为 root,密码为 eve,登录后提示修改密码,密码修改完,提示输入 DNS domain name,接着出现界面 Use DHCP/Static IP ADDRESS,设置是动态获得 IP,还是手动指定 IP 地址。基本设置完成后,重新启动系统。

3. 通过客户端 Web 浏览器登录 EVE-NG

建议客户端采用 Chrome 浏览器根据 EVE-NG 提示的 IP 地址登录 EVE-NG,这里默

图 C.1　初次运行 EVE-NG 界面

认 IP 地址为 192.168.1.103,客户端登录界面如图 C.2 所示。采用默认用户名 admin,密码 eve,选择 html5 console 登录系统,登录系统后的界面如图 C.3 所示。在 System 菜单下,可以查看系统状态。在 Management 菜单下,可以添加、删除登录用户。在 Main 菜单的新建 Folder 下,可以创建新的实验案例。初始状态下几乎没有可用的设备,需要导入相应的镜像文件,使这些设备可以使用。

图 C.2　客户端登录界面

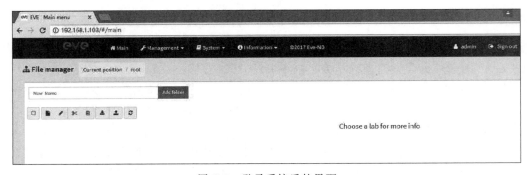

图 C.3　登录系统后的界面

4. EVE-NG 导入 Dynamips 和 IOL

Dynamips 的原名为 Cisco 7200 Simulator,目的是模拟路由器 Cisco7200。目前该模拟器能够支持多个路由器平台。IOL 的全称是 Cisco IOS on Linux,可以在基于 x86 平台的任意 Linux 发行版系统上加载 IOU。

首先下载 Dynamips 的镜像文件 c3725-adventerprisek9-mz.124-15.T14.image 和 c7200-adventerprisek9-mz.152-4.S6.imag。IOL 镜像文件 i86bi_linux-l3-adventerpr- isek-15.4.2T.bin、i86bi-linux-L2-advipservicesk9-M-15.1-20140814bin 以及 CiscoIOUKeygen.py;将 Dynamips 镜像上传到/opt/unetlab/addons/dynamips 目录下,用 SSH 登录到 EVE,运行命令/opt/unetlab/wrappers/unl_wrapper -a fixpermissions,修正镜像权限。

将 IOL 镜像文件全部上传到/opt/unetlab/addons/iol/bin 目录下,生成并编写 license,首先确保 CiscoIOUKeygen.py 已经上传,执行命令 cd /opt/unetlab/addons/iol/bin/;python CiscoIOUKeygen.py。

客户端 Web 登录 EVE-NG,通过左边的菜单 add an object-node 看到可以使用的设备情况,如图 C.4 所示。

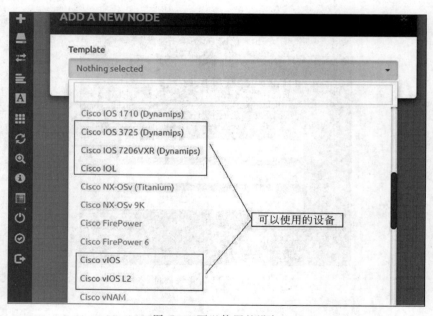

图 C.4　可以使用的设备

经过以上步骤,仿真平台搭建基本完成。同一网络的终端客户利用 Web 浏览器通过添加的账户信息登录到平台,进行相关实验练习。

静态路由是用户或网络管理员手工配置的路由信息。配置静态路由需要了解网络的拓扑结构,便于正确设置静态路由信息。利用静态路由实验演示系统使用过程如下。

1. 构建拓扑结构

完成该实验至少需要两台路由器和两台测试用计算机。终端计算机通过 IP 地址在浏览器中登录 EVE-NG,单击左边的菜单 Add an object-node,在弹出的窗口中选择 Cisco IOS 3725(dynamips),在随后弹出的 ADD A NEW NODE 窗口将 Number of nodes to add 设置为"2",即选择两台路由器,其他选项默认即可,最后单击窗口下方的 save,于是在工作台窗口中新生成两台路由器。采用同样的方法,在 ADD A NEW NODE 窗口中选择 VirtualPC (VPCS),添加两台计算机。通过鼠标拖拉连线连接设备。接着为网络拓扑规划 IP 地址。整个网络的拓扑结构图如图 C.5 所示。

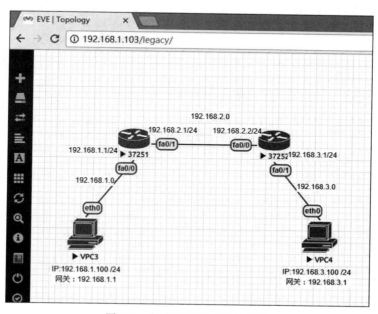

图 C.5　整个网络的拓扑结构图

2. 配置设备,使网络互联互通

首先配置主机 IP 地址和默认网关,主机 VPC3 的配置命令如下: VPCS> ip 192.168.1.100/24 192.168.1.1;主机 VPC4 的配置命令如下: VPCS> ip 192.168.3.100/24 192.168.3.1。该命令的格式为:IP+IP 地址/掩码位数+默认网关。

其次配置路由器端口 IP 地址,单击路由器 37251,弹出配置窗口,配置命令如下。

```
Router>en                                          //进入特权模式
Router#config t                                    //进入全局配置模式
Router(config)#hostname R1                         //给设备命名
R1(config)#interface fastEthernet 0/0              //进入该路由器的端口 f0/0
R1(config-if)#ip address 192.168.1.1 255.255.255.0 //配置 IP 地址
R1(config-if)#no shu                               //激活
R1(config-if)#exit                                 //退出
R1(config)#interface fastEthernet 0/1              //进入路由器的端口 f0/1
R1(config-if)#ip address 192.168.2.1 255.255.255.0 //配置 IP 地址
R1(config-if)#no shu                               //激活
```

同样配置路由器 37252,将端口 fa0/0 配置地址 192.168.2.2/24,将端口 fa0/1 配置地址 192.168.3.1/24。

接着配置静态路由,使网络互联互通。路由器 R1 和路由器 R2 的静态路由配置如下。

R1(config)#ip route 192.168.3.0 255.255.255.0 192.168.2.2 　　//为路由器 R1 配置静态路由

R2(config)#ip route 192.168.1.0 255.255.255.0 192.168.2.1 　　//为路由器 R2 配置静态路由

3. 测试网络连通性

VPCS>ping 192.168.3.100

84 bytes from 192.168.3.100 icmp_seq=1 ttl=62 time=30.261 ms

84 bytes from 192.168.3.100 icmp_seq=2 ttl=62 time=24.441 ms

84 bytes from 192.168.3.100 icmp_seq=3 ttl=62 time=22.989 ms

84 bytes from 192.168.3.100 icmp_seq=4 ttl=62 time=31.865 ms

84 bytes from 192.168.3.100 icmp_seq=5 ttl=62 time=23.291 ms

结果表明,整个网络是连通的。

参 考 文 献

[1] 谢希仁.计算机网络[M].6 版.北京:电子工业出版社,2014.

[2] Richard D. CCNA 学习指南:exam 640-802 中文版[M]. 张波,胡颖琼,等译.北京:人民邮电出版社,2009.

[3] 王达. 深入理解计算机网络[M]. 北京:中国水利水电出版社,2017.

[4] 张国清. CCNA 学习宝典[M]. 北京:电子工业出版社,2008.

[5] Jeremy C,David M,Heather S. CCNA 标准教材:640-802[M].徐宏,程代伟,池亚平,译. 北京:电子工业出版社,2009.

[6] Todd L. CCNA 学习指南[M]. 袁国忠,徐宏,译. 7 版. 北京:人民邮电出版社,2012.

[7] 刘晓辉.网络设备规划、配置与管理大全:Cisco 版.[M]. 2 版. 北京:电子工业出版社,2012.

[8] Todd Lammle.CCNA 学习指南:路由和交换认证[M]. 袁国忠,译. 北京:人民邮电出版社,2014.

[9] 梁广民,王隆杰.思科网络实验室 CCNA 实验指南[M].北京:电子工业出版社,2009.

[10] 汪双顶,姚羽,邵丹.网络互联技术与实践[M]. 2 版. 北京:清华大学出版社,2016.

[11] 唐灯平.整合 GNS3 VMware 搭建虚实结合的网络技术综合实训平台[J].浙江交通职业技术学院学报,2012(2):41-44.

[12] 唐灯平.利用 Packet Tracer 模拟软件实现三层网络架构的研究[J].实验室科学,2010(3):143-146.

[13] 唐灯平.利用 Packet Tracer 模拟组建大型单核心网络的研究[J].实验室研究与探索,2011(1):186-189,98.

[14] 唐灯平,朱艳琴,杨哲,等.计算机网络管理仿真平台防火墙实验设计[J].实验技术与管理,2015(4):156-160.

[15] 唐灯平,王进,肖广娣.ARP 协议原理仿真实验的设计与实现[J].实验室研究与探索,2016(12):126-129,196.

[16] 唐灯平,朱艳琴,杨哲,等.计算机网络管理虚拟仿真实验平台设计[J].实验室科学,2016(4):76-80.

[17] 唐灯平,朱艳琴,杨哲,等.计算机网络管理仿真平台接入互联网实验设计[J].常熟理工学院学报,2016(2):73-78.

[18] 唐灯平,朱艳琴,杨哲,等.基于虚拟仿真的计算机网络管理课程教学模式探索[J].计算机教育,2016(2):142-146.

[19] 唐灯平,朱艳琴,杨哲,等.计算机网络管理仿真平台入侵防御实验设计[J].常熟理工学院学报,2015(4):120-124.

[20] 唐灯平,朱艳琴,杨哲,等.计算机网络管理仿真平台入侵防御实验设计[J].常熟理工学院学报,2015(4):120-124.

[21] 唐灯平,凌云,王古月,等.基于异地 IPv6 校园网的互联实现[J].常熟理工学院学报,2013(4):119-124.

[22] 唐灯平,王古月,宋晓庆.基于 Packet Tracer 的 IPv6 校园网组建[J].常熟理工学院学报,2012(10):115-119.

[23] 唐灯平.基于 Packet Tracer 的 IPv6 静态路由实验教学设计[J].张家口职业技术学院学报,2012(3):53-56.

[24] 唐灯平.职业技术学院校园网建设的研究[J].网络安全知识与应用,2009(4):71-73.

［25］ 唐灯平.关于"网络设备配置与管理"精品课程的建设［J］.职业教育研究,2010(3)：147-148.

［26］ 唐灯平.利用三层交换机实现 VLAN 间通信［J］.电脑知识与技术.2009(18)：4898-4899.

［27］ 唐灯平,吴凤梅.利用路由器子端口解决的网络问题［J］.电脑学习,2009(4)：66-67.

［28］ 唐灯平.利用 ACL 构建校园网安全体系的研究［J］.有线电视技术,2009(12)：34-35.

［29］ 唐灯平.Windows Server 2003 中 OSPF 路由实现的研究［J］.电脑开发与应用,2010(7)：75-77.

［30］ 唐灯平.利用 Windows 2003 实现静态路由实验的研究［J］.有线电视技术,2010(8)：42-44.

［31］ 唐灯平.大型校园网络建设方案的研究［J］.安徽电子信息职业技术学院学报,2010(3)：19-21.

［32］ 唐灯平,吴凤梅.大型校园网络 IP 编址方案的研究［J］.电脑与电信,2010(1)：36-38.

［33］ 唐灯平.基于 Packet Tracer 的访问控制列表实验教学设计［J］.长沙通信职业技术学院学报,2011(1)：52-57.

［34］ 唐灯平.基于 Packet Tracer 的帧中继仿真实验［J］.实验室研究与探索,2011(5)：192-195,210.

［35］ 唐灯平. 基于 GRE Tunnel 的 IPv6-over-IPv4 的技术实现［J］.南京工业职业技术学院学报,2010(4)：60-62,65.

［36］ 唐灯平. 基于 Packet Tracer 的 IPSec VPN 配置实验教学设计［J］.张家口职业技术学院学报,2011(1)：70-73,78.

［37］ 唐灯平. 基于 Packet Tracer 的混合路由协议仿真通信实验［J］.武汉工程职业技术学院学报,2011(2)：33-37.

［38］ 唐灯平. 基于 Spanning Tree 的网络负载均衡实现研究［J］.常熟理工学院学报,2011(10)：112-116.

［39］ 唐灯平,凌兴宏.基于 EVE-NG 模拟器搭建网络互联计算实验仿真平台［J］.实验室研究与探索,2018(5)：145-148.

［40］ 唐灯平.职业技术学院计算机网络实验室建设的研究［J］.中国现代教育装备,2008(10)：132-134.

［41］ 唐灯平,凌兴宏,魏慧.EVE-NG 仿真环境下 PPPoE 和 PAT 综合实验设计与实现［J］.实验室研究与探索,2018(10)：146-150.

［42］ 唐灯平,凌兴宏,魏慧.EVE-NG 与 eNSP 整合搭建跨平台仿真实验环境［J］.实验技术与管理,2018(11)：117-120.

［43］ 唐灯平,凌兴宏,魏慧.新工科背景下的计算机网络类课程实践教学模式探索［J］.计算机教育,2019(1)：72-75.

［44］ 唐灯平.基于 Packet Tracer 数据链路层帧结构仿真实现［J］.实验室研究与探索,2020(10)：126-130＋140.

［45］ 唐灯平,凌兴宏,王林.IP 语音电话仿真实验设计与实现［J］.实验室研究与探索,2019(1)：126-95-98＋102.

图书资源支持

感谢您一直以来对清华版图书的支持和爱护。为了配合本书的使用，本书提供配套的资源，有需求的读者请扫描下方的"书圈"微信公众号二维码，在图书专区下载，也可以拨打电话或发送电子邮件咨询。

如果您在使用本书的过程中遇到了什么问题，或者有相关图书出版计划，也请您发邮件告诉我们，以便我们更好地为您服务。

我们的联系方式：

地　　址：北京市海淀区双清路学研大厦 A 座 714

邮　　编：100084

电　　话：010-83470236　010-83470237

客服邮箱：2301891038@qq.com

QQ：2301891038（请写明您的单位和姓名）

资源下载： 关注公众号"书圈"下载配套资源。

资源下载、样书申请

图书案例

书圈

清华计算机学堂

观看课程直播